VDE-Schriftenreihe *126*

Zum Autor

Dipl.-Ing. **Herbert Schmolke** ist als Elektroingenieur bei VdS Schadenverhütung zuständig für die Anerkennung von Sachverständigen der Elektrotechnik und Thermografie und für die Beratung in Fragen des Brandschutzes in elektrischen Anlagen, des Blitz- und Überspannungsschutzes sowie der EMV. Er ist Mitarbeiter in den DKE-Gremien K 224 (Betrieb elektrischer Anlagen), UK 221.1 (Schutz gegen elektrischen Schlag), in zahlreichen Arbeitskreisen zur Aktualisierung und Neuherausgabe von VDE-Normen sowie in versicherungsinternen Gremien zur Erarbeitung von VdS-Richtlinien.

VDE-Schriftenreihe Normen verständlich **126**

EMV-gerechte Errichtung von Niederspannungsanlagen

Planung und Errichtung elektrischer Anlagen
nach den Normen der Gruppen 0100 und 0800
des VDE-Vorschriftenwerks

Dipl.-Ing. Herbert Schmolke

2008

VDE VERLAG GMBH • Berlin • Offenbach

Auszüge aus DIN-Normen mit VDE-Klassifikation sind für die angemeldete limitierte Auflage wiedergegeben mit Genehmigung 142.007 des DIN Deutsches Institut für Normung e. V. und des VDE Verband der Elektrotechnik Elektronik Informationstechnik e. V. Für weitere Wiedergaben oder Auflagen ist eine gesonderte Genehmigung erforderlich.

Die zusätzlichen Erläuterungen geben die Auffassung der Autoren wieder. Maßgebend für das Anwenden der Normen sind deren Fassungen mit dem neuesten Ausgabedatum, die bei der VDE VERLAG GMBH, Bismarckstraße 33, 10625 Berlin und der Beuth Verlag GmbH, Burggrafenstraße 6, 10787 Berlin erhältlich sind.

Bibliografische Information der Deutschen Nationalbibliothek
Die Deutsche Nationalbibliothek verzeichnet diese Publikation in der Deutschen Nationalbibliografie; detaillierte bibliografische Daten sind im Internet über **http://dnb.d-nb.de** abrufbar

ISBN 978-3-8007-2973-9

ISSN 0506-6719

© 2008 VDE VERLAG GMBH, Berlin und Offenbach
Bismarckstraße 33, 10625 Berlin

Alle Rechte vorbehalten

Satz: KOMAG mbH, Berlin
Druck: H. Heenemann GmbH & Co., Berlin   2008-05

Vorwort

Die Elektromagnetische Verträglichkeit (EMV) ist mittlerweile in aller Munde. Die praktische Umsetzung hingegen bleibt allzu häufig den Experten vorbehalten. Dazu kommt, dass dieses Thema immer wieder kontrovers diskutiert wird. Da gibt es eingeschworene Fachleute, die sich vehement dagegen wehren, die Anforderungen an eine EMV in die Planung und Errichtung von Niederspannungsanlagen zu übernehmen, weil davon nichts in den Errichtungsnormen steht. Tatsächlich sind zwar Aussagen zur EMV in der Normenreihe VDE 0100 zu finden, im Verhältnis zu anderen Themen jedoch eher spärlich. Die einzige Norm in der Normenreihe VDE 0100, die hierzu konkrete Aussagen in wirklich epischer Breite bietet, ist VDE 0100-444. Allerdings sind die Aussagen dieser Norm fast ausschließlich in der Möglichkeitsform gehalten, sodass das Ganze eher einen empfehlenden Charakter erhält.

Andere Fachleute pochen auf die konkrete Umsetzung dieses Themas und verweisen dabei auf die Normenreihe VDE 0800. Sie unterstützen ihre Meinung mit dem Argument, dass in Gebäuden, in denen informationstechnische Einrichtungen installiert und betrieben werden, die grundsätzlichen Anforderungen an eine EMV, wie sie z. B. in VDE 0800-2-310, VDE 0800-174-2, VDE V 0800-2-548 beschrieben werden, durch den Errichter der Niederspannungsanlage in vollem Umfang einzuhalten sind.

Tatsächlich ist es so, dass eine Fachliteratur, die sich mit der elektrischen Installation von Gebäuden befasst, heutzutage kaum mehr um das Thema EMV herumkommt. Trotzdem scheint es vielfach so, dass die damit verbundenen sachlichen Inhalte in der Praxis nur sehr schwer durchzusetzen sind.

Im Folgenden soll gezeigt werden, dass eine elektrische Anlage in der heutigen Zeit nur unter Berücksichtigung einer informationstechnischen Nutzung geplant und errichtet werden kann. Aus diesem Grund sind in den letzten Jahren zahlreiche VDE-Normen herausgegeben worden, die eine umfassendere, weil die EMV einschließende Sicht der Errichtung elektrischer Anlagen beschreiben.

Wie zuvor bereits angedeutet, sind leider viele dieser Normen in der Normenreihe VDE 0800 zu finden, mit denen der Planer bzw. Errichter elektrischer Niederspannungsanlagen häufig nicht ausreichend vertraut ist. Dadurch entsteht in Bezug auf die EMV in Gebäuden eine zunehmende Kluft zwischen Anspruch und Wirklichkeit. Werden informationstechnische Einrichtungen in einem Gebäude errichtet, sind die elektrischen Energieanlagen häufig bereits fertig installiert und entsprechen nicht selten in keiner Weise den Anforderungen, die solche Einrichtungen voraussetzen.

Dieses Buch will versuchen, diese Kluft zu überwinden und die Bestimmungstexte der Normenreihe VDE 0100 und VDE 0800 in Bezug auf die EMV in einer Gesamtschau darzustellen. In den entsprechenden Abschnitten werden die zu berücksichtigenden Normen genannt und praktisch umsetzbare Wege aufgezeigt, wie diese beiden Normenwelten (VDE 0100 und VDE 0800) zusammengeführt werden können. Dabei soll es nicht ausschließlich um das maximal Mögliche, sondern auch um das ökonomisch sinnvolle Maß der Berücksichtigung der EMV gehen.

Bergisch Gladbach, März 2008

Inhalt

Vorwort		5
1	**Bedeutung der EMV**	**17**
1.1	Einführung	17
1.2	Rechtliche Bedeutung	19
1.2.1	EG-Richtlinie und CE-Kennzeichnung	19
1.2.2	EG-Richtlinien und Harmonisierte Normen	19
1.2.3	EMV-Richtlinie, EMV-Leitfäden und EMV-Gesetz	20
1.2.4	Auswirkungen für Planer und Errichter elektrischer Anlagen	22
1.3	Wirtschaftliche Bedeutung	25
2	**Regeln der Technik zur EMV in elektrischen Anlagen**	**27**
2.1	Einführung	27
2.2	VDE-Normen	27
2.3	Kurzbeschreibung der wichtigsten EMV-Normen	29
2.3.1	DIN VDE 0100-100 (VDE 0100-100):2002-08	29
2.3.2	E DIN IEC 60364-1 (VDE 0100-100):2003-08 (Normentwurf)	30
2.3.3	DIN VDE 0100-443 (VDE 0100-443):2007-06	31
2.3.4	DIN VDE 0100-444 (VDE 0100-444):1999-10	32
2.3.5	E DIN IEC 60364-4-44/A2 (VDE 0100-444):2003-04 (Normentwurf)	33
2.3.6	DIN VDE 0100-510 (VDE 0100-510):2007-06	35
2.3.7	DIN V VDE V 0100-534 (VDE V 0100-534):1999-04 (Vornorm)	36
2.3.8	DIN VDE 0100-557 (VDE 0100-557):2007-06	36
2.3.9	DIN VDE 0100-710 (VDE 0100-710):2002-11	37
2.3.10	DIN VDE 0101 (VDE 0101):2000-01	38
2.3.11	Normen der Reihe DIN EN 62305-1/-2/-3/-4 (VDE 0185-305-1/-2/-3/-4) (Blitzschutznormen)	38
2.3.12	DIN VDE 0298-4 (VDE 0298-4):2003-08	39

2.3.13	DIN EN 50310 (VDE 0800-2-310):2006-10	40
2.3.14	DIN V VDE V 0800-2-548 (VDE V 0800-2-548):1999-10 (Vornorm)	41
2.3.15	DIN EN 50174-2 (VDE 0800-174-2):2001-09	41
2.3.16	DIN EN 50083 Bbl. 1 (VDE 0855 Bbl. 1):2002-01 (informatives Beiblatt)	42
2.3.17	Sonstige Normen zum Thema EMV	43
2.4	Richtlinien und andere Schriften	43
2.4.1	Internationales Wörterbuch (IEV)	43
2.4.2	VdS 2349 (Störungsarme Elektroinstallation)	44
2.4.3	VdS 3501 (Isolationsfehlerschutz in elektrischen Anlagen mit elektronischen Betriebsmitteln – RCD und FU)	44
2.4.4	VDI 6004 (Schutz der Technischen Gebäudeausrüstung, Blitz und Überspannung)	45
3	**Begriffe und Definitionen**	**47**
3.1	Einführung	47
3.2	Was bedeutet EMV?	47
3.3	Begriffsbestimmungen	49
3.4	Abkürzungen aus der Normenreihe VDE 0800	58
3.4.1	Einführung	58
3.4.2	CBN	58
3.4.3	BN, MESH-BN	59
3.4.4	BRC	60
3.4.5	SRPP	60
3.4.6	MET	61
4	**Elektromagnetische Beeinflussung**	**63**
4.1	Einführung	63
4.2	Das Beeinflussungsmodell	63
4.3	Störquelle und Störgröße	64
4.3.1	Grundsätzliches zu Störquellen	64
4.3.2	Feldgebundene Störquellen und Störgrößen	65
4.3.2.1	Elektrisches und magnetisches Feld	65
4.3.2.2	Bedeutung des elektrischen Feldes für die EMV	67

4.3.2.3	Bedeutung des magnetischen Feldes für die EMV	70
4.3.2.3.1	Einführung	70
4.3.2.3.2	Beeinflussungsfaktor: Strom	72
4.3.2.3.3	Beeinflussungsfaktor: Magnetisches Feld	73
4.3.2.3.4	Beeinflussungsfaktor: Frequenz und Stromänderungsgeschwindigkeit	74
4.3.2.3.5	Beeinflussungsfaktor: Induktivität	76
4.3.2.4	Bedeutung des elektromagnetischen Feldes für die EMV	81
4.3.3	Leitungsgebundene Störquellen und Störgrößen	83
4.3.3.1	Einführung	83
4.3.3.2	Die Spannung als Störgröße bei Berücksichtigung Ohm'scher Widerstände	85
4.3.3.3	Die Spannung als Störgröße bei Berücksichtigung induktiver Widerstände	88
4.3.3.3.1	Induktiver Widerstand von Mehraderleitungen und -kabeln	88
4.3.3.3.2	Induktiver Widerstand von Einzelleitern	90
4.3.3.3.3	Auswirkung des induktiven Widerstands bei verschiedenen Stromänderungsgeschwindigkeiten bzw. Frequenzen	91
4.3.3.4	Transiente Überspannungen	93
4.3.3.4.1	Einführung	93
4.3.3.4.2	Auswirkungen von Überspannungen durch Schaltvorgänge	93
4.3.3.4.3	Überspannungen durch Blitzschlag	97
4.3.3.4.4	Auswirkungen von Überspannungen durch Blitzschlag	103
4.3.3.4.5	Überspannungskategorien	107
4.3.3.4.6	Beurteilung des Überspannungsrisikos	109
4.3.4	Besonderheiten bei Oberschwingungen	111
4.3.4.1	Einführung	111
4.3.4.2	Oberschwingungen als Störgröße	116
4.3.4.2.1	Die Ausbreitung der Störung	116
4.3.4.2.2	Das Drehfeld der Oberschwingungen	117
4.3.4.2.3	Die Blindleistung der Oberschwingung	118
4.3.4.2.4	Auswirkungen von zwischenharmonischen Oberschwingungen	123
4.3.4.3	Störquellen, die Oberschwingungen erzeugen	124
4.3.4.3.1	Einführung	124
4.3.4.3.2	Gleichrichtung	124

4.3.4.3.3	Frequenzumrichter	126
4.3.4.3.4	Phasenanschnittssteuerung/Dimmen	129
4.3.4.3.5	Magnetisierungsvorgänge	130
4.3.4.4	Besondere Begriffe beim Thema Oberschwingungen	131
4.3.4.4.1	Einführung	131
4.3.4.4.2	Scheitelfaktor/Crestfaktor ξ	132
4.3.4.4.3	Gesamt-Oberschwingungsstrom I_O	133
4.3.4.4.4	Klirrfaktor und der Oberschwingungsgehalt k	133
4.3.4.4.5	Grundschwingungsgehalt g	134
4.3.4.4.6	Verzerrungsfaktor d und der THD-Wert	135
4.3.4.5	Auswirkungen von Oberschwingungen	135
4.3.4.5.1	Einführung	135
4.3.4.5.2	Transformatoren	136
4.3.4.5.3	Drehende Maschinen	136
4.3.4.5.4	Leistungsschalter	136
4.3.4.5.5	Blindleistungsverluste	137
4.3.4.5.3	Stromverdrängung (Skineffekt)	137
4.3.4.5.6	Neutralleiterüberlastung	138
4.3.4.5.7	Kompensationsanlagen	141
4.3.4.5.8	Messgeräte	142
4.3.4.5.9	Störstrahlungen	143
4.4	Störsenke	143
4.5	Kopplungen	145
4.5.1	Einleitung	145
4.5.2	Galvanische Kopplung	146
4.5.3	Kapazitive Kopplung	147
4.5.4	Induktive Kopplung	148
4.5.5	Strahlungskopplung	150
5	**Maßnahmen gegen elektromagnetische Beeinflussung**	**151**
5.1	Einführung	151
5.2	Das Netzsystem	152
5.2.1	Darstellung der Netzsysteme	152
5.2.2	Das TN-System	154

5.2.2.1	Die Verträglichkeit des TN-Systems bezüglich der EMV	154
5.2.2.2	Der PEN-Leiter	155
5.2.2.2.1	Aussagen zum PEN-Leiters in den Normen	155
5.2.2.2.2	Der Hausanschlusskasten (HAK)	156
5.2.2.2.3	Die Einspeisung der Niederspannungs-Hauptverteilung (NHV)	159
5.2.2.2.4	Probleme bei bestehenden Gebäuden mit PEN-Leiter	161
5.2.2.2.5	Gebäudeverbindende Kabel und Leitungen im TN-C-System	164
5.2.3	Das TT-System	166
5.2.4	Das IT-System	169
5.2.5	Erdung des Netzsystems	169
5.2.5.1	Einführung	169
5.2.5.2	Die gemeinsame Erdungsanlage	169
5.2.5.3	Die Erdung	171
5.2.5.3.1	Einführung	171
5.2.5.3.2	Fundamenterder	171
5.3	Potentialausgleich	177
5.3.1	Der Potentialausgleich nach DIN VDE 0100-410 und -540	177
5.3.1.1	Einführung	177
5.3.1.2	Der Schutzpotentialausgleich	179
5.3.1.3	Der zusätzliche Schutzpotentialausgleich	181
5.3.2	Die kombinierte Potentialausgleichsanlage (CBN) nach VDE 0800-2-310	183
5.3.2.1	Einführung	183
5.3.2.2	Gebäudeeinführung	184
5.3.2.3	Leitfähige Rohr- und Kanalsysteme	187
5.3.2.4	Metallene Gebäudekonstruktionen	188
5.3.2.5	Kabelträgersysteme	190
5.3.2.6	Funktions-Potentialausgleichsleiter	193
5.3.2.7	Potentialausgleichsverbindungen	195
5.3.2.8	Maschenförmiger und sternförmiger Potentialausgleich	198
5.3.2.8.1	Das Potentialausgleichs-Netzwerk	198
5.3.2.8.2	Vergleich zwischen maschen- und sternförmigen Potentialausgleich	200
5.3.3	Potentialausgleichsringleiter/Erdungssammelleiter (BRC)	202

5.3.4	Mesh-BN	204
5.3.5	Systembezugspotentialebene (SRPP)	205
5.3.6	Verschiedene Potentialausgleichsmaßnahmen im selben Gebäude	208
5.3.7	Blitzschutz-Potentialausgleich	208
5.3.7.1	Einführung	208
5.3.7.2	Einbeziehung von leitfähigen Teilen, die in das Gebäude eingeführt werden	211
5.3.7.3	Einbeziehung von leitfähigen Teilen innerhalb des Gebäudes	211
5.3.7.4	Einbeziehung von aktiven Teilen der elektrischen Anlage	212
5.4	Leitungsverlegung	218
5.4.1	Grundsätzliche Anordnungen	218
5.4.2	Geschützte Verlegung	219
5.4.3	Sternförmige Energieversorgung	219
5.4.4	Geeignete Leiteranordnung	220
5.4.5	Verlegeabstände	222
5.4.5.1	Einleitung	222
5.4.5.2	Mindestabstände nach VDE 0800-174-2	224
5.4.6	Vermeidung von Schleifen	227
5.4.6.1	Einführung	227
5.4.6.2	Vermeidung von Störungen durch zusätzliche Potentialausgleichsverbindungen	229
5.4.6.3	Vermeidung von Störungen durch besondere Leitungsführung	230
5.4.6.4	Vermeidung von Störungen durch besonders geschirmte Kabel und Leitungen	230
5.5	Schirmung gegen Störfelder	232
5.5.1	Einführung	232
5.5.2	Niederfrequente elektrische Felder (Nahfeldbedingungen)	235
5.5.3	Magnetische Felder mit niedrigen und höheren Frequenzen	237
5.5.3.1	Einführung	237
5.5.3.2	Magnetostatische Schirmung	238
5.5.3.3	Wirbelstromschirmung	240
5.5.4	Hochfrequente magnetische und elektrische Felder	244
5.5.4.1	Einführung	244
5.5.4.2	Kabelschirmung bei hohen Frequenzen	245

5.5.4.3	Gebäude- und Raumschirmung bei hohen Frequenzen	248
5.5.5	Besonderheiten bei der Kabelschirmung	248
5.5.5.1	Schirmanschluss	248
5.5.5.2	Verlegung von geschirmten Kabeln	253
5.5.5.3	Besonderheiten bei Kabeln im Außenbereich	254
5.5.5.3.1	Einführung	254
5.5.5.3.2	Kabel mit stromtragfähigem Schirm	254
5.5.5.3.3	Kabel in besonderen Schirmrohren oder -kanälen	256
5.5.5.3.4	Verlegung in besonderen Kabelkanälen	256
5.5.5.4	Verdrillte Leitungen	256
5.5.5.5	Bewertung von Kabelschirmen	258
5.5.6	Besonderheiten bei der Raum- oder Gebäudeschirmung	258
5.5.6.1	Einführung	258
5.5.6.2	Raum- und Gebäudeschirmung nach Gesichtspunkten der EMV	260
5.5.6.3	Berücksichtigung des Blitzschutzes nach VDE 0185-305	264
5.6	Filtermaßnahmen bei Oberschwingungen	266
5.6.1	Einführung	266
5.6.2	Arten und Auswahl von Filtern	270
5.6.3	Montage von Filtern	274
5.7	Ausführung des Schaltschranks	278
5.7.1	Einleitung	278
5.7.2	Vorbereitende Überlegungen	279
5.7.3	Auswahl und Montage	280
5.7.3.1	Aufteilung des Schaltschranks in Zonen	280
5.7.3.2	Sammelschienenaufbau und -anordnung	283
5.7.3.3	Schutzklasse und Potentialausgleichsverbindungen	283
5.7.3.4	Leitungsverlegung	284
5.7.3.5	Schirmung des Schaltschranks	287
5.7.3.6	Überspannungsschutz und schaltbedingte Störfelder	288
5.7.3.7	Aufstellung des Schaltschranks	291
5.8	Einzelmaßnahmen	292
5.8.1	Besonderheiten bei Frequenzumrichterantrieben	292
5.8.1.1	Einleitung	292

5.8.1.2	Zwei grundsätzliche Anforderungen bei Frequenzumrichterantrieben	296
5.8.1.3	Potentialausgleich, Leitungsverlegung und Schirmung	297
5.8.1.4	Filterung	298
5.8.1.4.1	Primäre Filter	298
5.8.1.4.1	Sekundäre Filter	300
5.8.1.4.1.1	Einführung	300
5.8.1.4.1.2	Sinusfilter	301
5.8.1.4.1.3	du/dt-Filter	302
5.8.1.4.1.4	Sonstige Filter	303
5.8.2	Besonderheiten bei USV-Anlagen	304
5.8.3	Besonderheiten bei bestehenden Gebäuden mit TN-C-Systemen	306
5.8.3.1	Alternative Möglichkeiten	306
5.8.3.2	Umwandlung eines TN-C-Systems in ein TN-S-System	306
5.8.4	Überwachung eines sauberen TN-S-Systems	307
5.8.5	Vorbeugung von Korrosionen	310
5.8.5.1	Wie entsteht Korrosion?	310
5.8.5.1.1	Einführung	310
5.8.5.1.2	Chemische Korrosion	310
5.8.5.1.3	Elektrochemische Korrosion	311
5.8.5.1.4	Korrosion durch Konzentrationselemente	313
5.8.5.1.5	Korrosion in Erdungssystemen	314
5.8.5.2	Vermeidung von Korrosion	316
6	**Planung und Dokumentation**	**319**
6.1	Einführung	319
6.2	Die Planung in Phasen	320
6.2.1	Einführung	320
6.2.2	Die Entwurfsplanung	320
6.2.3	Die Ausführungs- oder Detailplanung	321
6.2.4	Die Bauphase	323
6.3	Die Dokumentation	326
6.3.1	Einführung	326
6.3.2	Darstellung des Gesamtkonzeptes	327

6.3.3	Kabellisten	327
6.3.4	Stromlaufpläne	327
6.3.5	Netzpläne der Energieverteilung	327
6.3.6	Fundamenterderpläne	327
6.3.7	Potentialausgleichspläne	328
6.3.8	Dachaufsicht	328
6.3.9	Kabeltrassenpläne	329
6.3.10	Besondere Kabelpläne	329
6.3.11	Kennzeichnungen	330
6.3.12	Prüfbericht	331
6.3.13	Sonstige Listen	333
7	**Prüfung elektrischer Anlage unter Berücksichtigung der EMV**	**335**
7.1	Einführung	335
7.2	Messgeräte	335
7.2.1	Strommessungen	335
7.2.2	Feldmessungen	336
7.2.3	Netzanalysen	337
7.2.4	Sonstige Messgeräte und Zubehör	339
7.3	Die Erst- und die Wiederholungsprüfung	340
7.3.1	Einführung	340
7.3.2	Sichtprüfung	341
7.3.3	Messungen	342
7.3.3.1	Feldmessungen	342
7.3.3.2	Strommessungen	343
7.3.3.2.1	Ströme in aktiven Leitern	343
7.3.3.2.2	Ströme in nicht aktiven Leitern	344
7.3.3.2.3	Differenzstrommessungen in Verteileranlagen	344
7.3.3.2.3.1	Messung im Einspeisebereich	344
7.3.3.2.3.2	Messungen in Abgängen	346
7.3.3.2.3.3	Messung der Endstromkreise	346
7.3.3.3	Netzanalyse	347

8	Literatur	**351**
8.1	Normen	351
8.2	Richtlinien/Leitfäden	355
8.3	Fachliteratur	356

Stichwortverzeichnis **359**

1 Bedeutung der EMV

1.1 Einführung

Technische Einrichtungen können sich gegenseitig beeinflussen. Diese Tatsache ist nicht erst zum Ende des zwanzigsten Jahrhunderts entdeckt worden. Beispielsweise musste der Betreiber einer Maschine seit jeher darauf achten, dass seine Maschine während des Betriebs keine Vibrationen verursacht, die auf sämtliche Geräte in der näheren Umgebung übertragen wurden. Häufig war (und ist) dies eine nicht ganz leichte Aufgabe.

In der Elektrotechnik hat man mit der Zeit lernen müssen, dass auch bei Anwendung dieser Technik eine Beeinflussung von einem Gerät zum anderen stattfinden kann. Häufig sind diese Störungen für den Menschen nicht direkt sichtbar, ihre Auswirkungen sind dadurch aber nicht weniger gravierend.

In den Anfängen der Anwendung elektrischer Energie störten sich die Geräte jedoch zunächst nur wenig. Natürlich flackerte auch früher das Licht, wenn ein leistungsstarker Verbraucher zugeschaltet wurde, aber das war in der Regel tolerierbar. Nur wenn das Flackern zu sehr störte, musste die Elektroinstallation verändert werden.

Als die Anwendungen der Starkstrom- und der Informationstechnik einander zunehmend näherrückten, tauchten Probleme auf, mit denen man so vorher nicht gerechnet hatte. So registrierte man beispielsweise Störungen, wenn Starkstromfreileitungen auf Telegrafenfreileitungen einwirkten. Die erste Norm zu diesem Thema war wohl VDE 0228 (Maßnahmen bei Beeinflussung von Fernmeldeanlagen durch Starkstromanlagen), deren erste Ausgabe bereits 1920 erschien. Gerade bei der Übertragung von Informationen in Form von Zeichen (z. B. Morsen), Sprache (Rundfunk, Telefon) oder schließlich auch Bildern (Fernsehen) wurde zunehmend klar, dass man gegenseitige Störwirkungen stets im Auge behalten musste. Bemerkbar machten sich Störungen auch bei vorbeifahrenden Autos und Straßenbahnen oder bei einem Gewitter.

Diese Entwicklung hat vor über 100 Jahren begonnen. Aber erst in den letzten 40 Jahren nahmen die unerwünschten Beeinflussungen von elektrischen Betriebsmitteln untereinander derart zu, dass nach und nach ein Stichwort in den Vordergrund trat: Elektromagnetische Verträglichkeit (EMV). Kaum eine Fachzeitschrift kommt heute ohne dieses Thema aus. Auf allen elektrotechnischen Messen findet man Stände mit entsprechenden Informationen, und in kaum einem Lehrpan innerhalb der elektrotechnischen Ausbildung darf das Thema EMV fehlen.

Der praktisch denkende Elektroinstallateur stellt sich die Frage, ob sich die Welt denn wirklich so entscheidend verändert hat. Wird hier nicht ein Problem viel zu hoch gespielt? Planer und Errichter von elektrischen Anlagen legen Leitungsquerschnitt und Leitungslänge für die Zuleitung zu elektrischen Betriebsmitteln fest; sie wählen eine passende Überstrom-Schutzeinrichtung und achten auf die Schutzklasse der anzuschließenden Verbrauchsmittel usw. Ist das etwa nicht mehr genug?

Tatsächlich hat sich die Welt in Bezug auf die Nutzung der elektrischen Energie in den letzten 40 Jahren entscheidend verändert. Heute gibt es kaum einen Verbraucher, der nicht elektronische Bauteile enthält. Datenleitungen für PC-Netzwerke und Telekommunikation, für Gebäudesystemtechnik und Gefahrenmeldeanlagen durchziehen ein modernes Gebäude wie ein Spinnennetz. Motoren werden über Umrichter gesteuert und Leuchtstofflampen über EVG mit Hochfrequenz betrieben.

Bei vielen elektrischen Geräten wird dem Nutzer durch eine raffinierte Kombination von Anwendungsmöglichkeiten eine schier unbegrenzte Vielfalt geboten. Ein typisches Beispiel hierzu ist das Mobiltelefon (Handy), das längst nicht mehr nur als handliches, mobiles Telefon angeboten wird. Das gilt nicht nur für den privaten Bereich, auch in gewerblichen und industriellen Anlagen, beispielsweise in der Automatisierungstechnik, scheint es kaum noch Grenzen zu geben.

Möglich wurde dies alles durch eine rasante Entwicklung auf dem Gebiet der Elektronik, die heute kaum noch Wünsche offen lässt. Allerdings hat dieser „Segen der Technik" auch seine Schattenseiten:

Die Geräte und Anlagen werden nicht nur „intelligenter" und damit anwendungsfreundlicher, sondern leider auch anfälliger für Störungen. Wenn bereits kleinste Potentialunterschiede genutzt werden, um damit Informationen festzulegen, dann ist es klar, dass auch kleinste Störspannungen Fehlfunktionen auslösen können.

Es ist weiterhin klar, dass eine Technik, die z. B. mit kleinsten Strömen im Bereich von einigen Mikroampere bis wenigen Milliampere arbeitet oder bei der nur wenige Volt als Arbeitsspannung zur Verfügung stehen, keine Störung verträgt, die z. B. impulsartig eine Spannung von mehreren Hundert Volt verursacht.

Aber damit nicht genug: Die modernen Geräte und Anlagen selbst werden durch Art und Aufbau immer mehr zur Störquelle. Die entsprechende Elektronik entnimmt in den seltensten Fällen aus dem elektrischen Versorgungsnetz sinusförmige Ströme. Das bedeutet, es handelt sich bei den modernen Verbrauchsmitteln so gut wie immer um sogenannte nicht lineare Verbraucher, die mehr oder weniger hohe Oberschwingungen verursachen und so die Netzspannungen bzw. -ströme verzerren.

Ohne ein Umdenken in der Planung und Errichtung von elektrischen Anlagen ist das alles nicht mehr korrekt beherrschbar. Das zeigt auch die veränderte gesetzliche Situation, die im Abschnitt 1.2 behandelt werden soll.

1.2 Rechtliche Bedeutung

1.2.1 EG-Richtlinie und CE-Kennzeichnung

Europa wächst immer mehr zusammen, und nationale Grenzen spielen eine zunehmend geringer werdende Rolle. Besonders deutlich wird dies in Hinblick auf den freien Warenverkehr und den Abbau von Handelshemmnissen bei Waren und Dienstleistungen. Erste Schritte hierzu legten die Regierungschefs der wichtigsten europäischen Nationen bereits in den Römischen Verträgen am 25.03.1957 nieder. In der Folgezeit wurden von der Europäischen Wirtschaftsgemeinschaft (EWG) Richtlinien (EG-Richtlinien) herausgegeben, die das Ziel hatten, die verschiedenen nationalen Regelungen, wie Gesetze und Verordnungen, anzugleichen, um Handelshemmnisse innerhalb der EWG abzubauen.

Die Mitgliedsstaaten der EWG verpflichteten sich, die EG-Richtlinien innerhalb einer vorgeschriebenen Zeit in nationales Recht umzusetzen. Ein besonderes Merkmal dieser Regelung ist die Kennzeichnung der Produkte mit dem CE-Kennzeichen. Mit diesem Zeichen auf den Produkten macht der Hersteller deutlich, dass die gekennzeichneten Produkte den Anforderungen der zugehörigen EG-Richtlinie sowie den davon abgeleiteten nationalen Gesetzen und Verordnungen entsprechen.

An dieser Stelle muss allerdings betont werden, dass die CE-Kennzeichnung an sich zunächst eine Selbsterklärung des Herstellers ist. Man könnte es etwas schärfer formulieren so ausdrücken: Mit dem CE-Kennzeichen behauptet der Hersteller, dass er alle in der EG-Richtlinie enthaltenen Schutzanforderungen erfüllt hat. Nur in besonderen Fällen muss er dies einem unabhängigen Dritten gegenüber nachweisen (z. B bei Sendefunkgeräten). Genau genommen erklärt er dies auch nicht direkt dem Käufer, sondern der zuständigen bzw. überwachenden Behörde. Das CE-Kennzeichen ist deshalb weder ein Gütesiegel noch ein Sicherheitskennzeichen.

1.2.2 EG-Richtlinien und Harmonisierte Normen

Die einzelnen Staaten der europäischen Union setzten die jeweilige EG-Richtlinie in nationales Recht um, indem sie in ihrem Land ein entsprechendes Gesetz formulierten und veröffentlichten.

Schon bald wurde allen Beteiligten klar, dass in einem solchen Gesetz keine detaillierten, technischen Anforderungen enthalten sein können, sondern wie in der EG-Richtlinie selbst allgemein formulierte Schutzanforderungen (Schutzziele). Allerdings tauchte damit die Frage nach konkreten Anforderungen auf, mit denen diese Schutzziele erreicht werden können. Häufig sind solche technischen Anforderungen Empfehlungen, die bei Einhaltung jedoch vermuten lassen, dass die Schutzanforderungen der EG-Richtlinie tatsächlich eingehalten wurden. Derjenige, der von diesen Anforderungen abweicht und auf andere Weise zum gleichen Ziel kommen will, muss die Gleichwertigkeit seiner Maßnahmen nachweisen.

Technische Anforderungen werden normalerweise in europäisch harmonisierten Normen beschrieben. Das Europäische Komitee für Elektrotechnische Normung (CENELEC) erhielt deshalb den Auftrag, Normen (sogenannte technische Regeln) zu schaffen, in denen geeignete Maßnahmen beschrieben werden, um die Schutzanforderungen der EG-Richtlinie zu erfüllen. Die nationale Arbeit an der europäischen Normung findet in entsprechenden nationalen Kommissionen statt. In Deutschland ist dies die DKE Deutsche Kommission Elektrotechnik Elektronik Informationstechnik im DIN und VDE. Die Mitarbeiter in den Gremien der DKE beraten und bearbeiten die Inhalte der Normen und gestalten über ihre deutschen Vertreter im CENELEC die europäisch harmonisierten Normen mit.

Für den Hersteller bzw. Importeur von Produkten (wie die elektrischen Betriebsmittel) hatte dies den Vorteil, dass er gegenüber den zuständigen Behörden lediglich die Einhaltung dieser Normen erklären musste.

1.2.3 EMV-Richtlinie, EMV-Leitfäden und EMV-Gesetz

Wie in Abschnitt 1.1 bereits angedeutet, werden Probleme im Zusammenhang mit der EMV zukünftig eher zunehmen. Konflikte treten immer dann auf, wenn nicht sicher ist, wer für ein entstandenes Problem zuständig ist bzw. wer es beheben und wer für die entstandenen Schäden aufkommen muss.

Angenommen, jemand will einen Gewerbebetrieb aufbauen und lässt hierfür eine elektrische Anlage planen und errichten. Der Planer hält sich bei der Projektierung an die ihm bekannten Regeln der Technik. Der Errichter liefert und montiert die erforderlichen elektrischen Betriebsmittel. Dabei muss der Errichter davon ausgehen, dass die Betriebsmittel allen Anforderungen gerecht werden. Wenn allerdings nach der Fertigstellung Funktionsstörungen auftreten, fragt der Bauherr mit Recht nach dem Verursacher. Wer trägt die Verantwortung: der Planer, der Errichter oder der Hersteller der elektrischen Betriebsmittel? Im Folgenden soll die Entwicklung der Rechtsprechung zu diesem Thema kurz erläutert werden.

Die Entwicklung bis 1989

Natürlich war die gegenseitige Beeinflussung von technischen Geräten irgendwann auch ein Thema für die Europäische Wirtschaftsunion. Die ersten europäischen Richtlinien hierzu erschienen im Jahr **1976** und beschäftigten sich mit Funkstörungen durch Elektro-Haushaltsgeräte u. dgl. Allerdings erließ der Europäische Rat erst am **03. Mai 1989** die erste eigentliche EMV-Richtlinie. Es handelte sich um die EG-Richtlinie **89/336/EWG** über die Elektromagnetische Verträglichkeit. Kaum eine andere Richtlinie stieß je auf ein ähnlich großes Interesse seitens der Fachöffentlichkeit.

Die Schutzziele dieser EMV-Richtlinie waren
- Begrenzung von Störaussendung
- Festlegung für eine ausreichenden Störfestigkeit

Die Entwicklung zwischen 1989 bis 1993

Am **09. November 1992** setzte Deutschland die EMV-Richtlinie in nationales Recht um und veröffentlichte das erste deutsche EMV-Gesetz. Es hieß „Gesetz über die Elektromagnetische Verträglichkeit von Geräten", kurz EMVG genannt. Die Pflicht zur CE-Kennzeichnung galt nunmehr auch für den Bereich der EMV (Abschnitt 1.2.1).

Die Tatsache, dass die Schutzanforderungen der EMV-Richtlinie sehr allgemein und teilweise abstrakt formuliert waren, brachte es mit sich, dass die verschiedenen Mitgliedsstaaten diese Schutzziele auf unterschiedliche Weise auslegten und umsetzten. Das war bedauerlich, da doch das Ziel der EG-Richtlinie die Vereinheitlichung der verschiedenen nationalen Regelungen sein sollte. Aus diesem Grund gab die EG-Kommission im Jahr **1993** einen Leitfaden zur EMV-Richtlinie heraus. Er war unverbindlich, sollte jedoch mit dazu beitragen, nationale Auslegungsunterschiede möglichst einzuschränken.

Die Entwicklung zwischen 1993 bis 1997

Nachdem einige Einwände der EG-Kommission gegen die erste Fassung des deutschen EMVG bekannt wurden, sah sich die Deutsche Bundesregierung veranlasst, im Jahr **1995** eine geänderte Fassung zu veröffentlichen.

Auch nach Herausgabe des Leitfadens sowie zwischenzeitlich herausgegebenen Änderungen der EMV-Richtlinie (wie die EMV-Richtlinie 92/31/EWG aus dem Jahr 1992) existierten weiterhin nebeneinander zahlreiche Auslegungsvarianten bei den Mitgliedsstaaten. Deshalb gab die EG-Kommission im Jahr **1997** einen zweiten Leitfaden heraus, der diese Vielfalt eindämmen sollte.

Die Entwicklung zwischen 1997 bis 1998

Die Bundesrepublik Deutschland hatte durch ihre Experten bei der Erarbeitung des letztgenannten Leitfadens maßgeblich mitgewirkt. Aus dieser Arbeit heraus kam es in Deutschland zu einer erneuten Überarbeitung des EMVG. Das Ergebnis war, dass im Jahre **1998** das EMVG in einer neuen Fassung veröffentlicht werden konnte.

Die Entwicklung seit 1998

Die Leitfäden waren für die Mitgliedsstaaten stets unverbindlich. Ihre Existenz zeugte aber davon, dass mit der EMV-Richtlinie nicht alle Fragen geklärt werden konnten. Die EG-Kommission fasste deshalb den Entschluss, einen geänderten Richtlinientext herauszugeben, in dem auch Teile des Leitfadens aus dem Jahr 1997 mit übernommen werden sollten.

Die geänderte EMV-Richtlinie wurde vom Rat und vom Parlament der Europäischen Union am 15. Dezember 2004 unterzeichnet und am 31. Dezember 2004 mit der Bezeichnung **2004/108/EG** im Amtsblatt der EG veröffentlicht. Am **20. Januar 2005** trat sie offiziell in Kraft. Die Mitgliedstaaten sollten diese Richtlinie bis zum **20. Januar 2007** in nationales Recht überführt haben. In Deutschland wurde dieser Termin jedoch überschritten. Die bisherige EMV-Richtlinie trat am **20. Juli 2007** außer Kraft. Das bedeutet, dass nach diesem letztgenannten Termin nur noch die neue EMV-Richtlinie bzw. das daraus abgeleitete nationale EMVG, das am 26.02.2008 in Kraft trat, anzuwenden ist.

Betont werden muss aber auch hier, dass die Schutzziele in der EMV-Richtlinie immer noch sehr allgemein formuliert wurden. Man benötigt also auch weiterhin zu ihrer Konkretisierung entsprechende harmonisierte Normen (siehe Abschnitt 1.2.2).

1.2.4 Auswirkungen für Planer und Errichter elektrischer Anlagen

Für Planer und Errichter ergaben sich mit Herausgabe des EMVG einige Verpflichtungen, auch wenn dies vielleicht den meisten nicht bewusst wurde. Natürlich können sie im konkreten Fall nicht hinterfragen, ob ein ausgewähltes Betriebsmittel eine vom Hersteller aufgebrachte Kennzeichnung zu Recht trägt oder nicht. Auf der anderen Seite reicht es aber auch nicht aus, einfach nur dafür zu sorgen, dass ausschließlich CE-gekennzeichnete Produkte verwendet werden. Auch das Sammeln von EG-Konformitätserklärungen aller Produkte, mit denen Hersteller über die CE-Kennzeichnung hinaus die Übereinstimmung mit der EG-Richtlinie bescheinigen, reicht nicht in jedem Fall.

Im EMVG aus dem Jahr 1998 ist in diesem Zusammenhang ein Passus aus § 4 von Interesse. Dort wird der Hersteller aufgefordert, seinem Produkt eine technische Dokumentation beizufügen (Gebrauchsanweisung bzw. Montageanleitung). Im aktuell gültigen EMVG vom 26. Februar 2008 heißt es im § 4 (2):

„Ortsfeste Anlagen müssen zusätzlich zu den Anforderungen nach Absatz 1 nach den allgemein anerkannten Regeln der Technik installiert werden. Die zur Gewährleistung der grundlegenden Anforderungen angewandten allgemein anerkannten Regeln der Technik sind zu dokumentieren."

Im erwähnten Absatz 1 werden die grundlegenden Anforderungen für eine ausreichende EMV bei Geräten gefordert. Diese Anforderungen müssen somit auf die ortsfesten Anlagen übertragen werden. Im § 7 (2) und (3) des EMVG wird zusätzlich gefordert, dass der Hersteller von Geräten technische Unterlagen zu erstellen hat, die deutlich machen, auf welche Weise die grundsätzlichen Anforderungen nach § 4 erfüllt werden können. Es ist selbstverständlich, dass demzufolge auch die zu beachten sind.

Planer und Errichter waren und sind aufgefordert, zusätzlich genau die Herstellerangaben hinsichtlich der EMV zu beachten und das elektrische Betriebsmittel entsprechend der voraussehbaren Umgebungsbedingungen auszusuchen und zu montieren. Übersieht der Errichter z. B. eine einschränkende Anweisung des Herstellers und tritt dadurch eine unzulässige Störung auf, so übernimmt er damit die Verantwortung für die daraus entstehenden Schäden.

Weiterhin muss der Errichter einer elektrischen Anlage nach dem EMVG die grundlegenden Schutzziele des EMVG bzw. der EMV-Richtlinie einhalten. Er hat auch dafür zu sorgen, dass für die in der Anlage betriebenen Verbraucher eine geeignete elektromagnetische Umgebung vorhanden ist, sodass ein störungsfreier Betrieb zumindest möglich wird. Bewirkt beispielsweise die Ausführung seiner Installation, dass für die Störgröße, die irgendein elektrisches Betriebsmittel aussendet, ein geeigneter Weg (bzw. Kopplung) überhaupt erst zustande kommt, so ist er und nicht der Hersteller für die Funktionsstörung anderer Betriebsmittel, die daraus resultiert, verantwortlich.

Im Grunde genommen gibt es zwei Wege, die Konformität (Übereinstimmung) einer elektrischen Anlage mit der EMV-Richtlinie nachzuweisen. Dies wird in **Tabelle 1.1** näher erläutert.

Schritt 1:	
Bei der Errichtung der elektrischen Betriebsmittel sind stets die anerkannten Regeln der Technik (soweit vorhanden) sowie die Herstellerangaben zu berücksichtigen	
Schritt 2:	
Die Frage ist zu klären, ob sämtliche elektrischen Betriebsmittel für sich genommen für die vorgesehene elektromagnetische Umgebung geeignet sind	
Möglichkeit A	**Möglichkeit B**
Alle Betriebsmittel tragen ein CE-Kennzeichen und sind vom Hersteller für die vorgesehene elektromagnetische Umgebung als geeignet gekennzeichnet	Trifft das unter Möglichkeit A Gesagte nicht für jedes Betriebsmittel zu, sorgt ein EMV-Fachkundiger des Errichters dafür, dass Maßnahmen getroffen werden, um für die elektrischen Betriebsmittel unter Beachtung der EMV sowie aller vorhandenen Herstellerangaben einen störungsfreien Betrieb zu gewährleisten
Hier kann vermutet werden, dass die Schutzanforderungen der EMV-Richtlinie erfüllt wurden. Die Gebrauchsanweisungen der Hersteller dienen der Dokumentation, die der Errichter an den Betreiber der Anlage übergibt	**Die Erfüllung der Schutzanforderungen der EMV-Richtlinie muss durch eine technische Dokumentation nachgewiesen und diese dem Betreiber übergeben werden**
	Hier spielt die Qualifikation des Errichters im Bereich der EMV eine entscheidende Rolle

Tabelle 1.1 Nachweis der Konformität bei einer elektrischen Anlage

Die Aussage der Tabelle 1.1 ist, dass der Nachweis der Konformität mit den EMV-Schutzanforderungen der EMV-Richtlinie auf zwei Wegen möglich ist:

A Der Errichter fügt in der elektrischen Anlage ausschließlich elektrische Betriebsmittel zusammen, die jedes für sich den Anforderungen der Richtlinie entsprechen. Dabei hat er darauf geachtet, dass der Hersteller das jeweilige

Betriebsmittel in der technischen Dokumentation für die zu erwartende elektromagnetische Umgebungsbedingung als geeignet erklärt hat. Sämtliche Betriebsmittel tragen ein CE-Kennzeichen und wurden nach den Installationsanweisungen des Herstellers errichtet. Natürlich wurden stets die allgemein anerkannten Regeln der Technik beachtet.

B Der Errichter fügt in der elektrischen Anlage gekennzeichnete und nicht gekennzeichnete Betriebsmittel zusammen. Für die nicht gekennzeichneten Betriebsmittel ist nicht nachgewiesen, dass sie für die zu erwartende Umgebungsbedingung geeignet sind bzw. dass sie den Schutzanforderungen der EMV-Richtlinie voll entsprechen. Aus diesem Grund muss durch entsprechende Maßnahmen bei der Installation die Einhaltung der Schutzanforderungen erst sichergestellt werden. Auch hier werden natürlich die allgemein anerkannten Regeln der Technik und die Herstellerangaben (soweit vorhanden) beachtet.

Bei der **Möglichkeit A** sind alle relevanten Angaben zur EMV in den technischen Dokumentationen der Hersteller festgehalten. Bei der **Möglichkeit B** muss der Errichter der elektrischen Anlage dem Betreiber stattdessen eine von ihm zu erstellende EMV-Dokumentation übergeben.

Kritisch sind also Anlagen, in denen elektrische Betriebsmittel verwendet werden, die keine CE-Kennzeichnung tragen bzw. für die kein ausreichender Nachweis der Verträglichkeit im Sinne der EMV in der vorgesehenen elektromagnetischen Umgebung vorliegt. Wörtlich heißt es im EMVG § 12 (2) in Bezug auf derartige Geräte:

„Ein Gerät, das zum Einbau in eine bestimmte ortsfeste Anlage vorgesehen und im Handel nicht erhältlich ist, braucht nicht die in den §§ 4, 7, 8 und 9 Abs. 3 bis 5 festgelegten Anforderungen zu erfüllen. Dem Gerät sind Unterlagen beizufügen, aus denen sich ergibt:

1. für welche ortsfeste Anlage das Gerät bestimmt ist

2. unter welchen Voraussetzungen diese ortsfeste Anlage elektromagnetische Verträglichkeit besitzt

3. welche Vorkehrungen beim Einbau in diese ortsfeste Anlage zu treffen sind, damit diese mit den grundlegenden Anforderungen nach § 4 übereinstimmt."

(In den §§ 8 und 9 geht es vor allem um die CE-Kennzeichnung).

Auch der Betreiber der elektrischen Anlage trägt Verantwortung. Er muss z. B. dafür sorgen, dass die grundsätzlichen Anforderungen des EMVG auch während des Betriebs, also nach der Errichtung, eingehalten werden. So heißt es im § 12 (1) EMVG:

„Ortsfeste Anlagen müssen so betrieben und gewartet werden, dass sie mit den grundsätzlichen Anforderungen nach § 4 Abs. 1 und 2 Satz 1 übereinstimmen. Dafür ist der Betreiber verantwortlich. Er hat die Dokumentation nach § 4 Abs. 2 Satz 2 für Kontrollzwecke der Bundesnetzagentur zur Einsicht bereitzuhalten, solange die ortsfeste Anlage in Betrieb ist. Die Dokumentation muss dem aktuellen technischen Zustand der Anlage entsprechen."

Mit der neuen EMV-Richtlinie sowie dem aktuell gültigen EMVG wird jedoch vor allem die Verantwortung für den Planer und Errichter für die elektromagnetische Verträglichkeit der elektrischen Anlage stärker als früher hervorgehoben. Dies entspricht auch den Anforderungen aus den aktuell gültigen Normen wie VDE 0100-510, Abschnitte 512.1.5 und 515.3.1.

Neu ist die Betonung darauf, dass der Errichter **jede neu installierte elektrische Anlage zukünftig mit einer EMV-Dokumentation zu versehen** und diese auf aktuellem Stand zu halten hat. Diese Dokumentation hält er für eine eventuelle Überprüfung durch die Behörde bereit. Ihr Umfang richtet sich selbstverständlich nach der Komplexität der Anlage. Aus dieser Dokumentation geht hervor, wie in der elektrischen Anlage die grundsätzlichen Schutzziele der EMV-Richtlinie eingehalten wurden.

Planer und Errichter elektrischer Anlagen sollten bereit sein, ihre Kompetenz im Bereich der EMV auszubauen. Sie müssen die teilweise komplizierten Zusammenhänge in einer komplexen Anlage verstehen, berücksichtigen und anschließend auch korrekt dokumentieren können. Auch nach dieser EMV-Kompetenz wird er bei einem Schadenfall u. U. gefragt werden.

1.3 Wirtschaftliche Bedeutung

Der wirtschaftliche Schaden, den Funktionsstörungen verursachen können, ist nicht pauschal zu beziffern. Es gibt Fälle, bei denen eine Funktionsstörung lediglich Missmut verbreitet, aber ansonsten hinnehmbar ist. In einem anderen Fall kann sie ein komplettes PC-Netzwerk lahmlegen mit allen daraus resultierenden wirtschaftlichen Folgen wie Datenverluste, Störungen im Betriebsablauf oder einen kompletten Betriebsausfall.

Es kommt nicht selten vor, dass gewünschte und technisch mögliche Funktionen nicht in Anspruch genommen werden können, weil die elektromagnetische Umgebung dies nicht zulässt, oder es müssen zuvor enorme Kosten für Abhilfemaßnahmen aufgebracht werden.

Die elektromagnetische Umgebung eines technischen Geräts ist im Wesentlichen die elektrische Anlage. Sie bildet sozusagen die Infrastruktur, in die die gewünschte moderne Technik integriert werden soll. Wer als Betreiber (Unternehmer oder Hauseigentümer) eine elektrische Anlage modernster Technik nutzen will, kann bei dieser Infrastruktur nicht bedenkenlos auf die Technik der Vergangenheit vertrauen. Bei neu zu errichtenden Anlagen muss von Anfang an über eine geeignete elektromagnetische Umgebung nachgedacht werden, und bei Altanlagen muss überprüft werden, welche Veränderungen oder Neuinstallationen notwendig sind, damit die Infrastruktur einen störungsfreien Betrieb ermöglicht.

Besonders ärgerlich ist es, wenn bei der Errichtung eines Gebäudes zunächst nur an die preiswerteste Lösung gedacht wird. Vordergründig ist das die wirtschaftlichste

Lösung. Allerdings täuscht diese Rechnung gewaltig, denn nachträgliche Maßnahmen, die zumindest die gröbsten Fehler in Bezug auf die EMV beheben sollen, sind stets um ein Mehrfaches teurer als die Mehrkosten für eine EMV-gerechte Planung und Errichtung. In DIN VDE 0100-444 (VDE 0100-444):1999-10, eine typische EMV-Norm, wird dies im Abschnitt „Allgemeine Einführung" deutlich hervorgehoben. Wörtlich heißt es dort: *„Je früher im Verlauf eines Projekts Maßnahmen für die EMV vorgesehen werden, desto einfacher und preiswerter lassen sie sich gestalten."* Diese grundlegende Erkenntnis machen Betreiber sowie Anlagenplaner und -errichter leider häufig viel zu spät.

Ein weiterer Grund für eine frühzeitige Einbeziehung der EMV bei der Planung und Errichtung muss hier genannt werden. Wird wegen Funktionsstörungen eine Nachbesserung der elektrischen Anlage erforderlich, steht nie die Vielzahl an Möglichkeiten zur Verfügung wie dies bei einer vorausschauenden EMV-Planung zu Beginn der Bauphase der Fall ist. Es gibt also zwei Gründe, die EMV von Anfang an mit in die Bauplanung zu integrieren (**Bild 1.1**):

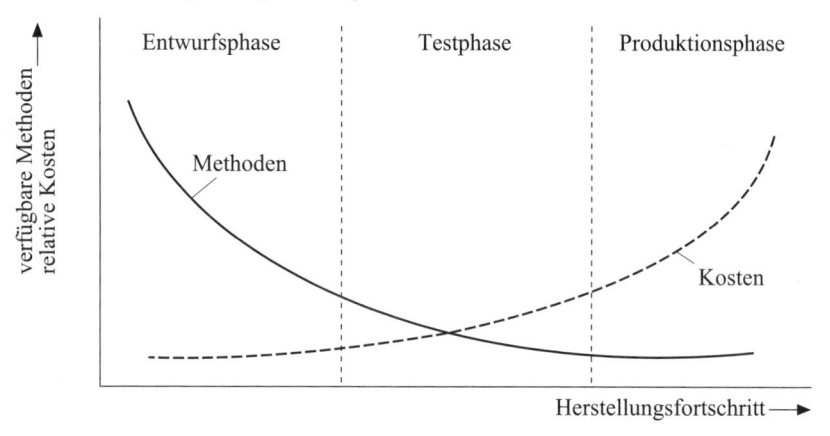

Bild 1.1 Gegenüberstellung von **Kosten** und **Anzahl** notwendiger bzw. verfügbarer Maßnahmen bezüglich der Sicherstellung der EMV – beide in Abhängigkeit vom Baufortschritt eines Industriebetriebs

1. Die Mehrkosten, die das Einbeziehen der EMV bei der Planung der elektrischen Anlage verursacht, sind viel geringer als die Kosten für Nachbesserungen nach Fertigstellung des Gebäudes. Dazu kommt, dass häufig die preiswerteste und sinnvollste Problemlösung nach Fertigstellung nicht mehr ausgeführt werden kann.
2. Die Anzahl der Möglichkeiten bei Errichtung einer elektrischen Anlage, eine für die EMV günstige elektromagnetische Umgebung zu schaffen, ist zu Beginn der Planungsphase stets größer als die Anzahl der Möglichkeiten bei Nachbesserungen nach der Fertigstellung.

2 Regeln der Technik zur EMV in elektrischen Anlagen

2.1 Einführung

Eine geschichtliche Einführung zu den VDE-Normen ist bereits vielfach niedergelegt worden und muss an dieser Stelle nicht ergänzt oder wiederholt werden. Als Beispiel seien genannt:
- Kiefer, G.: VDE 0100 und die Praxis. 12. Aufl., Berlin und Offenbach: VDE VERLAG, 2006
- Rudolph, W.: Einführung in DIN VDE 0100. VDE-Schriftenreihe Bd. 39. 2. Aufl., Berlin und Offenbach: VDE VERLAG, 1999
- Rudolph, W.: EMV nach VDE 0100. VDE-Schriftenreihe Bd. 66. 3. Aufl., Berlin und Offenbach: VDE VERLAG, 2000

In diesem Abschnitt soll es dagegen um die Normen gehen, die zum Thema „Elektroinstallation und EMV" den Stand der Technik beschreiben. Weiterhin sollen andere Werke, wie z. B. technische Richtlinien, Erwähnung finden, wenn sie Wichtiges zum Themenkomplex beizutragen haben. Im Wesentlichen sind dies
- VdS 2349 Störungsarme Elektroinstallation. Herausgeber: Gesamtverband der Deutschen Versicherungswirtschaft e.V. (GDV), Köln: Verlag VdS Schadenverhütung, 2000
- VdS 3501 Isolationsfehlerschutz in elektrischen Anlagen mit elektronischen Betriebsmitteln – RCD und FU. Herausgeber: Gesamtverband der Deutschen Versicherungswirtschaft e.V. (GDV), Köln: Verlag VdS Schadenverhütung, 2006

2.2 VDE-Normen

In der Vergangenheit wurden typische EMV-Normen in der Normenreihe VDE 0800 herausgegeben. In dieser Reihe wird die Sicherheit bei der Auswahl und Errichtung von Anlagen der Fernmelde- und Informationstechnik beschrieben. Da Betriebsmittel solcher Anlagen häufig die Störsenken innerhalb der Gesamtanlagen sind, lag es wohl nahe, hier die grundsätzlichen Anforderungen zu beschreiben, die für ihren störungsfreien Betrieb notwendig sind.

Der Nachteil war allerdings, dass Planer und Errichter elektrischer Anlagen in einem Gebäude in der Regel zunächst nur die Normen zur Errichtung von Starkstromanlagen (Normenreihe VDE 0100) berücksichtigten, sodass häufig dann, wenn z. B. informationstechnische Anlagen im jeweiligen Gebäude integriert werden mussten, bereits eine für die EMV ungünstige elektromagnetische Umgebung vorhanden war. Auf diese Weise konnte zwar auf zahlreiche Normen aus der Reihe VDE 0800 zurückgegriffen werden, wenn es darum ging, notwendige Voraussetzungen für eine EMV in Gebäuden, in denen informationstechnische Anlagen errichtet werden sollen, zu beschreiben. Aber leider wurden sie von Planern und Errichtern elektrischer Niederspannungsanlagen nicht genügend wahrgenommen. Als Beispiel sollen hier einige Sätze aus Abschnitt 6.3 der DIN EN 50310 (VDE 0800-2-310):2006-10 zitiert werden:

„*6.3 Wechselstromverteilungsanlage und Anschluss des Schutzleiters*

... Die Wechselstromverteilungsanlage in einem Gebäude muss die Anforderungen eines TN-S-Systems erfüllen. Dies macht es erforderlich, dass im Gebäude kein PEN-Leiter vorhanden sein darf."

In der Vorgängerausgabe dieser Norm (VDE 0800-2-310:2001-9) wurde an dieser Stelle sogar ausdrücklich auf den entsprechenden Abschnitt der Norm aus der Reihe VDE 0100 hingewiesen. So hieß es wörtlich:

„ *... d. h., die Ausführung nach 546.2.1 von HD 384.5.54 S1:1980 darf nicht angewendet werden.*"

Bei dem erwähnten Abschnitt handelt es sich um Abschnitt 8.2.1 aus DIN VDE 0100-540:1991-11, der wie folgt lautete:

„*In TN-Systemen (Netzen) darf bei fester Verlegung und bei einem Leiterquerschnitt von mindestens 10 mm^2 für Kupfer oder 16 mm^2 für Aluminium ein einzelner Leiter verwendet werden, der sowohl Schutzleiter als auch Neutralleiter ist.*"

Natürlich gilt das Verbot aus VDE 0800-2-310 nur für Anlagen, in denen informationstechnische Einrichtungen errichtet werden. Allerdings ist in der heutigen Zeit kaum noch davon auszugehen, dass es elektrische Anlagen gibt, in denen das nicht der Fall ist. Doch bleibt hier die Frage, ob der Planer oder Errichter dieses Verbot bei der Planung bzw. Errichtung überhaupt gelesen, geschweige denn berücksichtigt hat. Allzu häufig wird dies mit einem klaren Nein zu beantworten sein. Aus diesem Grund ist es umso wichtiger, die unterschiedlichen Normen in ihrer Gesamtheit zu sehen und die grundsätzlichen Inhalte bezüglich der EMV zusammenzufassen.

Dieses Beispiel zeigt aber auch, dass es notwendig wurde, Anforderungen zur EMV auch in den Bereich der Errichtungsnormen aufzunehmen. Die ersten Versuche hierzu waren zunächst relativ zaghaft (siehe z. B. Abschnitt 7.2 in DIN VDE 0100-540:1991-11). Doch mit dem Erscheinen von DIN VDE 0100-444 (VDE 0100-444):1999-10 widmete sich endlich eine komplette Errichtungsnorm der Reihe VDE 0100 diesem Thema. Im Folgenden sollen die verschiedenen Normen kurz besprochen werden. Ihre Anforderungen werden in den Kapiteln 5 und 6 dieses Buchs zur Sprache kommen.

2.3 Kurzbeschreibung der wichtigsten EMV-Normen

2.3.1 DIN VDE 0100-100 (VDE 0100-100):2002-08

Titel der Norm

Errichten von Niederspannungsanlagen, Teil 100: Anwendungsbereich, Zweck und Grundsätze

Zweck und Anwendungsbereich der Norm

Sie gilt für Stromkreise, Verdrahtungen (soweit diese nicht in Gerätenormen berücksichtigt werden) sowie die gesamte Kabelanlage (einschließlich der fest installierten Kabelanlage für informationstechnische Einrichtungen) von fast allen Arten elektrischer Anlagen in und außerhalb von Gebäuden.

In dieser Norm werden der Anwendungsbereich von Normen der Reihe VDE 0100 (Errichtungsnormen) festgelegt und zusätzlich einige grundlegende Anforderungen beschrieben. Man könnte diese Anforderungen auch als allgemeine Schutzziele bezeichnen, da sie keine detaillierten technischen Anforderungen sind, sondern allgemeine Regeln, die bei der Planung und Errichtung von elektrischen Anlagen stets zu beachten sind.

In Abschnitt 12.1 wird der Zweck der Norm folgendermaßen beschrieben:

„Diese Norm enthält die Regeln für die Planung und Errichtung elektrischer Anlagen, um deren Sicherheit und richtige Funktion für die beabsichtigte Verwendung zu erreichen."

Für die EMV wichtige Inhalte der Norm

Aus der zuvor angegebenen Zweckbestimmung kann man herauslesen, dass hier neben den allgemeinen Anforderungen für den Personenschutz auch solche für eine sichere Funktion im Sinne der EMV enthalten sein müssen. Dies ist im Prinzip auch der Fall. Allerdings wird VDE 0100-100 in Bezug darauf wenig konkret. Lediglich der folgende Abschnitt weist Planer und Errichter auf ihre Verpflichtung hin, die EMV innerhalb der elektrischen Anlage nicht unberücksichtigt zu lassen:

„132.11 Vermeiden gegenseitiger Beeinflussung

Elektrische Anlagen müssen so angeordnet werden, dass gegenseitige nachteilige Beeinflussung zwischen elektrischen und nicht elektrischen Anlagen eines Anwesens nicht auftreten können.
Beeinflussungen bezüglich EMV müssen mitbetrachtet werden.
Anmerkung: Weiteres siehe DIN VDE 0100-444 (VDE 0100-444):1999-10."

Während der erste Satz des zitierten Abschnitts nur von der Anordnung (vor allem sind hier wohl Abstände zwischen sich beeinflussenden Einrichtungen gemeint) spricht, wird im zweiten Satz direkt auf die EMV Bezug genommen. Der Hinweis ist zwar sehr allgemein gehalten, aber zumindest kann gesagt werden, dass auch die

VDE-Normen im Bereich der Errichtung von Niederspannungsanlagen (Normenreihe VDE 0100) den Aspekt der EMV mit einschließen. Keinesfalls sind also diese funktionellen Anforderungen im Sinne der EMV eine Betrachtungsweise, die den Errichtungsnormen fremd wären.

2.3.2   E DIN IEC 60364-1 (VDE 0100-100):2003-08   (Normentwurf)

Titel des Normentwurfs

Errichten von Niederspannungsanlagen, Teil 100: Allgemeine Grundsätze, Bestimmungen allgemeiner Merkmale, Begriffe

Zweck und Anwendungsbereich des Normentwurfs

Der Zweck dieses Normentwurfs hat sich in Bezug auf die zur Zeit gültige Norm nicht geändert. Deshalb gilt hier das, was bereits zuvor im Abschnitt 2.3.1 gesagt wurde. Allerdings fehlt der dort zitierte Abschnitt aus der Norm, in dem der Zweck näher beschrieben wurde.

Für die EMV wichtige Inhalte des Normentwurfs

Beim Vergleich der Inhalte dieses Normentwurfs mit denen der aktuell gültigen Norm (VDE 0100-100) wird deutlich, dass der Aspekt der EMV mehr und mehr in den Fokus der Errichtungsnormen gerät. Dies zeigt sich bereits in der Aufzählung der Änderungen, die in jeder neu erscheinenden Norm (und Normentwurf) gleich zu Anfang aufgezählt werden. Im Normentwurf der VDE 0100-100 werden u. a. folgende Änderungen zur aktuell gültigen Norm angegeben:

- *Schutz bei Überspannungen und Maßnahmen gegen elektromagnetische Einflüsse modifiziert*
- *Aufnahme der Darstellung des Systems mit Mehrfacheinspeisung*
- *Aufnahme von Anforderungen zur elektromagnetischen Verträglichkeit*

Die Inhalte zur erstgenannten Änderung findet man in Abschnitt 131.6.1:

„*Die Anlage muss eine angemessene Störfestigkeit gegen elektromagnetische Störungen besitzen, um in der gegebenen Umgebung ordnungsgemäß zu funktionieren. Jede erzeugte elektromagnetische Aussendung darf nicht höher sein als der Verträglichkeitswert für die berücksichtigte Umgebung.*"

Zur zweitgenannten Änderung wird einiges in Abschnitt 5.2 dieses Buchs gesagt. Die letztgenannte Änderung ist vor allem im Abschnitt 33 (Verträglichkeit) des Normentwurfs zu finden. Dort werden ganz wesentliche und grundsätzliche Anforderungen beschrieben. Im Unterabschnitt 33.1 wird der Planer aufgefordert, sich über mögliche Störeinflüsse von Betriebsmitteln Gedanken zu machen. Dabei muss er die ganze Palette von Störgrößen wie Oberschwingungen oder elektrische und magnetische Felder einbeziehen und daraus resultierende mögliche Beeinflussungen in seiner Planung berücksichtigen. Ausdrücklich wird im Unterabschnitt 33.2

auf DIN VDE 0100-444 hingewiesen, wo die Maßnahmen beschrieben werden, mit denen Störungen vermieden oder reduziert werden können.

Sollte dieser Entwurf in dieser Fassung als gültige Norm veröffentlicht werden, so sind diese grundsätzlichen Aussagen für die EMV in Gebäuden außerordentlich wichtig. Auch wenn in DIN VDE 0100-444 leider häufig nur Empfehlungen enthalten sind, haben Planer und Errichter damit keine Möglichkeit mehr, die dort genannten Anforderungen einfach zu ignorieren. Sollten Sie es tun, müssen Sie zumindest nachweisen, dass sie andere bzw. gleichwertige Wege gewählt haben, um die EMV in der elektrischen Anlage herzustellen.

2.3.3 DIN VDE 0100-443 (VDE 0100-443):2007-06

Titel der Norm

Errichten von Niederspannungsanlagen, Teil 4-44: Schutzmaßnahmen – Schutz bei Störspannungen und elektromagnetische Störgrößen – Abschnitt 443: Schutz bei Überspannungen infolge atmosphärischer Einflüsse oder von Schaltvorgängen

Zweck und Anwendungsbereich der Norm

Diese Norm beschreibt Anforderungen für einen Schutz der elektrischen Anlage vor Überspannungen, die aufgrund von Gewittertätigkeiten von außen über das elektrische Versorgungsnetz sowie aufgrund von Schalthandlungen innerhalb der Anlage über galvanische Verbindungen auf die elektrischen Betriebsmittel der elektrischen Anlage einwirken können.

Gewitter sind immer möglich, von daher muss der Planer einer elektrischen Anlage Beeinflussungen, die dadurch entstehen können, stets mit berücksichtigen. Dabei kann eine Risikoabschätzung ergeben, dass besondere Schutzmaßnahmen nicht notwendig sind, weil entweder die Gefahr als zu gering eingestuft wird oder weil die elektrischen Betriebsmittel den üblicherweise auftretenden Überspannungen gewachsen sind.

Für die EMV wichtige Inhalte der Norm

Aus dem Anwendungsbereich geht hervor, dass in der Norm der Schutz vor direkten Blitzeinschlägen nicht behandelt wird. Es geht also ausschließlich um Auswirkung ferner Blitzeinschläge sowie um Schalthandlungen innerhalb der Anlage. Dabei hat der Planer durch eine Risikobewertung, die in Abschnitt 443.3 beschrieben wird, festzulegen, ob die elektrische Anlage selbst den zu erwartenden Überspannungen gewachsen ist oder ob zusätzliche Überspannungs-Schutzeinrichtungen notwendig werden.

2.3.4 DIN VDE 0100-444 (VDE 0100-444):1999-10

Titel der Norm

Elektrische Anlagen von Gebäuden, Teil 4: Schutzmaßnahmen – Kapitel 44: Schutz bei Überspannungen – Hauptabschnitt 444: Schutz gegen elektromagnetische Störungen (EMI) in Anlagen von Gebäuden

Zweck und Anwendungsbereich der Norm

Der Zweck dieser Norm geht klar aus dem Abschnitt „Allgemeine Einführung" hervor. Dort heißt es:

„*Diese Norm soll dazu beitragen, die Schutzziele der elektromagnetischen Verträglichkeit (EMV) bei der Planung und Errichtung von elektrischen Anlagen zu erreichen.*"

Nach Abschnitt 444.1 besteht ein wichtiger Zweck dieser Norm darin, **Informationen** zu einer Planung unter Berücksichtigung der Aspekte der EMV zu liefern. Das zeigt sich auch in den folgenden Abschnitten; denn häufiger sind dort nur Empfehlungen statt verbindliche Vorschriften zu finden.

Besonderheit dieser Norm

Diese Norm bringt erstmalig einen großen Teil der gesamten Bandbreite der Maßnahmen zur EMV in den Bereich der Errichternormen (Normenreihe VDE 0100) hinein. Ihre Besonderheit wird an ihrer Entstehungsgeschichte deutlich. Dem Text der Norm liegt die internationale Norm IEC 60364-4-444:1996-04 zugrunde. Üblich ist es, dass IEC-Normen durch das Europäische Komitee für Elektrotechnische Normung (CENELEC) bearbeitet, harmonisiert und dann als sogenannte europäische Harmonisierungsdokumente (HD-Dokumente) herausgegeben werden. Ein solches Harmonisierungsdokument wird anschließend in den Mitgliedsstaaten der Europäischen Union als nationale Norm veröffentlicht.

Dieser Vorgang soll an einem bekannten Beispiel erläutert werden. In der bis Juni 2007 gültigen Fassung der VDE 0100-410 findet man in der Titelleiste auf der ersten Seite die folgende Angabe:

Errichten von Starkstromanlagen mit Nennspannungen
bis 1 000 V
Teil 4: Schutzmaßnahmen
Kapitel 41: Schutz gegen elektrischen Schlag (IEC 364-4-41:1992, modifiziert)
Deutsche Fassung HD 384.4.41 S2:1996

Daraus wird deutlich, dass es 1992 zunächst eine IEC-Norm gab (IEC 364-4-41), die dann 1996 modifiziert als europäisches Dokument HD 384.4.41 S2 herausgegeben wurde. Dieses europäische Harmonisierungsdokument wurde anschließend in Deutschland im Jahr 1997 als DIN VDE 0100-410 (VDE 0100-410):1997-01 veröffentlicht.

Bei VDE 0100-444 war dies jedoch anders. In Europa fand sich keine Mehrheit dafür, die zugrunde liegende IEC-Norm zu harmonisieren. Statt dessen wurde sie im Februar 1999 als sogenannter Fachbericht mit der Bezeichnung R064-004 herausgegeben, was einer unverbindlichen Informationsschrift gleichkam. Da man in Deutschland jedoch auf eine derartige Norm nicht verzichten wollte, veröffentlichte man hier IEC 60364-4-444 im Alleingang als Deutsche Norm. Dies zeigt, wie verwickelt und schwierig die Einigung zu diesem Thema auf europäischer Ebene ist. Die Kritik, die an der für viele zu „weichen" Norm (VDE 0100-444) geübt wird, muss in diesem Licht betrachtet werden. Solange keine besseren Ergebnisse vorliegen, sollten die entsprechenden Fachleute zunächst dankbar sein, dass die deutschen Vertreter in den Normungsgremien in Deutschland im Grunde schon so viel erreicht haben. Dass Verbesserungen wünschenswert und notwendig sind, ist allen Beteiligten klar.

Für die EMV wichtige Inhalte der Norm

Die Norm enthält eine ganze Reihe wichtiger Maßnahmen für eine zufriedenstellende elektromagnetische Umgebung in der elektrischen Anlage, wie:

- Abstand von möglichen Störquellen zu Störsenken
- Einsatz von Störfiltern
- Schirmungsmaßnahmen
- Vermeidung von Induktionsschleifen (Koppelschleifen) bei Verkabelung und Verdrahtung
- Maßnahmen bei gebäudeüberschreitenden Leitungen
- Vermeidung eines PEN-Leiters im Gebäude
- Ersatzmaßnahmen, wenn informationstechnische Einrichtungen in bestehende elektrische Anlagen integriert werden müssen

2.3.5 E DIN IEC 60364-4-44/A2 (VDE 0100-444):2003-04 (Normentwurf)

Titel des Normentwurfs

Errichten von Niederspannungsanlagen, Teil 4-44: Schutzmaßnahmen – Schutz gegen Überspannungen und Maßnahmen gegen elektromagnetische Einflüsse, Hauptabschnitt 444: Schutz gegen elektromagnetische Einflüsse

Zweck und Anwendungsbereich der Norm

Zweck und Anwendungsbereich haben sich bei diesem Entwurf nicht verändert. Im deutschen Text sind allerdings die entsprechenden Abschnitte hierzu nicht mehr zu finden. Dies hängt mit der nachfolgend beschriebenen Besonderheit dieses Normentwurfs zusammen.

Besonderheit dieses Normentwurfs

Wie bei der aktuell gültigen Deutschen Norm VDE 0100-444 liegt auch diesem Normentwurf eine internationale Norm zugrunde: IEC 60364-4-44:2001-08. In diesem Fall wurde diese Norm jedoch nicht direkt als Deutsche Norm übernommen. Der Grund war, dass die Hauptabschnitte der Normenreihe VDE 0100:

- 442 Schutz von Niederspannungsanlagen bei Erdschlüssen in Netzen mit höherer Spannung
- 443 Schutz bei Überspannungen infolge atmosphärischer Einflüsse und von Schaltvorgängen
- 444 Schutz gegen elektromagnetische Störungen (EMI)
- 450 Schutz gegen Unterspannung

unter einem gemeinsamen Abschnitt 440 zusammengefasst werden sollten. Damit wäre Abschnitt 444 endlich auch in Europa in einem Harmonisierungsdokument enthalten. Diese Arbeit sollte in einem verkürzten Verfahren aufgegriffen werden. Um der deutschen Fachöffentlichkeit vorab die Möglichkeit zu geben, möglichst früh auf das Papier zu reagieren und es als wichtige Informationsquelle für die Planung und Errichtung elektrischer Anlagen verwenden zu können, veröffentlichte das zuständige Normungsgremium zunächst eine noch nicht autorisierte deutsche Übersetzung des IEC-Papiers, obwohl noch Änderungen durch die Arbeit in den europäischen Gremien zu erwarten waren. Da es sich dabei um einen Teilabschnitt innerhalb eines übergeordneten Abschnitts handelt, fehlt die sonst übliche Einleitung. Es muss darauf hingewiesen werden, dass in Zweifelsfällen die tatsächliche Bedeutung dem im Entwurf beigelegten englischen Text entnommen werden muss.

Für die EMV wichtige Inhalte des Normentwurfs

Da das Papier nach Form und Inhalte wie zuvor beschrieben noch keinen endgültigen Stand wiedergibt, ist es nicht unproblematisch, hieraus klare Regelungen abzuleiten. Wenn man jedoch die Inhalte zunächst als Information für eine fachtechnisch korrekte Berücksichtigung der EMV versteht, ist dieser Normentwurf sehr wichtig. Ob sich aus den Teilen, die über Anforderungen der bisher gültigen VDE 0100-444 hinausgehen, tatsächlich Bestimmungstexte einer zukünftigen Norm ergeben werden, muss abgewartet werden. Fest steht aber, dass im vorliegenden Normentwurf immer noch viel zu häufig Empfehlungen statt klare Forderungen zu finden sind.

Der Abschnitt zum Thema „Erdung und Potentialausgleich" (Abschnitt 444.5) wurde gegenüber der aktuell gültigen Norm stark erweitert. Außerdem sind zusätzlich Bilder und zugehörige Texte zu wichtigen Themen hinzugefügt worden. Hervorzuheben sind folgende Bilder:

- Bild 5 und Bild 6 stellen die richtige Ausführung der Stromversorgung bei Mehrfacheinspeisung dar

- Bild 8, Bild 8A und Bild 8B stellen die Anforderungen bei redundanter Einspeisung (alternative Stromversorgung) dar
- Bild 11 wurde aus DIN EN 50174-2 (VDE 0800-174-2):2001-09 übernommen; dargestellt wird der sternförmige Aufbau von Schutzleitern
- Bild 15 wurde aus DIN EN 50174-2 (VDE 0800-174-2):2001-09 übernommen; in diesem Bild wird die durchgängige Verbindung von metallenen Kabelwannen u. Ä. dargestellt
- Bild 16 wurde aus DIN EN 50174-2 (VDE 0800-174-2):2001-09 übernommen; das Bild stellt die für die EMV günstige Trennung der Systeme bei der Verlegung von Kabeln und Leitungen in Trassen dar

2.3.6 DIN VDE 0100-510 (VDE 0100-510):2007-06

Titel der Norm

Elektrische Anlagen von Gebäuden – Teil 5-51: Auswahl und Errichtung elektrischer Betriebsmittel – Allgemeine Bestimmungen

Zweck und Anwendungsbereich der Norm

Wie der Titel bereits ausdrückt, werden in dieser Norm allgemeine Bestimmungen für die korrekte Auswahl und Errichtung von elektrischen Betriebsmitteln beschrieben. Enthalten sind auch Anforderungen für einen zufriedenstellenden Betrieb der elektrischen Anlage, sofern deren Betriebsmittel bestimmungsgemäß verwendet werden. Ebenso werden in dieser Norm Anforderungen beschrieben, die bei den zu erwartenden äußeren Einflüssen (wie z. B. Umweltbedingungen) zu berücksichtigen sind.

Für die EMV wichtige Inhalte des Normentwurfs

Abschnitt 5.3 wird überschrieben mit „Elektromagnetische Verträglichkeit (EMV)". Darunter gibt es nur einen Unterabschnitt: Abschnitt 515.3.1 (Auswahl der Störfestigkeitspegel und der Aussendepegel). Dort werden Planer und Errichter aufgefordert, die elektrischen Betriebsmittel so auszuwählen und zu errichten, dass diese bei den Störeinwirkungen, die am Montageort zu erwarten sind, zufriedenstellend funktionieren. Diese Forderung korrespondiert klar mit den Forderungen des EMVG (siehe Abschnitt 1.2.4 dieses Buchs).

In Abschnitt 516 werden Maßnahmen bei vorhandenen bzw. zu erwartenden Schutzleiterströmen beschrieben. Dies ist zwar kein direktes Thema bezüglich der EMV, kann aber dazu werden, wenn die Schutzleiterströme zu Störgrößen für empfindliche, elektronische Verbrauchsmittel werden. Im Zweifelsfall müssen Maßnahmen, z. B. nach VDE 0100-444, ergriffen werden, um eine ausreichende elektromagnetische Verträglichkeit herzustellen.

2.3.7 DIN V VDE V 0100-534 (VDE V 0100-534):1999-04 (Vornorm)

Titel der Vornorm

Elektrische Anlagen von Gebäuden, Teil 534: Auswahl und Errichtung von Betriebsmitteln, Überspannungs-Schutzeinrichtungen

Zweck und Anwendungsbereich der Vornorm

Überspannungs-Schutzeinrichtungen sind stets Teil der elektrischen Anlage. Aus diesem Grund müssen die grundsätzlichen Anforderungen, die bei deren Errichtung zu beachten sind, auch in der Normenreihe VDE 0100 festgelegt werden. In dieser Vornorm werden die Auswahl und Errichtung solcher Schutzeinrichtungen in elektrischen Anlagen beschrieben.

Für die EMV wichtige Inhalte der Vornorm

Vorausgesetzt werden Überspannungen, die durch ferne, nahe und direkte Blitzeinschläge sowie durch Schaltvorgänge entstehen können. Die Risikobewertung sowie die Art und Notwendigkeit des Überspannungsschutzes bei fernen Blitzeinschlägen und Schaltüberspannungen werden in DIN VDE 0100-443 (VDE 0100-443) beschrieben. Bei nahen und direkten Blitzeinschlägen ist dagegen DIN EN 62305-2 (VDE 0185-305-2) zu beachten.

Mit zahlreichen Bildern wird der Aufbau bzw. die Ausführung eines korrekten Überspannungsschutzes in der elektrischen Anlage beschrieben.

2.3.8 DIN VDE 0100-557 (VDE 0100-557):2007-06

Titel des Normentwurfs

Errichten von Niederspannungsanlagen – Teil 5: Auswahl und Errichtung elektrischer Betriebsmittel – Abschnitt 557: Hilfsstromkreise

Zweck und Anwendungsbereich des Normentwurfs

In diesem Normentwurf werden die Anforderungen an sogenannte Hilfsstromkreise bis 1 000 V beschrieben. Dies sind z. B. steuerungstechnische Verknüpfungen von verschiedenen Einrichtungen bzw. elektrischen Verbrauchsmitteln, nicht jedoch die interne Verdrahtung von elektrischen Betriebsmitteln, deren Anforderungen in anderen Normen festgelegt sind, sowie die steuerungstechnische Ausrüstung von Maschinen, Gefahrenmeldeanlagen usw. Die Norm ersetzt die bisher gültige DIN VDE 0100-725 (VDE 0100-725):1991-11.

Für die EMV wichtige Inhalte des Normentwurfs

In Abschnitt 557.4 (Allgemeine Anforderungen) wird hervorgehoben, dass die Anforderungen an die EMV erfüllt sein müssen und dass dazu die einschlägigen Normen wie DIN VDE 0100-444 (VDE 0100-444), DIN EN 50174-2 (VDE 0800-174-2), DIN EN 50310 (VDE 0800-2-310) sowie die Installationsvorgaben der Gerätehersteller zu beachten sind.

2.3.9 DIN VDE 0100-710 (VDE 0100-710):2002-11

Titel der Norm

Errichten von Niederspannungsanlagen, Anforderungen für Betriebsstätten, Räume und Anlagen besonderer Art, Teil 710: Medizinisch genutzte Bereiche

Zweck und Anwendungsbereich der Norm

Die Normen der Gruppe 700 der Normenreihe VDE 0100 enthalten in der Regel Anforderungen, die zusätzlich zu den übrigen Anforderungen aus den Gruppen 300 bis 500 der Normenreihe VDE 0100 (z. B. VDE 0100-410) zu beachten sind. Dies trifft auch auf diese Norm zu. Dabei geht es um besondere Anforderungen, die für elektrische Anlagen in medizinisch genutzten Bereichen gelten.

Für die EMV wichtige Inhalte der Norm

In dieser Norm werden Aussagen zur Berücksichtigung der EMV in Abschnitt 710.444 gemacht. Dieser Abschnitt trägt den Titel: *„Schutz gegen elektromagnetische Störungen (EMI) in Anlagen von Gebäuden"*. Das lässt vermuten, dass hierzu wesentliche Anforderungen beschrieben werden. Allerdings findet man statt dessen nur folgende Anmerkung:

„Anmerkung: Zum Schutz gegen elektromagnetische Störungen werden keine zusätzlichen Forderungen erhoben, da die derzeit geforderten Maßnahmen in den entsprechenden Basisnormen ausreichend beschrieben sind bzw. sich diese noch im Entwurfsstadium befinden."

Gemeint sind natürlich die Normen der Normenreihe 0800 sowie DIN VDE 0100-444. Es bleibt zu hoffen, dass die erwähnten Entwürfe dann, wenn sie zu einem späteren Zeitpunkt als gültige Norm erscheinen werden, tatsächlich alle notwendigen Inhalte zu einer EMV in medizinisch genutzten Bereichen enthalten werden.

Darüber hinaus enthält DIN VDE 0100-710 auch eine Empfehlung für eine maximale Belastung durch magnetische Felder bei 50 Hz, wenn diese in der Nähe von Patienten auftreten können. In diesem Fall sollte die magnetische Induktion B folgende Werte nicht überschreiten:

- $B = 2 \cdot 10^{-7}$ Tesla (das sind 0,2 µT) bei Untersuchungen mittels Elektroenzephalogramm (EEG), das der Aufzeichnung der Hirnstromtätigkeit dient
- $B = 4 \cdot 10^{-7}$ Tesla (das sind 0,4 µT) bei Aufzeichnungen mittels Elektrokardiogramm (EKG), das der Aufzeichnung der Herzaktivität dient

Dies wird erreicht, wenn elektrische Betriebsmittel, die hohe magnetische Felder erzeugen, in ausreichender Entfernung errichtet werden. In Zweifelsfällen wird weiterhin empfohlen, Messungen durch entsprechend ausgebildete Fachleute vornehmen zu lassen.

2.3.10 DIN VDE 0101 (VDE 0101):2000-01

Titel der Norm

Starkstromanlagen mit Nennwechselspannungen über 1 kV

Zweck und Anwendungsbereich der Norm

In dieser Norm werden Anforderungen für die Projektierung und Errichtung von elektrischen Anlagen mit Nennspannung über 1 kV beschrieben. Ausdrücklich wird im Abschnitt 1.1 dieser Norm hervorgehoben, dass das Ziel ist, *„eine sichere und störungsfreie Funktion im bestimmungsgemäßen Betrieb sicherzustellen"*. Allein dieser Hinweis zeigt, dass man bei der Planung und Errichtung von Hochspannungsanlagen die Aspekte der EMV stets berücksichtigen muss.

Für die EMV wichtige Inhalte der Norm

In der Norm werden in Abschnitt 8.5 die Grundregeln zur elektromagnetischen Verträglichkeit von Steuerungssystemen beschrieben. Hier kommen zahlreiche Maßnahmen für eine EMV in elektrischen Anlagen zur Sprache wie

- Potentialausgleich
- Schirmung
- Filterung
- Überspannungsschutz
- Art der Verlegung
- Einhaltung von Abständen usw.

2.3.11 Normen der Reihe DIN EN 62305-1/-2/-3/-4 (VDE 0185-305-1/-2/-3/-4) (Blitzschutznormen)

Der Blitzschutz wird in diesem Buch nicht im Detail beschrieben. Hierzu sei auf die entsprechende Fachliteratur verwiesen, wie z. B.

- Hasse, P.; Landers, E.; Wiesinger, J.; Zahlmann, P.: EMV-Blitzschutz von elektrischen und elektronischen Systemen in baulichen Anlagen. VDE-Schriftenreihe Band 185. Offenbach und Berlin: VDE VERLAG, 2007
- Ackermann, G.; Hönl, R.: Schutz von IT-Anlagen gegen Überspannungen. Erläuterungen zu VDE 0185, VDE 0845, IEC 61643, IEC 61663. VDE-Schriftenreihe Band 119. Offenbach und Berlin: VDE VERLAG, 2006

- Hasse, P.; Wiesinger, J.; Zieschank, W.: Handbuch für Blitzschutz und Erdung. Berlin und Offenbach: VDE VERLAG, 2005
- Trommer, W.; Hampe, E.-A.: Blitzschutzanlagen. Berlin: Hüthig-Verlag, 2005

Allerdings werden das Phänomen des Blitzes bzw. die Auswirkungen eines Blitzschlags (wie z. B. Überspannung und magnetisches Feld) immer wieder an entsprechender Stelle behandelt. Auch in den Normen der Reihe VDE 0185-305 selbst ist der Aspekt der EMV ein ständiges Thema. Wenn ein Blitzschutz gefordert wird, müssen automatisch die Anforderungen dieser Normen beachtet werden. Erläuterungen zu den Normtexten und Ausführungshilfen geben die oben genannter Werke.

2.3.12 DIN VDE 0298-4 (VDE 0298-4):2003-08

Titel der Norm

Verwendung von Kabeln und isolierten Leitungen für Starkstromanlagen, Teil 4: Empfohlene Werte für die Strombelastbarkeit von Kabeln und Leitungen für feste Verlegung in und an Gebäuden und von flexiblen Leitungen

Zweck und Anwendungsbereich der Norm

Der Zweck dieser Norm geht bereits aus dem Titel hervor. Man könnte sich fragen, was eine reine „Kabel- und Leitungsnorm" an dieser Stelle zu suchen hat. Es zeigt sich jedoch, dass auch bei der Auswahl von Kabeln und Leitungen der Aspekt der EMV nicht unberücksichtigt bleiben darf. Dies wird in dieser Norm deutlich hervorgehoben.

Besonderheit dieser Norm

Diese Norm enthält genau genommen Bestimmungstexte aus Abschnitt 523 der DIN VDE 0100-520. Das zugrunde liegende Harmonisierungsdokument ist HD 384.5.523 S2:2001. In VDE 0100-520 sind die entsprechenden Anforderungen aus Abschnitt 523 allerdings nicht zu finden. Unter der Überschrift des Abschnitts 523 steht statt dessen der Hinweis, dass hier VDE 0298-4 anzuwenden ist. Diese Besonderheit gibt es nur in Deutschland. Man war hier der Meinung, dass dieser Abschnitt wichtig genug ist, ihn als eigenständige Deutsche Norm herauszugeben.

Für die EMV wichtige Inhalte der Norm

Der für die EMV wichtigste Abschnitt ist 4.3.2. Dort wird erläutert, dass bei der Festlegung der Strombelastbarkeit von Kabeln und Leitungen die Belastung des Neutralleiters mitberücksichtigt werden muss, wenn der Anteil der Oberschwingungen (in der Norm wird hier der Ausdruck „Oberwellen" verwendet) einen bestimmten Wert überschreitet. Liegt dieser Anteil über 10 %, darf der Querschnitt des Neutralleiters (und somit auch des PEN) nicht reduziert werden. Ab einer bestimmten Höhe des Oberschwingungsanteils wird der Neutralleiter u. U. sogar höher belastet als die Außenleiter. Seine Strombelastbarkeit wird dann zur bestimmenden Größe bezüglich der Festlegung des Mindestquerschnitts. Näheres hierzu wird im informativen Anhang B der Norm erläutert. Im Bestimmungstext der Norm wird aber ausdrücklich auf diesen Anhang hingewiesen. Die Berücksichtigung der Oberschwingungsbelastung muss also erfolgen. Natürlich ist es nicht gefordert, dabei nach den Vorgaben aus Anhang B vorzugehen, aber es muss stets nachvollziehbar sein, wie der Planer die Oberschwingungsbelastung berücksichtigt hat. Hält man sich an die Vorgaben des Anhangs B aus DIN VDE 0298-4, so liegt man sicherlich auf der sicheren Seite.

2.3.13 DIN EN 50310 (VDE 0800-2-310):2006-10

Titel der Norm

Anwendung von Maßnahmen für Potentialausgleich und Erdung in Gebäuden mit Einrichtungen der Informationstechnik

Zweck und Anwendungsbereich der Norm

Diese Norm enthält Anforderungen für einen geeigneten Potentialausgleich in Gebäuden, in denen informationstechnische Einrichtungen errichtet werden sollen. Dieser Potentialausgleich soll helfen zu gewährleisten:

- den Schutz vor elektrischem Schlag
- ein für alle informationstechnischen Einrichtungen zuverlässiges Bezugspotential
- die elektromagnetische Verträglichkeit aller informationstechnischer Einrichtungen

Für die EMV wichtige Inhalte der Norm

In Abschnitt 5 dieser Norm wird sehr umfassend und unterstützt mit zahlreichen Bildern ein Potentialausgleich beschrieben, der die Aspekte der EMV berücksichtigt und somit den störungsfreien Betrieb der informationstechnischen Einrichtungen gewährleistet. Die verwendete Begrifflichkeit ist für Planer und Errichter, die bisher in erster Linie nach der Normenreihe VDE 0100 gearbeitet haben, gewöhnungsbedürftig. Das sollte jedoch nicht davon abhalten, die Anforderungen dieser Norm zu verinnerlichen, um insgesamt ein ausreichend gutes Ergebnis im Sinne der EMV zu erreichen. In diesem Buch wird versucht, diese neuen Begriffe durch praktische Beispiele zu erläutern, um ihre Umsetzung zu erleichtern.

Im Abschnitt 6 der Norm werden die verschiedenen Versorgungsnetzsysteme aufgeführt und beschrieben. Dabei wird beurteilt, wie geeignet die verschiedenen Netzsysteme sind, eine günstige elektromagnetische Umgebung im Sinne der EMV zu gewährleisten.

2.3.14 DIN V VDE V 0800-2-548 (VDE V 0800-2-548):1999-10 (Vornorm)

Titel der Vornorm

Elektrische Anlagen von Gebäuden, Teil 5: Auswahl und Errichtung elektrischer Betriebsmittel, Hauptabschnitt 548: Erdung und Potentialausgleich für Anlagen der Informationstechnik

Zweck und Anwendungsbereich der Vornorm

In dieser Vornorm werden Anforderungen zu Erdung und Potentialausgleich für Anlagen und Betriebsmittel der Informationstechnik beschrieben.

Besonderheit dieser Vornorm

Die Vornorm ist eine Übersetzung der Internationalen Norm IEC 60364-5-548: 1996-02. Von dieser Klassifizierung her gesehen handelt es sich eigentlich um einen Abschnitt, den man in DIN VDE 0100-540 einordnen sollte. Allerdings geht es hier um besondere Anforderungen, die bei Vorhandensein informationstechnischer Einrichtungen zu beachten sind. Aus diesem Grund wurde die Norm in Deutschland der Normenreihe VDE 0800 zugeordnet. Die Einigung in Europa auf dem Gebiet der EMV ist äußerst kompliziert und problematisch. Aus diesem Grund wurde diese IEC-Norm ohne die Einigung auf europäischer Ebene direkt als Vornorm veröffentlicht, um so den Fachkreisen Zugang zu diesen wichtigen Anforderungen zu ermöglichen. Geplant ist, diese Anforderungen zukünftig dort unterzubringen, wo sie von der Abschnittsbezeichnung der IEC auch hingehören: in die VDE 0100-540 als Abschnitt 548. Bisher blieben diese Bemühungen allerdings erfolglos.

Für die EMV wichtige Inhalte der Vornorm

Im Einzelnen werden in dieser Vornorm vor allem folgende Einzelthemen behandelt:

- Probleme mit PEN-Leitern bzw. Aufbau eines TN-S-Systems
- Erdungssammelleiter (Potentialausgleichsringleiter, BRC – siehe Abschnitt 3.4.4 in diesem Buch)
- Funktionserdungsleiter
- Ausführungsarten von Potentialausgleichsanlagen

2.3.15 DIN EN 50174-2 (VDE 0800-174-2):2001-09

Titel der Norm

Informationstechnik, Installation von Kommunikationsverkabelung, Teil 2: Installationsplanung und -praktiken in Gebäuden

Zweck und Anwendungsbereich der Norm

In der Norm selbst wird der Adressat für die beschriebenen Anforderungen mit folgender Aussage angegeben:

„Zum Anwenderkreis der vorliegenden Norm werden hauptsächlich Planer und Errichter gehören, sodass sich insbesondere das Elektroinstallateurhandwerk angesprochen fühlen wird."

Es geht dabei um die Planung, die Ausführung und den Betrieb einer informationstechnischen Verkabelung. Vorausgesetzt wird, dass diese Verkabelung in einem Gebäude errichtet werden muss, in dem sich Betriebsmittel (u. a. auch eine Verkabelung) der Starkstromtechnik befinden, die als Störquelle für die informationstechnischen Einrichtungen infrage kommen können.

Für die EMV wichtige Inhalte der Norm

Die wohl wichtigsten Anforderungen und Hinweise in dieser Norm in Bezug auf die EMV sind:

- Schirmung von Kabeln und Leitungen
- Abstände zwischen Kabeln und Leitungen der informationstechnischen Einrichtungen und der Starkstromtechnik
- Einfluss des Energieversorgungssystems
- Art und Aufbau von geeigneten Kabelträgersystemen
- Aufbau von Potentialausgleichsanlagen und Beschreibung der erforderlichen Betriebsmittel, die zu einem funktionstüchtigen Potentialausgleich benötigt werden
- Vermeidung von Schleifenbildungen bei der Verkabelung
- Errichtung von Filtern und Transformatoren im Sinne der EMV
- Blitz- und Überspannungsschutz
- Korrosionsschutz

2.3.16 DIN EN 50083 Bbl. 1 (VDE 0855 Bbl. 1):2002-01 (informatives Beiblatt)

Titel des Beiblatts

Kabelnetze für Fernsehsignale, Tonsignale und interaktive Dienste, Leitfaden für den Potentialausgleich in vernetzten Systemen

Zweck und Anwendungsbereich des Beiblatts

Entsprechend dem Titel handelt es sich bei diesem Beiblatt um einen Leitfaden. Er gibt Hinweise für einen sicheren und störungsfreien Betrieb von Geräten, die an unterschiedlichen Netzen betrieben werden. Solche Geräte können z. B. sein: eine

Waschmaschine, ein Elektroherd, ein Fernsehgerät und eine Telefonanlage. Unterschiedliche Netze sind z. B. das in Deutschland übliche 400/230-V-Wechselstromnetz und das Telekommunikationsnetz.

Für die EMV wichtige Inhalte der Norm
Werden die vorgenannten Geräte gemeinsam in einer elektrischen Anlage betrieben, können sie sich gegenseitig störend beeinflussen. Dabei spielt der Aufbau der elektrischen Anlage eine nicht unwesentliche Rolle. Vor allem wird das Problem des PEN-Leiterstroms innerhalb der elektrischen Anlage sowie bei verbundenen elektrischen Anlagen verschiedener Gebäude betrachtet. Die Neutralleiterüberlastung bei Geräten, die besonders hohe Ströme der dritten harmonischen Oberschwingung aufweisen, werden dargestellt.

2.3.17 Sonstige Normen zum Thema EMV

Neben den bisher genannten Normen gibt es noch eine ganze Reihe von Normen, die sich besonders an Hersteller von Geräten richten. Aber auch Prüfer finden hier eine Fülle von Grenzwerten, die ihnen bei der Bewertung von gemessenen physikalischen Größen (z. B. magnetische Feldstärken oder Oberschwingungsströme) helfen können. In der folgenden Liste sind einige Normen beispielhaft aufgeführt:

- Störfestigkeitspegel bzw. Verträglichkeitspegel (Normenreihe VDE 0839, z. B DIN EN 61000-2-2 (VDE 0839-2-2):2003-02 sowie DIN EN 61000-6-2 (VDE 0839-6-2):2006-03)
- Grenzwerte von Störgrößen (Normenreihe VDE 0838, z. B. von Oberschwingungsströmen wie in DIN EN 61000-3-2 (VDE 0838-2):2006-10)
- Prüfung der Störfestigkeit (Normenreihe VDE 0847, z. B. gegen schnelle transiente elektrische Störgrößen/Burst wie in DIN EN 61000-4-4 (VDE 0847-4-4):2005-07)

2.4 Richtlinien und andere Schriften

2.4.1 Internationales Wörterbuch (IEV)

Bei der internationalen Normungsarbeit wurde recht früh erkannt, dass im technischen Bereich einheitliche Begriffsdefinitionen eine große Bedeutung besitzen. Aus diesem Grund wurde bereits 1910 durch die für die weltweite Normung zuständige Internationale Elektrotechnische Kommission (IEC) ein Komitee ins Leben gerufen, das sich mit der Vereinheitlichung der Begriffe beschäftigen sollte. Die Arbeit verlief zunächst schleppend, sodass erst 1938 das erste Ergebnis veröffentlicht werden konnte: das Internationale Elektrotechnische Wörterbuch (IEV). Diese Arbeit wurde seither ständig vorangetrieben, sodass mittlerweile ein umfangreiches Werk zur Verfügung steht, mit dem die Normensetzer der verschiedenen Länder auf internationale, einheitliche Begriffsdefinitionen zurückgreifen können.

Schwierigkeiten blieben dabei natürlich nicht aus. So konnte sich z. B. der in Deutschland übliche Begriff „Potentialausgleichsschiene" für die zentrale Verbindungsklemmstelle des Hauptpotentialausgleichs nicht durchsetzen. Im IEV wird hierfür der Begriff Haupterdungsklemme oder Haupterdungsschiene verwendet. In Deutschland ist dieser Begriffswandel nur schwer durchzusetzen. Auch die Abkürzung CBN für die Potentialausgleichsanlage ist in Deutschland bis heute kaum bekannt (siehe Abschnitte 3.4.2 und 3.4.6)

2.4.2 VdS 2349 (Störungsarme Elektroinstallation)

Üblicherweise werden VdS-Schriftstücke im Plural angegeben. Es heißt also nicht „VdS-Richtlinie VdS 2349", sondern „VdS-Richtlinien VdS 2349". Es handelt sich dabei um Richtlinien, die früher vom „Verband der Sachversicherer (VdS)" bzw. in den Jahren zwischen 1995 bis 1997 vom „Verband der Schadenversicherer (VdS)" herausgegeben wurden. Seit 1997 ist der Herausgeber der „Gesamtverband der Deutschen Versicherungswirtschaft e.V. (GDV)". Der Verband der Schadenversicherer ging in wesentlichen Teilen über in das Unternehmen VdS Schadenverhütung GmbH, das am Markt als Tochterunternehmen des GDV agiert und weitgehend die Aufgaben des früheren Verbands der Schadenversicherer übernommen hat. Der Titel VdS-Richtlinien ist allerdings geblieben, weil man ihn aufgrund seines Bekanntheitsgrads nicht verlieren wollte. Er ist auch weiterhin berechtigt, da der Druck, die Herausgabe und der Vertrieb durch den Verlag der VdS Schadenverhütung GmbH betrieben wird.

In VdS 2349 werden Störungen beschrieben, die in einer elektrischen Anlage Funktionsausfälle oder Zerstörungen hervorrufen können. Im Wesentlichen geht es dabei um:

- Isolationsfehler
- Störlichtbögen
- Oberschwingungen (insbesondere die mit der Frequenz von 150 Hz)
- Elektromagnetische Beeinflussung

Für das Thema dieses Buchs sind besonders die letzten beiden Störungen von Bedeutung. In den Richtlinien werden die Gefahren beschrieben und Maßnahmen aufgezeigt, mit denen sie vermieden oder in Grenzen gehalten werden können.

2.4.3 VdS 3501 (Isolationsfehlerschutz in elektrischen Anlagen mit elektronischen Betriebsmitteln – RCD und FU)

Diese Richtlinien entstanden, als deutlich wurde, dass mit dem zunehmenden Aufkommen von frequenzumrichtergesteuerten Antrieben vorgeschaltete Schutzeinrichtungen gestört werden können. Vor allem der Einsatz von Fehlerstrom-Schutzeinrichtungen (RCDs), deren Funktion in der Regel nur bis zu einer Frequenz von 1 000 Hz definiert wird, stellte sich als Problemfall heraus. Zum einen deshalb, weil in Stromkreisen mit Frequenzumrichtern hohe Anteile von Strömen zu erwarten sind, die weit höhere Frequenzen als 1 000 Hz aufweisen, und zum anderen, weil der Ableitstrom in solchen Stromkreisen häufig derart hoch liegt, dass ein störungsfreier Betrieb mit einer RCD überhaupt nicht möglich ist. Der Versicherer fragte sich natürlich, was in Anlagen geschieht, die als feuergefährdete Betriebsstätten gelten und in denen deshalb nach DIN VDE 0100-482 sämtliche Stromkreise durch solche Schutzeinrichtungen überwacht werden müssen.

VdS 3501 beschreibt dieses Problem und zeigt Lösungsmöglichkeiten auf, um auch in Stromkreisen mit elektronischen Betriebsmitteln wie Frequenzumrichtern einen störungsfreien Betrieb sowie einen normgerechten Isolationsfehlerschutz zu gewährleisten.

2.4.4 VDI 6004 (Schutz der Technischen Gebäudeausrüstung, Blitz und Überspannung)

Diese Richtlinie wurde durch den Verein Deutscher Ingenieure (VDI) herausgegeben. Sie beschreibt einen umfassenden Schutz der technischen Gebäudeausrüstungen gegen elektromagnetische Störeinflüsse, die vor allem durch Blitze oder Schalthandlungen entstehen können. Es wird dabei das Schutzzonenkonzept nach den Normen der Reihe VDE 0185 erläutert. Da die beschriebenen Anforderungen auch ganz allgemein für die EMV in elektrischen Anlagen Bedeutung haben, sind die praktischen Ausführungen dieser VDI-Richtlinie für Planer und Errichter, die für die EMV in der elektrischen Anlage verantwortlich sind, hilfreich.

3 Begriffe und Definitionen

3.1 Einführung

Im Kapitel 3 sollen die wichtigsten Begriffe genannt und beschrieben werden, die immer wieder im Zusammenhang mit dem Thema EMV erwähnt werden. Begriffsbestimmungen sind an dieser Stelle enorm wichtig, weil gerade durch die unterschiedliche Nutzung der verschiedenen Begriffe immer wieder Missverständnisse bei der Behandlung dieses Themas aufgetreten sind. Die meisten Begriffsbestimmungen innerhalb der Elektrotechnik werden in Deutschland in DIN VDE 0100-200 (VDE 0100-200):2006-06 festgelegt. Da es jedoch ein Internationales Wörterbuch (IEV) gibt (s. Kapitel 2), sind die deutschen Normensetzer seit einigen Jahren bestrebt, diese international abgestimmten Begriffsdefinitionen auch in Deutschland einzuführen. In der aktuell vorliegenden Ausgabe der VDE 0100-200 ist dies weitgehend verwirklicht worden.

3.2 Was bedeutet EMV?

Nachdem die Bedeutung der EMV sowie die entsprechende Normung besprochen wurde, ist es an der Zeit zu erläutern, was unter EMV genau verstanden wird.

Elektromagnetisch

Mit dem Wort „elektromagnetisch" werden sämtliche Störgrößen zusammengefasst, die auf ein elektrisches Betriebsmittel (in der Welt der EMV spricht man häufig von der elektrischen Einrichtung – s. Abschnitt 3.3) einwirken können. In einem Fall handelt es sich beispielsweise um Spannungen, die leitungsgebunden zusätzlich zur Betriebsspannung auf ein elektrisches Betriebsmittel einwirken, und in einem anderen Fall ist es z. B. ein magnetisches Feld, das in eine Leiterschleife innerhalb des elektrischen Betriebsmittels eine Spannung induziert, die die Betriebsspannung überlagert.

Elektromagnetisch kann aber auch als die Zusammenfassung der möglichen Übertragungswege (Kopplungen) verstanden werden. Einige Störgrößen koppeln sich galvanisch über die am elektrischen Betriebsmittel angeschlossenen Leiter ein, andere über ein elektrisches oder magnetisches Feld und wieder andere über sämtliche leitfähigen Teile in und am Betriebsmittel in Form von Strahlung. Im letztgenannten Fall wirken die beteiligten leitfähigen Teile sozusagen als Empfangsantenne.

Verträglichkeit

Die Verträglichkeit bezieht sich immer auf ein elektrisches Betriebsmittel oder auf ein zusammenhängendes System von elektrischen Betriebsmitteln (z. B. eine komplette PC-Anlage). Dabei bedeutet Verträglichkeit nicht unbedingt, dass alle Störgrößen eliminiert oder Störungen weitgehend verhindert werden. Vielmehr ist hier eine zufriedenstellende Funktion des elektrischen Betriebsmittels trotz einwirkender Störgrößen gemeint. Dabei kann es durchaus sein, dass die einwirkende Störgröße beim Betriebsmittel Funktionsstörungen hervorruft (s. Abschnitt 3.2 unter Funktionsstörung). Wird eine Funktionsstörung jedoch (vom Betreiber) akzeptiert, spricht man von einer (akzeptierbaren) Funktionsminderung. Verträglichkeit ist also vorhanden, wenn ein elektrisches Betriebsmittel in seiner Umgebung zufriedenstellend funktionieren kann.

Zusätzlich muss an dieser Stelle betont werden, dass sich Verträglichkeit stets auf einen ganz bestimmten, klar definierten Anwendungsfall bezieht. Der Hersteller legt für sein Produkt fest, für welche Umgebungsbedingungen er es herstellen will, unter welcher Voraussetzung es also zufriedenstellend funktionieren muss. Wenn der Hersteller z. B. einen PC für den privaten Gebrauch anbietet, wird er keine Garantie für dessen störungsfreien Betrieb gewährleisten, wenn dieser PC in der Industrie genutzt wird und sich in der direkten Umgebung frequenzgesteuerter Maschinen befindet. Herstellerangaben sind in Bezug auf die EMV also stets mitzuberücksichtigen (s. Abschnitt 1.4.2).

EMV

Der Begriff Elektromagnetische Verträglichkeit (EMV) wird in der nationalen, aktuell gültigen DIN 57870-1 (VDE 0870-1):1984-07 erläutert. Danach ist EMV die „*Fähigkeit einer elektrischen Einrichtung, in ihrer elektromagnetischen Umgebung zufriedenstellend zu funktionieren, ohne diese Umgebung, zu der auch andere Einrichtungen gehören, unzulässig zu beeinflussen.*"

Das IEV definiert fast identisch mit etwas anderem Wortlaut. Danach ist EMV die „*Fähigkeit einer Einrichtung oder eines Systems, in ihrer/seiner elektromagnetischen Umgebung zufriedenstellend zu funktionieren, ohne in diese Umgebung, zu der auch andere Einrichtungen gehören, unzulässige elektromagnetische Störgrößen einzubringen.*" Zu finden ist diese Definition z. B. in DIN EN 61000-2-2 (VDE 0839-2-2):2003-02.

Es geht also darum, dass immer mit dem Auftreten von Störgrößen zu rechnen ist. Dabei muss stets davon ausgegangen werden, dass

- irgendwelche Störgrößen auf elektrische Betriebsmittel einwirken
- die elektrischen Betriebsmittel selbst irgendwelche Störgrößen aussenden

Unter dieser Voraussetzung ist mit dem Begriff EMV gemeint, dass die elektrischen Betriebsmittel in einer zuvor definierten Umgebung zufriedenstellend funktionieren müssen, dass sie also

- weder für die in dieser Umgebung vorhandene Belastung zu störanfällig sind
- noch selbst derartig störend wirken, dass andere elektrische Betriebsmittel in dieser Umgebung unzulässig beeinflusst werden

3.3 Begriffsbestimmungen

Ableitstrom

ist ein Begriff, der nicht immer einheitlich verwendet wurde. In der seit Juni 2006 zurückgezogenen DIN VDE 0100-200 (VDE 0100-200):1998-06 wurde hierzu eine Definition angegeben, die immer wieder zu Missverständnissen Anlass gegeben hat. Danach ist der *Ableitstrom* ein *„Strom, der in einem fehlerfreien Stromkreis zur Erde oder zu einem fremden leitfähigen Teil fließt. Dieser Strom kann eine kapazitive Komponente haben, besonders bei Verwendung von Kondensatoren"* (gemeint waren z. B. Entstör- oder Netzfilterkondensatoren).

Diese Begriffsbestimmung schloss genau genommen den Strom aus, der im TN-System über den Schutzleiter direkt zum Transformatorsternpunkt zurückfließt. In der seit Juni 2006 gültigen Ausgabe der vorgenannten Norm ist die Definition des IEV übernommen worden. Sie ist allgemeiner gehalten und beschreibt den Begriff von daher umfassender. Der Ableitstrom ist dort ein *„elektrischer Strom in einem unerwünschten Strompfad unter üblichen Betriebsbedingungen"* (DIN VDE 0100-200 (VDE 0100-200):2006-06).

Es geht also nicht um einen Fehlerstrom, sondern vielmehr um einen **betriebsbedingten** Strom, der von den aktiven Leitern

- zum Schutzleiter (PE)
- zur Erde oder
- über irgendwelche leitfähigen Verbindungen wie z. B. fremde leitfähige Teile zur Erde bzw. zum Schutzleiter (PE)

fließt. Dieser „Ableit-Stromkreis" wird, wie es im IEV heißt, **nicht** über fehlerhafte, sondern über unerwünschte Strompfade geschlossen; z. B. über

- Kondensatoren von Netzfiltern
- natürlich vorhandene, parasitäre Kondensatoren, die sich aufgrund der geometrischen Anordnung der elektrischen Betriebsmittel ergeben (z. B. bei aktiven Leitern gegenüber dem Schutzleiter, einem Kabelschirm oder dem leitfähigen Körper eines Betriebsmittels usw.)
- immer vorhandene Isolationswiderstände der Isolation aktiver Teile (z. B. elektrische Leiter)
- Entladewiderstände in elektrischen Betriebsmitteln
- elektronische Bauteile, die am Schutzleiter (PE) als dem vorhandenen Massepunkt angeschlossen sind

Wenn dieser Strom über den Schutzleiter (PE) fließt, wird er auch „Schutzleiterstrom" genannt.

Schutzleiterstrom

ist ein Teil des Ableitstroms, der über den Schutzleiter (PE) fließt. Seit 2003 werden Hersteller von elektrischen Betriebsmitteln unmissverständlich dazu aufgefordert, den Schutzleiter nicht bedenkenlos mit betriebsbedingten Strömen zu belasten. In DIN EN 61140 (VDE 0140-1):2003-08, die als Pilotnorm für die Sicherheit in elektrischen Anlagen sowohl in Bezug auf die Errichtung als auch auf die Herstellung von Produkten veröffentlicht wurde, findet man hierzu im Abschnitt 7.5.2.1 folgende wichtige Anforderung:

„Die Anforderungen für elektrische Betriebsmittel, die im normalen Betrieb einen Strom über ihren Schutzleiter verursachen, müssen eine bestimmungsgemäße Verwendung erlauben und müssen mit den relevanten Schutzvorkehrungen verträglich sein."

In VDE 0100-510:2007-06 wurde diese allgemeine Anforderung im Abschnitt 516 (sowie auch in VDE 0100-540:2007-06, Abschnitt 543.7) für den Geltungsbereich der Errichtungsnormen konkretisiert.

Fehlerstrom

ist ein *Strom, der* nach (DIN VDE 0100-200 (VDE 0100-200):2006-06) *über eine gegebene Fehlerstelle aufgrund eines Isolationsfehlers fließt*. Wie der Ableitstrom kann er zur Erde, zu einem fremden leitfähigen Teil und zum Schutzleiter (PE) fließen. Allerdings ist der Ableitstrom betriebsbedingt, während beim Fehlerstrom stets ein Isolationsfehler vorausgesetzt wird.

Streustrom

ist nach DIN EN 50122-1 (VDE 0115-3):1997-12, Abschnitt 3.6.6, ein *Strom, der auf anderen als den vorgesehenen Pfaden fließt*.

Diese Norm trägt den Titel „*Bahnanwendungen – Ortsfeste Anlagen, Teil 1: Schutzmaßnahmen in Bezug auf elektrische Sicherheit und Erdung*" – also eine Norm für einen speziellen Anwendungsbereich. Im Teil 2 dieser Norm kommt der Begriff Streustrom direkt im Titel vor; so heiß es dort: „*Schutzmaßnahmen gegen die Auswirkungen von Streuströmen verursacht durch Gleichstrombahnen*". Auch dort wird die vorgenannte Definition wiedergegeben.

Liest man die Bestimmungstexte dieser Normen, so wird schnell deutlich, dass es dabei in erster Linie um Gleichströme geht, die im Erdreich fließen und dort z. B. Korrosionen verursachen können. Die Frage ist also, ob man den Begriff auch auf Wechselströme, die nicht im Erdreich fließen, anwenden kann.

In E DIN IEC 60364-4-44/A2 (VDE 0100-444):2003-04 taucht der Begriff Streustrom ebenfalls an verschiedenen Stellen auf, allerdings ohne Bezug auf irgendeine

Begriffsdefinition. Vom Zusammenhang her sind aber in dieser Norm eher Wechselströme gemeint. Inhaltlich passt die vorgenannte Definition aber auch hier. Schließlich findet man den Begriff noch in DIN VDE 0100-300 (VDE 0100-300): 1996-01 im Abschnitt 321.10. Dieser Abschnitt ist überschrieben mit: *„Elektromagnetische, elektrostatische und ionisierende Einflüsse"*. In der darunter stehenden Tabelle werden die verschiedenen äußeren Einflüsse aufgeführt, denen elektrische Betriebsmittel ausgesetzt sein können. Bei der Kennziffer AM 2 werden Streuströme genannt. Da es in der Tabelle laut Überschrift u. a. um ionisierende Einflüsse geht, kann man vermuten, dass zunächst auch hier von korrosionsgefährlichen Gleichströmen die Rede ist.

Geht man von der Definition und dem Zusammenhang der vorgenannten VDE 0115-3 aus, so war ursprünglich wohl mit Streustrom der im Erdreich fließende, korrosionsgefährliche Gleichstrom gemeint. Allerdings kann man diese Definition sehr gut auf andere Bereiche übertragen. Dies ist ganz offensichtlich in der DIN VDE 0100-444 geschehen. Hier ist Streustrom ein Teil des Betriebsstroms, der parallel zum PEN-Leiter über mit dem Potentialausgleich verbundene, leitfähige Anlagen- und Gebäudeteile fließt. In der Fachliteratur wird er in diesem Zusammenhang auch häufig als „vagabundierender Strom" bezeichnet. Da dieser Strom außerhalb des Mehrleiterkabels fließt, ist das Kabel nicht mehr magnetisch ausgeglichen. Die magnetischen Felder der Ströme aller aktiven Leiter im Kabel heben sich nicht mehr gegenseitig auf, und es entsteht ein nicht unerhebliches magnetisches Störfeld (s. Abschnitt 4.3.2.3.5). Aber auch die leitfähigen Teile, über die der Streustrom fließt, wirken mit ihren magnetischen Feldern als Störquelle.

Bei den Bahnanlagen, wie sie in VDE 0115 beschrieben werden, ist Streustrom in erster Linie verbunden mit einer Korrosionsgefahr. Hier, beim Thema EMV, ist Streustrom zusätzlich verbunden mit einer störenden und damit für die EMV ungünstigen Umgebung.

Niederinduktive/niederimpedante Verbindung

ist eine Verbindung zwischen zwei Punkten innerhalb der elektrischen Anlage, die auch für höherfrequente Ströme einen möglichst kleinen Widerstand bzw. Impedanz darstellt. In diesem Sinn ist eine Verbindungsleitung günstig, deren Gesamtlänge so kurz wie möglich gewählt wird und die einen rechteckigen Querschnitt hat (z. B. Masseband, s. Abschnitt 4.3.3.3.2). Verbindungs- bzw. Anschlusspunkte müssen dabei möglichst großflächig ausgeführt werden. Bei Schirmanschlüssen bedeutet dies z. B. eine großflächige 360°-Verbindung mit speziellen Schirmschellen. Der Schirm darf an den Enden aus diesem Grund in keinem Fall verzwirbelt werden (sogenannte „Pig-Tails"), um damit den Schirmanschluss auszuführen.

Störgröße/elektromagnetische Störung

ist eine elektromagnetische Größe, die in einem elektrischen Betriebsmittel (Gerät, Einrichtung) eine unerwünschte Beeinflussung hervorrufen kann. Dabei kann die Störgröße im konkreten Fall als Störspannung, Störstrom, Störsignal oder Störenergie usw. bezeichnet werden. Zusammengefasst spricht man von „elektromagnetischen Störgrößen" oder „elektromagnetischen Störungen" und verwendet dafür häufig die Kurzbezeichnung EMI (engl.: electromagnetic interference), so z. B in DIN VDE 0100-444 (VDE 0100-444):1999-10.

Störquelle

ist ein elektrisches Betriebsmittel (Gerät, Einrichtung), von dem Störgrößen ausgesandt werden.

Störsenke

ist ein elektrisches Betriebsmittel (Gerät, Einrichtung), deren Funktion durch Störgrößen beeinflusst wird.

Störfestigkeit

ist die Fähigkeit eines elektrischen Betriebsmittels (Geräts, Einrichtung) unter der Einwirkung von Störgrößen bis zu einer bestimmten Stärke zufriedenstellend zu funktionieren.

Elektromagnetische Beeinflussung

ist die Einwirkung elektromagnetischer Größen (Strom, Spannung, magnetische oder elektrische Felder usw.) auf Stromkreise, elektrische Betriebsmittel (Geräte, Einrichtungen), Systeme oder Lebewesen.

Funktionsstörung

ist die unerwünschte Beeinflussung der Funktion eines elektrischen Betriebsmittels (Geräts, Einrichtung). Die Funktionsstörung wird in VDE 0870-1 (Elektromagnetische Beeinflussung (EMB), Begriffe) unterteilt in **Funktionsminderung, Fehlfunktion** und **Funktionsausfall**.

Funktionsminderung

ist die Beeinträchtigung der Funktion eines elektrischen Betriebsmittels (Geräts, Einrichtung), die zwar nicht vernachlässigbar ist, aber als zulässig akzeptiert wird (siehe auch bei „Funktionsstörung").

Fehlfunktion

ist die Beeinträchtigung der Funktion eines elektrischen Betriebsmittels (Geräts, Einrichtung), die nicht mehr zulässig ist. Die Fehlfunktion endet mit dem Abklingen der Störgröße. In der Regel arbeitet das elektrische Betriebsmittel nach Abklingen der Störgröße störungsfrei weiter (siehe auch bei „Funktionsstörung").

Funktionsausfall

ist die Beeinträchtigung der Funktion eines elektrischen Betriebsmittels (Geräts, Einrichtung), die nicht mehr zulässig ist. Die Funktion des elektrischen Betriebsmittels kann nur durch technische Maßnahmen (wie Instandsetzung, Austausch, Wiedereinschaltung usw.) wiederhergestellt werden (siehe auch bei „Funktionsstörung").

Elektrisches Betriebsmittel/elektrische Einrichtung/elektrisches Gerät

werden im Zusammenhang mit dem Thema EMV häufig gleichbedeutend benutzt. In den Errichtungsnormen ist der Begriff „elektrisches Betriebsmittel" bekannt als Sammelbegriff für alle Gegenstände, die dem Zweck der Erzeugung, Umwandlung, Übertragung, Verteilung und Anwendung von elektrischer Energie dienen. Er umfasst somit alles, was in einer elektrischen Anlage für dieses übergeordnete Ziel eingesetzt wird, ganz gleich, ob dies Kabel und Leitungen sind, Energieverteiler, Schutzeinrichtungen oder Verbrauchsmittel (z. B. ein Motor). Somit sind auch die Einrichtungen und Geräte, die in EMV-Richtlinien und EMV-Normen immer wieder erwähnt werden, mit eingeschlossen. In diesem Buch wird vorzugsweise auf diesen allgemeinen Begriff, der der Fachwelt im Bereich der Planung und Errichtung von elektrischen Niederspannungsanlagen noch am ehesten bekannt sein dürfte, zurückgegriffen.

Will man die Begriffe „elektrisches Gerät" oder „elektrische Einrichtung" hierzu abgrenzen, so kann lediglich gesagt werden, dass entsprechend der EMV-Richtlinie (s. Abschnitt 1.2) darunter eine Produktart verstanden wird, auf die sich die EMV-Richtlinie bezieht. Im Fokus dieser Richtlinie stehen die Stationen eines Produktzyklusses. Das bedeutet, ein Produkt wird hergestellt, in den Verkehr gebracht, gekauft, betrieben und letztendlich entsorgt. Die Betonung liegt somit auf dem Handelsweg vom Hersteller zum Nutzer und auf der damit verbundenen Verantwortung aller Beteiligten für die Sicherheit bzw. Funktionssicherheit des Produkts.

System

ist die Zusammenfügung einzelner Betriebsmittel (Geräte, Einrichtungen) zu einem bestimmten Gebrauch. Die so zusammengefügten Betriebsmittel werden in der Regel ausschließlich in dieser Zusammenstellung in Verkehr gebracht. Für das System gelten nach EMV-Richtlinie die gleichen Voraussetzungen wie für das einzelne Betriebsmittel. Ein System ist beispielsweise ein PC mit fest zugeordnetem Monitor, Tastatur und Drucker.

elektrische Anlage

ist die Gesamtheit aller elektrischen Betriebsmittel (Geräte, Einrichtungen) und Systeme in einem Gebäude oder einem Gebäudekomplex. Die Anlage dient einer gemeinsamen, übergeordneten Funktion. Diese übergeordnete Funktion ist z. B. in einem Industriebetrieb die Erzeugung, Verteilung und Anwendung elektrischer Energie, damit der Betrieb seine Produktion aufrechterhalten kann. In einem Wohngebäude besteht die übergeordnete Funktion darin, den im Gebäude wohnenden Menschen die erwarteten Annehmlichkeiten (Licht, Wärme, Nutzung der Musikanlage usw.) zu gewährleisten. Für die einzelnen elektrischen Betriebsmittel ist die Anlage die Umgebung, in der sie störungsfrei funktionieren müssen.

Mit dem allgemeinen Ausdruck „Anlage" wird in diesem Buch in der Regel die elektrische Anlage im Sinn der DIN VDE 0100 bezeichnet. Planer und Errichter elektrischer Anlagen müssen im Sinne der EMV dafür Sorge tragen, dass die grundsätzlichen Schutzanforderungen der EMV-Richtlinie (sowie der EMV-Normen) erfüllt werden, damit die einzelnen elektrischen Betriebsmittel in der vorgesehenen Umgebung durch vorhandene Störgrößen nicht unzulässig beeinflusst werden.

Masse

ist die Gesamtheit der untereinander elektrisch leitend verbundenen Metallteile eines elektrischen Betriebsmittels (Geräts, Einrichtung), um den Ausgleich unterschiedlicher elektrischer Potentiale bewirken und ein einheitliches Bezugspotential bilden zu können. Die entsprechenden Maßnahmen hierzu gelten genaugenommen nur für einen betrachteten Frequenzbereich, denn für verschiedene Frequenzen können u. U. verschiedene Maßnahmen zu einer geeigneten Masseverbindung notwendig werden.

In den Normen sowie im IEV kommt der Begriff Masse in diesem Sinn nicht vor. Nur im Französischen wird dort, wo im Deutschen „Erde" steht, Masse angegeben. In der einschlägigen Fachliteratur zur EMV ist Masse häufig der Oberbegriff für Erde und Potentialausgleich. Der Grund ist, dass z. B. in mobilen Anlagen (z. B. auf einem Schiff) kein direkter Bezug zum Erdpotential besteht und nur von der Verbindung der leitfähigen Teile untereinander die Rede sein kann. Nimmt man diese Begriffsdefinition, so ist Masse das einheitliche Bezugspotential jeder elektrischen Anlage und jedes Betriebsmittels in der Anlage. Gleiches gilt für den Begriff Erden. Hier könnte als Oberbegriff Massung eingesetzt werden. Danach ist die Masse, die tatsächlich mit dem Erdpotential verbunden wird, ein „Sonderfall" der Massung, die dann Erde genannt werden kann.

Erdungssammelleiter

wird nach neueren Begriffsbestimmungen auch Potentialausgleichsringleiter genannt. Es handelt sich um einen Leiter, der mit der Haupterdungsklemme oder -schiene (Potentialausgleichsschiene) verbunden ist und in Form eines geschlossenen Rings, z. B. in einem Raum oder Gebäude entlang der Wände, verlegt wird, um eine möglichst kurze Anbindung der elektrischen Betriebsmittel bzw. deren Gehäuse, Rahmen und Schutzleiterschienen an den Gebäudepotentialausgleich zu ermöglichen. Natürlich muss dieser Leiter entlang seines Wegs an möglichst vielen Stellen an den Gebäudepotentialausgleich (z. B. über Erdungsfestpunkte) an die Stahlarmierung in den Wänden oder an mit dem Potentialausgleich verbundene, leitfähige Konstruktionen angeschlossen werden.

In den Normen der Normenreihe VDE 0800 wird dieser Leiter meist als BRC bezeichnet (s. Abschnitt 3.4.4).

Schwingung/Welle

sind Begriffe, die häufig gleichbedeutend benutzt werden. Genau genommen gibt es jedoch Unterschiede:

In einem Medium (z. B. Luft oder Wasser) befinden sich die atomaren bzw. molekularen Teilchen ohne äußere Kräfteeinwirkung in einem Gleichgewichtszustand. Werden diese Teilchen durch eine äußere Einwirkung angestoßen, so verlassen sie diesen Gleichgewichtszustand zunächst in die eine und danach in die andere Richtung. Sie vollführen also eine Schwingung um diesen Gleichgewichtszustand.

Werden durch diese Bewegung benachbarte Teilchen beeinflusst und ebenfalls zum Schwingen angeregt, entsteht eine Welle. Diese Welle hat im Raum einen bestimmten Ort und ist dadurch gekennzeichnet, dass sie sich innerhalb dieses Raums fortpflanzt. Die Strecke im Raum zwischen zwei Teilchen mit der gleichen Bewegungsrichtung sowie Entfernung vom Punkt, an dem Gleichgewicht herrschte, nennt man Wellenlänge.

Dagegen beschreibt eine Schwingung die Art und Weise, wie ein Teilchen sich von einem Ruhezustand ausgehend hin- und herbewegt. Für diese Schwingung an sich gibt es keine Ortsveränderung. Die verschiedenen Zustände, die innerhalb einer Schwingung beschreibbar sind, bezeichnen lediglich die Geschwindigkeit des schwingenden Teilchens sowie dessen Entfernung vom Punkt, an dem Gleichgewicht herrschte.

Bei elektrischen und magnetischen Größen handelt es sich allerdings nicht um Teilchen, sondern um Wirkungen oder Energiezustände (z. B. die Höhe einer sich ändernden Spannung oder eines sich ändernden Stroms).

Von daher ist es genaugenommen falsch, z. B. beim elektrischen Strom oder der Spannung, von Wellen oder Oberwellen zu sprechen (s. nachfolgende Beschreibung „Wellenlänge), denn es handelt sich dabei immer um Schwingungen oder Oberschwingungen. Allerdings werden die beiden Begriffe in der üblichen Fachliteratur und selbst in den Normen nicht immer korrekt benutzt bzw. unterschieden.

Wellenlänge

ist ein typischer Begriff aus der Hochfrequenz- oder Kommunikationstechnik. Beim elektrischen Strom ist die Fließgeschwindigkeit der Elektronen in einem Leiter verhältnismäßig gering. Der Impuls zur Bewegung wandert jedoch fast mit Lichtgeschwindigkeit durch den Leiter. Da aber auch diese hohe Impulsgeschwindigkeit noch endlich ist, findet die Bewegung der Elektronen wenige Meter nach dem Leiteranfang verzögert statt. Beispielsweise erreichen sie dort ihren Maximalwert erst einen (wenn auch noch so kleinen) Augenblick später als am Anfang der Leitung. Bei sinusförmigen Strömen werden die Maximalwerte jedoch periodisch immer wieder erreicht. Die Geschwindigkeit, mit der dies geschieht, wird in der Frequenz ausgedrückt.

Es gibt bei dieser Überlegung eine Entfernung vom Leiteranfang, wo die Elektronenbewegung absolut synchron zu der Elektronenbewegung am Leiteranfang stattfindet – wenn auch um eine ganze Sinusperiode später. Diese Entfernung ist die Wellenlänge des Stroms bei der gegebenen Frequenz. Die Wellenlänge wird mit λ (Lambda – griechischer Buchstabe) angegeben. Mit der zuvor genannten Überlegung errechnet sich die Wellenlänge wie folgt:

$$\lambda = \frac{c}{f}$$

Dabei ist:

λ Wellenlänge in m

c Lichtgeschwindigkeit (sie beträgt $300 \cdot 10^6$ m/s, allerdings ist diese Geschwindigkeit im Leitungsmaterial etwas geringer; hier müsste man genauer mit $240 \cdot 10^6$ m/s rechnen)

f Frequenz des Stroms in Hz (= 1/s)

Beispiel

Die Wellenlänge eines Stroms mit einer Frequenz von 50 Hz bzw. von 50 MHz beträgt:

Für $f = 50$ Hz: $\lambda = \dfrac{240 \cdot 10^6 \text{m} \cdot \text{s}}{50 \cdot \text{s}} = 4\,800 \cdot 10^3 \text{m} = 4\,800 \text{ km}$

Für $f = 50$ MHz: $\lambda = \dfrac{240 \cdot 10^6 \text{m} \cdot \text{s}}{50 \cdot 10^6 \cdot \text{s}} = 4,8 \text{ m}$

Grundfrequenz

ist die Frequenz, auf die alle übrigen Frequenzen bezogen werden. In der Regel stimmt die Grundfrequenz bei Vorgängen in der elektrischen Niederspannungsanlage mit der Frequenz des Versorgungsnetzes überein. In unseren bekannten Netzsystemen sind dies üblicherweise 50 Hz. Für besondere Anwendungen können jedoch auch andere Frequenzen als Grundfrequenz genannt werden.

Grundschwingung/Grundschwingungsanteil

ist die Schwingung bzw. derjenige Anteil aus einem Gemisch von Schwingungen (z. B. Oberschwingungen) mit jeweils unterschiedlichen Frequenzen, deren Frequenz die Grundfrequenz ist

Oberschwingungsfrequenz

ist die Frequenz, die in der Regel ein ganzzahliges Vielfaches der Grundfrequenz ist. Das Verhältnis von Oberschwingungsfrequenz zur Grundfrequenz ist deshalb eine ganze Zahl, die zugleich als Ordnung der Oberschwingung bezeichnet wird. Allgemein werden Oberschwingungen mit dem Index „h" angegeben; h steht für die vorgenannte Ordnungszahl der Oberschwingung (s. Abschnitt 4.3.4.1).

Beispiel

Mit I_h wird eine beliebige Oberschwingung des Stroms bezeichnet; für die 5. Oberschwingung wäre $h = 5$, und der entsprechende Oberschwingungsstrom würde mit I_5 bezeichnet.

Harmonische Oberschwingungen

sind die sinusförmigen Anteile einer nicht sinusförmigen Schwingung, nachdem diese Schwingung entsprechend der sogenannten Fourieranalyse zerlegt worden ist (s. Abschnitt 4.3.4.1). Die Frequenz einer solchen Sinusschwingung ist stets ein ganzzahliges Vielfaches der Ausgangsschwingung.

Jede periodische Kurvenform einer nicht sinusförmigen Schwingung ist beschreibbar als die Summe von unterschiedlichen Sinusschwingungen. Diese Sinusschwingungen werden Oberschwingungen genannt und haben jeweils unterschiedliche Frequenzen und Amplitudenwerte.

Üblicherweise werden Oberschwingungen elektrischer Größen als Effektivwerte angegeben. In der Literatur werden sie in der Regel als „harmonische Teilschwingungen", „harmonische Oberschwingungen", „Harmonische" oder „Oberschwingungen" bezeichnet. Da die erste Oberschwingung zugleich die Grundschwingung ist, kann es zu Verwechselungen kommen. Aus diesem Grund soll nach Abschnitt 4.3.4.1 Folgendes gelten:

- die Begriffe *Harmonische, harmonische Oberschwingung, harmonische Teilschwingung* bezeichnen Oberschwingungen einschließlich der Grundschwingung
- der Begriff *Oberschwingung* bezeichnet dagegen eine sinusförmige Schwingung außer der Grundschwingung

Beispiel

Mit dieser Begriffsbestimmung wird streng zwischen Grund- und Oberschwingung unterschieden. Die erste eigentliche Oberschwingung ist dann die 2. Harmonische, 2. harmonische Oberschwingung oder 2. harmonische Teilschwingung und die zweite Oberschwingung wäre dann die 3. Harmonische, 3. harmonische Oberschwingung oder 3. harmonische Teilschwingung.

Die 1. Harmonische, 1. harmonische Oberschwingung oder 1. harmonische Teilschwingung erhält dagegen einheitlich die Bezeichnung Grundschwingung.

Zwischenharmonische Oberschwingungen

sind Sonderformen der Oberschwingungen, deren Frequenz kein ganzzahliges Vielfaches der Ausgangsschwingung ist. Häufig werden sie in der Fachliteratur auch interharmonische Oberschwingungen genannt. Sie werden im Abschnitt 4.3.4.1 näher beschrieben.

3.4 Abkürzungen aus der Normenreihe VDE 0800

3.4.1 Einführung

Leider gibt es immer wieder sprachliche Probleme, wenn man Aussagen zur Erdung oder zum Potentialausgleich aus der Normenreihe VDE 0100 mit denen aus der Normenreihe VDE 0800 vergleicht. In der letztgenannten Normenreihe sind nämlich aus dem Englischen (bzw. aus dem IEV, s. Abschnitt 2.4.1) einige Begriffe übernommen worden, die in Deutschland zumindest in Kreisen der Planer und Errichter von Niederspannungsanlagen, die gewohnt sind, die Begrifflichkeit der Normenreihe VDE 0100 zu berücksichtigen, unbekannt sind.

Natürlich hätte man dieses Problem von Anfang an vermeiden oder zumindest mildern können. Aber leider haben offensichtlich zwischen den für die Normenreihen VDE 0100 und VDE 0800 zuständigen Normungs-Komitees zu wenige klärende Gespräche stattgefunden, und außerdem musste man natürlich auch bei der Übernahme der europäischen Normen der Normenreihe VDE 0800 bestrebt sein, die international festgelegten Bezeichnungen zu übernehmen. Planer und Errichter elektrischer Niederspannungsanlagen, die die Begriffswelt der Normenreihe VDE 0800 nicht kennen, aber dennoch aufgefordert sind, deren Anforderungen zu beachten, wird die Arbeit hierdurch nicht gerade erleichtert. An dieser Stelle sollen die wichtigsten Begriffe bzw. deren Abkürzungen kurz erläutert werden.

3.4.2 CBN

Mit dieser Abkürzung ist eine gemeinsame Potentialausgleichsanlage in einem Gebäude gemeint. CBN steht dabei für das englische „common bonding network". Im Grunde genommen geht es um die leitfähige Verbindung von Metallteilen wie Stahlkonstruktionen, Stahlarmierungen, metallene Rohrleitungen, Kabelpritschen, Schutzleiter und Potentialausgleichsleitern. Diese leitfähigen Verbindungen sind bereits nach DIN VDE 0100-540 im Zusammenhang mit dem Schutz gegen elektrischen Schlag gefordert und dort unter dem Begriff Schutzpotentialausgleich bekannt (s. Abschnitt 5.3.1.2). Dieser Schutzpotentialausgleich ist sozusagen die Grundvoraussetzung für eine funktionstüchtige CBN. Da es beim Stichwort CBN allerdings um den Einbezug von informationstechnischen Einrichtungen und somit auch um die EMV der Gesamtanlage geht, muss dieser Schutzpotentialausgleich in der Regel erweitert werden. Folgende Maßnahmen, die nach DIN VDE 0100-540 nicht bzw. nur zum Teil gefordert sind, können in einem Gebäude mit intensiver informationstechnischer Nutzung zusätzlich notwendig werden:

- Leitfähige, weitverzweigte Konstruktionen (z. B. metallene Rohrleitungssysteme oder Kabeltrassen) müssen nicht nur an einer Stelle an die Haupterdungsklemme (Potentialausgleichsschiene) angeschlossen, sondern darüber hinaus über ihre gesamte Ausdehnung leitfähig durchverbunden werden.
- Wenn informationstechnische Einrichtungen einen Funktionspotentialausgleich benötigen (z. B. um einen definierten Signalbezug zu erhalten), so muss dieser ebenfalls mit einbezogen werden.
- Die einzelnen Stahlmatten der Armierung müssen untereinander leitfähig verbunden werden. Dies kann z. B. durch Schweißverbindungen erreicht werden. Darüber hinaus muss die Armierung an möglichst vielen Stellen über Erdungsfestpunkte zugänglich sein.
- In Bereichen mit besonderer Konzentration von informationstechnischen Einrichtungen kann es notwendig werden, die Haupterdungsschiene durch einen Potentialausgleichsringleiter (BRC), der an möglichst vielen Stellen mit dem Potentialausgleich bzw. der Armierung im Gebäude verbunden ist, zu „verlängern".

Mit anderen Worten, der Schutzpotentialausgleich übernimmt zusätzliche Funktionen der EMV; denn die so verbundenen Metallteile des Gebäudes wirken zum einen insgesamt wie ein elektromagnetischer Schirm, der elektromagnetische Felder abschirmen bzw. dämpfen kann, und zum anderen sorgt er für einen möglichst gleichen Signalbezug der informationstechnischen Einrichtungen. Auf diese Weise wird aus dem Schutzpotentialausgleich eine gemeinsame Potentialausgleichsanlage (CBN).

In DIN VDE 0100-200 (VDE 0100-200):2006-06 wird der Begriff als „kombinierte Potentialausgleichsanlage" bezeichnet. Mit dieser Bezeichnung wird die Betonung auf die gleichzeitige Funktion des CBN als Schutzpotentialausgleich sowie als Funktionspotentialausgleich im Sinne der EMV gelegt.

3.4.3 BN, MESH-BN

BN steht für das englische „bonding network". In den deutschen Papieren steht dafür häufig der Begriff Verbund-Netzwerk oder Potentialausgleichsanlage. Besonders der zweite Begriff verwirrt sehr, denn er erinnert den Praktiker an die bekannte Begrifflichkeit aus DIN VDE 0100-540. Allerdings steht eine BN nach den Normen der Normenreihe VDE 0800 für die Vermaschung von leitfähigen Metallteilen zum Zweck der Schirmung gegen elektromagnetische Felder unterschiedlicher Frequenzen. Dabei müsste ein solcher Schirm nicht einmal eine Erdverbindung aufweisen (obwohl dies in der Regel der Fall ist). Es handelt sich also im Grunde genommen um solche Potentialausgleichsmaßnahmen, die ausschließlich dem Zweck der EMV dienen (s. Abschnitt 5.3.3).

Üblicherweise wird ein solcher Potentialausgleich maschenförmig aufgebaut. Verbindungen werden sooft als möglich kreuz und quer hergestellt, damit ein wirksamer Schirm entstehen kann. Eine vermaschte Potentialausgleichsanlage wird als Mesh-BN bezeichnet. Dieser Ausdruck steht für das englische „meshed bonding network".

Ein vermaschter Potentialausgleich, der in einem Gebäude mit informationstechnischer Nutzung den besonderen Aspekt der EMV berücksichtigen soll (Mesh-BN), muss alle beteiligten Rahmen, Gestelle, Schränke, Kabelpritschen, Kabelkanäle, Kabelwannen und Kabelschirme der informationstechnischen Einrichtungen und im Regelfall auch den Rückleiter der Gleichstromversorgung (falls vorhanden) sowohl untereinander als auch an vielen Stellen mit der CBN verbinden, um eine möglichst niedrige Impedanz des BN sicherzustellen.

Bei komplexen Anlagen mit intensiver informationstechnischer Nutzung kann es durchaus vorkommen, dass der Potentialausgleich dieser Informationssysteme bzw. -anlagen separat geplant und errichtet wird. Durch das Einbeziehen der Armierung oder durch das Einbringen von sogenannten Potentialausgleichsmatten kann eine sogenannte Systembezugspotentialebene (SRPP) entstehen (s. Abschnitt 3.4.5).

Natürlich wird diese Mesh-BN an möglichst vielen Stellen mit der bestehenden Gebäude-Potentialausgleichsanlage (CBN) verbunden. Insofern ergänzt ein Mesh-BN die CBN.

3.4.4 BRC

Die Abkürzung steht für die englischen Wörter „bonding ring conductor" und bezeichnet den sogenannten Potentialausgleichsringleiter (s. Abschnitt 3.3 unter „Erdungssammelleiter"). In DIN V VDE V 0800-2-548 (VDE V 0800-2-548):1999-10 wird dieser Leiter Erdungssammelleiter genannt. Gemeint ist ein Erdungssammelleiter, der in Form eines geschlossenen Rings, z. B. in einem Raum oder Gebäude entlang der Wände, verlegt wird, um eine möglichst kurze Anbindung der elektrischen Betriebsmittel bzw. deren Gehäuse, Rahmen und Schutzleiterschienen (Mesh-BN) an die Potentialausgleichsanlage (CBN) zu ermöglichen. Dieser Ring steht natürlich an möglichst vielen Stellen in leitfähiger Verbindung zur CBN (s. Abschnitt 5.3.3).

3.4.5 SRPP

Mit dieser Abkürzung wird eine sogenannte Systembezugspotentialebene bezeichnet. SRPP ist die Abkürzung des englischen Ausdrucks „system reference potential plane". Gemeint ist im Grunde genommen eine besondere Form des Potentialausgleichs in Gebäuden, in denen informationstechnische Einrichtungen errichtet werden sollen. Im Idealfall handelt es sich um eine leitende massive Ebene. In der Pra-

xis wird diesem Ideal weitgehend dadurch entsprochen, dass durch horizontale oder vertikale Vermaschung leitfähiger Teile annähernd ein dichtes Potentialausgleichs-Maschennetz hergestellt wird. Die Maschenweite richtet sich nach den zu erwartenden Frequenzen, die in dem Gebäude vorkommen können.
Eine solche Potentialebene stellt u. a. für die informationstechnischen Einrichtungen einen gemeinsamen Signalbezugspunkt zur Verfügung und wirkt zudem dämpfend auf elektromagnetische Störfelder. Man erhält eine solche Systembezugspotentialebene beispielsweise durch das Einbringen von Stahlmatten (Potentialausgleichsmatten) in den Fußboden oder durch das strikte Durchverbinden und Verschweißen der Armierung im Fußbodenbereich. Näheres wird im Abschnitt 5.3.5 beschrieben.

3.4.6 MET

Mit dieser Abkürzung wurde die englische Bezeichnung „main earthing terminal" berücksichtigt, die im Deutschen mit Haupterdungsklemme oder -schiene wiedergegeben wird. Es handelt sich um die in Deutschland nach den früheren Ausgaben der VDE 0100-540 bekannte Potentialausgleichsschiene. In fast allen Veröffentlichungen in Deutschland war hierfür bisher die Abkürzung PAS gebräuchlich. Leider setzte sich jedoch weder der deutsche Begriff noch deren Abkürzung im Ausland durch. Es ist kaum zu erwarten, dass sich die Fachwelt mittelfristig auf den neuen Begriff bzw. die neue Abkürzung einstellt. Das bedeutet aber, dass die Abkürzung MET auf lange Sicht bei Planern und Errichtern von Niederspannungsanlagen kaum verstanden wird. Diese Sprachverwirrung ist leider ein zusätzlicher Grund, warum eine umfassende Errichtung der elektrischen Anlage, die den Aspekt der EMV berücksichtigt, häufig außer Acht gelassen wird.

4 Elektromagnetische Beeinflussung

4.1 Einführung

Viele reden von elektromagnetischer Verträglichkeit oder elektromagnetischer Beeinflussung, aber nicht immer ist allen bekannt, was damit umfassend gemeint ist. Um Schutzmaßnahmen gegen störende, elektromagnetische Beeinflussungen effektiv einsetzen zu können, ist es jedoch sinnvoll, zunächst zu klären, um was es geht. Wer die zugrundeliegende Theorie versteht, kann die vorhandenen Möglichkeiten sinnvoll auswählen und nutzen. Ohne ausreichende, theoretische Kenntnis besteht die Gefahr, dass der Planer oder Errichter lediglich irgendwelche Anforderungen erfüllt, die er aus irgendeinem Grund für zutreffend hält, ohne sie jedoch zu verstehen. Ob diese Maßnahmen dann wirklich zum gewünschten Ziel führen, bleibt meist dem Zufall überlassen.

Aus diesem Grund sollen im Folgenden die theoretischen Zusammenhänge so kurz wie möglich und so eingehend wie nötig behandelt werden.

4.2 Das Beeinflussungsmodell

In der Fachliteratur findet man zum Thema EMV häufig eine zeichnerische Darstellung, Beeinflussungsmodell genannt (**Bild 4.1**), die deutlich machen soll, wie die Beeinflussung der Störsenke durch eine Störquelle zustande kommt. Dabei handelt es sich um eine sehr allgemeine und rein theoretische Modellvorstellung, die aber helfen kann, im konkreten Fall bei einem auftretenden Problem die physikalischen Zusammenhänge zu verstehen, um danach entsprechende Maßnahmen treffen zu können.

| Störquelle | → | Kopplung | → | Störsenke |

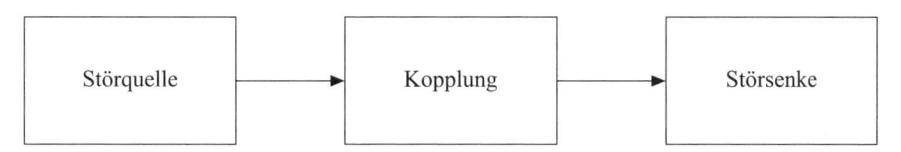

Bild 4.1 Übliche Darstellung des Beeinflussungsmodells
Die Pfeile stellen die jeweilige Störgröße dar. Der „Weg" von linken zum rechten Rechteck wird Kopplung (s. Abschnitt 4.5), vielfach auch Übertragungs-, Beeinflussungs- oder Einwirkungsweg genannt.

Die Aussage des Beeinflussungsmodells ist, dass von einer Störquelle Störgrößen ausgehen, die über eine vorhandene Kopplung zur Störsenke gelangen und dadurch deren Funktion beeinflussen.

Um die Aussage besser zu verstehen, sollen zunächst einige typische EMV-Probleme genannt werden:

- unvorhersehbare Funktionsstörungen einer informationstechnischen Einrichtung
- Ausfall oder Fehlermeldungen von Sicherheitseinrichtungen
- Ausfall von Servern oder Teilen des vorhandenen Datennetzes
- Überlastung des Neutralleiters
- Überlastung bzw. Zerstörung von Kondensatoren (z. B. einer Kompensationsanlage)
- Fehlmessung bei messtechnischen Einrichtungen
- unnatürlich häufiger Ausfall von Betriebsmitteln (z. B. Leuchtmitteln)
- Zerstörung von elektronischen Einrichtungen

Treten derartige Probleme auf, sind nach dem Beeinflussungsmodell zunächst folgende Fragen zu stellen:

a) Welche Störgrößen sind in der Lage, die aufgetretene Funktionsstörung zu verursachen (z. B. impulsartige oder andauernde Überspannung, Oberschwingungen)?

b) Welchen Weg (Kopplung) kann die Störgröße genommen haben (magnetische Felder oder Potentialdifferenzen zwischen zwei Massepunkten)?

c) Welche Einrichtung bzw. welches Betriebsmittel kommt hierfür als Störquelle in Frage?

Erst wenn durch diese Recherche die Art der störenden Beeinflussung geklärt ist, kann über Maßnahmen nachgedacht werden, die für Abhilfe sorgen sollen.

In Folgenden werden die wesentlichen Teile des Beeinflussungsmodells näher betrachtet. Im Abschnitt 4.3 werden die Störquellen und Störgrößen besprochen, im Abschnitt 4.4 die Störsenken und im Abschnitt 4.5 die Kopplung.

4.3 Störquelle und Störgröße

4.3.1 Grundsätzliches zu Störquellen

Betriebsmittel, die als Störquellen wirken, werden in der Regel nicht hergestellt, um Störungen zu produzieren. Vielmehr sind es Betriebsmittel, die aufgrund ihres Betriebsverhaltens oder der Art, wie sie installiert wurden, bestimmte Wirkungen auf ihre Umgebung ausüben, die für andere Betriebsmittel in dieser Umgebung Störgrößen darstellen.

Im Abschnitt 4.5 wird gezeigt, welche Übertragungswege es für Störgrößen gibt. Dort wird in feldgebundene und in leitungsgebundene Kopplung unterschieden. In

Bezug auf die Störquelle heißt dies: Es gibt Störquellen, die durch ihr Feld, das während des Betriebs von ihnen ausgeht, störend wirken, und solche, die über die angeschlossenen Leitungen oder über die Potentialausgleichsverbindungen andere Betriebsmittel beeinflussen.

Beispiele:
Eine leistungsstarke Antriebsmaschine sorgt bei jedem Anfahren für einen kurzzeitigen Spannungseinbruch. Dieser Spannungseinbruch wirkt als Störgröße auf alle an derselben Verteilung angeschlossenen Betriebsmittel.

Ein Aufzugsmotor wird über Frequenzumrichter gesteuert. Von derselben Verteilung wird auch die Beleuchtung eines nahe liegenden Großraumbüros mit elektrischer Energie versorgt. Die Oberschwingungen, die der Aufzugsantrieb hervorruft, wirken auf die Vorschaltgeräte der Leuchtstofflampenleuchten im Büro. Dies macht sich durch lautstarkes Brummen bemerkbar.

Ein Stromschienensystem, das als TN-C-System ausgeführt ist, erzeugt ein hohes magnetisches Feld. Die Stromschiene wurde unter der Decke montiert. Darüber befindet sich ein messtechnisches Labor. Dort stellt man irgendwann fest, dass sich bestimmte Messergebnisse widersprechen. Es wird vermutet, dass die Messgeräte falsche Werte liefern. Als Ursache wird das magnetische Feld des Stromschienensystems ermittelt.

4.3.2 Feldgebundene Störquellen und Störgrößen

4.3.2.1 Elektrisches und magnetisches Feld

Elektrische Ladungen sind stets von einem Energiefeld umgeben. Befinden sich die Ladungsträger im Ruhezustand, bildet sich zunächst ein elektrisches Feld aus. Gewöhnlich wird dieses Feld grafisch durch Feldlinien dargestellt. Stehen sich eine positive und eine negative Ladung gegenüber, treten die Feldlinien definitionsgemäß bei der positiven Ladung aus und münden in der negativen. **Bild 4.2** zeigt den Feldverlauf bei gegenüberliegenden, elektrisch geladenen Platten, in denen sich die Ladungsträger gesammelt haben. Überall dort, wo aufgrund von verschiedenen elektrischen Potentialen eine elektrische Spannung vorhanden ist, ist gleichzeitig ein elektrisches Feld feststellbar. Dabei spielt es keine Rolle, wo diese Spannung gemessen wird, zwischen

- zwei aktiven Leitern einer Mehraderleitung
- aktiven Leitern und dem umgebenden Kabelschirm oder
- einem aktiven Leiter und dem Gehäuse eines Betriebsmittels

immer ist mit der Spannung auch ein elektrisches Feld vorhanden, und es liegen im Prinzip die gleichen physikalischen Verhältnisse vor, wie bei einem handelsüblichen Kondensator.

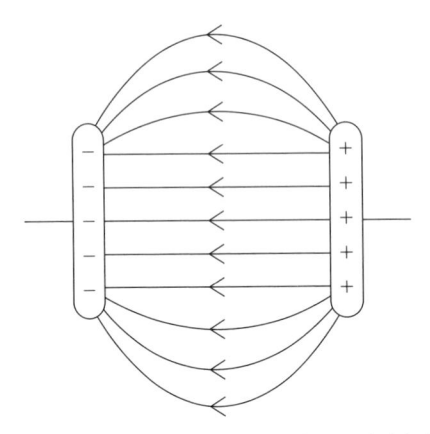

Bild 4.2 Elektrisches Feld zwischen zwei elektrisch geladenen Platten

Wenn sich die elektrischen Ladungsträger bewegen, kommt ein zweites Feld hinzu. Dieses Feld baut sich kreisförmig um die bewegten Ladungsträger herum auf (**Bild 4.3**) und wird magnetisches Feld genannt. Auch hier wird die Kraftwirkung durch Feldlinien dargestellt. Jeder elektrische Strom erzeugt also ein entsprechendes magnetisches Feld.

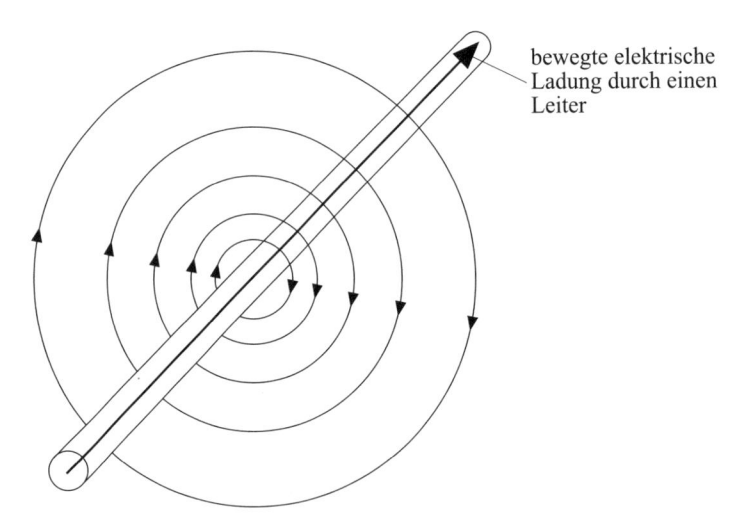

Bild 4.3 Elektrischer Strom: Um die sich bewegenden elektrischen Ladungsträger baut sich ein magnetisches Feld auf

4.3.2.2 Bedeutung des elektrischen Feldes für die EMV

Das elektrische Feld bewirkt eine Verschiebung sämtlicher Ladungsträger im gesamten Bereich des Feldes. In elektrisch leitfähigen Materialien ist das leicht einzusehen, da hier die Ladungsträger (in der Regel in Form von freien Elektronen) relativ frei beweglich sind. Aber auch dann, wenn es keine frei beweglich Ladungsträger gibt, wie in Isoliermaterialien, findet eine, wenn auch noch so winzige, Verschiebung statt. Da durch diese Verschiebung Ladungsträger bewegt werden, ist dies im Grunde genommen nichts anderes als ein elektrischer Strom. Manche nennen ihn deshalb auch Verschiebestrom. Liegt eine Gleichspannung an, fließt dieser Verschiebestrom jedoch nur einmal, bis die Bewegung der Ladungsträger einen bestimmten Maximalwert erreicht hat und hört dann auf. Bei einer anliegenden Wechselspannung ändert die Verschiebung entsprechend der Spannung ständig die Richtung. Das bedeutet, es fließt konstant ein Verschiebestrom mit derselben Frequenz wie die anliegende Wechselspannung. Bekanntlich wird dieser Strom mit folgender Formel berechnet:

$$i = C \cdot \frac{du}{dt}$$

Dabei ist:

i Strom bzw. Verschiebestrom (kleine Buchstaben kennzeichnen zeitlich sich ändernde Größen)

C Kapazität. Sie ist ein Maß dafür, wie viele Ladungsträger sich an der Verschiebung beteiligen können. Sie hängt ab von der Geometrie der unter Spannung stehenden Teile sowie vom Material des Stoffs im Feldraum (siehe Bild 4.2)

$\frac{du}{dt}$ Spannungsänderungsgeschwindigkeit

Die Bedeutung der obigen Beziehung ist folgende:

Je schneller sich die Spannung verändert, um so mehr Ladungsträger sind an der Bewegung beteiligt. Multipliziert man nun diese Änderungsgeschwindigkeit mit einem Faktor, der von der Anzahl der bewegten Ladungsträger abhängt, so erhält man insgesamt die Anzahl der bewegten Ladungsträger pro Zeiteinheit. Genau das ist jedoch nach der bekannten Definition ein elektrischer Strom: bewegte Ladungsträger pro Zeiteinheit.

Aus diesem Grund wird die Spannungsänderungsgeschwindigkeit mit der Kapazität C multipliziert, weil C ein Maß für die Anzahl der verschobenen Ladungsträger bei einer bestimmten Spannung ist. Die Höhe dieser Kapazität C hängt ab von

- der geometrischen Form der beteiligten, unter Spannung stehenden Teile (in Bild 4.2 sind dies die beiden Platten)

- der Art des Stoffs im Feldraum. Im Bild 4.2 wäre hiermit z. B. das Material zwischen den beiden geladenen Platten gemeint. Dieses Material muss ein Isolierstoff sein und wird Dielektrikum genannt.

Zunächst ist es klar, dass die Änderungsgeschwindigkeit von der Höhe der anliegenden Spannung abhängen muss; denn je mehr „Spannung pro Zeiteinheit" geändert wird, umso größer wird die Geschwindigkeit der Veränderung ausfallen. Bei Wechselspannung ist die Änderungsgeschwindigkeit weiterhin von der Frequenz der Spannung abhängig, da die Frequenz ausdrückt, wie oft die Spannung pro Zeiteinheit die Richtung wechselt.

Folgende Größen bestimmen also die Höhe des Verschiebestroms:

a) die Spannung U, da sie die Geschwindigkeit der Bewegung bestimmt

b) die Frequenz f, da sie ebenfalls die Änderungsgeschwindigkeit beeinflusst

c) die Kapazität C, da sie die Anzahl der Ladungsträger bestimmt, die an der Verschiebung beteiligt sind

Diese zuletzt geäußerte Überlegung findet man in der folgenden, allgemein bekannten Formel wieder:

$$I = U \cdot 2\pi \cdot f \cdot C = U \cdot \omega \cdot C$$

Dabei ist:

I Strom bzw. Verschiebestrom (hier als Effektivwert)

C Kapazität

U anliegende Spannung (hier als Effektivwert)

f Frequenz der Spannung

ω Kreisfrequenz ($= 2\pi \cdot f$)

Das Ohm'sche Gesetz hat auch hier Gültigkeit. Darum kann der elektrische Strom aus Widerstand und Spannung berechnet werden. Es gilt: $I = U/R$ (bei Ohm'schen Widerständen). Im Zusammenhang mit der zuvor angegebenen Formel ergibt sich folgende weitere Formel, die ebenfalls allgemein bekannt sein dürfte:

$$I = \frac{U}{X_C} = U \cdot \omega \cdot C \Rightarrow X_C = \frac{1}{\omega \cdot C}$$

Dabei ist:

X_C kapazitiver Widerstand, kapazitiver Blindwiderstand bzw. Widerstand, den eine Kapazität bei einer anstehenden Wechselspannung besitzt

Zusammenfassend kann man sagen:
Zwischen zwei leitfähigen Teilen kommt ein konstanter Stromfluss zustande, wenn zwischen ihnen eine Wechselspannung anliegt. **Die Höhe des Stroms ist dabei**

abhängig von der Höhe der Spannung, der Frequenz sowie von der Kapazität, die sich aufgrund der Geometrie der Teile und dem zwischen ihnen liegenden Stoff ergibt.

Dabei ist es gleichgültig, ob es sich bei den leitfähigen Teilen wie in Bild 4.2 um zwei gegenüberliegende Platten handelt, um zwei runde Leiter innerhalb eines Mehrleiterkabels oder um einen Rundleiter gegenüber einer flächigen Masse. Es ist auch gleichgültig, ob sich zwischen den beiden unter Spannung stehenden Teilen Luft befindet, ein Isolierstoff oder das Erdreich. Der Wert für C wird zwar bei all diesen verschiedenen Möglichkeiten jeweils verschieden sein, aber er wird niemals zu null.

Die Erkenntnis aus dem bisher Gesagten ist sehr wichtig für die EMV:

> Liegt zwischen irgendwelchen leitfähigen Teilen eine Wechselspannung an, wird immer auch ein Strom fließen.

Hierbei muss bedacht werden, dass dieser Strom nicht über leitfähige Teile fließt, sondern als Verschiebestrom über die Isolierstrecke (in Bild 4.2 der Stoff zwischen den Platten) von einen Teil zum anderen. Isolierungen können diesen Strom also nicht verhindern.

In einigen Fällen ist dieser Strom gewollt (z. B. der Strom durch Kondensatoren, die in der elektrischen Anlage bzw. in einem Betriebsmittel irgendeinen Zweck erfüllen), aber in den allermeisten Fällen ist er ungewollt. Dann wird die Kapazität, die zwischen den leitfähigen Teilen einer elektrischen Anlage festgestellt werden kann, parasitäre Kapazität genannt, da sich diese zwar ungewollt, aber zwangsläufig ergibt. Der Strom wäre dann ein typischer Ableitstrom – eben ein Strom, der zwar betriebsbedingt, aber leider zugleich ungewollt ist.

Natürlich ist dieser kapazitive Ableitstrom häufig so klein, dass er kaum messbar und damit vernachlässigbar ist, aber er ist immer vorhanden. Bei üblichen elektrischen Betriebsmitteln (z. B. einer Mehraderleitung) sind die vorhandenen Kapazitäten derart gering, dass bei den Werten für Spannung und Frequenz in unseren Niederspannungs-Versorgungsnetzen kaum von einem Stromfluss geredet werden kann.

Beispiel:
Eine Leitung NYM-J 3×1,5 kann durchaus eine Kapazität zwischen dem Außenleiter und dem Schutzleiter (PE) von etwa 0,15 nF/m aufweisen. Bei einer 30 m langen Leitung wäre das eine Kapazität von 4,5 nF. Für eine Spannung von $U_0 = 230$ V (50 Hz) ergibt sich daraus ein Ableitstrom von:

$$I_C = 230 \text{ V} \cdot 2 \cdot \pi \cdot 50 \frac{1}{\text{s}} \cdot 4,5 \cdot 10^{-9} \frac{\text{As}}{\text{V}} = 0,33 \text{ mA}$$

Dieser Strom fließt also aufgrund der parasitären Kapazität, die zwischen den Leitern in der Mehraderleitung vorhanden ist, vom Außenleiter zum Schutzleiter. Ein Wert von 0,33 mA kann bei üblichen Betrachtungen in der Regel vernachlässigt werden.

Sind jedoch Oberschwingungen vorhanden, die die Netzspannung überlagern, so sieht die Sache anders aus. Bei Frequenzumrichtern z. B. können durchaus Frequenzen von bis zu 16 kHz (und eventuell auch höher) vorkommen. Selbst wenn für diese Oberschwingung nur ein Effektivwert von nur 20 V veranschlagt werden müsste, läge der Strom durch die hohe Frequenz immer noch bei

$$I_C = 20 \text{ V} \cdot 2 \cdot \pi \cdot 16\,000 \frac{1}{\text{s}} \cdot 4{,}5 \cdot 10^{-9} \frac{\text{As}}{\text{V}} = 9{,}1 \text{ mA}$$

Hier kann von einer Vernachlässigung nicht mehr gesprochen werden, denn in Summe mit eventuell anderen Ableitströmen kann hierdurch z. B. eine Fehlerstrom-Schutzeinrichtung (RCD) zur Auslösung gebracht werden.

Aber auch in Fällen, wo plötzliche schnelle Spannungsänderungen zu erwarten sind, wie bei Ein- und Ausschaltvorgängen, Blitzschlägen oder bei Flickern (schnelle und kurzzeitige Spannungseinbrüche), kann davon ausgegangen werden, dass diese einen entsprechenden Stromfluss über die vorhandenen parasitären Kapazitäten zur Folge haben. Häufig sind es Impulsströme, die über die parasitären Kapazitäten fließen, die ihren Maximalwert erreichen, wenn die Spannung die höchste Änderungsgeschwindigkeit aufweist. Werden solche Ströme z. B. in Signalleitungen kapazitiv eingekoppelt, können Signalverfälschungen die Folge sein.

Beispiel:
Ein Blitzstrom verursacht in einer Leitung eine Erhöhung des Schutzleiterpotentials um 20 kV. Diese Spannungsspitze wird innerhalb von 8 µs erreicht. Die Kapazität soll die gleiche sein wie im vorherigen Beispiel. Der impulsförmig auftretende kapazitive Ableitstrom ergibt sich dann wie folgt:

$$I_C = C \cdot \frac{du}{dt} = 4{,}5 \cdot 10^{-9} \frac{\text{As}}{\text{V}} \cdot \frac{20\,000 \text{ V}}{8 \cdot 10^{-6} \text{s}} = 11{,}3 \text{ A} \quad \text{(als Maximalwert)}$$

4.3.2.3 Bedeutung des magnetischen Feldes für die EMV

4.3.2.3.1 Einführung

Ein magnetisches Feld entsteht, sobald sich Ladungsträger bewegen. Der elektrische Strom verursacht somit immer ein magnetisches Feld (Bild 4.3). Die Feldlinien eines solchen Feldes können in Leiterschleifen hineinwirken. Ändert sich die Stärke des Feldes oder (was indirekt auf dasselbe hinausläuft) die Fläche der Leiterschleife, entsteht in der Leiterschleife eine Spannung, die einen Strom in der Leiterschleife hervorruft. Man nennt diesen Vorgang Induktion. Die Wirkung ist dabei abhängig von der Stärke des Feldes, von der Änderungsgeschwindigkeit des Feldes und von der Fläche, die die Leiterschleife umschließt. Da sich das magnetische Feld bei Wechselstrom naturgemäß ständig ändert, wird in jeder Leiterschleife, durch die die Feldlinien des Feldes verlaufen, eine entsprechende Spannung induziert.

Die Spannung, die in die Leiterschleife induziert wird, errechnet sich dabei wie folgt:

$$u = L \cdot \frac{di}{dt}$$

Dabei ist:

u Spannung (die in einer Leiterschleife induziert wird als zeitlich sich ändernde Größe)

L Induktivität (ist ein Maß dafür, wie stark sich die Feld- bzw. Stromänderung auswirken kann; vor allem spielen hier die Anzahl der beteiligten Windungen der Leiterschleife, der Stoff im Feldlinienraum und vor allem die von der Leiterschleife umschlossene Querschnittsfläche eine Rolle)

$\frac{du}{dt}$ Stromänderungsgeschwindigkeit

Die Aussage dieser Formel ist:

Je schneller sich der Strom ändert, umso schneller ändert sich auch das magnetische Feld. Die Folge ist, dass sich mit zunehmender Änderungsgeschwindigkeit in einer betroffenen Leiterschleife eine umso höher Spannung ergibt.

Wie beim elektrischen Feld hängt die Änderungsgeschwindigkeit auch hier von der Frequenz ab (allerdings hier von der Frequenz des Stroms). Und so wie beim elektrischen Feld die Höhe der Spannung eine Rolle spielte, so geht es hier um die Höhe des Stroms. Ebenso Einfluss nimmt, wie bereits gesagt, die Induktivität L. Dieser Zusammenhang kann in folgender allgemein bekannter Gleichung ausgedrückt werden:

$$U = I \cdot 2 \cdot \pi \cdot f \cdot L = I \cdot \omega \cdot L$$

Dabei ist:

I Strom (hier als Effektivwert)
L Induktivität
U anliegende Spannung (hier als Effektivwert)
f Frequenz des Stroms
ω Kreisfrequenz ($= 2\pi \cdot f$)

Wie beim elektrischen Feld gelten auch hier die Gesetzmäßigkeiten des Ohm'schen Gesetzes ($U = I \cdot R$; für rein Ohm'sche Widerstände). Deshalb kann man sagen:

$$U = I \cdot X_L = I \cdot \omega \cdot L \quad \Rightarrow \quad X_L = \omega \cdot L$$

Dabei ist:

X_L induktiver Widerstand, induktiver Blindwiderstand bzw. Widerstand, den eine Leiterschleife besitzt, in die durch ein Wechselfeld eine Spannung induziert wird.

Zusammenfassend kann man sagen:

In einer Leiterschleife entsteht durch Induktion eine Spannung, wenn sie in den Einflussbereich eines Wechselfelds gerät, das durch das magnetische Feld eines elektrischen Stroms hervorgerufen wird. **Die Höhe der induzierten Spannung ist dabei abhängig von der Höhe des elektrischen Stroms, der das Feld hervorruft, von dessen Frequenz sowie von den geometrischen und stofflichen Gegebenheiten, die insgesamt mit dem Faktor L (Induktivität) berücksichtigt werden.**

> Fließt ein elektrischer Strom, so wird in jede benachbarte Leiterschleife eine Spannung induziert, die die in dieser Leiterschleife bereits vorhandene Spannung überlagert.

Die Erkenntnis aus dem bisher Gesagten ist sehr wichtig für die EMV:

Das magnetische Feld wirkt auch in leitfähigen Flächen (z. B. ein metallenes Gehäuse). Allerdings fließt der Strom dann nicht in einem konkreten Leiter, sondern er sucht sich seinen Weg innerhalb der leitfähigen Fläche und beschreibt dort einen Kreis. Diese Ströme werden Wirbelströme genannt.

Da in einer elektrischen Anlage zahlreiche Ströme fließen und zugleich immer auch Leiterschleifen oder leitfähige Flächen vorhanden sind, ist diese Beeinflussung immer vorhanden. Welche Faktoren spielen hierbei eine Rolle, und wie kann diese Wirkung beeinflusst werden? Die Einflussfaktoren werden in **Tabelle 4.1** sowie in den nachfolgenden Abschnitten beschrieben.

4.3.2.3.2 Beeinflussungsfaktor: Strom

Der verursachende Strom kann ein Betriebsstrom sein, der ein Verbrauchsmittel mit elektrischer Energie versorgt. In diesem Fall ist diese Größe kaum zu beeinflussen. Anders verhält es sich, wenn der Strom ein Ableitstrom ist oder ein sogenannter Streustrom, der in irgendwelchen Potentialausgleichsverbindungen fließt, weil im Gebäude ein PEN-Leiter vorhanden ist. Hier kann natürlich versucht werden, diesen Strom zu vermeiden (z. B. durch Aufbau eines TN-S-Systems) oder ihn durch eine möglichst große Maschenbildung des Potentialausgleichs zu reduzieren.

Darüber hinaus sind auch impulsförmige Ströme zu berücksichtigen. Sie können aufgrund der teilweise extrem hohen Stromänderungsgeschwindigkeiten impulsartig hohe magnetische Felder hervorrufen.

		Strom	magnetisches Feld	Frequenz	Induktivität L
Art der Beeinflussung		verursacht das magnetische Feld (Bild 4.3)	ändert sich das Feld (bei Wechselströmen), induziert es in Leiterschleifen eine Spannung	beeinflusst die Stromänderungsgeschwindigkeit di/dt und beeinflusst damit die Höhe der induzierten Spannung	Sagt etwas über die Vorbedingungen für die Induktion aus. Einflussgrößen sind die Fläche, die von der Leiterschleife umschlossen wird, die Anzahl der beteiligten Windungen der Leiterschleife und der Stoff im Feldbereich.
mögliche Maßnahmen		engmaschiger **Potentialausgleich**	**Abstand** zwischen Störquelle und Störsenke **vergrößern**	**Vermeiden** oder **Reduzierung** von **Oberschwingungs-** oder **Impulsströmen**	die **Fläche**, die von der Leiterschleife umschlossen wird, **reduzieren**
		PEN-Leiter im Gebäude **vermeiden**	**Schirmung** mit ferromagnetischen Materialien (vor allem bei niedrigen Frequenzen)		Stoff im Feldbereich verändern (in der Regel geht es hier um **Schirmung** – s. „magnetisches Feld" in der dritten Spalte)
		Ableiter (bei Impulsströmen)	**Schirmung** mit leitfähigen Materialien (bei höheren Frequenzen)		

Tabelle 4.1 Einflussgrößen beim magnetischen Feld und mögliche Maßnahmen gegen eine elektromagnetische Beeinflussung

4.3.2.3.3 Beeinflussungsfaktor: Magnetisches Feld

Die eigentliche Größe, die die Beeinflussung bewirkt, ist das durch den Strom hervorgerufene magnetische Feld. Dieses Feld kann durchaus in gewissen Grenzen beeinflusst werden. Zum einen, indem der Abstand zwischen dem stromführenden Leiter (Verursacher, Störquelle) und der Leiterschleife (beeinflusstes Betriebsmittel, Störsenke) vergrößert wird. Mit zunehmendem Abstand vom verursachenden Strom wird natürlich auch das magnetische Feld schwächer. Letzteres wird z. B. in Bild 4.3 dadurch deutlich, dass die Feldlinien mit zunehmendem Abstand vom Leiter einen immer größeren Weg zurücklegen müssen.

Zum anderen, indem die Feldlinien des Feldes abgelenkt werden, um den Anteil, der in die Leiterschleife hineinwirkt, zu reduzieren. Dies kann durch Schirmungsmaßnahmen versucht werden, die bei niedrigen Frequenzen sozusagen einen Weg außerhalb der Leiterschleife für die Feldlinien des magnetischen Feldes schaffen, den diese bevorzugen, weil er weniger Energieverlust verursacht (z. B. durch Abschirmung mit ferromagnetischen Stoffen). Leider zeigt es sich in der Praxis, dass dieser letztgenannte Weg häufig nur schwer und vor allem nur in gewissen Grenzen durchführbar ist. Bei höheren Frequenzen ist dies überhaupt nicht mehr möglich, hier muss eine Schirmung mit leitfähigen Materialien ausgeführt sein. Dies wird in Abschnitt 5.5 näher erläutert.

4.3.2.3.4 Beeinflussungsfaktor: Frequenz und Stromänderungsgeschwindigkeit

Auch die Frequenz ist in der Regel betriebsbedingt. Eine Beeinflussung ist kaum möglich. Etwas anders ist es, wenn es um Oberschwingungsströme geht. Bilden solche Ströme die beeinflussende Größe, so fallen sie durch ihre höhere Frequenz stets stärker ins Gewicht. Hier kann versucht werden, Oberschwingungsströme zu vermeiden oder zu reduzieren (z. B. durch Filter).

Handelt es sich um einmalige, impulsförmige Ströme, die z. B. bei Blitzschlag oder Schalthandlungen auftreten können, ergibt sich zwar im eigentlichen Sinn keine Frequenz, wohl aber eine entsprechende Stromänderungsgeschwindigkeit. Man könnte z. B. den einmaligen Impuls mit einer einzigen Halbschwingung eines sinusförmigen Stroms vergleichen, der zwar nur einen kurzen Spannungsimpuls induziert, aber aufgrund seiner enormen Höhe mit größerer Zerstörungskraft wirken kann.

Beispiel:
Vergleicht man die Stromänderungsgeschwindigkeiten von möglichen Strömen, so kommt man zu folgendem Ergebnis:
- **Netzfrequente Sinusströme (f = 50 Hz)**

    Hier ergibt sich die maximale Stromänderungsgeschwindigkeit di/dt wie folgt:

$$\frac{di}{dt} = \frac{d(i_{max} \sin \omega t)}{dt} = i_{max} \cdot \omega \cdot \cos \omega t \quad \text{(ohne Berücksichtigung des Vorzeichens)}$$

Dabei ist:
ω Kreisfrequenz (= $2\pi \cdot f$)
t Zeit
i_{max} Maximalwert des Stroms, Amplitudenwert
$\Rightarrow$ Das Maximum der Geschwindigkeit ergibt sich zu: $i_{max} \cdot \omega$

Für eine Frequenz von 50 Hz und einem Strommaximum (Amplitudenwert) von z. B. 20 A wäre das eine Stromänderungsgeschwindigkeit von etwa

$$\frac{di}{dt} = i_{max} \cdot \omega = 20 \text{ A} \cdot 2\pi \cdot 50 \frac{1}{s} = 6\,283 \frac{A}{s}$$

- **Oberschwingungsstrom, beispielsweise mit** $f = 150$ **Hz**

  Da es um einen sinusförmigen Strom geht, kann die vorherige Rechnung übernommen werden. Die maximale Stromänderungsgeschwindigkeit soll für einen Oberschwingungsstrom mit der Frequenz von 150 Hz errechnet werden. Der Strommaximalwert (Amplitudenwert) soll auch hier 20 A betragen:

  $$\frac{di}{dt} = i_{max} \cdot \omega = 20\,\text{A} \cdot 2\pi \cdot 150\,\frac{1}{s} = 18\,850\,\frac{A}{s}$$

  Für Oberschwingungsströme höherer Ordnung wird sich selbstverständlich auch eine höhere Stromänderungsgeschwindigkeit ergeben. Häufig erreichen diese jedoch nicht derartig hohe Amplitudenwerte.

- **Kurzschlussstrom im Starkstrombereich (**$f = 50$ **Hz)**

  Es soll ein Kurzschlussstrom mit einem Maximalwert (Stoßkurzschlussstrom) von 20 kA berücksichtigt werden.

  $$\frac{di}{dt} = i_{max} \cdot \omega = 20\,000\,\text{A} \cdot 2\pi \cdot 50\,\frac{1}{s} = 6\,283\,185\,\frac{A}{s}$$

- **Blitzstrom mit einem Scheitelwert von 100 kA und einer Impulsform 10/350 µs**

  Bei der angegebenen Impulsform erreicht der Blitzstrom 90 % seines Scheitelwerts in 10 µs (siehe auch Abschnitt 4.3.3.4.3). Das ergibt eine Stromänderungsgeschwindigkeit von

  $$\frac{di}{dt} = \frac{90\,000\,\text{A}}{10\,\mu s} = 9 \cdot 10^9\,\frac{A}{s}$$

Der Wert der Stromänderungsgeschwindigkeit allein sagt noch nicht viel aus, zeigt im Vergleich aber, wie sehr die Wirkung des Stroms von der Stromart abhängt. Dies soll durch eine Gegenüberstellung der verschiedenen Stromänderungsgeschwindigkeiten verdeutlicht werden. Dabei werden die zuvor errechneten Werte in der Reihenfolge: Netzstrom (I_N), Oberschwingungsstrom (I_h), Kurzschlussstrom (I_k), Blitzstrom (I_B) ins Verhältnis gesetzt. Der oben angenommene Netzstrom I_N wird dabei als Bezugsgröße angenommen und erhält deshalb den Wert 1.

$I_N : I_h : I_k : I_B = 1 : 3 : 1\,000 : 1\,432\,436$

Aus dieser Gegenüberstellung wird deutlich, dass die Stromänderungsgeschwindigkeit bei üblichen Netzströmen sehr schnell um ein Vielfaches übertroffen wird, sobald Oberschwingungen oder außerordentliche Ereignisse betrachtet werden müssen. Dabei sind Kurzschluss und Blitzschlag zwar nur Augenblicksereignisse, können aber durch die extremen Stromänderungsgeschwindigkeiten extrem hohe Spannungsimpulse in Leiterschleifen induzieren.

4.3.2.3.5 Beeinflussungsfaktor: Induktivität

Das Formelzeichen der Induktivität ist L. Mit diesem Begriff werden die nachfolgenden vier Faktoren, die im Wesentlichen für die Stärke bzw. Wirkung des magnetischen Feldes von Bedeutung sind, zusammengefasst. Die Induktivität wird in H (Henry) angegeben; dabei entspricht

$$1\,\text{H} = \frac{1\,\text{Vs}}{1\,\text{A}}$$

Faktor 1: Die Größe der Leiterschleifenfläche

Der erste Faktor, der die Größe von L beeinflusst, ist die Fläche, die von der Leiterschleife der Störsenke umschlossen wird (**Bild 4.4**). Je größer diese Fläche ist, umso stärker ist die Beeinflussung. Diese Schleifenfläche ist in vielen Fällen leicht zu beeinflussen, indem man die beiden Leitungen eines Strom- oder Signalkreises eng aneinander (**Bild 4.5**) oder in der unmittelbaren Nähe des Potentialausgleichs verlegt.

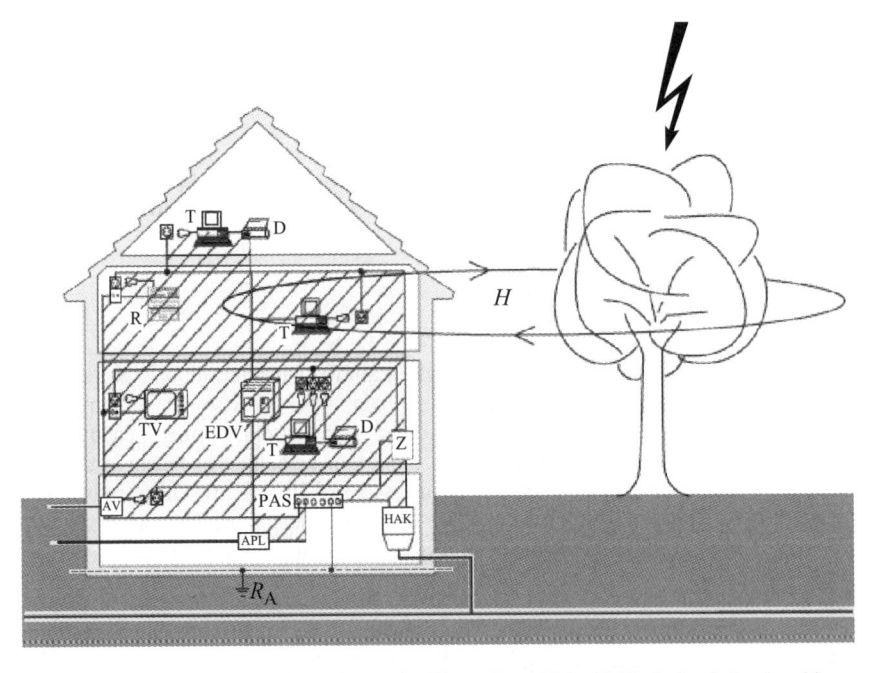

Bild 4.4 Schleifenbildung (schattierter bzw. schraffierter Bereich) im Gebäude durch den Anschluss von Geräten an den Potentialausgleich über verschiedene Leitungssysteme (IT- bzw. Fernmeldenetz und Starkstromnetz).
Die Beeinflussung wird im dargestellten Fall durch einen Blitzstrom verursacht, dessen magnetisches Feld (H) in diese Leiterschleifen eine Spannung induziert.

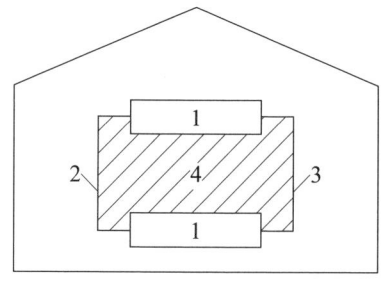

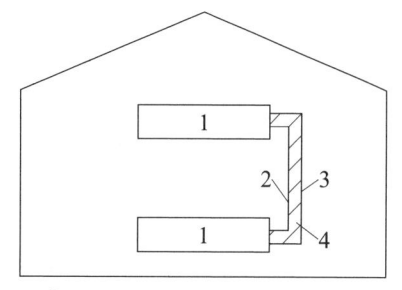

Bild 4.5 Vermeidung von großen Leiterschleifen durch Änderung der Verlegung (nach DIN VDE 0185-4)

Faktor 2: Die Windungszahl

Der zweite Faktor, der mit L zusammenhängt, ist die Windungszahl der beeinflussten Leiterschleife. Sie liegt in der elektrischen Anlage in der Regel fest. Hier ist kaum eine Beeinflussung möglich. Bei der Störsenke ist meist sowieso nur eine Windung betroffen (z. B. Hin- und Rückleiter eines Signalstromkreises).

Faktor 3: Die geometrische Situation der Störquelle

Der dritte Faktor, der die Größe von L und damit letztlich die Wirkung des magnetischen Feldes beeinflusst, ist die geometrische Situation, die das magnetische Feld vorfindet. Das bedeutet, dass Form, Aufbau und Anordnung der stromdurchflossenen Leiter neben anderen Faktoren ganz wesentlich darüber entscheiden, wie stark das Feld wirkt und wie es mit wachsender Entfernung abnimmt. In der elektrischen Anlage kann man grob gesehen drei Fälle unterscheiden:

- die Störung geht von einem einzelnen Leiter (Einzelleiter) aus
- die Störung geht von einem Leitergebilde aus, bestehend aus Hin- und Rückleiter (z. B. bei einer Mehraderleitung NYM, vor allem jedoch bei Stromkreisen mit Einleiterkabel)
- die Störung geht von einer Spule aus (z. B. Drosselspule oder Transformator)

a) Störquelle: Einzelleiter

Einzelleiter kommen vor, wenn Hin- und Rückleiter innerhalb eines Stromkreises so weit auseinander liegen, dass für die Beziehung zwischen Störquelle und Störsenke lediglich das magnetische Feld eines dieser Leiter (Hin- oder Rückleiter) wichtig wird (s. auch Abschnitt 4.3.3.3.2). Dies kann z. B. sein, wenn ein elektrischer Strom in einem fremden leitfähigen Teil irgendwo im Gebäude zurück zur Stromquelle fließt (Streustrom, s. Abschnitt 3.3).

Auch eine Mehraderleitung kann als Einzelleiter wirken, wenn die Summe der Ströme in der Mehraderleitung nicht null ergibt. Dies ist die Regel bei Stromkreisen mit PEN-Leitern (TN-C-Systemen). In diesem Fall fließt ein Teil des betriebsbedingten Rückstroms (Neutralleiterstroms) nicht in der Mehraderleitung, sondern parallel dazu über das Potentialausgleichssystem, fremde leitfähige Teile oder Kabelschirme usw. zurück zur Stromquelle. Diese letztgenannten Ströme werden häufig Streuströme genannt. Diese Streuströme fehlen natürlich in der Mehraderleitung, und dadurch ist sie nach außen hin nicht mehr magnetisch ausgeglichen; die Mehraderleitung wirkt insgesamt wie ein Einzelleiter. In **Bild 4.6** ist diese Situation beispielhaft dargestellt. Der Summenstromwandler würde den gleichen Strom registrieren, wenn er um einen Einzelleiter gelegt würde, in dem der Strom fließt, der in der Mehraderleitung fehlt.

Der Strom, der in der Stromkreisleitung fehlt und der parallel dazu über irgendwelche Teile zurück zur Stromquelle fließt, wird in der Fachliteratur auch *Summenstrom* oder *Differenzstrom* genannt. Die Wirkung dieses Stroms ist insofern relevant, weil sie mit zunehmender Entfernung nur relativ langsam abnimmt (**Bild 4.8**).

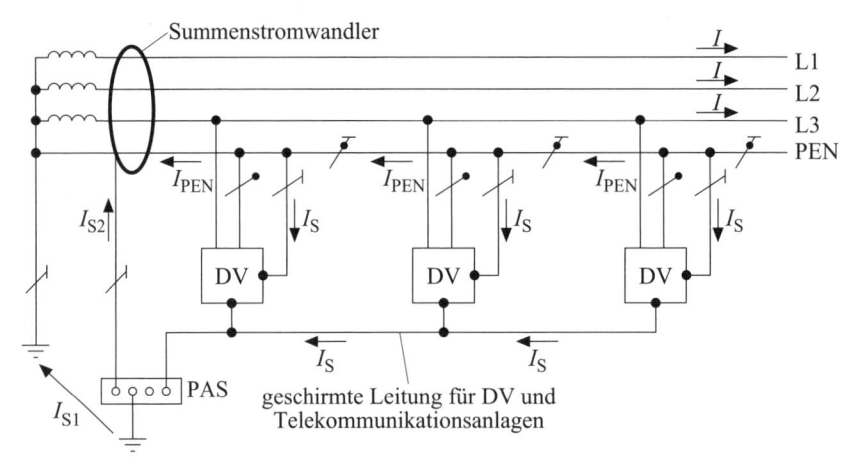

Bild 4.6 Darstellung einer nicht ausgeglichenen Drehstromleitung (z. B. Mehraderleitung). Da parallel zur Mehraderleitung Ströme (I_S – hier z. B. über die Schirme der Datenleitungen) fließen, ist die Stromsumme in der Mehraderleitung nirgends null. Der Summenstromwandler registriert z. B. an der dargestellten Stelle im Bild den Strom ($I_{S1} + I_{S2}$), der in der Mehraderleitung fehlt und über Erde (I_{S1}) bzw. über die Verbindungsleitung zwischen PAS und PEN (I_{S2}) am Wandler vorbeifließt.

b) Störquelle: Die aktiven Leiter eines Stromkreises

Auch von den aktiven Leitern eines Stromkreises ohne PEN gehen Störfelder aus. Das hängt mit der geometrischen Anordnung der Leiter untereinander zusammen. In einer Leitung oder einem Kabel gibt es zwischen den Leitern immer eine kleine, aber stets vorhandene Distanz. Allerdings versucht man das dadurch entstehende magnetische Feld durch eine gewisse Verdrillung der aktiven Leiter innerhalb des Kabels bzw. der Leitung zu reduzieren.

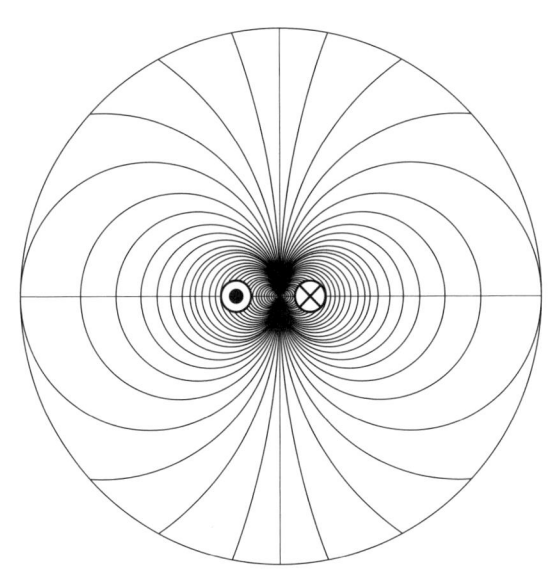

Bild 4.7 Darstellung der Flusslinien bei einer gegensinnig durchflossenen Doppelleitung

Besonders bei einem Stromkreis aus z. B. Einleiterkabeln bilden die aktiven Leiter eine nicht zu unterschätzende Schleife, die als Störquelle für magnetische Felder wirken kann (**Bild 4.7**), vor allem, wenn die Betriebsströme entsprechend hoch ausfallen.

Auch bei Stromkreisen aus Einleiterkabeln kann man durch eine Verdrillung der aktiven Leiter diese Störwirkung reduzieren; aber leider wird dies in der Praxis nur selten so ausgeführt. Auch bei Stromschienensystemen kann es zu ganz erheblichen Störwirkungen kommen. Allerdings nehmen die Störgrößen mit zunehmender Entfernung schneller ab, als dies bei einem Einzelleiter der Fall ist (Bild 4.8).

c) Störquelle: Spulen, Transformatoren und Drosselspulen

Ein Transformator sollte eigentlich überhaupt keine Störfelder hervorrufen. Doch dies würde nur auf einen absolut idealen Transformator zutreffen, dessen Feld ausschließlich innerhalb der Blechpakete verläuft. In der Realität wirkt der Transformator durch seine Streufelder sowie durch die Felder seiner Anschlusskabel. Die Transformatorenhersteller sind natürlich bemüht, diese Streufelder zu reduzieren, aber völlig zum Verschwinden bringen konnten sie diese natürlich nicht. Analoges kann auch von Drosselspulen u. Ä. gesagt werden.

Bild 4.8 zeigt schematisch, wie die Wirkung des magnetischen Feldes bei verschiedenen Anordnungen der Störquelle mit der Entfernung abnimmt.

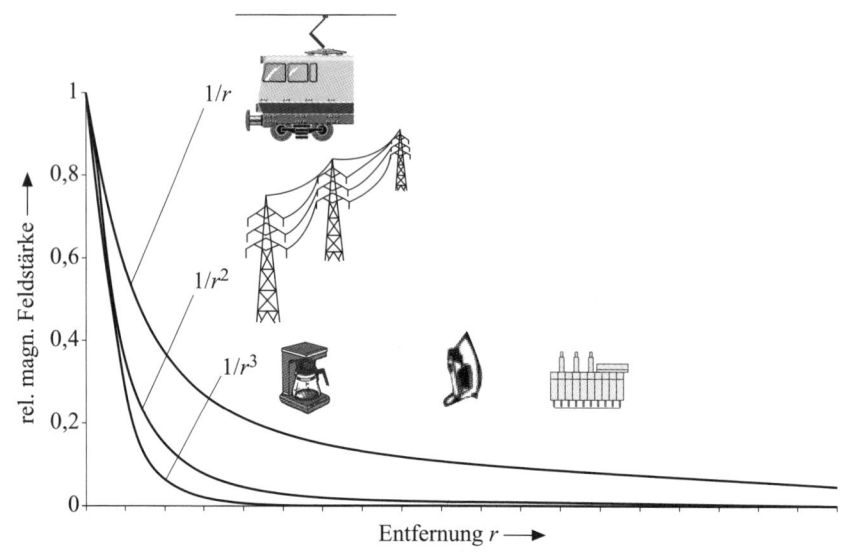

1/r Feld eines geraden langen stromdurchflossenen Leiters (z. B. Bahnstromleitung)
$1/r^2$ Feld durch Überlagerung zweier Leiter mit hin- und rückfließendem Strom
$1/r^3$ Feld einer Zylinderspule

Bild 4.8 Abnahme der magnetischen Flussdichte bei verschiedenen Störquellen.

Das Feld des Einzelleiters, dessen Rückstrom in weiter Entfernung oder über unbestimmbare Wege fließt, wird mit zunehmender Entfernung am geringsten abgeschwächt.

Auf der Ordinate sind lediglich die Verhältniswerte aufgetragen: Der Wert „1" kennzeichnet dabei die Stärke des Ausgangsfelds.

Faktor 4: Der Stoff, in dem das Feld wirkt

Als vierte Einflussgröße in Bezug auf die Induktivität L spielt der Stoff im Einflussbereich des magnetischen Feldes eine Rolle (Luft, Isolierstoffe, metallene Gehäuse usw.). Auch dieser Faktor liegt häufig fest und kann nicht ohne Weiteres beeinflusst werden. Meist handelt es sich um Luft oder um Isolierstoffe plus einer Luftstrecke.

Eine Möglichkeit der Beeinflussung, die bei niederfrequenten Magnetfeldern häufig gewählt wird, besteht darin, das störende magnetische Feld abzulenken. Dies geschieht dadurch, dass für das Störfeld ein Weg vorgegeben wird, der ihm einen geringeren Widerstand entgegenbringt.

In diesem Zusammenhang muss von der Permeabilität[1] μ und der magnetischen Induktion B gesprochen werden. Die Stärke des magnetischen Feldes wird in der

---

[1] Der Begriff „Permeabilität" kommt aus dem Lateinischen und bedeutet wörtlich soviel wie „Durchwanderungsvermögen". Im technischen Zusammenhang wäre die deutsche Übersetzung „Durchströmungsvermögen" sicherlich angebrachter.

Regel mit der magnetischen Induktion B angegeben. Die Einheit von B ist
$1\ T = 1\ Vs/m^2$.

Die Energie, die aufgebracht werden muss, um eine magnetische Induktion hervorzurufen, steckt in der Angabe der magnetischen Feldstärke H, angegeben in A/m.

Die Permeabilität μ gibt dabei an, wie stark die magnetische Induktion B des magnetischen Feldes bei einer vom Strom vorgegebenen magnetischen Feldstärke H ausfällt. Als Formel ausgedrückt heißt dies:

$B = \mu \cdot H$

Mit anderen Worten: Die Permeabilität drückt aus, wie gut oder wie schlecht bei einem vorhandenen Strom bzw. der daraus resultierenden magnetischen Feldstärke H ein entsprechendes magnetisches Feld aufgebaut werden kann. Dabei setzt sich der Wert μ zusammen aus der relativen Permeabilität μ_r und der magnetischen Permeabilität μ_0 für Vakuum:

$\mu = \mu_0 \cdot \mu_r$

μ_r ist ein Faktor (also ein reiner Zahlenwert), der angibt, wie viel besser irgendein Stoff das magnetische Feld leitet als Vakuum. Für Luft ist in der Regel $\mu_r = 1$.
Die magnetische Permeabilität des Vakuums selbst beträgt $\mu_0 = 1{,}257 \cdot 10^{-6}$ Vs/(Am).
Die magnetische Permeabilität wird im Deutschen auch „magnetische Feldkonstante" genannt.

Sogenannte ferromagnetische Stoffe wie Eisen, Stahl oder bestimmte Legierungen können z. B. je nach Beschaffenheit und Zusammensetzung ohne Weiteres ein μ_r von 100 bis 10 000 annehmen. Für nicht ferromagnetische (nicht magnetische) Stoffe wie Isolierstoffe, Holz, Aluminium oder Kupfer hingegen beträgt $\mu_r \approx 1$.

In Bezug auf die zuvor erwähnte Umleitung des magnetischen Feldes heißt dies, dass man versuchen kann, eine Störsenke dadurch zu schützen, indem man zwischen diese Störsenke und der Störquelle einen Stoff bringt, der das magnetische Feld sehr viel besser leitet als Luft. Dadurch wird das magnetische Störfeld abgelenkt und gelangt nicht zur Störsenke. Dies wird näher beim Thema Schirmung im Abschnitt 5.5 besprochen.

4.3.2.4 Bedeutung des elektromagnetischen Feldes für die EMV

Bei besonders hohen Frequenzen sind elektrische und magnetische Felder nicht mehr unterscheidbar. Sie treten dann sozusagen als eine einzige physikalische Größe auf. Man nennt ein solches Feld deshalb elektromagnetisches Feld. Gedanklich kann man sich dies etwa wie folgt vorstellen:

Im Abschnitt 4.3.2.1 wurde beschrieben, dass ein magnetisches Feld entsteht, wenn sich elektrische Ladungen bzw. elektrische Felder bewegen. Fließt nun ein Strom durch einen Leiter, dann wird dieser aufgrund seines elektrischen Potentials gegenüber der Umgebung stets eine Spannung aufweisen. Das bedeutet aber, dass er in seiner Umgebung (z. B. in der umgebenden Luft) Ladungen verschiebt (siehe Abschnitt 4.3.2.2). Diese Verschiebung pflanzt sich im Raum fort, und so wird aus der Schwingung des elektrischen Stroms eine Welle (siehe Abschnitt 3.3 unter „Schwingung/Welle"). Durch diese Verschiebung wird aber auch ein magnetisches Feld hervorgerufen, da die Verschiebung die Bewegung einer elektrischen Ladung darstellt und bewegte Ladungsträger immer auch ein magnetisches Feld aufbauen. Wenn der Wechsel der Bewegungsrichtung beim Wechselstrom so schnell stattfindet (also bei hohen Frequenzen), dass schon bei relativ kurzen Leitungslängen entlang der Leitung ständig gleiche Potentiale vorliegen (siehe Abschnitt 3.3 unter „Wellenlänge"), so löst sich die komplette Welle von der Leitung in den Raum ab und wird zur elektromagnetischen Welle, die ihre Energie in gleicher Frequenz wie der auslösende elektrische Strom verändert. Sie wandert durch den Raum und kann durch leitfähige Konstruktionen mit gleicher Länge wie die Wellenlänge aufgefangen werden. Man spricht von einer Antennenwirkung.

Das bedeutet, dass Ströme mit besonders hoher Frequenz nicht mehr nur in unmittelbarer Umgebung wirken. Vielmehr wird ihre Energie im Raum ausgestrahlt und von irgendwelchen leitfähigen Konstruktionen, wie Leitungen, Halterungen, Anschlussdrähten, aufgefangen. Bei den in elektrischen Anlagen in Gebäuden vorkommenden leitfähigen Teilen kommen Längen von 1 cm (auf Platinen u. U. auch einige mm) bis 10 m in Frage. Die Wellenlänge berechnet sich nach Abschnitt 3.3 wie folgt:

$$\lambda = \frac{c}{f}$$

und umgestellt auf die Frequenz gilt entsprechend:

$$f = \frac{c}{\lambda}$$

Üblicherweise geht man bei einer Länge von $\lambda/10$ davon aus, dass elektromagnetische Beeinflussungen stattfinden können. Rechnerisch kann man also für die Berechnung der Frequenz den zehnfachen Wert von λ einsetzen. Damit wären bei Leitungslängen von 1 cm bis 10 m folgende Frequenzen betroffen:

$$f = \frac{c}{10 \cdot \lambda} = \frac{300 \cdot 10^6 \, m}{10 \cdot 0{,}01 \, m \cdot s} = 3 \, \text{GHz} \quad \text{bzw.} \quad \frac{300 \cdot 10^6 \, m}{10 \cdot 10 \, m \cdot s} = 3 \, \text{MHz}$$

Bei Frequenzen ab 3 MHz müssen also auch Überlegungen angestellt werden, wie Störungen durch auftretende elektromagnetischen Wellen zu vermeiden sind. **Tabelle 4.2** gibt elektrische Einrichtungen an, die Frequenzen in dieser Größenordnung abgeben und somit als Störquelle für eine elektromagnetische Beeinflussung durch elektromagnetische Felder bzw. Wellen infrage kommen.

Beispiel:
In einem Schaltschrank befinden sich ein Leistungsschütz und eine elektronische Steuereinrichtung. Die elektromagnetischen Wellen, die durch die Schaltvorgänge am Schütz auftreten, können gestrahlt in die elektronische Steuerung eingekoppelt werden, wenn dort leitfähige Teile (z. B. Anschlussdrähte oder Leiterbahnen auf der Platine) von mindestens 15 cm vorkommen. Der Schütz wäre also die Störquelle und die Steuereinrichtung die Störsenke.

Üblicherweise werden die gestrahlten Störgrößen durch Schirmung aus leitfähigem Material reduziert. Bei gefährdeten Leitungen kann zusätzlich oder anstelle der Schirmung auch eine Verdrillung der Adern helfen.

Art der Einrichtung	Frequenzspektrum	Längen leitfähiger Teile[1] in cm
Motor	10 Hz ... 50 MHz	60
Frequenzsteuerungen	1 Hz ... 10 MHz	300
Schalter (Schaltvorgänge)	1 kHz ... 200 MHz	15
Leistungselektronik	100 Hz ... 100 MHz	30
Leuchtstofflampen	10 kHz ... 30 MHz	100
Gleichrichteranlagen	50 Hz ... 5 MHz	600

[1] Ab dieser Länge wirken leitfähige Teile für Felder mit der angegebenen Frequenz als Antenne. Leitfähige Teile können sein: Rahmen, Halterungen, Leitungen, Anschlussdrähte, Konstruktionsteile usw.

Tabelle 4.2 Frequenzbereiche von üblichen Einrichtungen, die mit ihren elektromagnetischen Feldern als (gestrahlte) Störquelle in Frage kommen

4.3.3 Leitungsgebundene Störquellen und Störgrößen

4.3.3.1 Einführung

Eine weitere Möglichkeit der Beeinflussung ist die über bestehende galvanische, also leitungsgeführte Verbindungen. Hierbei geht es darum, dass verschiedene Systeme eine gemeinsame Leitung benutzen und sich dadurch beeinflussen. Dabei kann diese gemeinsame Leitung entweder eine gemeinsame Zuleitung sein (**Bild 4.9**) oder eine gemeinsame Masse bzw. Masseverbindung (**Bild 4.10**). Bei Störungen durch unterschiedliche Potentiale im Masse- oder Potentialausgleichssystem wird meist der PEN-Leiter als die eigentliche Störquelle genannt

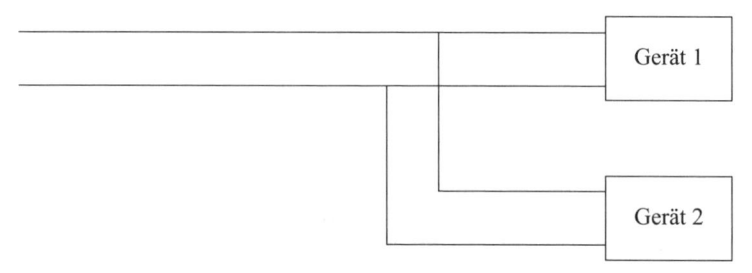

Bild 4.9 Zwei Geräte mit gemeinsamer Versorgungsleitung.
Hier ist eine leitungsgebundene Übertragung von Störgrößen von einem zum anderen Gerät möglich.

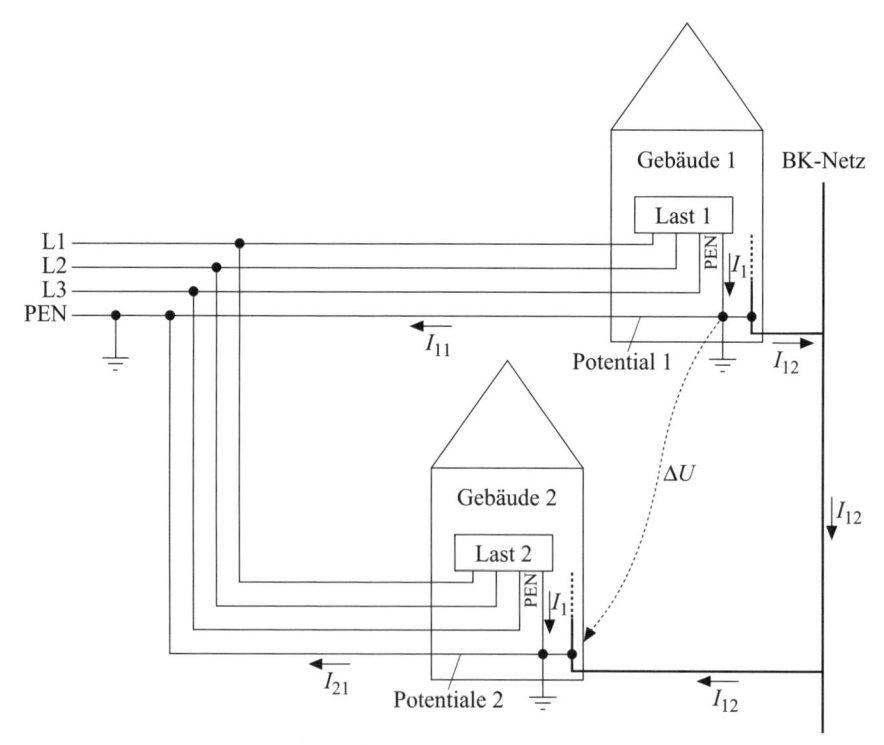

Bild 4.10 Galvanische Übertragung von Störgrößen durch eine gemeinsame Nutzung des Massesystems (hier bei vorhandenem PEN-Leiter)
I_{11} betriebsbedingter Rückleiterstrom aus Gebäude 1, der über den PEN-Leiter fließt
I_{12} Strom über das BK-Kabel aufgrund von ΔU
I_{21} betriebsbedingter Rückleiterstrom aus Gebäude 2, der über den PEN-Leiter fließt
(Bild nach DIN EN 50083 Bbl. 1 (VDE 0855 Bbl. 1):2002-01)

(s. Abschnitt 4.3.3.2). Genau genommen ist aber der PEN-Leiter lediglich der Übertragungsweg für die Störgröße (s. Abschnitt 4.5.2), die sonst nicht zur Störsenke gelangen würde.

Besonders dann, wenn informationstechnische Einrichtungen einen definierten Signalbezug benötigen, bewirken leitungsgebundene Störgrößen Funktionsstörungen aller Art.

Die Störgrößen sind im Prinzip die unterschiedlichen Potentiale, die durch die gemeinsame Leitung überbrückt werden. Im Bild 4.10 wird dies durch ΔU zwischen Potential 1 im Gebäude 1 und Potential 2 im Gebäude 2 beispielhaft veranschaulicht. Genauso gut könnte man auch den Strom als Störgröße bezeichnen, der durch den Potentialunterschied auf der Leitung einer Einrichtung fließt und dort Störungen hervorrufen kann. Im Bild 4.10 ist dies der Strom I_{12}, der über das BK-Kabel fließt.

4.3.3.2 Die Spannung als Störgröße bei Berücksichtigung Ohm'scher Widerstände

Jede elektrische Leitung ist widerstandsbehaftet; das ist der Grund, warum der Planer elektrischer Anlagen den Spannungsfall berücksichtigen muss. Wo ein Strom durch einen Widerstand fließt, entsteht eine entsprechende elektrische Spannung. Problematisch wird dies, wenn diese Spannung zwischen zwei Punkten auftritt, die eigentlich das gleiche elektrische Potential aufweisen sollten. Dies gilt z. B. für das Massesystem in einem Raum oder Gebäude, das bei informationstechnischen Anlagen für einen definierten Signalbezug sorgen soll. Aber auch beim Schutzpotentialausgleich nach der Normenreihe VDE 0100 erwartet man zunächst nicht, dass zwischen zwei Punkten des Potentialausgleichssystems eine elektrische Spannung besteht. Da der gesamte Potentialausgleich in einem Gebäude über definierte sowie zufällig entstandene Verbindungen insgesamt ein leitfähiges System bildet, bleibt es in diesem Fall nicht aus, dass aufgrund dieser Spannung Ströme über alle Potentialausgleichsverbindungen fließen. **Bild 4.11** zeigt hierzu ein Beispiel.

Im dargestellten Beispiel (Bild 4.11) fließen Ströme über das metallene Rohr und über die Schirme der Datenleitungen. Dass hierdurch Störungen und bei entsprechender Stromstärke auch Zerstörungen entstehen können, ist sicher einleuchtend. Wie hoch die Ströme durch diese leitfähigen Teile im Einzelnen sind, hängt vom Betriebsstrom im PEN-Leiter ab und von dem Widerstandsverhältnis zwischen PEN-Leiter und den parallelen Wegen.

Die Ströme, die nicht im PEN-Leiter, sondern in Potentialausgleichsleitungen, fremden leitfähigen Teilen und Kabelschirmen usw. zurück zum Transformator fließen, werden häufig Streuströme genannt (s. im Abschnitt 3.3 beim Begriff „Streustrom").

TN-C-System   **TN-S-System**

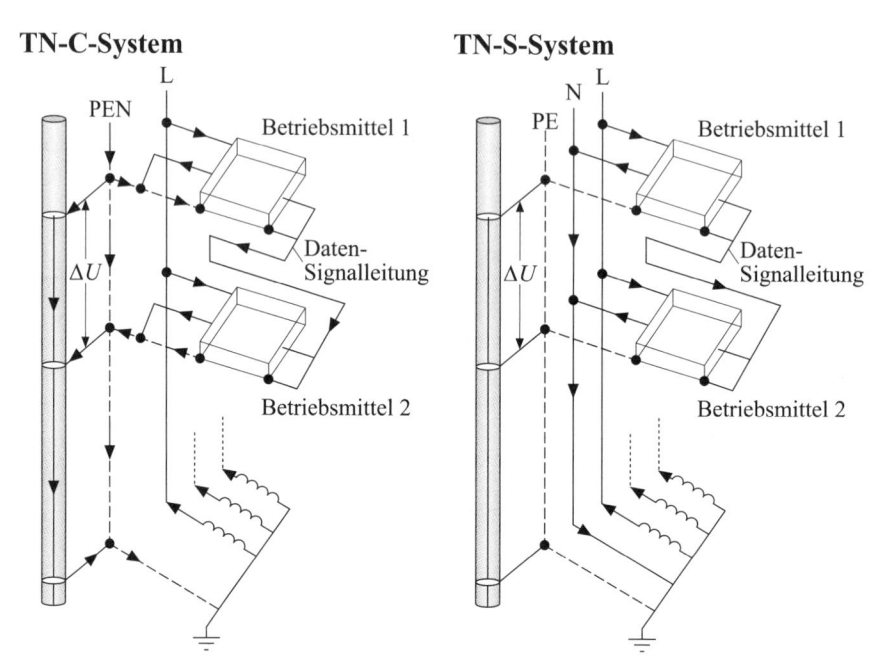

Bild 4.11 Darstellung der Auswirkungen bei Vorhandensein eines PEN-Leiters im Gebäude nach DIN V VDE V 0800-2-548 (VDE V 0800-2-548):1999-10.
Der Betriebsstrom im PEN bewirkt einen Spannungsfall ΔU, der einen parallelen Strom durch sämtliche mit dem Potentialausgleich verbundenen Teile hervorruft. Das rechte Bild zeigt dagegen, dass bei einer sauberen galvanischen Trennung von Neutralleiter (N) und Schutzleiter (PE) $\Delta U = 0$ ist.

In **Tabelle 4.3** werden die Widerstände von typischen Kabeln und Leitungen angegeben. Üblicherweise wird der Widerstand pro laufendem Meter Leitungslänge angegeben und Widerstandsbelag R' genannt.

Beispiel zum Spannungsfall entlang einer Leitung:
Durch einen PEN-Leiter mit einem Querschnitt von 16 mm² und einer Länge von 30 m fließt ein Strom von 50 A. Der Widerstand der gesamten Leitung beträgt:

$R_{PEN} = R' \cdot l = 1{,}15 \text{ m}\Omega/\text{m} \cdot 30 \text{ m} = 34{,}5 \text{ m}\Omega = 0{,}0345 \text{ } \Omega$

Der Spannungsfall beträgt dann:

$\Delta U = R' \cdot l \cdot I = 1{,}15 \cdot 10^{-3} \Omega/\text{m} \cdot 30 \text{ m} \cdot 50 \text{ A} = 1{,}73 \text{ V}$

Beispiel zum Streustrom auf fremden leitfähigen Teilen:
Wenn parallel zum PEN-Leiter aus dem vorhergehenden Beispiel leitfähige Verbindung über fremde leitfähige Teile vorhanden sind, die einen Widerstand (R_{flT}) von

Leitungsquerschnitt in mm²	R' in Ω/km bzw. mΩ/m
1,5	12,10
2,5	7,41
4	4,61
6	3,08
10	1,83
16	1,15
25	0,727
35	0,524
50	0,387
70	0,268
95	0,193
120	0,153
150	0,124
185	0,0991
240	0,0754
300	0,0601

Tabelle 4.3 Widerstandsbeläge R' von üblichen Kabel- und Leitungstypen wie NYM, NYY, NYCWY

0,2 Ω aufweisen, wird sich der Strom im umgekehrten Verhältnis zu den Widerständen aufteilen. Der Streustrom I_{Streu} soll errechnet werden.

Der Gesamtwiderstand der Parallelschaltung (R_{PEN} und R_{flT}) beträgt:

$$R_{ges} = \frac{0,0345 \cdot 0,2}{0,0345 + 0,2} = 0,029 \, \Omega$$

Weiterhin gilt:

$$I_{ges} \cdot R_{ges} = I_{Streu} \cdot R_{flT} \Rightarrow I_{Streu} = \frac{I_{ges} \cdot R_{ges}}{R_{flT}} = \frac{50 \, A \cdot 0,029 \, \Omega}{0,2 \, \Omega} = 7,3 \, A$$

Dieser Streustrom reduziert natürlich den Strom im PEN-Leiter von ursprünglich 50 A auf 42,7 A.

4.3.3.3 Die Spannung als Störgröße bei Berücksichtigung induktiver Widerstände

4.3.3.3.1 Induktiver Widerstand von Mehraderleitungen und -kabeln

Bei Wechselstrom spielt nicht nur der Ohm'sche Widerstand der Leitungen eine Rolle, sondern mit zunehmender Frequenz bzw. Stromänderungsgeschwindigkeit (s. Abschnitt 4.3.2.3.4) auch der induktive Blindwiderstand (Impedanz). Wie im Abschnitt 4.3.2.3.1 erläutert, erzeugen bewegte elektrische Ladungen ein magnetisches Feld. Bei Wechselstrom verändert sich dieses Feld entsprechend der Stromstärke. Ein sich änderndes magnetisches Feld wird aber in leitfähigen Materialien wieder eine Spannung induzieren, die wiederum einen Strom zur Folge hat. Im Innern eines stromdurchflossenen Leiters spielen sich diese Vorgänge im Kleinen ebenso ab wie außerhalb des Leiters.

Der durch Induktion entstandene Strom wirkt nach der bekannten Lenz'schen Regel[2] stets der Änderung des Ausgangsstroms entgegen. Insgesamt gesehen wirkt sich dies als zusätzlicher Leitungswiderstand aus, der allerdings nur bei Wechselströmen auftritt, da sich beim Gleichstrom bekanntlich nichts ändert. Man spricht vom induktiven Blindwiderstand der Leitung (X_L). Er wird nach der bekannten Formel (s. Abschnitt 4.3.2.3.1) berechnet:

$$X_L = \omega \cdot L = 2 \cdot \pi \cdot f \cdot L$$

Dabei ist:

X_L induktiver Blindwiderstand der elektrischen Leitung

ω Kreisfrequenz ($\omega = 2\pi \cdot f$)

L Induktivität der elektrischen Leitung (Selbst- oder Eigeninduktivität) in Henry (H)

Die Induktivität von üblichen elektrischen Leitungen wird in der Regel in mH pro laufendem Meter Leitungslänge angegeben und Induktivitätsbelag L' genannt (s. auch Abschnitt 4.3.2.3.5). In **Tabelle 4.4** werden übliche Werte für den Induktivitätsbelag L' eines Kabels oder einer Leitung angegeben.

Beispiel:

Über den PEN-Leiter aus dem vorhergehenden Beispiel (30 m lang mit einem Querschnitt von 16 mm^2) fließt wieder ein Wechselstrom von 50 A. Der induktive Blindwiderstand der Leitung beträgt je nach Frequenz:

---

[2] Die Lenz'sche Regel besagt, dass im Zusammenhang mit dem Induktionsvorgang stets die bewirkte Kraft der bewirkenden Kraft entgegengerichtet ist. Eine Stromänderung bewirkt eine Änderung des magnetischen Feldes, und ein sich änderndes magnetisches Feld bewirkt eine induzierte Spannung, die einen Strom hervorruft, dessen Feld wiederum die Änderung des Ausgangsstroms bzw. des induzierenden Magnetfelds zu verhindern versucht.

$X_{PEN} = X' \cdot l = 2\pi \cdot f \cdot L' \cdot l$

Für verschiedene Frequenzen ergibt sich X_{PEN} somit zu:

- für $f = 50$ Hz: $\quad X_L = 2\pi \cdot f \cdot L' \cdot l = 2\pi \cdot 50 \frac{1}{s} \cdot 0,29 \cdot 10^{-6} \frac{Vs}{A} \cdot 30 \text{ m} = 2,7 \text{ m}\Omega$
- für $f = 2500$ Hz: $\quad X_L = 2\pi \cdot f \cdot L' \cdot l = 2\pi \cdot 2500 \frac{1}{s} \cdot 0,29 \cdot 10^{-6} \frac{Vs}{A} \cdot 30 \text{ m} = 137 \text{ m}\Omega$

Der induktive Spannungsfall beträgt in diesem Fall:

- für $f = 50$ Hz: $\quad I \cdot X_L = 50 \text{ A} \cdot 2,7 \text{ mV} = 135 \text{ mV} = 0,135 \text{ V}$
- für $f = 2500$ Hz $\quad I \cdot X_L = 50 \text{ A} \cdot 137 \text{ mV} = 6850 \text{ mV} = 6,85 \text{ V}$

Leitungsquerschnitt in mm²	L' in µH/m			
Mehraderleitung oder -kabel				
5 ×1,5	0,32			
5 ×2,5				
5 ×4				
5 ×6				
5 ×10	0,29			
5 ×16				
4 ×25	0,26			
4 ×35				
4 ×50				
4 ×70				
4 ×95				
4 ×120				
4 ×150				
4 ×185				
4 ×240				
4 ×300				
Einleiterkabel				
1 ×50	**0,37**	im Dreieck zusammen verlegt	**0,48**	nebeneinander verlegt
1 ×70				
1 ×95				
1 ×120				
1 ×150				
1 ×185				
1 ×240				
1 ×300				

Tabelle 4.4 Werte für Induktivitätsbeläge von üblichen Kabeln bzw. Leitungen (NYY bzw. NYM)

Die Spannung, die durch den induktiven Widerstand der Leitung hervorgerufen wird, kann auch nach der bereits aus Abschnitt 4.3.2.3.1 bekannten Formel berechnet werden:

$$u = L \cdot \frac{di}{dt}$$

Die Form des Querschnitts eines stromführenden Leiters spielt bei der Höhe des induktiven Widerstands eine nicht unerhebliche Rolle. Das bedeutet, dass die äußere Form des Leiters (z. B. Flach- oder Rundleiter) einen nicht unwesentlichen Einfluss auf die Höhe des anfallenden Spannungsfalls hat. Dies spielt z. B. bei üblichen Mehraderleitungen in der Regel keine große Rolle, da diese in der Regel rund sind (auch bei Flachleitungen). Bei Einzelleitungen sieht dies jedoch anders aus. Mehr hierzu im nachfolgenden Abschnitt 4.3.3.3.2.

4.3.3.3.2 Induktiver Widerstand von Einzelleitern

Häufig werden Flachleiter bei Potentialausgleichsverbindungen (z. B. Bandeisen, Kupferbänder, Anschlusslaschen und kurze Verbindungsleitungen) gewählt. Diese Verbindungsleitungen unterscheiden sich von den Leitern in üblichen Mehraderleitungen oder -kabeln, da sie einzeln auftreten. Das bedeutet, dass eine solche Verbindungsleitung in der Regel einzeln, ohne Berücksichtigung des magnetischen Feldes eines anderen Leiters betrachtet werden muss (s. auch Abschnitt 4.3.2.3.5 bei „Störquelle: Einzelleiter"). Ein in dieser Verbindungsleitung fließender elektrischer Strom ist u. U. der Rückstrom irgendeines nicht ausgeglichenen Drehstromkreises im Gebäude. Die aktiven Leiter dieses Drehstromkreises sind jedoch so weit entfernt, dass die Verbindungsleitung als Einzelleiter angesehen werden kann.

Die Selbstinduktivität (= die innere Induktivität) eines runden Einzelleiters lässt sich mathematisch berechnen. Die Formel hierzu lautet:

$$L' = \frac{\mu_0}{8\pi} = 50 \text{ nH/m}$$

L' ist auch hier der Induktivitätsbelag pro Meter Leitungslänge.

$$\mu_0 = 1,257 \cdot 10^{-6} \frac{\text{Vs}}{\text{Am}}$$

Interessant ist dabei, dass bei einem Einzelleiter der Durchmesser der Leitung überhaupt keine Rolle spielt. Erst wenn mehrere Leitungen (z. B. Hin- und Rückleitung in einem Kabel) beteiligt sind, wirkt sich der Durchmesser der Leiter mehr oder weniger aus (s. Tabelle 4.4).

Die Berechnung der Induktivität eines Rechteckleiters ist äußerst kompliziert. Deshalb können hier nur einige Ergebnisse angegeben werden. Ein Rechteckleiter mit den Außenmaßen 20 mm × 5 mm hat z. B. einen Selbstinduktivitätsbelag von nur 31 nH/m. **Bild 4.12** zeigt die Abhängigkeit des Selbstinduktivitätsbelags von den

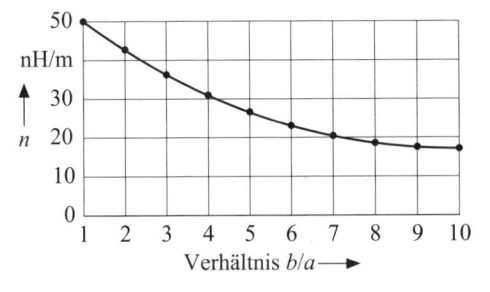

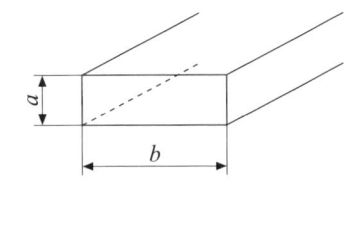

Bild 4.12 Abhängigkeit des Selbstinduktivitätsbelags eines Rechteckleiters vom Verhältnis der äußeren Abmessungen

Abmessungen eines Rechteckleiters. $b/a = 1$ ist ein quadratischer Leiter, der in etwa einem Rundleiter entspricht.

In der nationalen Anmerkung im Abschnitt 444.3.14 aus DIN VDE 0100-444 (VDE 0100-444):1999-10 wird aus diesem Grund empfohlen, möglichst flache statt runde Leiter zu wählen.

Der Einfluss des Querschnitts hat jedoch Grenzen, da zur inneren Induktivität stets die äußere hinzutritt, die durch andere Parameter beeinflusst wird.

4.3.3.3.3 Auswirkung des induktiven Widerstands bei verschiedenen Stromänderungsgeschwindigkeiten bzw. Frequenzen

Im Folgenden soll gezeigt werden, wie sich der induktive Widerstand von Leitern bei verschiedenen Stromarten auswirkt. Dabei werden die im Abschnitt 4.3.2.3.4 angegebenen Stromänderungsgeschwindigkeiten aufgegriffen. Mit ihnen wird die maximale Spannungsspitze, die über einen Leiter durch den jeweiligen Strom hervorgerufen wird, berechnet.

Dieser Leiter soll dabei folgende Merkmale aufweisen:

Leitungsquerschnitt 50 mm^2
Leitungslänge 5 m
Induktivität L' 0,26 µH/m (nach Tabelle 4.4)

Über diesen Leiter fließen nachfolgend aufgeführten Ströme. Berechnet werden die jeweiligen maximalen Spannungsspitzen (bzw. die Amplitudenwerte bei sinusförmigen Strömen):

In der folgenden Aufzählung werden die Spannungsspitzen aufgrund des induktiven Blindwiderstandes berechnet. Zum Vergleich wird darunter jeweils die Spannungsspitze berechnet, die sich bei alleiniger Berücksichtigung der Ohm'schen Anteile der Leitung ergeben würde. Der Ohm'sche Leitungswiderstand ist nach Tabelle 4.3 und bei einer Leitungslänge von 5 m:

$$R_L = R' \cdot l = \frac{0,387 \text{ m}\Omega}{\text{m}} \cdot 5 \text{ m} = 1,935 \text{ m}\Omega$$

- **Netzfrequente Sinusströme ($f = 50$ Hz)**
  Für eine Frequenz von 50 Hz und einem Strommaximum (Amplitudenwert) von z. B. 20 A betrug nach Abschnitt 4.3.2.3.4 die maximale Stromänderungsgeschwindigkeit 6 283 A/s.

  $$u_{\text{max}-X} = L \cdot \frac{di}{dt} = 0,26 \cdot 10^{-6} \, \frac{V \cdot s}{A \cdot m} \cdot 5 \, m \cdot 6283 \, \frac{A}{s} = 0,00817 \, V = 8,2 \, mV$$

  Berücksichtigt man nur den Ohm'schen Anteil, erhält man für die maximale Spannung:

  $u_{\text{max}-R} = R_L \cdot 20 \, A = 0,0387 \, V = 38,7 \, mV$

- **Oberschwingungsstrom mit $f = 150$ Hz**
  Für einen Oberschwingungsstrom mit der angegebenen Frequenz und einem Strommaximum (Amplitudenwert) von 20 A (nach Abschnitt 4.3.2.3.4 betrug die Stromänderungsgeschwindigkeit 18 850 A/s) ergibt sich folgender maximaler Spannungswert:

  $$u_{\text{max}-X} = L \cdot \frac{di}{dt} = 0,26 \cdot 10^{-6} \, \frac{V \cdot s}{A \cdot m} \cdot 5 \, m \cdot 18850 \, \frac{A}{s} = 0,0245 \, V = 24,5 \, mV$$

  Berücksichtigt man nur den Ohm'schen Anteil, erhält man für die maximale Spannung:

  $u_{\text{max}-R} = R_L \cdot 20 \, A = 0,0387 \, V = 38,7 \, mV$

- **Kurzschlussstrom im Starkstrombereich ($f = 50$ Hz)**
  Bei einem Kurzschlussstrom mit einem Maximalwert (Stoßkurzschlussstrom) von 20 kA (nach Abschnitt 4.3.2.3.4 betrug die Stromänderungsgeschwindigkeit 6 283 185 A/s) ergibt sich folgender Wert:

  $$u_{\text{max}-X} = L \cdot \frac{di}{dt} = 0,26 \cdot 10^{-6} \, \frac{V \cdot s}{A \cdot m} \cdot 5 \, m \cdot 6283185 \, \frac{A}{s} = 8,2 \, V$$

  Berücksichtigt man nur den Ohm'schen Anteil, erhält man für die maximale Spannung:

  $u_{\text{max}-R} = R_L \cdot 20\,000 \, A = 38,7 \, V$

- **Blitzstrom mit einem Scheitelwert von 100 kA und einer Impulsform 10/350 µs**
  Die Impulsform wurde in Abschnitt 4.3.2.3.4 mit 10/350 µs angegeben. Die Stromänderungsgeschwindigkeit betrug $9 \cdot 10^9$ A/s.

  $$u_{\text{max}-X} = L \cdot \frac{di}{dt} = 0,32 \cdot 10^{-6} \, \frac{V \cdot s}{A \cdot m} \cdot 5 \, m \cdot 9 \cdot 10^9 \, \frac{A}{s} = 14\,400 \, V = 14,4 \, kV$$

Berücksichtigt man nur den Ohm'schen Anteil, erhält man für die maximale Spannung:

$u_{max-R} = R_L \cdot 100\,000$ A $= 193,5$ V

Vergleicht man die Spannungsspitzen für den Ohm'schen und induktiven Anteil des Leitungswiderstands, so wird deutlich, dass bei netzfrequenten Strömen der induktive Anteil keine ausschlaggebende Rolle spielt. Erst bei größeren Leitungsquerschnitten, etwa ab 120 mm², wird der induktive Anteil mehr und mehr zur bestimmenden Größe. Auch bei Oberschwingungen tritt der induktive Widerstand erst bei höheren Frequenzen, etwa ab 1 000 Hz, in den Vordergrund. Bei schnellen Impulsen hingegen mit ihren steilen Flanken und den dadurch bedingten enormen Stromänderungsgeschwindigkeiten wirkt praktisch nur noch der induktive Anteil; der rein Ohm'sche Widerstand hat kaum noch Einfluss.

4.3.3.4 Transiente Überspannungen

4.3.3.4.1 Einführung

Transiente Überspannungen sind kurzzeitige Spannungsimpulse, deren Spitzenwerte mehr oder weniger deutlich höher liegen als die übliche Betriebsspannung. Kurzzeitig meint in diesem Zusammenhang in der Regel eine Impulsdauer von unter 2 ms.

4.3.3.4.2 Auswirkungen von Überspannungen durch Schaltvorgänge

Dass Schaltvorgänge transiente Überspannungen hervorrufen, wird sofort klar, wenn man bedenkt, dass in jedem Stromkreis Induktivitäten enthalten sind (s. Abschnitt 4.3.3.3.1). Beim Einschalten steigt der Strom von null blitzartig an. Dadurch wirkt eine enorme Stromänderungsgeschwindigkeit auf die beteiligten Induktivitäten, die sofort eine entsprechende Spannung hervorrufen, die von der betrieblichen Spannung überlagert wird (**Bild 4.13**). Sind leistungsstarke Induktivitäten betroffen (z. B. ein vorgeschalteter Transformator oder eine Drosselspule im Verbraucherstromkreis), entstehen u. U. beachtliche Spitzenwerte. Überspannungen, die durch Schaltvorgänge entstehen, werden in der Fachliteratur verschiedentlich auch SEMP genannt. SEMP steht für den englischen Ausdruck: **s**witching **e**lectro **m**agnetic **i**mpulse (elektromagnetische Schaltimpulse).

Spannungsspitzen durch Schalthandlungen entstehen z. B.

- durch Schalten von Schaltgeräten, Schützen, Relais und Motoren
- während des Betriebs von Kollektormaschinen
- beim Abschalten von Transformatoren und Leitungsdrosselspulen

Beim Einschalten kommt es häufig zu Einschwingvorgängen, wobei die Amplitude der Einschalt-Oberschwingung ständig kleiner wird, bis die Spannung wieder den sinusförmigen Verlauf der Netzspannung angenommen hat (**Bild 4.14**). Kommt es beim Schalten zu einem ständigen Durchzünden der Überschlagsstrecke zwischen den Kontaktflächen des Schalters (z. B. wenn dieser „prallt"), wird ein ständiges Aus- und Einschalten in kürzester Zeit hervorgerufen. In diesem Fall spricht man von einem Burst, also von einem kurzzeitigen Paket an Überspannungsimpulsen (zum Thema „Burst" siehe Legende zu Bild 4.14).

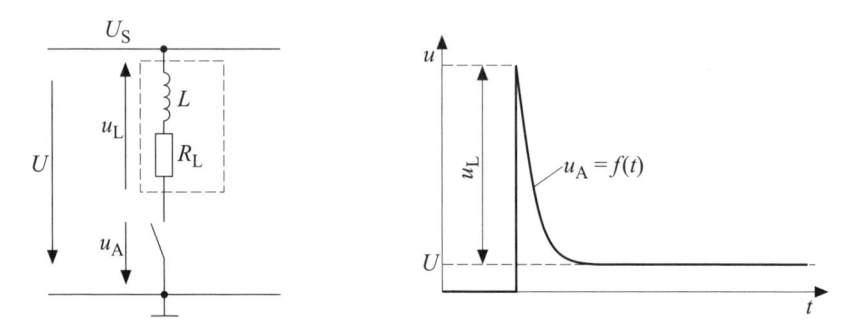

Bild 4.13 Überspannungsimpuls beim Einschaltvorgang einer Induktivität L.
U ist die speisende Spannung (hier eine Gleichspannung), U_A ist die Spannung über dem Schaltkontakt und U_L die Spannung über der beteiligten Induktivität sowie den immer vorhandenen Ohm'schen Anteilen.

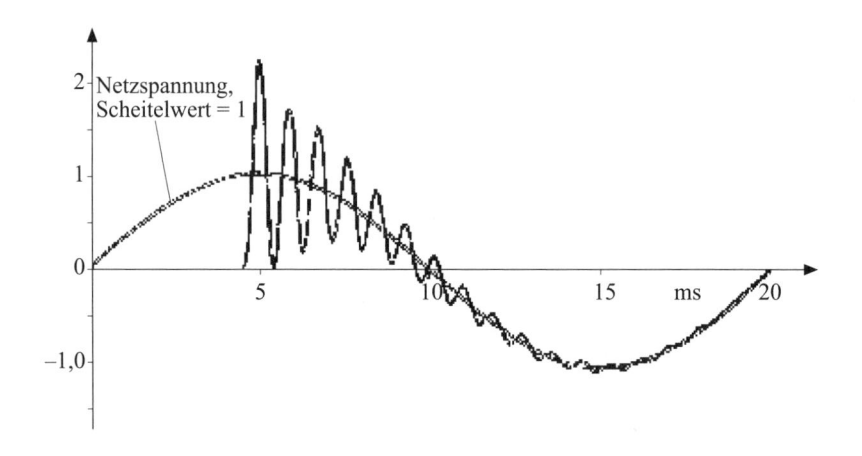

Bild 4.14 Typischer Verlauf eines Einschaltvorgangs bei anstehender Sinusspannung.
Auf der y-Achse ist das Verhältnis der Spannung zur Amplitude der Sinusspannung angegeben.
Je nach Einschaltzeitpunkt und Höhe der Überspannung kann der Spannungsverlauf auch mehrfach die Nulllinie schneiden und so ständige Aus- und Einschaltvorgänge vortäuschen. In diesem Fall wird ein Impulspaket von Überspannungen wie bei einem typischen Burst auftreten.
(Bild 14 aus DIN VDE 0184)

Im Ausschaltaugenblick sind beteiligte Induktivitäten (z. B. Schützspulen) vom Strom durchflossen und speichern in ihrem Magnetfeld eine nicht zu unterschätzende Energie. Diese gespeicherte magnetische Energie wird beim Unterbrechen des Stromflusses in elektrische Energie umgewandelt. Das bedeutet, dass über die Kapazität der Leitungen gegen Masse bzw. gegen nicht geschaltete Leitungen eine enorme Spannung aufgebaut wird. Dieser Vorgang ruft Impulsspannungen mit einer Flankenanstiegszeit von etwa 10 ns und Scheitelwerten von bis zu 4 kV hervor. Man versucht, diesen unerwünschten Effekt durch entsprechende Beschaltung der Störquelle zu beseitigen (s. Abschnitt 5.7.3.6).

Durch die steilen Flanken bzw. großen Strom- oder Spannungsänderungsgeschwindigkeiten muss zusätzlich mit der Aussendung von elektromagnetischen Wellen gerechnet werden, die irgendwo im Gebäude (oder Nachbargebäude) Störungen hervorrufen können (s. Abschnitt 4.3.2.4 und Tabelle 4.2). Die Spannungsanstiegsgeschwindigkeiten bei Schaltvorgängen liegen meist bei $(0{,}5 \ldots 2) \cdot 10^9$ V/s (s. auch Tabelle 4.5). Üblicherweise wird für eine Schaltüberspannung die Impulsform 1,2/50 µs angenommen. Das bedeutet, dass nach 1,2 µs die Spannung 90 % ihres Höchstwerts erreicht hat und nach 50 µs auf 50 % des Höchstwerts abgesunken ist.

Der Scheitelwert bei Schaltüberspannungen kann sehr verschieden ausfallen. Messungen in einer Industrieanlage haben die in **Bild 4.15** gezeigte Häufungswahrscheinlichkeit ergeben. Nach den dargestellten Messergebnissen beträgt der Anteil an Schaltüberspannungen mit Scheitelwerten über 1 kV zwar weniger als 0,5 %, doch treten diese Ereignisse in Industrieanlagen durchaus etwa zweimal täglich auf. Spannungsspitzen über 2 kV sind seltener. Hier kann man von einer Häufung von ein- bis viermal wöchentlich ausgehen. In anderen Gebäudearten mit geringerem Anteil an leistungsstarken Verbrauchsmitteln fällt die Wahrscheinlichkeit des Eintritts höherer Scheitelwerte noch geringer aus (**Tabelle 4.5**).

	Haushalt	Büro	Laboratorien	Industrieanlagen
maximaler Scheitelwert der Spannung in V	644	294	257	4.915
größte gemessene Anstiegsgeschwindigkeit in V/s	$1{,}69 \cdot 10^9$	$1{,}19 \cdot 10^9$	$1{,}39 \cdot 10^9$	$10{,}77 \cdot 10^9$
Mittelwert der gemessenen Anstiegsgeschwindigkeit in V/s	$0{,}26 \cdot 10^9$	$0{,}25 \cdot 10^9$	$0{,}22 \cdot 10^9$	$0{,}6 \cdot 10^9$

Tabelle 4.5 Bei Realuntersuchungen festgestellte Werte von Scheitelwerten sowie einer Änderungsgeschwindigkeit der Schaltüberspannungen in unterschiedlichen Gebäudearten nach DIN VDE 0184, Anhang B

Das Schalten leistungsstarker Induktivitäten ruft unter Umständen Schaltüberspannungen von einigen Tausend Volt hervor, und wenn Überspannungen durch Schalthandlungen im Hochspannungsbereich verursacht werden, können sogar Werte von fast 15 kV entstehen. Sicher kommen diese letztgenannten Ereignisse eher selten vor, sind jedoch dann, wenn sie auftreten, durchaus gefährlich, weil sie hohe Werte aufweisen und zudem auf alle Stromkreise im Niederspannungsbereich wirken können.

Diese Überspannungsimpulse bzw. die Impulspakete (s. Bild 4.14) können Mess- oder Informationssignale stören oder elektronische bzw. empfindliche Bauteile in elektrischen Betriebsmitteln beschädigen, wenn deren Spannungsfestigkeit dieser Belastung nicht standhält.

Kommen diese Schalthandlungen häufig bzw. ständig vor (eventuell verbunden mit ständigen Burst-Ereignissen), können enorme Störungen auftreten, die eine ganze Reihe von Funktionsstörungen und u. U. auch Zerstörungen hervorrufen. Typischerweise treten solche Dauerstörungen auf bei:

- Vorgängen am Kollektor eines Kollektormotors
- häufigen Schalthandlungen von Schützen oder Relais in einem Schaltschrank
- ständigem Schalten von Halbleiterbauelementen, z. B bei Phasenanschnittsteuerungen

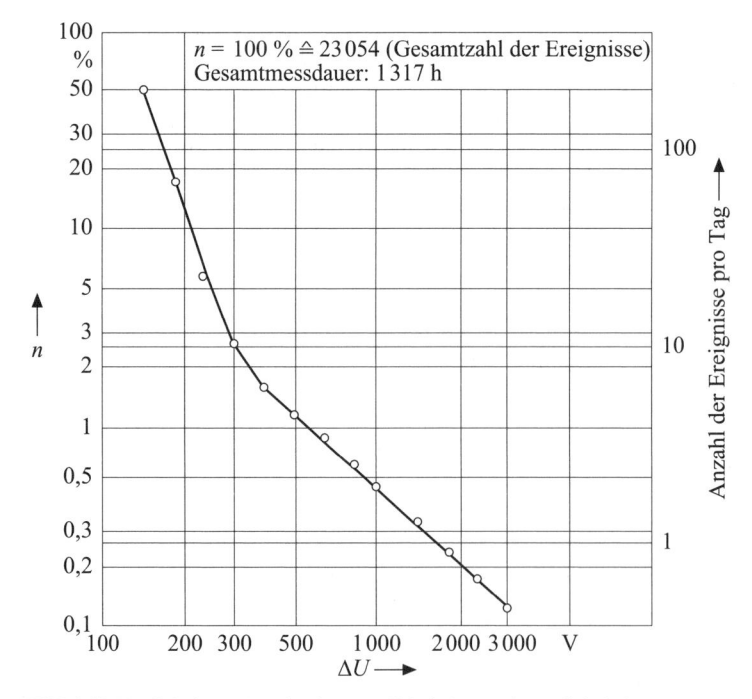

Bild 4.15 Häufigkeit von Maximalwerten (Scheitelwerten) von Schaltüberspannungen in einem Industrieunternehmen, gemessen über eine Zeitdauer von 1 317 Stunden (aus DIN VDE 0184, dort Bild 20)

4.3.3.4.3 Überspannungen durch Blitzschlag

Dass Blitze Überspannungen hervorrufen, ist hinlänglich bekannt. Erfreulicherweise ist die Fachliteratur zu diesem Thema sehr umfangreich (s. Literaturangaben im Abschnitt 2.3.11). An dieser Stelle sollen nur der wesentliche Sachverhalt kurz erläutert und die Störgrößen durch Blitzeinwirkung beschrieben werden.

Häufig wird für Blitzentladung auch der Begriff LEMP bzw. für die entsprechenden Schutzmaßnahmen LEMP-Schutz verwendet. LEMP steht für „Lightning Electromagnetic Pulse", was im Deutschen soviel wie elektromagnetischer Blitzimpuls bedeutet.

Der Blitz selbst ist der impulsförmige Entladungsvorgang einer extrem hohen Ladungskonzentration, die sich zwischen Wolkenschichten (Wolke-Wolke-Blitz) bzw. zwischen den Wolkenschichten und Erde (Wolke-Erde-Blitz oder Erde-Wolken-Blitz) aufgebaut hat. Geht man z. B. von einem Wolke-Erde-Blitz aus, so stellt sich der Entladevorgang folgendermaßen dar: Zunächst sammelt sich in den Wolkenschichten eine elektrische Ladung (positiv oder negativ) und verursacht gegenüber dem Erdpotential eine enorm hohe Spannung. Dabei ruft diese Wolkenladung auf der Oberfläche der Erde eine jeweils entgegengesetzte Ladung hervor. Sämtliche Gegenstände auf der Erdoberfläche in der Nähe der Ladungskonzentration der Wolken nehmen also ein entsprechendes Spannungspotential an. Man könnte diese

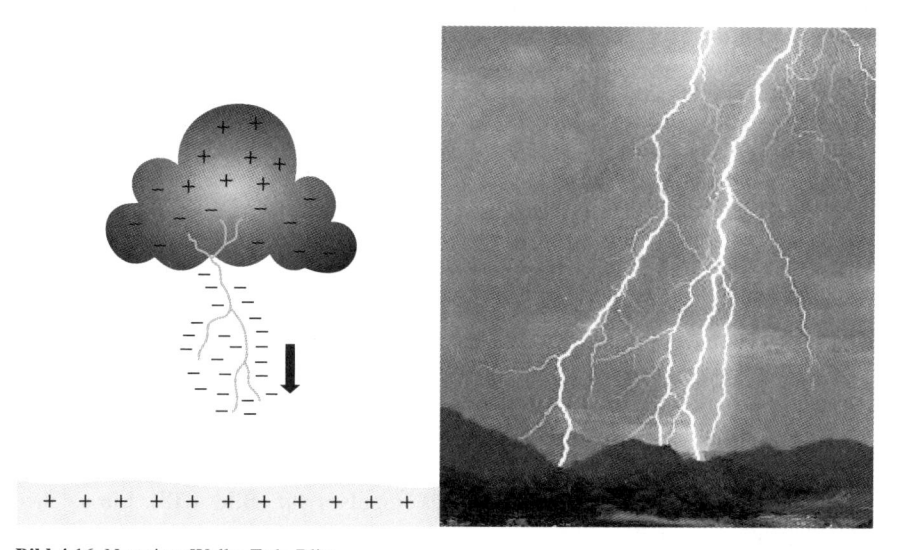

Bild 4.16 Negativer Wolke-Erde-Blitz.
Die symbolische Darstellung links zeigt, wie die negative Ladung in der Wolke sich zur positiven Ladung der Erde bewegt. Das Realbild rechts zeigt den Blitz, nachdem er durch Fangentladungen, die ihm von der Erde entgegeneilten, „geerdet" wurde. Über den so entstandenen Blitzkanal fließt der Blitzstrom impulsartig als sichtbarer Blitz zur Erde. (Quelle: Dehn & Söhne)

Situation mit einem Kondensator vergleichen, wobei die eine Platte des Kondensators die Wolken darstellen, die andere die Erdoberfläche, und als Isolierstoff (Dielektrikum) dazwischen befindet sich die Luftschicht (**Bild 4.16**).

Steigt nun die Spannung zwischen Wolke und Erdoberfläche weiter an, sodass die Isolationsfähigkeit bzw. Durchschlagfestigkeit der Luftschichten nicht mehr ausreicht, kommt es zu einem Überschlag an irgendeiner Stelle, und die Ladungen bauen sich über die entstandene Überschlagsstrecke ab (Entladung). Dieser Entladungsvorgang ist der eigentliche Blitz.

Während des Überschlags wird zunächst ein für das menschliche Auge noch unsichtbarer Entladungsstrang (Hauptentladung) von der Wolke ausgehen und sich der Erdoberfläche nähern. Von der Erde aus werden gleichzeitig sogenannte Fangladungen von diversen Punkten (ebenfalls nicht sichtbar) diesem Entladungsstrang entgegenlaufen. In einer Höhe von etwa 30 m bis 100 m wird sich eine dieser Fangladungen mit dem Entladungsstrang vereinigen. Der Blitz ist damit „geerdet", und der Blitzkanal für den eigentlichen Entladungsvorgang steht zur Verfügung. Die nun stattfindende Entladung über diesen Kanal ist das, was sichtbar als Blitz in Erscheinung tritt. Wichtig ist noch, dass erst mit dem vorgenannten Erden des Blitzes feststeht, wo der Blitz einschlagen wird.

Neben dem Wolke-Erde-Blitz, dessen Ablauf hier kurz beschrieben wurde, gibt es noch den Erde-Wolke-Blitz, bei dem die Hauptentladung von der Erde aus zur Wolke verläuft. Zu unterscheiden sind auch je nach der Art der Ladung in den Wolken negative und positive Blitze sowie der erste Blitz (erster Stoßstrom) und die Folgeblitze. Auch eine Nachentladung ist möglich, die dann keine eigentliche Impulsform mehr aufweist, sondern einen fast konstanten Wert zeigt. Man nennt diese letztgenannte Blitzart auch Langzeitblitz, dessen Stromstärke im Verhältnis zu den üblichen Blitzen zwar niedrig ist, der aber dafür wesentlich länger ansteht und das Abschmelzen bzw. Abtragen von leitfähigem Material an der Einschlagstelle oder entlang des Blitzstromverlaufs verursacht (**Bild 4.17**). Für weitere Informationen hierzu sei auf die entsprechende Fachliteratur hingewiesen (s. Abschnitt 2.3.11).

Blitzströme können extrem hohe Werte annehmen und dabei enorme Stromänderungsgeschwindigkeiten aufweisen (s. Abschnitt 4.3.2.3.4). In **Tabelle 4.6** werden Parameter genannt, die in den Normen (z. B. in der Normenreihe VDE 0185-305) üblicherweise als Maximalwerte angegeben werden. Glücklicherweise wurden diese Werte bei realen Messungen jedoch eher selten festgestellt.

Der typische Blitzstrom tritt in Form eines Impulses auf (**Bild 4.18**). Ein solcher Impuls ist gekennzeichnet durch

- die Impulsflanken für den Stromanstieg sowie den Abfall nach Erreichen des Maximalwerts (Scheitelwerts)
- den Scheitelwert (Maximalwert) selbst

	Impulsart bzw. Zeitverhalten: T_1/T_2 bzw. T_{long}	Stromänderungs-geschwindigkeit (Stromsteilheit)	maximaler Scheitelwert
Langzeitblitz	mindestens 2 ms maximal 2 s	–	400 A
erster Stromstrom des Blitzes	10/350 µs	20 kA/µs (= 20 · 10^9 A/s)	200 kA
Folgestrom des Blitzes	0,25/100 µs	200 kA/µs (= 200 · 10^9 A/s)	50 kA

Tabelle 4.6 Blitzstromparameter für übliche Blitzarten

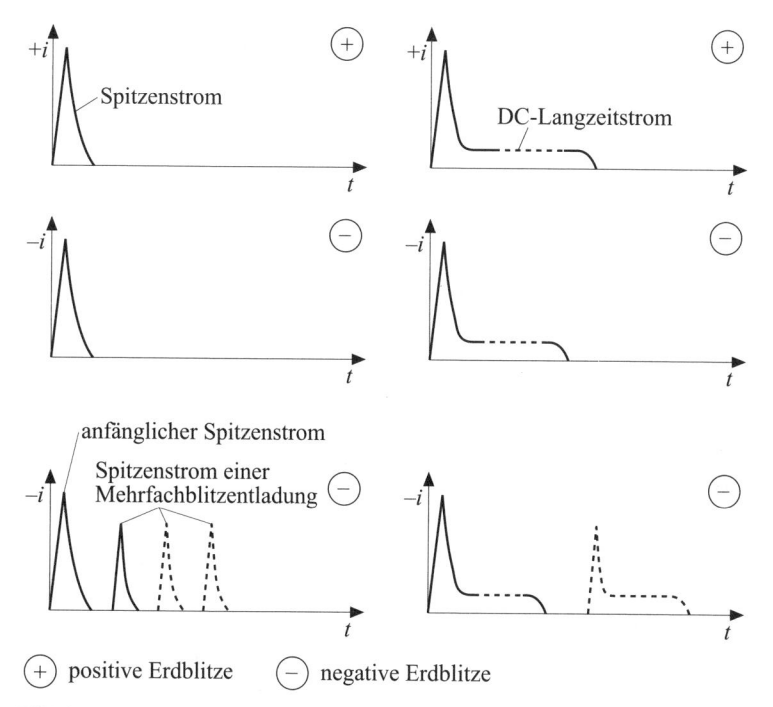

Bild 4.17 Darstellung der Wellenformen von Blitzströmen bei Blitzeinschlag (Wolke-Erde-Blitz) in Objekten auf dem Erdboden (nach DIN VDE 0184, dort Bild 3)

- den Zeiten für den Stromanstieg (Stirnzeit T_1) und für die Reduzierung des Stroms auf mindestens den halben Scheitelwert (Rückenhalbwertzeit T_2)
- die Stromsteilheit (Stromänderungsgeschwindigkeit) bei der Anstiegsflanke, di/dt
- die Energie, die im Impuls steckt, wobei die Fläche unter der Impulslinie (s. Bild 4.19) ein Maß für die wirksame Energie darstellt

Der vorgenannte Langzeitstrom des Blitzes kann lediglich durch seine Höhe und zeitliche Länge T_{long} gekennzeichnet werden (Tabelle 4.6). In üblichen Tabellen der Normen findet man noch die Angabe der enthaltenen Ladungsmenge, da dieser Wert ein Maß für die Menge der Abschmelzung bzw. Abtragung, die diese Blitzart hervorrufen kann, darstellt.

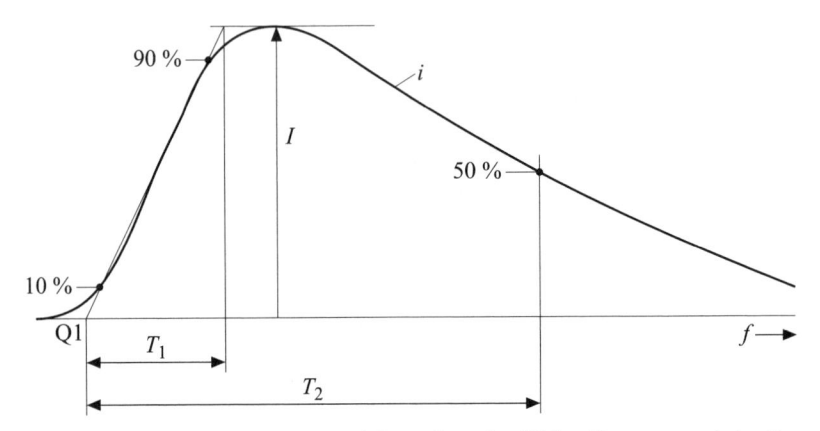

Bild 4.18 Impulsform des Blitzstroms mit Darstellung der üblichen Kennwerte nach den Normen (z. B. EN 62305-1 (VDE 0185-305-1):2006-10).
Q1 virtueller Beginn des Blitzstroms (der für die Festlegung der Impulszeiten angenommene Beginn)
i Blitzstrom bzw. zeitlicher Verlauf des Blitzstroms
I Scheitelwert des Blitzstroms
T_1 Stirnzeit
T_2 Rückenhalbwertzeit

Die Impulse werden durch die Angabe des Verhältnisses von Stirnzeit zur Rückenhalbwertzeit sowie durch den Scheitelwert unterschieden. Die Zeiten werden dabei in µs angegeben und der Scheitelwert in kA. So gibt es beim Blitzstrom üblicherweise folgende Impulse:

- 10/350 µs mit Scheitelwerten von 100 kA, 150 kA oder 200 kA
  Dies sind übliche Impulsformen von Blitzströmen bei direktem Ersteinschlag (erster Stoßstrom)
- 0,25/100 µs mit Scheitelwerten von 25 kA, 37,5 kA oder 50 kA
  Dies sind übliche Impulsformen von Blitzströmen bei direktem Folge-Blitzeinschlag (Blitz-Folgestrom)
- 8/20 µs mit Scheitelwerten von 20 kA
  Dies ist die übliche Impulsform von Strömen aufgrund leitungsgeführter Überspannungsimpulse. Sie treten in der Regel bei fernen Blitzeinschlägen oder bei Direkteinschlägen nach einem vorgeschalteten Blitzstromableiter in der elektrischen Anlage auf.

Diese verschiedenen Impulsformen werden in den Normen auch Wellenformen genannt.

Bei der Beurteilung der Wirkung eines Blitzstroms ist nicht nur der Scheitelwert von Bedeutung, sondern auch die Energie, die der impulsförmige Strom einbringt. Ein Maß für diese Energie ist die Fläche, die der Stromverlauf des Blitzstroms über der Zeitachse aufspannt. Diese Fläche ist von der Impulsform abhängig. **Bild 4.19** zeigt den Unterschied eines direkten Blitzstroms (10/350-µs-Impuls) zu einem Impulsstrom, der aufgrund eines Überspannungsimpulses (8/20-µs-Impuls) auftritt. Hier wird deutlich, dass der direkte Blitzstrom eine sehr viel höhere Energie aufweist als der Überspannungsimpuls. Dies ist besonders wichtig für die Beurteilung von Blitzstrom- und Überspannungsableiter, die häufig in entsprechenden Werbetexten der Hersteller lediglich mit dem Scheitelwert angegeben werden.

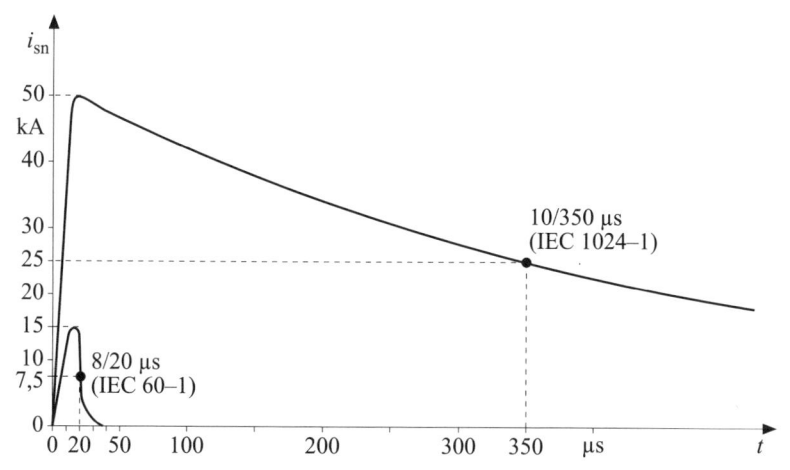

Bild 4.19 Vergleich des 10/350-µs-Impulses mit dem 8/20-µs-Impuls
Die Fläche unterhalb der Verlaufslinie des Stroms ist ein Maß für die entstehende Energie. Selbst bei gleicher Scheitelwerthöhe des 8/20-µs-Impulses wäre die durch diese Fläche dargestellte Energie immer noch wesentlich niedriger als beim 10/350-µs-Impuls.

Der erste Blitzstoßstrom weist also den höchsten Scheitelwert auf und ist auch durch die Impulsform von 10/350 µs enorm energiereich. Er wird wegen der extremen Spannungen, die er entlang seiner Strombahn verursacht, hauptsächlich berücksichtigt.

Der Folgestrom sowie der Impulsstrom bei Überspannungen ist weniger energiereich, da diese sehr schnell den Mamimalwert erreichen, aber auch relativ schnell wieder verschwinden. Die induktive Beeinflussung durch magnetische Felder wird beim Folgestrom allerdings stärker ausfallen, weil seine Stromänderungsgeschwindigkeit um das Zehnfache höher liegt als beim ersten Stoßstrom (s. Tabelle 4.6).

Wichtig ist beim Blitzstrom noch die Tatsache, dass er aufgrund der ihn verursachenden enormen Spannung zwischen den Wolkenschichten und der Erde wie ein „eingeprägter" Strom wirkt. Das bedeutet, dass er stets in fast gleicher Höhe fließen wird, egal wie groß die Impedanzen entlang seines Weges sind. Da sich nach dem Ohm'schen Gesetz die Spannung an einer Impedanz aus dem Produkt von Strom und Impedanz ergibt, können enorm hohe Spannungen auftreten, die gefährliche Überschläge verursachen.

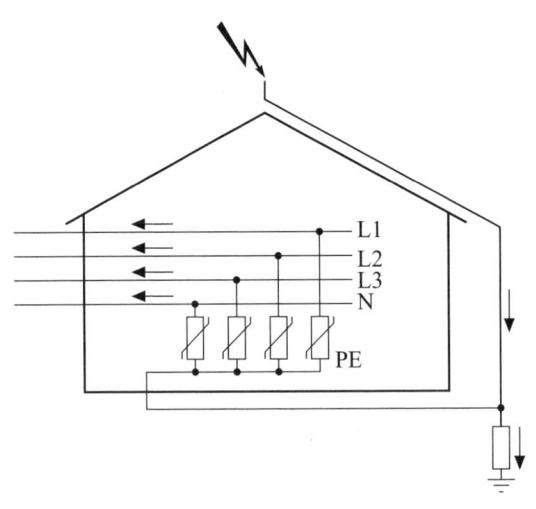

Bild 4.20 Blitzeinschlag in die Fangeinrichtung einer äußeren Blitzschutzanlage auf einem Gebäude. Bereits entlang der Ableitung vom Einschlagpunkt auf dem Dach bis zum Eintritt in die Erde werden durch den hohen Scheitelwert sowie die enorme Stromänderungsgeschwindigkeit (s. Abschnitte 4.3.2.3.4 und 4.3.3.3.3) sehr hohe Spannungen gegenüber allen Teilen, die mit dem Erdreich direkt (z. B. der Leiter N) oder indirekt (z. B. die Außenleiter L1, L2, L3) in Verbindung stehen, auftreten. Zur Aufteilung des Blitzstroms am Erdungspunkt siehe Bild 4.22 sowie Abschnitt 4.3.3.4.4.
(Quelle: DIN VDE 0184)

In **Bild 4.20** wird ein Blitzeinschlag in einer Fangleitung (Fangeinrichtung) auf dem Dach dargestellt. Er wird durch die Ableiter entlang der Außenwand in das Erdreich abgeführt. Allerdings hat auch die Fangeinrichtung sowie der Ableiter eine gewisse Impedanz, an der der Blitzstrom einen entsprechenden Spannungsfall verursacht. Selbst wenn diese Impedanz zwischen der Einschlagstelle und dem Erder insgesamt mit nur 1 Ω anzusetzen wäre, würde die entstehende Spannung bei einem Scheitelwert von 100 000 kA immerhin noch 100 000 V verursachen. Ganz zu schweigen von dem Erdungswiderstand, der durchaus 10 Ω betragen kann. Geht man von der allgemein akzeptierten Tatsache aus, dass 50 % des Blitzstroms in die Erde abgeleitet werden und die restlichen 50 % über alle leitfähigen Systeme abfließen (s. Bild 4.22 und Abschnitt 4.3.3.4.4), würde immer noch eine Spannung von 500 000 V über dem Erder in Bild 4.20 anfallen.

4.3.3.4.4 Auswirkungen von Überspannungen durch Blitzschlag

Schalthandlungen und Blitzeinwirkungen können also Überspannungsimpulse und hohe Stoßströme hervorrufen. Wenn man deren Auswirkung beschreiben möchte, muss man zunächst den Ort festlegen, an dem diese Störquellen (Schalthandlung, Blitz) einwirken. Die Entfernung bzw. der Weg von diesem Ort des Ereignisses bis zur Störsenke ist natürlich ausschlaggebend für die Auswirkung der Störgröße.

Beim Blitz als Störquelle mit der maximalen Auswirkung in Bezug auf Überspannungen unterscheidet man

- den Direkteinschlag
- den Naheinschlag
- den Ferneinschlag

Im **Bild 4.21** werden die verschiedenen Möglichkeiten des Blitzeinschlags und deren Wirkung grafisch dargestellt.

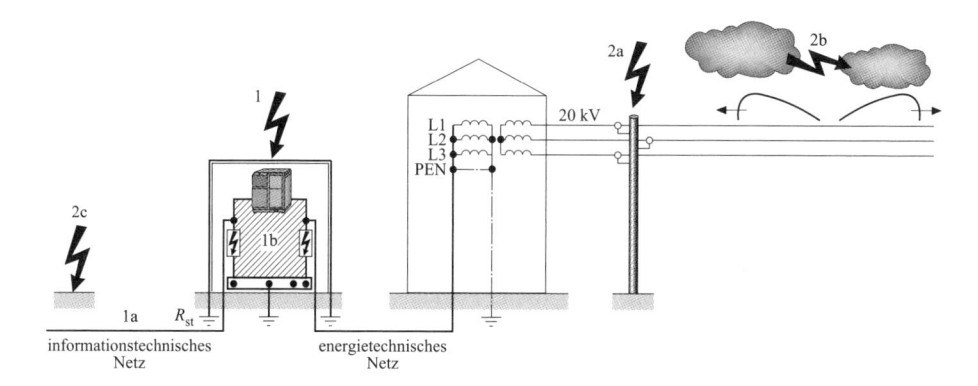

Bild 4.21 Entstehung von Überspannungen bei Blitzschlag
1 **Direkteinschlag** in die äußere Blitzschutzanlage
1a **Naheinschlag**, bei dem der Blitz z. B. in einer Entfernung vom 10 m vom Gebäude auf irgendeine Weise in den Schirm eines Kabels einschlagen konnte, das direkt in das Gebäude hineinführt
1b induzierte Spannung in Schleifen (gebildet aus energietechnischem und informationstechnischem Netz) durch das magnetische Feld des Blitzstroms eines Ferneinschlags (siehe 2c) oder eines Direkteinschlags (siehe 1)
2 **Ferneinschlag**
2a Blitzschlag in eine Mittelspannungsfreileitung
2b Überspannungswellen auf der Freileitung, die durch einen Wolke-Wolke-Blitz oder Einschläge in oder in der Umgebung der Freileitung entstanden sind und sich in beide Richtungen der Freileitung fortbewegen
2c Ferneinschlag irgendwo im Gelände – vom Blitzkanal gehen magnetische Felder aus

Direkteinschlag

Von einem Direkteinschlag spricht man, wenn der Blitz das Gebäude selbst trifft (Bild 4.17 bei 1), also direkt in Gebäudeteile oder leitfähige Konstruktionen des Gebäudes einschlägt. Hier wird sich, wie schon in Abschnitt 4.3.3.4.3 gesagt, der Blitzstrom mit der Impuls- oder Wellenform 10/350 µs einstellen. Der Scheitelwert muss für den schlimmsten Fall angesetzt werden. Der schlimmste Fall ist immer derjenige, der je nach Wahrscheinlichkeitsbetrachtung (bzw. Risikobeurteilung) im Extremfall vorkommt. Dazu sind Schutzklassen I bis IV definiert worden, die jeweils für eine bestimmte Gefährdung bzw. für eine bestimmte Wahrscheinlichkeit des erwarteten Ereignisses stehen. Je kleiner die Schutzklassenkennziffer (I bis IV), desto unwahrscheinlicher ist das Ereignis, aber desto extremer sind auch die anzusetzenden Werte. Je nach Risikobeurteilung legt man eine bestimmte Schutzklasse zugrunde. In DIN VDE 0185-305-2 werden komplexe Rechenmodelle für diese Risikobeurteilung beschrieben, mit denen man für ein Gebäude die jeweilige Schutzklasse festlegen kann. Zur Vereinfachung haben die Versicherungen eine Beispieltabelle vorgelegt, in der die Schutzklassen für typische Gebäudearten festgelegt werden (VdS 2010, Risikoorientierter Blitz- und Überspannungsschutz). Die Scheitelwerte der Blitzströme bei der jeweiligen Schutzklasse können der Tabelle 4.7 entnommen werden.

Nach **Bild 4.22** teilt sich der Blitzstrom je nach den Gegebenheiten im Gebäude auf. Bei den entsprechenden Leitungen ist natürlich nur der jeweilige Teilblitzstrom zu berücksichtigen (s. auch Abschnitt 4.3.3.4.3 und Bild 4.20).

Die entstehenden Überspannungen ergeben sich aufgrund der enormen Stromänderungsgeschwindigkeit des Blitzstroms (s. Abschnitte 4.3.2.3.4 und 4.3.3.3.3) sowie durch Induktion durch das magnetische Feld des Blitzstroms, wenn dieses Feld in Leiterschleifen hineinwirken kann (s. Bild 4.21 bei 1b sowie Abschnitt 4.3.2.3.5).

Naheinschlag

Von einem Naheinschlag spricht man, wenn der Blitz in der Nähe des Gebäudes einschlägt und so über irgendwelche leitfähigen Verbindungen (wie Rohrleitungen, Kabelschirme, Konstruktionsteile, gebäudeübergreifende Schutzleiterverbindungen) Teilblitzströme ins Gebäude gelangen können.

Auch beim Naheinschlag muss die Impuls- oder Wellenform 10/350 µs betrachtet werden. Der Unterschied zum Direkteinschlag ist in der Regel, dass man meist von geringeren Scheitelwerten ausgehen kann.

Ferneinschlag

Ein Ferneinschlag liegt vor, wenn der Blitz in einer größeren Entfernung (in der Regel und je nach der Größe der betrachteten Anlage bzw. des Gebäudes ab einer Entfernung von 50 m bis 200 m) einschlägt. Wichtig ist dabei, dass es keine direkte leitfähige Verbindung zum Gebäude gibt oder dass eine solche Verbindung derart lang ist, dass kaum bzw. nur sehr gedämpfte Teilblitzströme ins Gebäude gelangen.

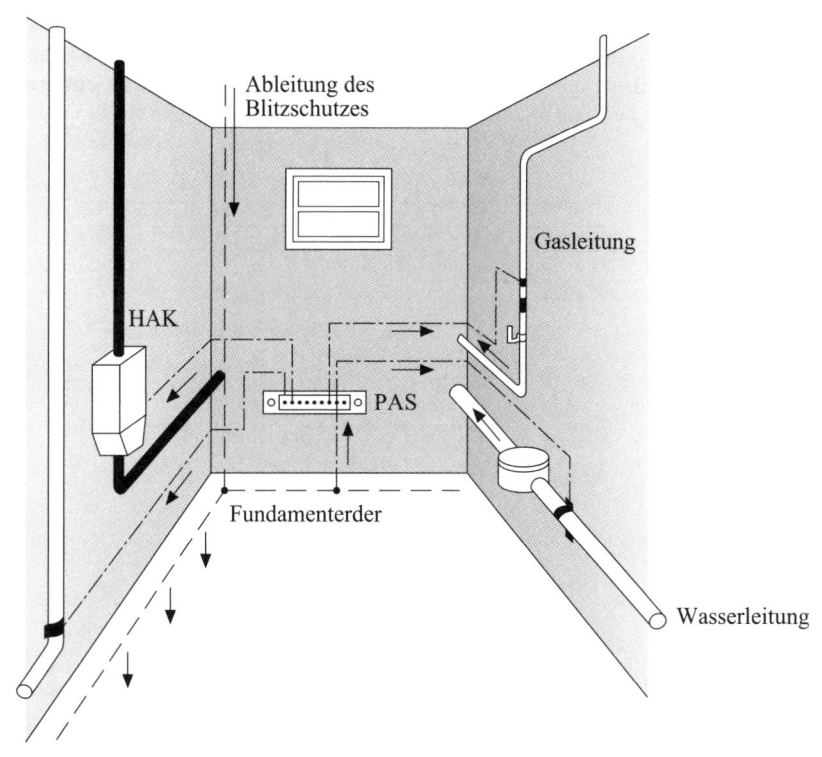

Bild 4.22 Aufteilung des Blitzstroms
Mindestens 50 % werden direkt über den Gebäude-Erder in das Erdreich abgeleitet, und die restlichen 50 % fließen über alle leitfähigen Verbindungen, die von außen in das Gebäude eingeführt wurden und mit dem Potentialausgleich in Verbindung stehen. Die aktiven Leiter des Kabels für die elektrische Energieversorgung sind ebenfalls betroffen, weil sie sich in unmittelbarer Nähe zum Schutzleiter befinden.

Schutzklasse [1]	maximaler Scheitelwert des Blitzstroms in kA
I	200
II	150
III und IV	100

[1] Die Schutzklassen wurden zuvor unter der Überschrift „Direkteinschlag" besprochen.

Tabelle 4.7 Maximale Scheitelwerte des ersten Blitz-Stoßstroms, die bei den verschiedenen Schutzklassen zu erwarten sind, nach DIN EN 62305-1 (VDE 0185-305-1)

So kann der Blitz z. B. in Teilen der Mittelspannungsversorgung einschlagen. Je nach Erdungssystem in der Mittelspannungsstation wird sich daraufhin ein Überspannungsimpuls in einem durch den Transformator versorgten und weit entfernt liegenden Gebäude bemerkbar machen (**Bild 4.23**).

$$U = U_0 + R \cdot i + L \frac{di}{dt}$$

MS-Ableiter (3×)

Betriebsmittel

Erdboden

(R, L) Transformatorerdung

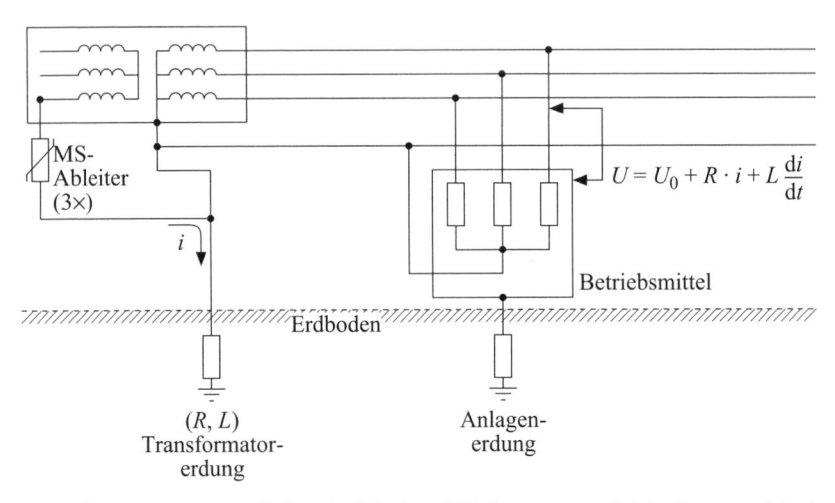

Anlagenerdung

Bild 4.23 Bei gemeinsamer Erdung für Mittel- und Niederspannung wird der Spannungsfall, der an der Transformatorerdung durch den Blitzstrom entsteht, in die Niederspannungsanlage hineintransportiert (U_0 ist die Spannung vom Außenleiter zum Neutralpunkt im Niederspannungs-Verbrauchernetz). (Quelle: DIN VDE 0184)

Ein Ferneinschlag wäre auch ein Einschlag auf bzw. in der Nähe einer Freileitung. Vom Einschlagpunkt aus werden sich sogenannte Wanderwellen in beide Richtungen auf der Leitung fortpflanzen (s. Bild 4.21, dort bei 2b).

Überspannungen durch Einschläge in Freileitungen sind relativ häufig. Rechnet man noch die Einschläge in der Nähe von Freileitungen hinzu, so kommen solche Ereignisse recht häufig vor. Allerdings sind die Beträge der Überspannungen nicht immer hoch genug, um Zerstörungen zu verursachen. So kommen Maximalwerte von 10 kV eher selten vor. Untersuchungen haben gezeigt, dass ab einer Entfernung des Blitzeinschlags von 1 km mit hoher Wahrscheinlichkeit kaum noch mit Zerstörungen gerechnet werden muss. Funktionsstörungen in empfindlichen, elektronischen Einrichtungen sind jedoch in vielen Fällen immer noch möglich. Hinsichtlich der EMV in Gebäuden muss also auch mit dieser Beeinflussung gerechnet werden.

Besonders dann, wenn auch die Niederspannungseinspeisung überirdisch verläuft, sind höhere Überspannungsimpulse zu erwarten. Diese Überspannungen kommen besonders in ländlichen Regionen vor, aber auch dort sind hohe Beträge glücklicherweise eher selten. In **Tabelle 4.8** sind die Ergebnisse einer Langzeituntersuchung wiedergegeben worden. Demnach kommen Spannungsspitzen über 4 kV bei TN-Systemen etwa alle zwei bis drei Jahre vor. In TT-Systemen liegt die Häufigkeit allerdings bei ein- bis zweimal pro Jahr.

Netzsystem	Angabe der Ereignisse pro Jahr				
	> 1,5 kV	> 2,5 kV	> 4 kV	> 6 kV	> 20 kV
TT-System	4,0 (8)	1,7 (3,4)	1,0 (2)	0,5 (1)	0,045 (0,09)
TN-System	1,0 (2)	0,6 (1,2)	0,35 (0,7)	0,25 (0,5)	0,045 (0,09)

Tabelle 4.8 Häufigkeit von Überspannungsereignissen in verschiedenen Netzsystemen, die über verdrillte Niederspannungs-Freileitungen eingebracht wurden – festgestellt bei praktischen Messungen (siehe DIN VDE 0184, Tabelle 3)
In Klammern sind die Werte angegeben, wenn es sich um eine unverdrillte Freileitung handelt.

Eine weitere Art der Ferneinschläge sind die Einschläge auf irgendein Objekt, außerhalb des Gebäudes, wobei das magnetische Feld des Blitzstroms auf Leiterschleifen im Gebäude wirken kann (s. Bild 4.4 sowie Bild 4.21, dort bei 1b und 2). Bei Überspannungsimpulsen, die durch Ferneinschläge hervorgerufen werden, wird in der Regel die Wellenform 8/20 µs veranschlagt. Das bedeutet, dass die Energie hier deutlich geringer ist als bei Direkt- und Naheinschlägen (s. Abschnitt 4.3.3.4.3).

4.3.3.4.5 Überspannungskategorien

Um in elektrischen Anlagen mit ihren unterschiedlichen Betriebsmitteln auf Überspannungsbelastungen reagieren zu können, sind Überspannungskategorien eingeführt worden. Man findet sie z. B. in DIN VDE 0100-443 (**Tabelle 4.9**).

Betriebsmittel der Überspannungskategorie I

Dies sind meist elektronische oder empfindliche Geräte, die durch zusätzliche Maßnahmen (z. B. externe Überspannungs-Einrichtungen) geschützt sind, damit der einlaufende Überspannungsimpuls nicht die Spannungsfestigkeit des Geräts überschreitet. Dabei können die Überspannungs-Einrichtungen fest installiert sein (z. B. in der Steckdose, an der das Gerät betrieben wird), oder es kann sich in der flexiblen Anschlussleitung des Geräts befinden (z. B. im Stecker des Geräts).
Häufig hat der Hersteller entsprechende Überspannungs-Einrichtungen bereits werksseitig in das Gerät integriert. In diesem Fall muss er dies besonders in der technischen Dokumentation, die er dem Gerät beifügt, angeben.

Betriebsmittel der Überspannungskategorie II

Dies sind im Gegensatz zu den zuvor genannten Betriebsmitteln solche, die ohne einen zusätzlichen Schutz auskommen. Hierunter zählen z. B. übliche Haushaltsgeräte, tragbare Werkzeuge sowie Geräte zum Gebrauch in Büros.

Nennspannung der Anlage[a] V	geforderte Bemessungsstehstoßspannung in kV[b] für			
Drei-Leiter-Systeme	Betriebsmittel am Speisepunkt der Anlage (Überspannungs-kategorie IV)	Betriebsmittel der Verteilungs- und Endstromkreise (Überspannungs-kategorie III)	Geräte (Überspannungs-kategorie II)	besonders geschützte Betriebsmittel (Überspannungs-kategorie I)
	z. B. Elektrizitäts-zähler, Rundsteuergeräte	z. B. Verteiler-tafeln, Schalter, Steckdosen	z. B. Haushalts-geräte, tragbare Werkzeuge	z. B. empfindliche elektrische Geräte mit externem Schutz bei Überspannungen
230/400 277/480	6	4	2,5	1,5
400/690	8	6	4	2,5
1000	12	8	6	4

[a] Nach der Norm DIN IEC 60038 (VDE 0175)
[b] Diese Bemessungsstehstoßspannung wird zwischen aktiven Leitern und PE angewendet.

Tabelle 4.9 Darstellung von Betriebsmitteln, eingeteilt in Überspannungskategorien, mit Angabe der maximalen Impuls-Spannungsspitze (Stehstoßspannungsfestigkeit) nach DIN VDE 0100-443

Betriebsmittel der Überspannungskategorie III

Hierunter fallen Betriebsmittel, für die eine höhere Festigkeit gegenüber Überspannungsbeanspruchungen vorausgesetzt werden kann, als dies bei Betriebsmitteln der Überspannungskategorie II der Fall ist. Sie sind stets fest installiert, das heißt, sie gelten meist als fester Bestandteil der elektrischen Anlagen. Häufig wird für solche Betriebsmittel auch ein höherer Grad der Verfügbarkeit erwartet. Beispiele für solche Betriebsmittel sind

- Verteiler, Leistungsschalter, Fehlerstrom-Schutzeinrichtung (RCD)
- Kabel- und Leitungsanlagen, Stromschienensysteme, Verbindungsdosen und -kästen
- Installationsgeräte (wie Schalter und Steckdosen)
- Betriebsmittel, die ausdrücklich für industrielle Anlagen vorgesehen sind (z. B. Motoren)

Betriebsmittel der Überspannungskategorie IV

Dies sind Betriebsmittel, die in der Nähe des Speisepunkts der elektrischen Anlagen fest angeschlossen und betrieben werden (also in Stromflussrichtung vor dem Haupt- oder Stromkreisverteiler). Zu nennen wären hier z. B. Elektrizitätszähler, Hauptsicherungen, Rundsteuergeräte.

4.3.3.4.6 Beurteilung des Überspannungsrisikos

Aus den bisherigen Ausführungen über Häufigkeit und Höhe der vorkommenden Überspannungsereignisse wird deutlich, dass die meisten elektrischen Betriebsmittel, wenn sie entsprechend den Überspannungskategorien richtig ausgewählt und errichtet wurden, in der Regel gegen Zerstörung durch Überspannungsereignisse gesichert sind.

Dies trifft allerdings nicht zu bei Direkt- oder Naheinschlägen. Die Überspannungsbelastung ist bei solchen Ereignissen derart extrem, dass die maximalen Spannungen nach den Überspannungskategorien (Abschnitt 4.3.3.4.5) weit überschritten werden. Für solche Fälle muss durch eine entsprechende Schutzeinrichtung erst die maximale Spannungsbelastung nach Tabelle 4.9 sichergestellt werden. Das bedeutet, dass der äußere und innere Blitzschutz die einlaufenden Blitzströme und die dabei entstehenden Überspannungen auf verträgliche Werte reduzieren muss.

Aber auch bei Überspannungen aufgrund von Ferneinschlägen oder Schalthandlungen kann die erste Aussage dieses Abschnitts nicht grundsätzlich verallgemeinert werden. Besonders dann, wenn es

- um Funktionsstörungen im Sinne der EMV
- um Zerstörungen von empfindlichen technischen Geräten

geht, muss zwangsläufig über einen Überspannungsschutz nachgedacht werden. Empfindliche Geräte sind vor allem Betriebsmittel der Überspannungskategorie I. Nach der Beschreibung in Abschnitt 4.3.3.4.5 sowie Tabelle 4.9 geht es hier um Betriebsmittel, bei denen bereits Überspannungs-Schutzeinrichtungen integriert wurden. Allerdings sind solche Schutzeinrichtungen nicht immer in der Lage, die komplette Energie abzufangen, die ein Überspannungsimpuls einbringen kann. In der Regel geht der Hersteller solcher Schutzeinrichtungen nämlich davon aus, dass vorgeschaltete Überspannungs-Schutzeinrichtungen die Hauptlast der Energie übernehmen. Aus diesem Grund kann ein Überspannungsschaden bei empfindlichen, elektronischen Einrichtungen auch bei Ferneinschlägen und Schalthandlungen ohne zusätzliche Überspannungs-Schutzmaßnahmen nie ganz ausgeschlossen werden.

Dazu kommt die Tatsache, dass Überspannungsereignisse aufgrund von Ferneinschlägen und Schalthandlungen wesentlich häufiger vorkommen als solche aufgrund von Direkt- oder Naheinschlägen.

Diese Überlegung hat Einfluss auf die Beurteilung des Überspannungsrisikos. Wie hoch das Risiko von Direkt- und Naheinschlägen beim jeweiligen Gebäude ist, kann nicht pauschal beantwortet werden, weil dies erst durch eine komplexe Risikobewertung ermittelt werden muss; es sei denn, man entschließt sich (z. B. durch eine versicherungsvertragliche Festlegung), hierfür die Empfehlungen der Versicherungen in VdS 2010 zu beherzigen (s. Abschnitt 4.3.3.4.4 unter der Überschrift „Direkteinschlag").

Das Ergebnis einer Risikobewertung kann z. B. sein, dass die Gefahr des Direkt- oder Naheinschlags für zu gering beurteilt wird. Der Anlagenbetreiber entscheidet in solchen Fällen häufig, auf eine äußere Blitzschutzanlage zu verzichten. Allerdings kann dieselbe Risikobewertung ergeben, dass ein innerer Blitzschutz (einschließlich Überspannungsschutz) sehr wohl angebracht ist, um mindestens Schäden und Funktionsstörungen durch Überspannungen aufgrund von Ferneinschlägen und Schalthandlungen zu verhindern.

In den vorgenannten Richtlinien VdS 2010 sind Empfehlungen enthalten, wann mindestens ein innerer Blitzschutz (bzw. Überspannungsschutz) zu berücksichtigen ist (**Bild 4.24**).

In Bezug auf die EMV in der elektrischen Anlage kann folgender allgemeiner Satz formuliert werden:

> In Anlagen, in denen zahlreiche und vor allem wichtige informations- oder steuerungstechnische Einrichtungen betrieben werden oder in denen Überspannungsimpulse den Datentransfer stören oder beeinflussen können, muss über einen äußeren und inneren, mindestens jedoch über einen inneren Blitzschutz nachgedacht werden.

Objekt Mehrfachnennungen möglich	äußerer Blitzschutz in den gesetzlichen behördlichen Vorschriften gefordert (s. a. Tabelle 1 und Tabelle 2)	Gebäude[1] (-teile, -bereiche, -einrichtungen sowie -kenndaten)	äußere Blitzschutzanlagen			Überspannungsschutz (innerer Blitzschutz)	
			Blitzschutzklasse nach DIN VDE 0185	Prüfintervalle in Jahren		erforderlich	Ausführung nach DIN VDE 0100-443 und -543, DIN VDE 0185, DIN VDE 845 sowie VdS 2031 und zusätzlich
				behördliche Vorgabe	Empfehlung der Versicherer		
Beherbergungsstätten: Almhütte			III	5		X	
Hotel		Anzahl Betten < 60				X	VdS 2569
Pension, Gästehaus		Anzahl Betten > 60	III	5		X	VdS 2569
Burgen			III	5		X	
Burgruinen[3]			III	5			
Bürogebäude						X	VdS 2569
		Nutzfläche > 2000 m^2	III	3		X	VdS 2569

Bild 4.24 Auszug aus der Tabelle aus VdS 2010
Wenn keine Blitzschutzklasse vorgegeben wird, ist kein äußerer Blitzschutz erforderlich. In den meisten Fällen wird dann jedoch in der vorletzten Spalte durch ein Kreuz ein entsprechender Überspannungsschutz gefordert.

Mit innerem Blitzschutz sind dabei alle Maßnahmen zusammengefasst, durch die die einlaufenden Überspannungen auf ungefährliche Werte reduziert werden, wie Überspannungsschutz und Blitzschutz-Potentialausgleich.

4.3.4 Besonderheiten bei Oberschwingungen

4.3.4.1 Einführung

In diesem Abschnitt soll es um die grundlegende Frage gehen, was unter dem Begriff Oberschwingungen zu verstehen ist.

Die natürlichste Form der Schwingung ist die Sinusschwingung, darum wird sie auch harmonische Schwingung genannt. Die Elektrofachkraft lernt sie während ihrer Ausbildung recht früh kennen, wenn es darum geht, die Begriffe der Wechselstromtechnik zu verstehen. Allerdings kommen Sinusschwingungen überall in der Natur bei zahlreichen physikalischen Erscheinungen vor (z. B beim Pendel).

Wie verhält es sich jedoch mit anderen Kurvenformen, wie z. B. der Sägezahnkurve, der Rechteckkurve oder der Trapezkurve (**Bild 4.25**)? In welchem Verhältnis stehen diese Kurvenformen zur Sinuskurve? Als erste Antwort darauf muss ein wesentlicher Unterschied hervorgehoben werden: Die genannten Kurvenformen sind im Gegensatz zur Sinusschwingung in der Regel nicht natürlichen Ursprungs.

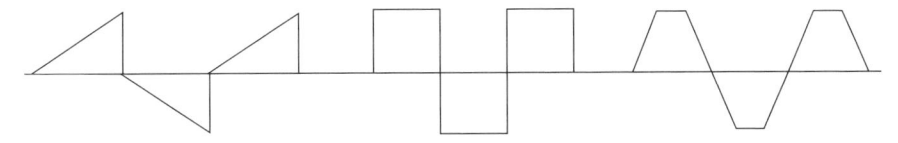

Bild 4.25 Verschiedene Kurvenformen (von links) Sägezahlkurve, Rechteckkurve, Trapezkurve

Aus der Mathematik ist bekannt, dass jede periodische Kurvenform in harmonische Schwingungen unterschiedlicher Frequenz zerlegt werden kann (**Bild 4.26**). Es war der französische Mathematiker J. B. J. Fourier, der dies Anfang des 19. Jahrhunderts herausfand und mathematisch exakt formulierte. Aus diesem Grund nennt man diese Zerlegung „Fourieranalyse".

Dies mag sich zunächst wie eine mathematisch-philosophische Spielerei anhören, aber tatsächlich verhält sich die Wirklichkeit genau so, wie Fourier dies theoretisch berechnet hat. Erzwingt man beim Strom z. B. einen rechteckförmigen Verlauf, so stellt dies eine „unnatürliche" oder besser gesagt „nicht harmonische" Schwingung dar. Die Natur kennt derartige Schwingungen nicht und verhält sich so, als gäbe es in Wirklichkeit eine Vielzahl von verschiedenen Sinusschwingungen, die in Summe die Rechteckform ergeben. Man kann aus dieser vermeintlichen Rechteckschwingung beispielsweise einzelne harmonische Schwingungen herausfiltern und sie allein wirken lassen.

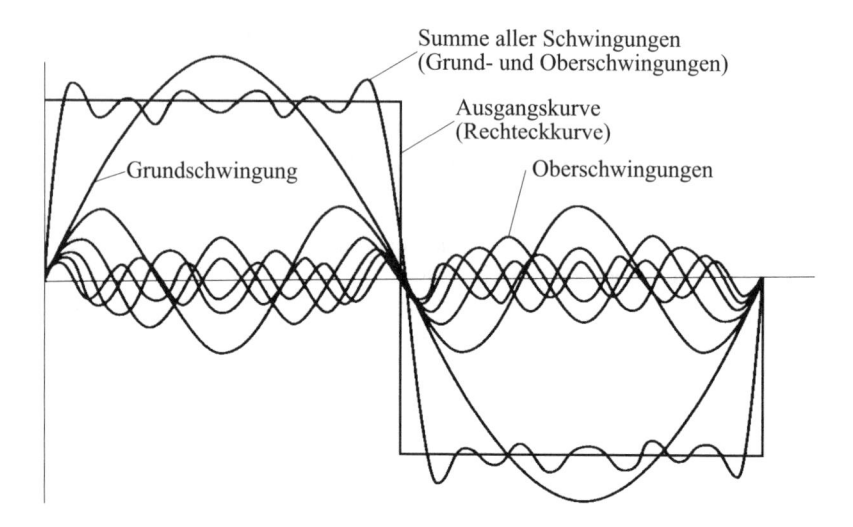

Bild 4.26 Fourieranalyse einer Rechteckkurve in harmonische Schwingungen (Sinusschwingungen). Die Kurve für die Summe aller dargestellten Sinusschwingungen entspricht noch nicht exakt der Ausgangskurve, weil dazu noch wesentlich mehr Oberschwingungen berücksichtigt werden müssten.

> Immer dann, wenn eine Kurvenform von der idealen Sinusform abweicht, sind Oberschwingungen im Spiel. Nur die ideale Sinusschwingung kommt einzeln vor und ist nicht zerlegbar. Alle anderen Kurvenarten sind nichts anderes als die Summe von mehr oder weniger zahlreichen Sinusschwingungen.

Das bedeutet auch, dass alles, was den Sinusverlauf von Strom bzw. Spannung irgendwie verändert, Oberschwingungen produziert. Auf welche Weise eine solche Veränderung hervorgerufen werden kann, zeigen folgende Beispiele:

- Der Strom wird durch Magnetisierungs- und Sättigungsverlusten bei Magneten und Spulen verzerrt.
- Bei Gleichrichterschaltungen entstehen kleine Spannungseinbrüche im Verlauf der Spannungs-Sinuskurve durch Kommutierungsvorgänge.
- Die Spannung wird angeschnitten, um deren Effektivwert flexibel einstellen zu können (Phasenanschnittsteuerung oder Dimmen).
- Die Spannung wird gleichgerichtet und dann in Rechteckform zerlegt, um z. B. damit einen Frequenzumrichterbetrieb möglich zu machen.
- Spannungsspitzen durch schnelle, wiederkehrende Schaltvorgänge verzerren die Sinusform.

- Lichtbogenentladungen bzw. Elektroschweißvorgänge verzerren die Sinuskurve des Stroms.
- Der Glättungskondensator eines Netzteils entnimmt dem Versorgungsnetz bei sinusförmiger Spannung einen impulsförmigen Strom.

Die verschiedenen Sinusschwingungen, aus denen jede nicht harmonische Kurvenform besteht, unterscheiden sich dabei durch ihre Frequenz f und Amplitude (Scheitelwert). Bei der Zerlegung einer nicht sinusförmigen Kurve sind zunächst die Grundschwingung und die eigentlichen Oberschwingungen zu unterscheiden (s. Bild 4.26):

- Die Grundschwingung hat stets dieselbe Frequenz wie die Ausgangsschwingung. Das heißt, sie hat mit der nicht sinusförmigen Kurve die maßgeblichen Nullstellen und Maximalwerte gemeinsam.

    → Grundschwingung: f_1 bzw. T_1

    f_1 Frequenz der Grundschwingung

    T_1 Periodendauer der Grundschwingung

    Bei den meisten Veränderungen der Sinusschwingung, wie sie in der vorangegangenen Beispielliste aufgeführt wurden, hat die Grundschwingung dieselbe Frequenz wie das einspeisende Netz. In üblichen Niederspannungsnetzen in Deutschland also 50 Hz.

- Die eigentlichen Oberschwingungen hingegen haben in der Regel eine Frequenz f_h, deren Betrag meist ein ganzzahliges Vielfaches n der Frequenz der Grundschwingung f_1 ist:

    → Oberschwingung: $f_h = n \cdot f_1$ bzw. $T_h = T_1/n$

    Dabei ist:

    f_h Frequenz der Oberschwingungen (h = 2, 3, 4, ...)

    T_h Periodendauer der Oberschwingungen (h = 2, 3, 4, ...)

    h Ordnungszahl der jeweiligen Sinusschwingung – tritt nur als Index in Erscheinung

    n Faktor der Oberschwingung (n = 2, 3, 4, ...).

Die Berechnung der jeweiligen Amplituden ist durch feste Regeln bestimmt. Genaueres kann in den gängigen elektrotechnischen Lehrbüchern nachgelesen werden. Je nach Ausgangsschwingung wird durch diese Berechnung auch festgelegt, ob die jeweilige Oberschwingung mit einer negativen oder positiven Halbschwingung beginnt.

Die Bezeichnung der Oberschwingung führt häufig zu Missverständnissen; besonders dann, wenn man sämtliche Sinusschwingungen, in die die nicht sinusförmige Ausgangskurve zerlegt wurde, als Oberschwingungen bezeichnet. In diesem Fall wäre nämlich die Grundschwingung die erste Oberschwingung, was auch

	Grundschwingung (mit f_1 – häufig die Netzfrequenz)	Oberschwingungen (mit $f_h = n \cdot f_1$)
Wirkung	sie erzeugt die effektive Nutzleistung	sie tragen in der Regel nicht zur effektiv nutzbaren Leistung bei
Frequenz	sie hat dieselbe Frequenz wie die Ausgangskurve und in der Regel auch dieselbe Frequenz wie das Versorgungsnetz	ihre Frequenz ist in der Regel ein ganzzahliges Vielfaches der Grundschwingungsfrequenz
Bezeichnung	sie ist sinusförmig und deshalb eine sogenannte „harmonische Schwingung"; will man dies betonen, benutzt man die folgenden Bezeichnungen: *1. Harmonische* oder *1. harmonische Oberschwingung* oder *1. harmonische Teilschwingung*	sie sind sinusförmig und deshalb sogenannte „harmonische Schwingungen"; will man dies betonen, benutzt man die folgenden Bezeichnungen: *2., 3., 4., ... Harmonische* oder *2., 3., 4., ... harmonische Oberschwingung* oder *2., 3., 4., ... harmonische Teilschwingung*
	häufig betont man jedoch den Unterschied zwischen der Grundschwingung und den übrigen harmonischen Oberschwingungen; in diesem Fall benutzt man folgende Bezeichnung: *Grundschwingung*	Häufig betont man jedoch den Unterschied zwischen der Grundschwingung und den übrigen harmonischen Oberschwingungen; in diesem Fall benutzt man folgende Bezeichnung: *1., 2., 3., ... Oberschwingung* Hierdurch sind jedoch Verwechslungen vorprogrammiert. Die entstehende Verwirrung ist für den Praktiker nicht zumutbar[1].

[1] Die eine Möglichkeit, diese Bezeichnungsweise anzuwenden, wäre, mit der Ordnungszahl $h = 1$ die 1. Oberschwingung zu kennzeichnen. Da üblicherweise die Grundschwingung die Ordnungszahl 1 erhält (z. B. bei f_1 für Grundschwingungsfrequenz), müsste diese folgerichtig eine andere Kennzeichnung erhalten (z. B. f_g oder f_{grund}).
Eine andere Möglichkeit wäre, die 1. Oberschwingung mit der Ordnungszahl $h = 2$ zu kennzeichnen, um, wie üblich, der Grundschwingung die Ordnungszahl $h = 1$ zuordnen zu können.
Im ersten Fall würde das Problem entstehen, dass die Ordnungszahl h nicht mehr mit dem Faktor n übereinstimmt, da bereits bei $h = 1$ (1. Oberschwingung) doppelte Grundschwingungsfrequenz vorliegen würde und $n = 2$ gesetzt werden müsste:
z. B. $f_1 = n \cdot f_g = 2 \cdot f_g$ (für $n = 2$ bei der 1. Oberschwingung).
Außerdem müsste, wie bereits gesagt, die durchgängig bekannte Kennzeichnung der Grundschwingung mit der Ordnungszahl $h = 1$ aufgehoben werden.
Im zweiten Fall kann keiner mehr nachvollziehen, wieso beispielsweise die 4. Oberschwingung die Ordnungszahl $h = 5$ erhält.
Dies kann nur Verwirrung stiften!

Tabelle 4.10 Unterscheidung zwischen Grundschwingung und Oberschwingungen

durch die Kennzeichnung der Grundschwingung mit $h = 1$ (z. B. f_1 bzw. T_1) unterstützt wird.

Von der Wirkung der jeweiligen Sinusschwingung her gesehen, gibt es jedoch wesentliche Unterschiede. In der Regel trägt nur die Grundschwingung zur effektiv nutzbaren Leistung bei. Wie zuvor erwähnt, hat sie in unseren Niederspannungsnetzen meist die gleiche Frequenz wie das elektrische Energieversorgungsnetz selbst. Dies kann man von den Oberschwingungen nicht sagen. Sie weisen eine n-fach höhere Frequenz auf und erzeugen in der Regel Blindleistung (s. Abschnitt 4.3.4.2.3).

In **Tabelle 4.10** werden die Unterschiede zwischen Grundschwingung und Oberschwingungen gegenübergestellt. In der Praxis hat sich die Bezeichnung Grundschwingung für die erste Sinusschwingung der Zerlegung durchgesetzt. Ihre Frequenz entspricht der Frequenz der Ausgangsschwingung (und in den meisten Fällen auch der Netzfrequenz). Genau genommen müsste man also die Sinusschwingung mit der doppelten Grundschwingungsfrequenz als 1. Oberschwingung bezeichnen (s. Tabelle 4.10 und zugehörige Fußnote). Das ist für den Praktiker jedoch kaum nachvollziehbar. Aus diesem Grund wird in der Praxis häufig eine nicht absolut korrekte, aber durchaus verständliche Mischform der Bezeichnung benutzt:

Sinusschwingung mit $f = f_1$ →   Grundschwingung

Sinusschwingungen mit $f = f_2, f_3, f_4, ...$ → 2. Oberschwingung, 3. Oberschwingung, 4. Oberschwingung usw.

Die erste Oberschwingung gibt es danach gar nicht.

Aus den Ausführungen in Tabelle 4.10 geht hervor, dass es am praktikabelsten ist, für die erste Sinusschwingung der Zerlegung die Bezeichnung „1. harmonische Oberschwingung" zu wählen und diese gleichzusetzen mit der Bezeichnung „Grundschwingung". Die Bezeichnung 1. harmonische Oberschwingung wird dann einfach nicht mehr benutzt. Die Sinusschwingungen mit höheren Frequenzen werden demzufolge ebenso harmonische Oberschwingungen genannt (s. auch Abschnitt 3.3 unter „Oberschwingungen"):

$f = f_1$ →   **Grundschwingung**

$f = f_2, f_3, f_4, ...$ → **2. harmonische Oberschwingung**
3. harmonische Oberschwingung
4. harmonische Oberschwingung usw.

Häufig werden (auch in der einschlägigen Fachliteratur) die Begriffe „Oberschwingung" und „Oberwelle" gleichbedeutend verwendet. Dies ist jedoch nicht ganz richtig. Genau genommen geht es bei den hier besprochenen Phänomenen um Schwingungen und nicht um Wellen. Richtig ist also die Bezeichnung „Oberschwingung". Näheres hierzu siehe im Abschnitt 3.3 unter „Schwingung/Welle".

Eine Sonderform der Oberschwingungen sind die sogenannten Zwischenharmonischen (oder Interharmonischen). VDE 0839-2-4 erläutert in der Begriffserklärung, dass mit zwischenharmonischer Frequenz „*jede Frequenz, die kein ganzzahliges Vielfaches der Grundfrequenz ist*" gemeint ist (z. B. f = 67 Hz bei einer Grundfrequenz von 50 Hz).

Dies erstaunt zunächst, da man nach der bisherigen Erläuterung davon ausgehen muss, dass Oberschwingungsfrequenzen stets ganzzahlige Vielfache der Grundfrequenz sind. Allerdings können verschiedene Verbrauchsmittel durch die besondere Art der physikalischen Vorgänge, die während ihres Betriebs in ihnen stattfinden, durchaus auch Oberschwingungen nicht ganzzahliger Ordnung erzeugen. Dies sind u. a.:

- elektrische Lichtbogenöfen, Lichtbogen-Schweißmaschinen und Plasmaerhitzer
- Leistungsstromrichter, die bei bestimmten Schaltfrequenzen solche Oberschwingungen erzeugen
- Frequenzumrichter
- Induktionsmotoren
- Sender von Rundsteuersignalen

Die hierdurch verursachten Störungen werden im folgenden Abschnitt 4.3.4.2.4 näher beschrieben.

4.3.4.2 Oberschwingungen als Störgröße

4.3.4.2.1 Die Ausbreitung der Störung

In den Abschnitten 4.3.2.2 und 4.3.3.3 wurde gezeigt, dass Oberschwingungen durch ihre höheren Frequenzen (bzw. der höheren Strom- und Spannungsänderungsgeschwindigkeiten) einen wesentlich größeren Einfluss in Bezug auf elektrische und magnetische Felder ausüben als netzfrequente Ströme. Allerdings gibt es im Zusammenhang mit Oberschwingungen noch einen weiteren leitungsgebundenen Einfluss, der sich als Störgröße bemerkbar machen kann: Wo Oberschwingungen auftreten, liegt stets eine Verzerrung der Sinusform der Netzspannung vor. Dadurch verteilen sie sich praktisch in der gesamten elektrischen Anlage und wirken sich unter Umständen auch dort aus, wo keine Oberschwingungen erzeugt werden (**Bild 4.27**).

Die Aussage der schematischen Darstellung in Bild 4.27 ist Folgende: Im Gerät 1 werden Oberschwingungen erzeugt, weil hier kein sinusförmiger Strom fließt. Die Oberschwingungsströme I_h verursachen an der Netzimpedanz Z_S einen Spannungsfall U_h, entsprechend der Beziehung:

$$U_h = I_h \cdot Z_S$$

An derselben Netzimpedanz Z_S werden auch andere Geräte (Gerät 2) betrieben. An diesen Geräten wirkt nun dieselbe oberschwingungsbehaftete Spannung, auch wenn diese Geräte selbst gar keine Oberschwingungen produzieren. Ein Beispiel wurde im Abschnitt 4.3.1 erwähnt. Dort ging es um eine Aufzugsanlage, die mit modernen Frequenzumrichtern gesteuert wird. Die dort produzierten Oberschwingungsströme verursachten an der vorgeschalteten Netzimpedanz einen entsprechenden Spannungsfall, der sich auf die Vorschaltgeräte der Beleuchtungsanlage in einem Großraumbüro auswirkte, die an derselben Verteilung angeschlossen war.

$U_h = I_h Z_S$

Z_S

I_h U_h

Gerät 1	Gerät 2
Oberschwingungs-erzeuger	kein Oberschwingungs-erzeuger

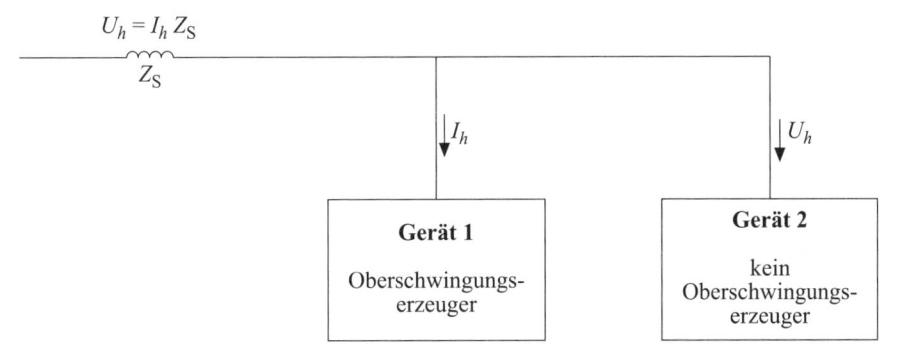

Bild 4.27 Durch Oberschwingungsströme I_h entstehen an der Netzimpedanz Z_S Oberschwingungsspannungen U_h, die sich in der gesamten Anlage auswirken

Wie groß diese Streuwirkung ist, hängt also wesentlich von der vorgeschalteten Netzimpedanz Z_S ab. Je geringer diese ist, umso kleiner fallen die Oberschwingungs-Spannungsschwankungen U_h aus. Es ist daher immer von Vorteil, leistungsstarke Verbrauchsmittel, die Oberschwingungen erzeugen, in Einspeiserichtung möglichst früh, also am besten gleich von der ersten Niederspannungs-Hauptverteilung aus, einzuspeisen.

4.3.4.2.2 Das Drehfeld der Oberschwingungen

Unser Versorgungsnetz wird bekanntlich als sogenanntes Drehstromnetz betrieben. Das bedeutet, dass Strom und Spannung eines Außenleiters gegenüber den Strömen und Spannungen der anderen Außenleiter um 120° verschoben sind. Man spricht von der Phasenverschiebung der Außenleitern untereinander. Aus diesem Grund kann man mit den magnetischen Feldern der Außenleiter bei geschickter Aufteilung auf einem Kreisumfang (z. B. dem Umfang eines Motorankers) ein Drehfeld erzeugen. Das ist auch der Grund, weshalb der Errichter nach DIN VDE 0100-600 das „Rechtsdrehfeld" von Drehstromsteckdosen überprüfen soll.

Üblicherweise wird die Drehzahl von drehenden Maschinen durch die Frequenz des elektrischen Versorgungsnetzes bestimmt. Sie sind somit für den Betrieb mit der jeweiligen Netzfrequenz vorgesehen. Bei vorhandenen Oberschwingungsströmen wirkt jedoch nicht nur die Grundschwingung, deren Frequenz der Netzfrequenz entspricht, sondern auch die harmonischen Oberschwingungen mit ihren höheren Frequenzen. Was bedeutet das für den Betrieb der drehenden Maschine?

Da die Oberschwingungen in allen drei Außenleitern auftreten können, tritt zwischen ihnen ebenso eine Phasenverschiebung auf, die ein Drehfeld hervorrufen kann. Dabei können drei Fälle unterschieden werden:

a) Rechtsdrehende Oberschwingungen (Mitsystem)

Die 4., 7., 10., 13., 16., 19., ... harmonischen Oberschwingungen erzeugen ein Rechtsdrehfeld. Da diese Oberschwingungen in dieselbe Richtung drehen wie eine Sinusschwingung mit Netzfrequenz, werden sie Oberschwingungen des Mitsystems genannt.

b) Linksdrehende Oberschwingungen (Gegensystem)

Die 2., 5., 8.,11., 14., 17., ... harmonischen Oberschwingungen erzeugen ein Linksdrehfeld. Da diese Oberschwingungen in umgekehrter Richtung drehen, werden sie Oberschwingungen des Gegensystems genannt.

c) Nichtdrehende Oberschwingungen (Nullsystem)

Die 3., 6., 9., 12., 15., 18., ... harmonischen Oberschwingungen sind in allen drei Außenleitern phasengleich und bilden deshalb kein Drehfeld. Sie werden Oberschwingungen des Nullsystems genannt.

Oberschwingungsströme des Mitsystems drehen die Maschine zwar in dieselbe Richtung wie sinusförmige Netzströme bzw. Grundschwingungsströme, jedoch wegen der höheren Frequenz mit einer höheren Drehzahl. Diese Oberschwingungen lassen einen Motor daher unruhig laufen, erhöhen die Motorverluste und machen sich durch stärkere Geräusche bemerkbar.

Oberschwingungen des Gegensystems treiben die Maschine gegen den vorgegebenen Drehsinn an und wirken deshalb insgesamt bremsend. Sie mindern also die Leistung des Motors und erhöhen die Motorverluste und Geräusche.

Da die Oberschwingungen des Nullsystems kein Drehfeld erzeugen, wirken auch sie bremsend und erhöhen Verluste und Geräusche.

4.3.4.2.3 Die Blindleistung der Oberschwingung

Blindleistung wurde in der Vergangenheit meist als die Leistung verstanden, die durch eine Phasenverschiebung zwischen Strom und Spannung hervorgerufen wird. Mathematisch hat man dabei lediglich festgestellt, ob nach der nachfolgend angegebenen Gleichung für die beiden Multiplikatoren U und I gleiche Vorzeichen vorliegen:

$s = u \cdot i$

Dabei ist

s Augenblickswert der Scheinleistung in VA
u Augenblickswert der Spannung in V
i Augenblickswert des Stroms in A

Sobald einer der beiden Faktoren (u oder i) einen negativen Wert aufweist, wird das Ergebnis der Multiplikation negativ. Eine negative Leistung bedeutet jedoch, dass diese Leistung nicht aufgenommen, sondern abgegeben wird. Diese abgegebene Leistung ist die eigentliche Blindleistung (**Bild 4.28**).

Aus Bild 4.28 wird deutlich, dass es im zeitlichen Verlauf von Strom und Spannung Bereiche gibt, bei denen die Beträge von Spannung und Strom unterschiedliche Vorzeichen aufweisen. Hier entstehen die negativen Blindleistungsanteile. Bei vor-

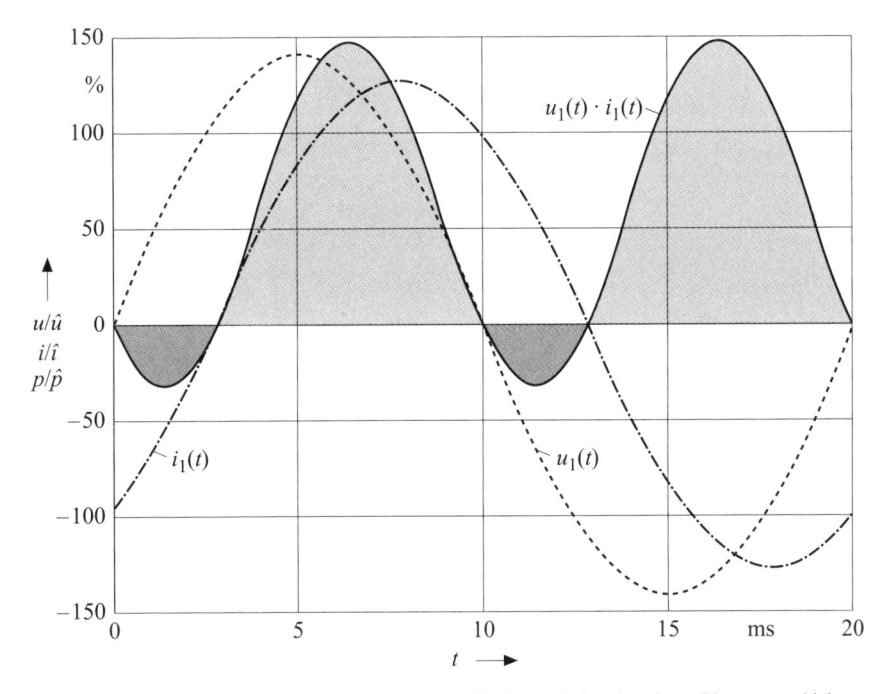

Bild 4.28 Liniendiagramm von Strom, Spannung und Leistung bei vorhandener Phasenverschiebung zwischen Strom und Spannung.
Die hellgrauen Flächen sind wirksame Leistungsanteile (Wirkleistung), während die dunkelgrauen Flächen negative Leistungsanteile sind, also eine Blindleistung darstellen.

handenen Oberschwingungen gibt es nun Bereiche, wo die Werte von Strom und Spannung ebenfalls unterschiedliche Vorzeichen aufweisen, und dies ganz unabhängig von der Phasenlage von Strom und Spannung (**Bild 4.29**). Ein Verschiebungswinkel φ kann hier also gar nicht genannt werden.

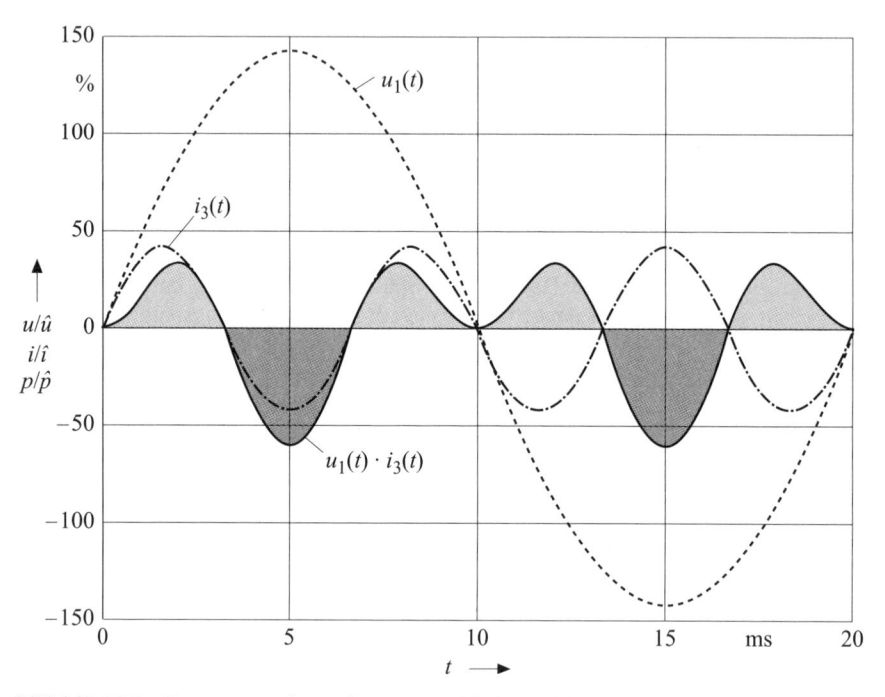

Bild 4.29 Liniendiagramm von Strom, Spannung und Leistung bei vorhandenen Oberschwingungen. Die hellgrauen Flächen sind wirksame Leistungsanteile (Wirkleistung), während die dunkelgrauen Flächen negative Leistungsanteile sind, also eine Blindleistung darstellen.

Nach der früher üblichen Darstellung konnte man die Wirkleistung ermitteln, indem man den Winkel φ der Phasenverschiebung mit ins Spiel bringt:

$P = U \cdot I \cdot \cos \varphi$

Dabei ist:

P Wirkleistung in W
U Spannung in V
I Strom in A
$\cos \varphi$ Cosinus des Phasenverschiebungswinkels – sogenannter Leistungsfaktor
φ Phasenverschiebungswinkel zwischen Strom und Spannung

Wie berücksichtigt man jedoch die Blindleistungen, die durch Oberschwingungen entstehen? Blindleistung wird üblicherweise mit Q angegeben. Daraus resultierend konnte man zwischen Scheinleistung S, Wirkleistung P und Blindleistung Q folgende Beziehung angeben:

$$S = \sqrt{P^2 + Q^2}$$

Blind- und Wirkleistung stehen senkrecht aufeinander. Die Scheinleistung ist dabei die Hypotenuse des rechtwinkligen Dreiecks. Doch diese zweidimensionale Betrachtungsweise reicht bei vorhandenen Oberschwingungen nicht mehr aus.

Zunächst muss die Blindleistung der Phasenverschiebung (auch Verschiebungsblindleistung genannt) von der Blindleistung der Oberschwingungen (auch Oberschwingungsblindleistung genannt) unterschieden werden. Es bleibt noch zu erwähnen, dass in verschiedenen Fachbüchern die Oberschwingungsblindleistung Verzerrungsblindleistung genannt wird. Für die Verschiebungsblindleistung soll im Folgenden Q_1 gesetzt werden und für die Oberschwingungsblindleistung Q_O.

Wie die Verschiebungsblindleistung Q_1 errechnet wird, ist der Elektrofachkraft hinlänglich durch seine Ausbildung bekannt. Die Oberschwingungsblindleistung Q_O errechnet man aus der quadratischen Summe der Effektivwerte der Oberschwingungsströme, multipliziert mit dem Effektivwert der Grundschwingungsspannung U_1:

$$Q_O = U_1 \cdot \sqrt{I_2^2 + I_3^2 + I_4^2 + I_5^2 + \ldots}$$

Dabei gilt:

Q_O Effektivwert der Oberschwingungsblindleistung

U_1 Effektivwert der Grundschwingungsspannung

$I_2, I_3, \ldots$ Effektivwerte der Oberschwingungsströme (ohne Grundschwingung)

Die Summe der beiden Blindleistungen (Verschiebungsblindleistung und Oberschwingungsblindleistung) kann weiterhin Q genannt werden. Diese Summe wird durch quadratische Summenbildung errechnet:

$$Q = \sqrt{Q_1^2 + Q_O^2}$$

Wie zuvor gesagt, reicht bei vorhandenen Oberschwingungen die zweidimensionale Darstellung nicht mehr aus, und die Scheinleistung S ist auch nicht mehr die Hypotenuse eines rechtwinkligen Dreiecks, sondern vielmehr die Raumdiagonale eines Quaders (**Bild 4.30**). Die Scheinleistung S würde dann wie folgt berechnet:

$$S = \sqrt{P^2 + Q_1^2 + Q_O^2}$$

Aufgrund dieser Überlegungen kann man folgenden allgemeinen Satz formulieren:

> Oberschwingungen erhöhen auf alle Fälle den Anteil der uneffektiven Blindleistung. Oder anders ausgedrückt: Bei gleicher Scheinleistung wird der Anteil für die effektiv nutzbare Wirkleistung bei vorhandenen Oberschwingungen kleiner.

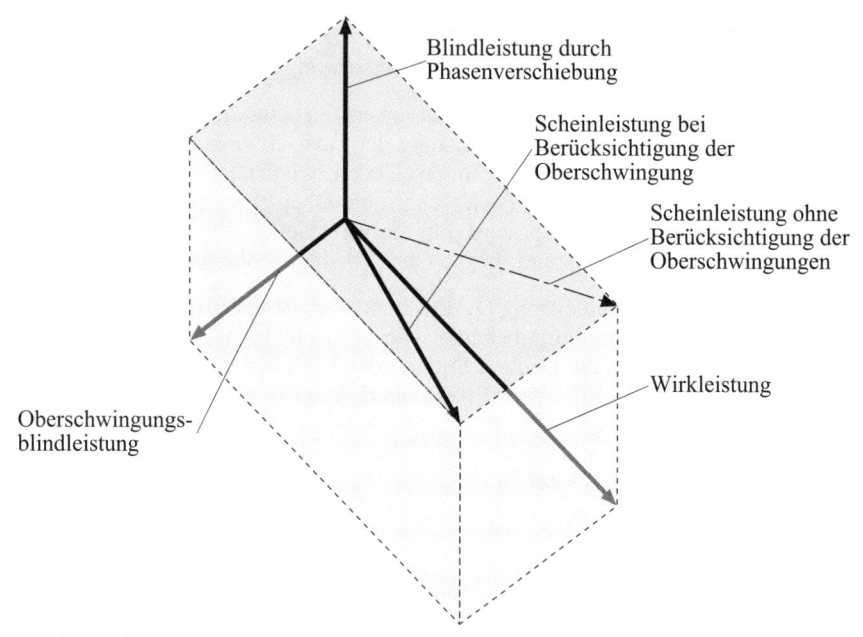

Bild 4.30 Zeigerdiagramm der Leistungen bei vorhandenen Oberschwingungsanteilen

Früher war für die Kennzeichnung dieser nicht nutzbaren Leistung der Leistungsfaktor cos φ erforderlich bzw. ausreichend. Mit dem Anteil der Oberschwingungsblindleistung muss jedoch eine andere Bezeichnung gewählt werden. In diesem Fall wird der übergeordnete Leistungsfaktor λ eingeführt, der den Anteil der Oberschwingungsblindleistung mitberücksichtigt. Dadurch muss die bereits zuvor angegebene Formel für die Wirkleistungsberechnung wie folgt geändert werden:

$P = U \cdot I \cdot \lambda$

Dabei ist:
- P Wirkleistung in W
- U Spannung in V
- I Strom in A
- λ Leistungsfaktor unter Berücksichtigung sämtlicher Blindleistungsanteile

Wichtig ist noch zu erwähnen, dass die Oberschwingungsblindleistung nicht durch Kondensatoren kompensiert werden kann, weil diese nur den Phasenverschiebungswinkel φ verändern. Bei der Oberschwingungsblindleistung ist jedoch die unterschiedliche Frequenz zwischen Strom und Spannung der eigentliche Grund.

Dem Nutzer der elektrischen Anlage, der in der Regel auch die Rechnung für die Lieferung der elektrischen Energie bezahlen muss, wird es zudem wenig erfreuen, dass der Zähler im Gegensatz zu der üblichen Blindleistung die Oberschwingungsblindleistung nicht übersieht. Die Energie, die durch die Blindleistung nach Bild 4.29 verursacht wird, muss nämlich das Netz liefern und wird auch vom Zähler registriert. Nach Bild 4.27 wird diese rückfließende Leistung an der Netzimpedanz in Wärme umgesetzt, die in der Regel jedoch niemandem nutzt.

4.3.4.2.4 Auswirkungen von zwischenharmonischen Oberschwingungen

Zwischenharmonische überlagern sich mit den übrigen Oberschwingungen bzw. der Grundschwingung und rufen nichtperiodische Phänomene hervor. Dadurch kann die Scheitelspannung (Spannungsamplitude) unperiodisch verändert werden. Sämtliche elektronische Einrichtungen, die die Scheitelspannung z. B. als Signalgröße benötigen, werden hierdurch gestört. So können Störungen bei Fernseh- und Rundfunkempfängern beeinflusst werden.

Dazu können durch das unperiodische Auftreten dieser Phänomene Flicker (kurze Spannungseinbrüche) hervorgerufen werden, die die Beleuchtung beeinflussen und u. U. extrem störend wirken.

Ein weiteres Problem kann entstehen, wenn der Netzbetreiber (NB) Rundsteuersignale einsetzt. Rundsteuerempfänger können durch Zwischenharmonische gestört werden, da der Empfangspegel meist sehr gering ist. Die NB legen deshalb in ihren „Technischen Richtlinien für Transformatorstationen am Mittelspannungsnetz" in der Regel Folgendes fest:

„Besonders beachtet werden müssen Zwischenkreis- und Direktumrichter, da diese nicht nur Harmonische, sondern auch Zwischenharmonische erzeugen. Fallen diese Frequenzen mit der Steuerfrequenz der von den ... (hier folgt der Name des NB) ... verwendeten Tonfrequenz-Rundsteuerung zusammen, müssen die durch einzelne Kundenanlagen erzeugten Spannungen dieser Zwischenharmonischen auf 0,1 % der Nennspannung begrenzt werden."

Maßnahmen gegen zwischenharmonische Oberschwingungen werden im Abschnitt 5.6.2 beschrieben.

4.3.4.3 Störquellen, die Oberschwingungen erzeugen

4.3.4.3.1 Einführung

Welche Verbrauchsmittel erzeugen Oberschwingungen, bzw. welche Art Verbrauchsmittel kommen als Oberschwingung erzeugende Störquelle in Frage? Die Frage kann zunächst ganz allgemein, aber dafür auch umfassend beantwortet werden:

> Oberschwingungen entstehen in allen Verbrauchsmitteln, die bei anliegender sinusförmiger Spannung einen nicht sinusförmigen Strom hervorrufen.

Natürlich wird dieser Effekt noch verstärkt, wenn bereits die Versorgungsspannung verzerrt beim Verbraucher ankommt, da sie, wie in Abschnitt 4.3.3.4 beschrieben, durch Oberschwingungsströme irgendwelcher Verbrauchsmittel beeinflusst wurde.

Will man auf die eingangs gestellte Frage eine konkretere Antwort geben, muss zunächst unterschieden werden, auf welche Weise nicht sinusförmige Ströme entstehen. In den folgenden Abschnitten werden einige Beispiele aufgeführt.

4.3.4.3.2 Gleichrichtung

Eine der häufigsten Ursachen für die Entstehung von Oberschwingungen ist sicherlich die Gleichrichtung. Dabei sollen im Folgenden zwei typische Fälle beschrieben werden:

a) Gleichrichtung von Wechselgrößen mit Glättungskondensator (typische Netzteile)

b) dreiphasige Gleichrichtung mit Kommutierungsvorgängen

Zu a:

In **Bild 4.31** wird dargestellt, wie die Gleichrichtung für ein Schaltnetzteil im Prinzip funktioniert. Hinter der Brückengleichrichtung tritt eine pulsierende Gleichspannung auf, da durch die Gleichrichter lediglich die beiden Halbschwingungen des Wechselstroms „umgelenkt" werden, sodass der Strom sowohl während der positiven als auch der negativen Halbschwingungen in eine Richtung fließt.

Der nachgeschaltete Glättungskondensator nimmt die ankommende elektrische Ladung auf. Er lädt sich bis zum Maximum der Eingangswechselspannung (U_{AC}) auf und bleibt zunächst bei diesem Scheitelwert stehen. Sinkt die Eingangswechselspannung nach Erreichen des Maximalwerts wieder ab, entlädt sich der Kondensator über die angeschlossenen Verbraucher; denn die Dioden der Gleichrichterbrücke lassen keinen Strom ins Netz zurückfließen. Bei richtiger Auslegung des Kondensators ist die Entladekurve jedoch so steil, dass dem Verbraucher ein fast konstanter Gleichstrom zugeführt wird. Dennoch sinkt die Spannung am Kondensator U_{AC} beim Entladen. Wenn bei der nächsten Halbschwingung die Eingangswechselspannung wieder ansteigt, wird sie irgendwann die Höhe der Kondensatorspannung übersteigen. Sobald dies der Fall ist, beginnt ein Ladestrom aus dem Versorgungsnetz zum Kondensator zu fließen, bis der sich wieder auf den Scheitelwert der Eingangswechselspannung aufgeladen hat und der Vorgang erneut beginnen kann.

Das bedeutet jedoch: Aus dem Netz wird nur während der kurzen Zeit, in der die Eingangswechselspannung größer ist als die Kondensatorspannung (s. Bild 4.31) ein kurzer Ladeimpuls entnommen.

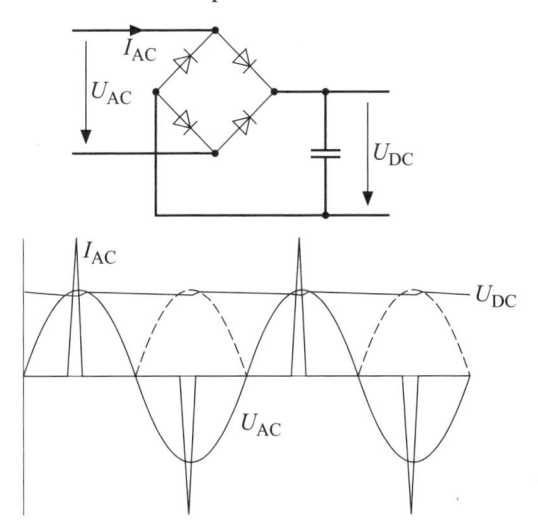

Bild 4.31 Prinzipdarstellung eines Schaltnetzteils mit kapazitiver Glättung (Quelle: VdS 2349:2000-02)

U_{AC} Eingangswechselspannung (allg. 230 V AC)
I_{AC} Eingangswechselstrom
U_{DC} Ausgangsgleichspannung

Das Versorgungsnetz liefert somit bei vorhandener Sinusspannung einen impulsförmigen Strom, der eine ganze Anzahl von Oberschwingungen zur Folge hat. **Bild 4.32** zeigt als Beispiel das Oberschwingungsspektrum eines Netzteils. Dort ist zu sehen, dass die 3. und 5. Oberschwingung fast genauso hoch auffällt wie die einzig effektiv nutzbare Grundschwingung.

Zu b:
Bei der dreiphasig betriebenen B6-Gleichrichterschaltung kommt es zwangsläufig zu Kommutierungsvorgängen. Gemeint ist damit der Übergang, wenn ein Gleichrichterventil (Diode, Tyristor o. Ä.) den Strom übernimmt. Das Ventil, das zuvor den Strom durchgelassen hat, ist für kurze Zeit immer noch durchlässig und beginnt

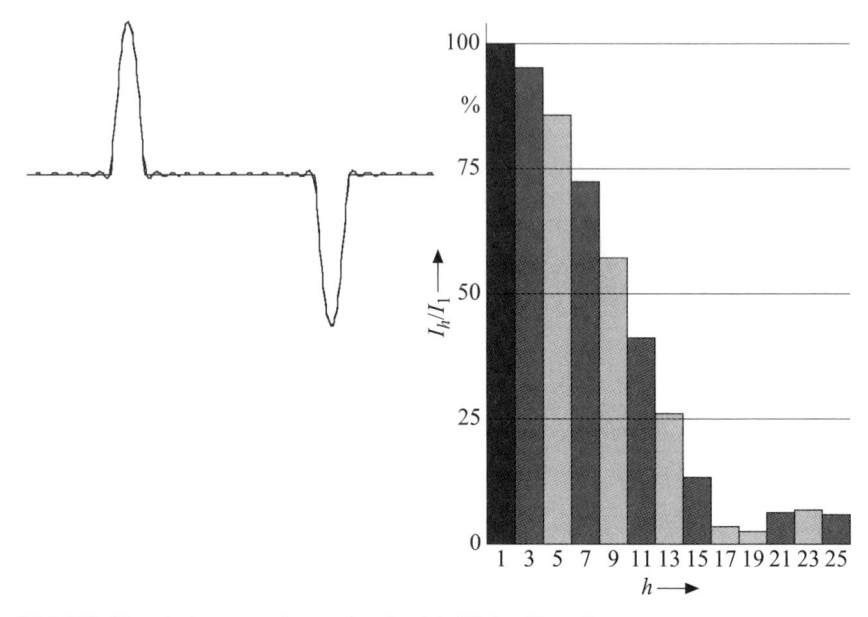

Bild 4.32 Oberschwingungsspektrum eines handelsüblichen Netzteils.
Die Oberschwingungsströme werden auf der y-Achse im Verhältnis zum Grundschwingungsstrom angegeben (I_h/I_1), und auf der x-Achse sind die vorkommenden Oberschwingungen abzulesen.

gerade zu sperren. Gleichzeitig hat das neue Ventil schon den Strom übernommen. Es kommt dabei zwangsläufig für einen sehr kurzen Moment zu einem Kurzschluss zwischen zwei Außenleitern, der so lange dauert, wie beide Ventile gleichzeitig leitfähig sind. Dieser momentane Kurzschluss verursacht nicht nur einen kurzzeitigen Stromimpuls, sondern zugleich auch einen kurzzeitigen Spannungseinbruch (Kommutierungseinbruch, s. **Bild 4.33**). Solche Vorgänge sind enorm schnell und bilden hochfrequente Oberschwingungen bis hin in den Bereich der Wellenübertragung (s. Abschnitt 4.3.2.4).

4.3.4.3.3 Frequenzumrichter

Frequenzumrichter werden zunehmend dort eingesetzt, wo eine Drehzahl möglichst ohne große Verluste stufenlos und exakt eingestellt bzw. verändert werden muss. Besonders interessant ist diese Technik bei Antrieben, wo ein robuster und zuverlässiger Drehstrommotor (meist ein Drehstrom-Asynchronmotor) eingesetzt werden soll.

Im Prinzip besteht ein Frequenzumrichter aus einem Gleichrichter (meist in B6-Gleichrichter-Brückenschaltung), einem Gleichstrom-Zwischenkreis mit Glät-

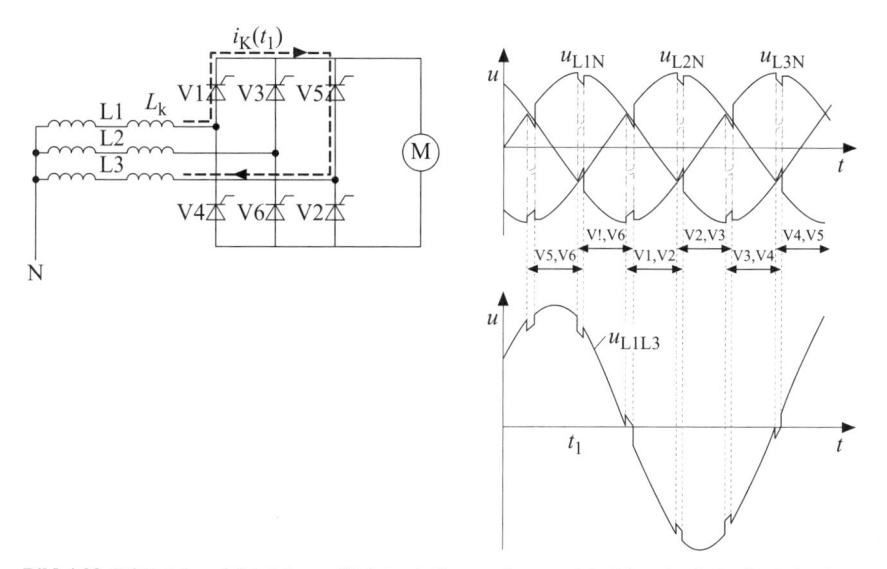

Bild 4.33 B6-Brückengleichrichtung (links) mit Kommutierungseinbrüchen (rechts), die dadurch entstehen, dass für einen sehr kurzen Augenblick zwei Stromrichterventile einen Kurzschluss hervorrufen. Im Bild links sind dies z. B. V1, das noch leitet, und V5, das den Stromfluss bereits übernommen hat. Rechts oben sind die Strangspannungen der Außenleiter angegeben und rechts unten die Spannung der Außenleiter gegeneinander (hier z. B. L1 gegenüber L3).

tungskondensator sowie einem Wechselrichter, der den gleichgerichteten Strom wieder in Wechselstrom verschiedener Frequenzen umformen soll (**Bild 4.34**).

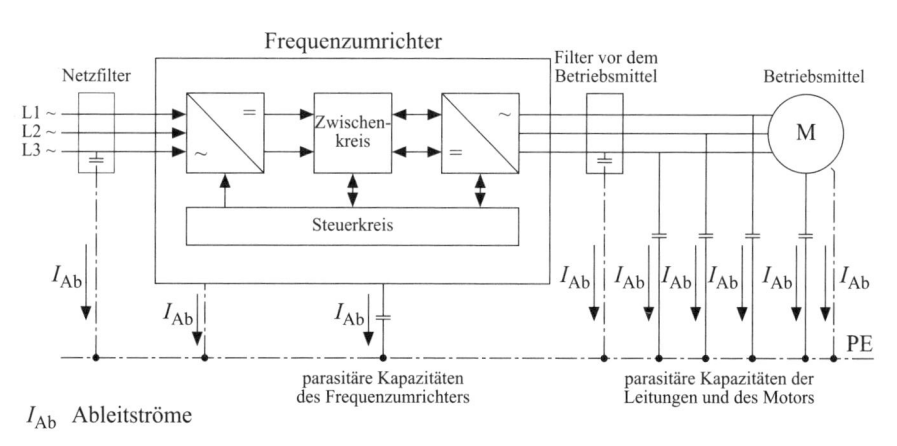

I_{Ab} Ableitströme

Bild 4.34 Prinzipdarstellung eines Frequenzumrichters mit angeschlossener Maschine und üblichen Filtern sowie der Darstellung der vorhandenen parasitären Ableitkapazitäten

Der Wechselrichter gibt bei modernen Frequenzumrichtern keine auch nur annähernd sinusförmige Spannung ab, sondern taktet am Ausgang mit einer bestimmten Frequenz (meist sind dies 2, 4, 6, 8 oder 16 kHz) die volle Spannung des Gleichstrom-Zwischenkreis in Impulsen (**Bild 4.35**). Durch die exakte Aufteilung von Spannungsimpulsen und den dazwischenliegenden Pausen erzwingt er damit einen fast sinusförmigen Verbraucherstrom, dessen Periodendauer bzw. Frequenz ebenso durch diese Impulsmodulationen einstellbar ist. Man spricht von Pulsweitenmodulation (PWM) oder von Impulsdauermodulation.

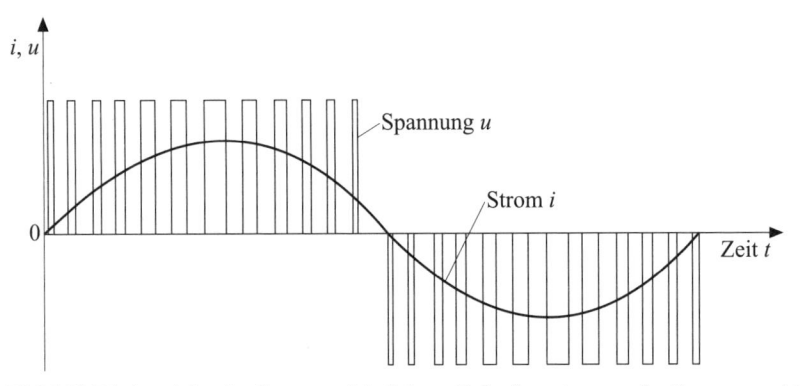

Bild 4.35 Die impulsförmige Spannung (idealisierter Verlauf) am Ausgang des Frequenzumrichters zwingt den Verbraucherstrom in einen sinusförmigen Verlauf mit einstellbarer Frequenz

Der Wechselrichter sperrt und öffnet somit am Ausgang und lässt dadurch die vorhandene Spannung des Gleichstrom-Zwischenkreises wirken oder schaltet sie einfach weg. Die Frequenz, mit der er dies tut, nennt man *Takt-*, *Schalt-* oder *Chopperfrequenz*. Je höher sie ist, um so geringer ist der Oberschwingungsgehalt des Ausgangsstroms.

Mit dieser Arbeitsweise wird der Frequenzumrichter zu einer nicht unerheblichen Störquelle. Sowohl die Gleichrichtung am Eingang des Umrichters als auch die Impulse am Ausgang verursachen zahlreiche Oberschwingungen. Besonders treten die üblichen Oberschwingungen bei getakteten Netzteilen (siehe Abschnitt 4.3.4.3.2) auf. Vor allem die 150-Hz-Oberschwingungen (3. harmonische Oberschwingungen) machen sich bemerkbar sowie Oberschwingungen mit Frequenzen in Höhe der Chopperfrequenz bzw. auch Vielfache dieser Chopperfrequenz. Durch die kurzen und steilen Impulse der Spannung treten zudem auch hochfrequente kapazitive Ströme auf.

Störungen verursacht der Frequenzumrichter zum einen durch elektromagnetische Felder, da je nach Länge der Motorzuleitung aufgrund der zum Teil sehr hochfrequenten Anteile der Oberschwingungen von einer Wellenabstrahlung auszugehen ist. Und zum anderen sammeln sich die Ableitströme, die durch die zahlreichen parasitären Kapazitäten sowie die vorhandenen Filterkapazitäten (siehe Bild 4.34) verursacht werden, im Schutzleiter (PE).

4.3.4.3.4 Phasenanschnittsteuerung/Dimmen

Dass eine Phasenanschnittsteuerung Oberschwingungen hervorruft, dürfte nach dem bisher Gesagten selbstverständlich sein. Das Netz liefert eine mehr oder weniger saubere Sinusspannung, die jedoch nur zeitweise einen Strom hervorruft (**Bild 4.36**). Das heißt, dass bestimmte Teile der Sinushalbschwingungen durch elektronische Bauteile sozusagen ausgeblendet werden. Der Strom wird dann nur in fest vorgegebenen Zeiten fließen können und damit zwangsläufig nicht sinusförmig ausfallen. Bei der Lichtsteuerung nennt man diese Phasenanschnittsteuerung auch Dimmen.

Verlauf der Netzspannung mit f = 50 Hz

Verlauf des Verbraucherstroms, wenn das „Stromventil" bei jeder Sinushalbschwingung erst etwa 3 ms nach Nulldurchgang öffnet

Verlauf des Verbraucherstroms, wenn das „Stromventil" bei jeder Sinushalbschwingung erst etwa 7 ms nach Nulldurchgang öffnet

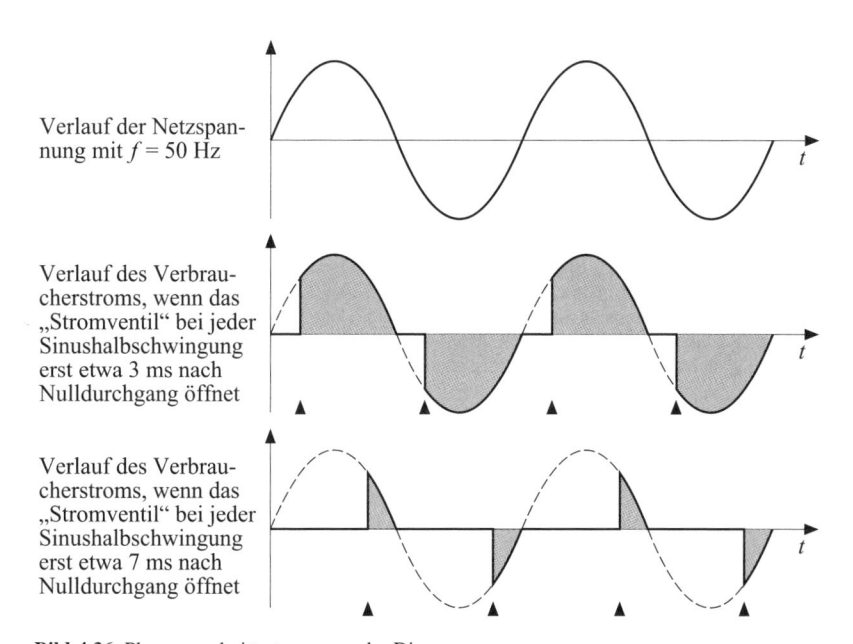

Bild 4.36 Phasenanschnittssteuerung oder Dimmen
Die sinusförmige Eingangsspannung kann erst dann einen Strom zum Verbraucher schicken, wenn das entsprechende Stromventil (z. B. Thyristor) öffnet. Die Pfeile geben den Zeitpunkt an, an dem der Stromfluss beginnt. Beim Erreichen des Nulldurchgangs der Spannung schließt das Stromventil wieder.

4.3.4.3.5 Magnetisierungsvorgänge

Überall dort, wo das magnetische Feld eines Stroms auf irgendeine Weise genutzt wird, um eine Spule mit Eisenkern zu magnetisieren, kann es je nach Höhe der Magnetisierung zu Stromverzerrungen kommen. Der Grund ist die Magnetisierungskennlinie des Eisens (**Bild 4.37**).

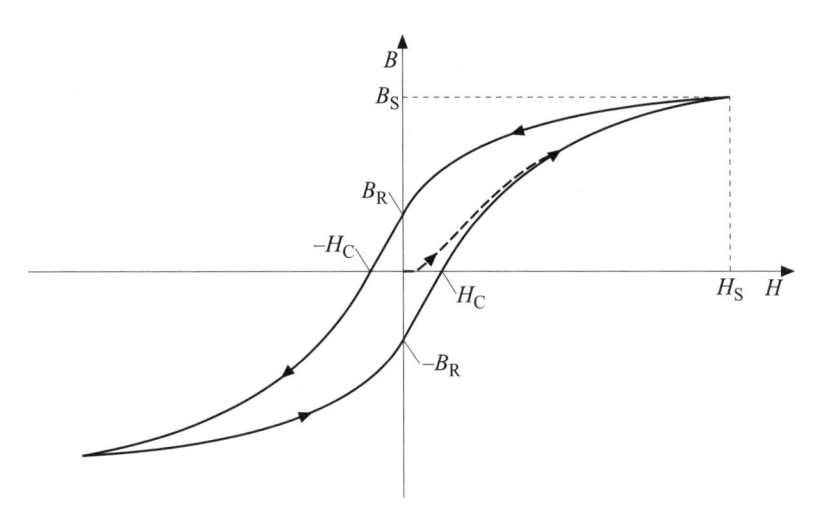

Bild 4.37 Magnetisierungskennlinie eines ferromagnetischen Stoffs wie z. B. Eisen (sogenannte Hystereseschleife). Die gestrichelte Linie zeigt die Neukurve, die beim ersten Magnetisieren auftritt.

H_C Koerzitivfeldstärke (ist die magnetische Feldstärke H, die man aufbringen muss, um die magnetische Induktion B auf null zu bringen – d. h. den Restmagnetismus B_R zu löschen. Das Wort kommt vom Lateinischen: coercere = in Schranken halten, begrenzen, einschränken).

H_S Sättigungsfeldstärke (ist die magnetische Feldstärke H, ab der es so gut wie keinen Zuwachs an magnetischer Induktion B mehr gibt, weil der Stoff magnetisch gesättigt ist. Die maximale magnetische Induktion, bei der Sättigung eintritt, wird mit B_S bezeichnet).

B_R Restmagnetismus/Remanenz (bezeichnet die Höhe der magnetischen Induktion B, die im Stoff zurückbleibt, wenn die verursachende magnetische Feldstärke H nicht mehr wirkt. Der Stoff wirkt mit diesem Restmagnetismus sozusagen als Dauermagnet. Remanenz kommt aus dem Lateinischen: remanere = zurückbleiben).

B_S Sättigungsmagnetismus/Sättigungsinduktion (bezeichnet die Höhe der magnetischen Induktion B, ab der der magnetisierte Stoff in Sättigung geht. Sie wird bei der magnetischen Feldstärke H_S erreicht. Auch wenn die magnetische Feldstärke weiter erhöht wird, bleibt die magnetische Induktion weitgehend auf demselben Wert).

Wenn ferromagnetische Stoffe in Sättigung gehen (dies ist der Teil der Hystereseschleife, wo die Magnetisierungskurve in die Senkrechte übergeht, s. Bild 4.37), verlieren sie ihre magnetische Leitfähigkeit, ausgedrückt durch die sogenannte Permeabilität μ_r (s. Abschnitt 4.3.2.3.5). Die Folge ist, dass sich der Blindwiderstand ändert. Veränderliche Widerstände verhalten sich naturgemäß nicht linear und verzerren somit den Strom, sodass wieder bei einer sinusförmigen Spannung ein nicht sinusförmiger Strom fließt.

Bei Leuchtstofflampen mit üblichen Vorschaltgeräten (VVGs) z. B., wo die Magnetisierung des Vorschaltgeräts und die Gasstrecke in der Leuchtstofflampe in Reihe liegen, sind typische Stromverzerrungen zu erwarten (**Bild 4.38**).

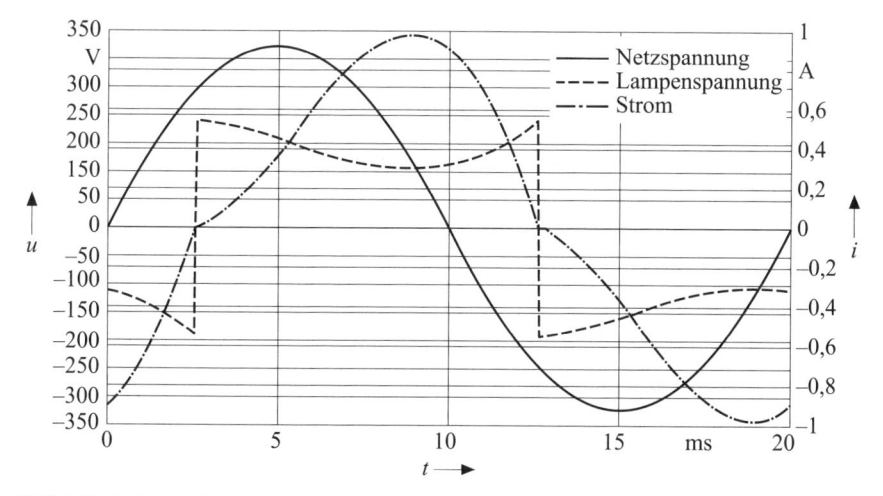

Bild 4.38 Typischer Strom- und Spannungsverlauf an Leuchtstofflampen-Leuchten mit üblichen Vorschaltgeräten (VVGs)

4.3.4.4 Besondere Begriffe beim Thema Oberschwingungen

4.3.4.4.1 Einführung

Beim Thema Oberschwingungen tauchen immer wieder Begriffe auf, die in der sonst allgemein bekannten Begriffswelt der Elektroinstallation nur wenig bekannt sind. Aus diesem Grund sollen im Folgenden einige wichtige Begriffe näher erläutert werden.

4.3.4.4.2 Scheitelfaktor/Crestfaktor ξ

Bekanntermaßen werden Strom- und Spannungswerte in der Wechselstromtechnik als Effektivwerte angegeben. Wie sich z. B. der Effektivwert einer sinusförmigen Spannung errechnen lässt, gehört zum Inhalt eines jeden Lehrbuchs der Elektrotechnik und muss hier nicht wiederholt werden. Zur Erinnerung sei nur an die Tatsche erinnert, dass der Effektivwert einer Wechselgröße in Bezug auf die Umsetzung der elektrischen Energie in andere Energieformen (mechanische Energie, Wärmeenergie usw.) dem gleichen Wert eines Gleichstroms oder einer Gleichspannung entspricht. Die elektrische Energie wird erzeugt, um die vielfältigen Möglichkeiten der Energieumwandlung nutzen zu können. Aus diesem Grund ist auch in den allermeisten Fällen nur der Effektivwert der Wechselgröße von Bedeutung.

Dieser Effektivwert ist natürlich kleiner als der Scheitelwert (Amplitude, Maximalwert) der Sinusgröße. Das Verhältnis des Scheitelwerts zum Effektivwert lässt sich errechnen. Die so errechnete Verhältniszahl nennt man Scheitelfaktor oder Crestfaktor ξ (gesprochen: ksi – griechischer Buchstabe). Der Scheitelwert wird in der Regel durch Kleinbuchstaben mit einem Dach gekennzeichnet ($\hat{\imath}$, $\hat{u}$) und der Effektivwert mit Großbuchstaben. Berechnet wird ξ somit wie folgt:

$$\xi = \frac{\hat{u}}{U} \quad \text{bzw.} \quad \xi = \frac{\hat{\imath}}{I}$$

Dabei ist

ξ Scheitelfaktor

$\hat{u}, \hat{\imath}$ Scheitelwert der Spannung bzw. des Stroms

U, I Effektivwert der Spannung bzw. des Stroms

Für sinusförmige Größen hat der Scheitelfaktor den Wert $\sqrt{2}$ ($\approx 1{,}414$). Demnach hat eine Außenleiterspannung von z. B. 400 V einen Scheitelwert von:

$$400 \text{ V} \cdot \sqrt{2} = 566 \text{ V}$$

Die Kenntnis des Scheitelwerts ist nicht unwichtig, wenn es um den Isolationszustand der elektrischen Anlage geht, um Kriechstrecken bei Anschlüssen von Schaltelementen oder Schutzeinrichtungen oder um die Dimensionierung von Kondensatoren usw.

Mit anderen Worten: Der Effektivwert gibt an, welche umsetzbare Leistung sich mit diesem Strom bzw. dieser Spannung ergibt. Der Scheitelwert kennzeichnet die dabei vorkommende maximale Beanspruchung der Isolation. Der Scheitelfaktor ξ gibt das Verhältnis der effektiv nutzbaren Größe zur dabei vorkommenden maximalen Isolationsbeanspruchung an. Je größer der Scheitelfaktor ist, umso höher liegt diese Beanspruchung im Verhältnis zur umsetzbaren Leistung. Zusätzlich deutet ein Scheitelfaktor, der nicht den Wert 1,414 entspricht, darauf hin, dass bei vorhandener sinusförmiger Spannung ein nicht sinusförmiger Strom fließt und deshalb Oberschwingungen zu erwarten sind.

Beispiel:
Wenn zwei Ströme den gleichen Effektivwert bei unterschiedlichen Scheitelfaktoren aufweisen, dann können diese beiden Ströme den gleichen effektiven Nutzen hervorrufen. Der Strom mit dem größeren Scheitelfaktor beansprucht dabei die Isolation mehr als der Strom mit den kleineren Scheitelfaktor.

4.3.4.4.3   Gesamt-Oberschwingungsstrom I_O

Der Gesamt-Oberschwingungsstrom ist die geometrische Summe der Effektivwerte aller Oberschwingungsströme ohne den Grundschwingungsstrom. Geometrische Summen werden errechnet, indem man die Quadrate der Einzelgrößen addiert und aus dieser Summe die Wurzel zieht. Damit ergibt sich als Formel:

$$I_O = \sqrt{\Sigma I_h^2} = \sqrt{I_2^2 + I_3^2 + I_4^2 + I_5^2 + ...}$$

Dabei ist:

I_O Gesamt-Oberschwingungsstrom

I_h Oberschwingungsströme ohne Grundschwingungsstrom für h = 2, 3, 4, 5, ...

4.3.4.4.4   Klirrfaktor und der Oberschwingungsgehalt k

Der Klirrfaktor und der Oberschwingungsgehalt sind zwei Begriffe für ein und dieselbe Sache. Es handelt sich dabei um einen reinen Zahlenwert, der ein Verhältnis beschreibt. Das Formelzeichen für diesen Faktor ist k. Im vorhergehenden Abschnitt 4.3.4.4.3 wurde der Gesamt-Oberschwingungsstrom I_O beschrieben. Der Klirrfaktor k stellt nun das Verhältnis dieses Gesamt-Oberschwingungsstroms zur geometrischen Summe der Effektivwerte **aller** beteiligten Ströme (also I_O und des Grundschwingungsstroms I_1) dar. Dieser letztgenannte Anteil wird auch Gesamt-Effektivwert des Gesamtstroms I_{eff} genannt. Als Gleichung ergibt sich dadurch:

$$k = \frac{I_O}{\sqrt{I_1^2 + I_O^2}} \quad \text{bzw.} \quad k = \frac{100 \cdot I_O}{\sqrt{I_1^2 + I_O^2}} \quad \text{(in \%)}$$

Dabei ist:

k Klirrfaktor, auch Oberschwingungsgehalt genannt

I_1 Effektivwert des Grundschwingungsstroms

I_O Gesamt-Oberschwingungsstrom nach Abschnitt 4.3.4.4.3

Wie in Abschnitt 4.3.4.2.3 beschrieben, tragen die Oberschwingungsströme in der Regel nicht zur nutzbaren Energie bei. Sie werden häufig Oberschwingungs-Blindleistungsströme genannt. Der Klirrfaktor k gibt also an, wie hoch der Anteil der nicht nutzbaren Ströme am Gesamtstrom ist. Ist der Anteil der Oberschwingungsströme extrem hoch, wird $k \approx 1$ (bzw. $\approx 100\,\%$). Liegen dagegen keine Oberschwingungen vor, so ist $I_O \approx 0$, und damit ist auch der Klirrfaktor $k \approx 0$.

Man könnte ebensogut sagen, dass k das Ausmaß der Verzerrung durch Oberschwingungen beschreibt.

Je größer also k ist (maximal 1 bzw. 100 %), umso größer ist der Blindleistungsanteil bzw. umso größer ist die Blindleistungsverzerrung. Bei $k = 0$ liegt keine Oberschwingungsblindleistung bzw. keine Verzerrung durch Oberschwingungen vor.

Häufig wird der Klirrfaktor in Prozent angegeben. Ein Klirrfaktor von $k = 0{,}1$ wäre also identisch mit einem Klirrfaktor von $k = 10$ %.

4.3.4.4.5 Grundschwingungsgehalt g

Der Grundschwingungsgehalt (Formelzeichen ist g) ist ebenso wie der Klirrfaktor k (Abschnitt 4.3.4.4.4) ein reiner Zahlenwert. Allerdings bezeichnet g das Verhältnis des Effektivwerts des Grundschwingungsstroms I_1 zur geometrischen Summe der Effektivwerte **aller** beteiligten Ströme (auch I_{eff} genannt, siehe vorherigen Abschnitt 4.3.4.4.4). Als Gleichung ergibt sich dadurch

$$g = \frac{I_1}{\sqrt{I_1^2 + I_O^2}} \quad \text{oder} \quad g = \frac{100 \cdot I_1}{\sqrt{I_1^2 + I_O^2}} \quad (\text{in \%})$$

Dabei ist:

g Grundschwingungsgehalt

I_1 Effektivwert des Grundschwingungsstroms

I_O Gesamt-Oberschwingungsstrom nach Abschnitt 4.3.4.4.3

Der Grundschwingungsgehalt gibt an, wie groß der Anteil des Grundschwingungsstroms am Gesamtstrom ist. Gibt es keine Oberschwingungen, wird $I_O = 0$, und der Grundschwingungsgehalt ist $g = 1$ (bzw. 100 %). Das bedeutet, dass der gesamte Strom effektiv genutzt wird und keine Oberschwingungsblindleistung (s. Abschnitte 4.3.4.2.3 und 4.3.4.4.4) hervorgerufen wird. Unabhängig davon kann natürlich auch eine Blindleistung durch induktive oder kapazitive Verbraucher entstehen. Davon ist hier aber nicht die Rede. Je höher der Anteil der Oberschwingungen ist, also je größer I_O ausfällt, umso kleiner wird g. In diesem Fall wird der Strom nur zu einem kleinen Teil effektiv genutzt.

g ist somit ein Maß für den effektiv nutzbaren Anteil des Stroms. Der maximale Nutzen wird für $g = 1$ (bzw. 100 %) erzielt. Bei $g = 0$ handelt es sich um einen reinen Blindstrom bzw. um Oberschwingungsströme mit sehr geringem Grundschwingungsanteil.

Häufig wird der Grundschwingungsgehalt in Prozent angegeben. Ein Grundschwingungsgehalt von $g = 0{,}1$ wäre also identisch mit einem Grundschwingungsgehalt von $g = 10$ %.

4.3.4.4.6 Verzerrungsfaktor *d* und der *THD*-Wert

Der Verzerrungsfaktor *d* ist identisch mit dem *THD*-Wert. In der Fachliteratur wird allerdings häufiger der *THD*-Wert verwendet. Das Kürzel *THD* kommt aus dem Englischen und steht für „**t**otal **h**armonic **d**istortion" (was soviel wie „totale harmonische Verzerrung" bedeutet). Oft wird die Buchstabenfolge *THD* gleichbedeutend mit dem Buchstaben *d* (für den Verzerrungsfaktor) verwendet. *THD* bzw. *d* ist ein reiner Zahlenwert, der das Verhältnis des Gesamt-Oberschwingungsstroms I_O (siehe Abschnitt 4.3.4.4.3) zum Grundschwingungsstrom I_1 angibt. Als Gleichung sieht das wie folgt aus:

$$THD = d = \frac{I_O}{I_1} \quad \text{oder} \quad THD = d = \frac{100 \cdot I_O}{I_1} \quad (\text{in } \%)$$

Dabei ist:

THD *THD*-Wert (gleichbedeutend mit dem Verzerrungsfaktor *d*)

d   Verzerrungsfaktor

I_1 Effektivwert des Grundschwingungsstroms

I_O Gesamt-Oberschwingungsstrom nach Abschnitt 4.3.4.4.3

Im Grunde gibt der *THD*-Wert wie der Klirrfaktor (s. Abschnitt 4.3.4.4.4) an, wie groß die Verzerrung durch Oberschwingung ausfällt bzw. wie hoch die Oberschwingungsblindleistung anzusetzen ist. Allerdings kann *k* nur zwischen 0 und 1 (bzw. 0 und 100 %) variieren, während *d* bzw. *THD* jeden positiven Wert annehmen kann.

Ist der Grundschwingungsanteil z. B. viermal kleiner als der Oberschwingungsanteil, so errechnet sich der *THD*-Wert zu *THD* = 4 (bzw. 400 %). Liegen keine Oberschwingungen vor, ist $I_O = 0$, und somit gilt zugleich *THD* = 0.

Häufig wird der *THD*-Wert in Prozent angegeben. Ein *THD*-Wert von *THD* = 0,1 wäre also identisch mit einem *THD*-Wert von *THD* = 10 %.

4.3.4.5 Auswirkungen von Oberschwingungen

4.3.4.5.1 Einführung

Oberschwingungen verursachen zahlreiche unerwünschte Phänomene. Einige davon wurden bereits in den vorangegangenen Abschnitten erwähnt. So wirkt sich bei der Beeinflussung durch elektrische und magnetische Felder die höhere Strom- bzw. Spannungsänderungsgeschwindigkeit aus. In der folgenden, unvollständigen Liste sollen mögliche Störauswirkungen von Oberschwingungen kurz beschrieben werden.

4.3.4.5.2 Transformatoren

Ein Transformator wird für eine bestimmte Betriebsfrequenz hergestellt. Seine Daten einschließlich der Angaben zu den Verlusten beziehen sich stets auf diese Frequenz. Oberschwingungen erhöhen die Verluste des Transformators und verschlechtern somit seinen Leistungsfaktor. Auch die Alterung des Transformators kann durch Oberschwingungen beschleunigt werden. Dies ist nicht nur aus finanziellen Gründen von Interesse, sondern auch deshalb, weil hierdurch unzulässige Erwärmungen verursacht werden können.

Ein besonderes Problem wird durch Oberschwingungsströme des Nullsystems (s. Abschnitt 4.3.4.2.2) hervorgerufen, weil sie auf der Primärseite des Transformators bei Dy-Schaltung einen Kreisstrom entstehen lassen (**Bild 4.39**). Dieser Kreisstrom hat natürlich keinen effektiven Nutzen und erhöht zusätzlich die Verluste des Transformators.

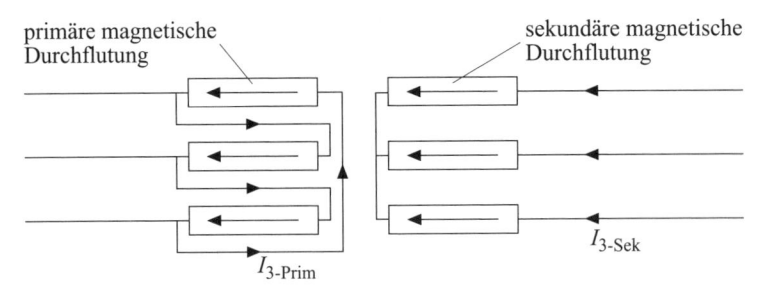

Bild 4.39 Prinzipdarstellung der Ströme und Durchflutungen eines Transformators in Dy-Schaltung. Der Sekundärstrom $I_{3\text{-Sek}}$ soll in diesem Beispiel der Strom der 3. harmonischen Oberschwingung sein. Er ist in allen Außenleitern gleichgerichtet und bewirkt sowohl sekundärseitig als auch primärseitig eine in allen Wicklungen gleichgerichtete Durchflutung. Auf der Primärseite treibt diese Durchflutung wegen der Dreieckschaltung einen Kreisstrom $I_{3\text{-Prim}}$.

4.3.4.5.3 Drehende Maschinen

Oberschwingungen bilden sogenannte parasitäre Drehfelder bei drehenden Maschinen. Dies wurde in Abschnitt 4.3.4.2.2 bereits näher ausgeführt. Sie verursachen erhöhte Verluste, zusätzliche Erwärmungen, vermehrten Geräuschen und einen unruhigen Lauf.

4.3.4.5.4 Leistungsschalter

Oberschwingungen können u. U. die Abschaltcharakteristik von Leistungsschaltern verändern. In diesem Fall kommt es zu frühzeitigen und somit unerwünschten Auslösungen.

4.3.4.5.5 Blindleistungsverluste

Oberschwingungen erhöhen die Blindleistungsverluste. Im Abschnitt 4.3.4.2.3 wurde hierzu bereits alles Wesentliche beschrieben.

4.3.4.5.3 Stromverdrängung (Skineffekt)

In der Umgebung eines stromdurchflossenen Leiters ist stets ein magnetisches Feld feststellbar. Dies wurde bereits in Abschnitt 4.3.2.3 beschrieben. Allerdings wurde über die Wirkung des magnetischen Feldes im Innern des Leiters bisher wenig gesagt. Stellt man sich den Gesamtstrom als die Summe von unzähligen, winzigen, einzelnen Strombahnen vor, so wird bei Wechselstrom jede Strombahn im Leiter für sich ein magnetisches Feld aufbauen. Diese magnetischen Felder sind so gerichtet, dass sie zur Leitermitte hin dem Stromfluss entgegengerichtet wirken und zum Außenmantel des Leiters hin den Stromfluss unterstützen.

Insgesamt wird also der Strom durch dieses Phänomen bei Wechselstrom von innen nach außen gedrängt. Abhängig ist diese Stromverdrängung (sie wird häufig auch Skineffekt genannt) in der Hauptsache von dem Querschnitt des Leiters und von der Frequenz des Stroms. Bei den üblichen Leiterquerschnitten und der Netzfrequenz hat dieser Einfluss allerdings kaum eine Wirkung. Erst bei höheren Frequenzen bzw. bei großen Querschnitten macht sich die Stromverdrängung bemerkbar.

Die deutlichste Wirkung der Stromverdrängung ist die Erhöhung des Leitungswiderstands, der dadurch bewirkt wird, dass tatsächlich nicht mehr der gesamte Leiterquerschnitt zur Verfügung steht. Man kann diese Widerstandszunahme als Verhältnis zwischen dem Widerstand bei Wechselstrom R_W zum Widerstand bei Gleichstrom R_g darstellen. Um den Vergleich für alle möglichen Leitungslängen angeben zu können, ist es sinnvoll, statt der Leitungswiderstände die jeweiligen Widerstandsbeläge (R'_W/R'_g) zu verwenden.

Bild 4.40 zeigt den Verlauf des Verhältnisses von Wechselstromwiderstandsbelag zum Gleichstromwiderstandsbelag (R'_W/R'_g) in Abhängigkeit vom Querschnitt und der Frequenz. Die Darstellung zeigt, dass sich der Skineffekt bei Leiterquerschnitten < 120 mm^2 erst bei Frequenzen ab etwa 300 Hz bis 500 Hz spürbar auswirkt. Bei Oberschwingungen unterhalb dieser Frequenz (also alle Oberschwingungen bis zur 10. Ordnung) ist nicht zu erwarten, dass durch die erhöhte Frequenz für diese Oberschwingungen erhöhte Widerstände wirksam werden.

Zu dem sowieso schon vorhandenen induktiven Spannungsfall von üblichen Kabeln und Leitungen kommt bei höheren Frequenzen also auch noch die Auswirkung der Stromverdrängung bzw. des Skineffekts hinzu. Da sich die zuvor beschriebenen magnetischen Felder der Strombahnen im Innern der Leiter bei Flachleitern weniger auswirkt als bei Rundleitern, ist auch in Bezug auf diese Frage hervorzuheben, dass Flachleiter deutliche Vorteile besitzen. Auch das Parallelschalten von mehreren kleineren Querschnitten kann den Skineffekt reduzieren. Auf alle Fälle muss bei höheren Frequenzen, also bei harmonischen Oberschwingungen höherer Ordnung, der zusätzliche Widerstand, der durch den Skineffekt hervorgerufen wird, mitberücksichtigt werden.

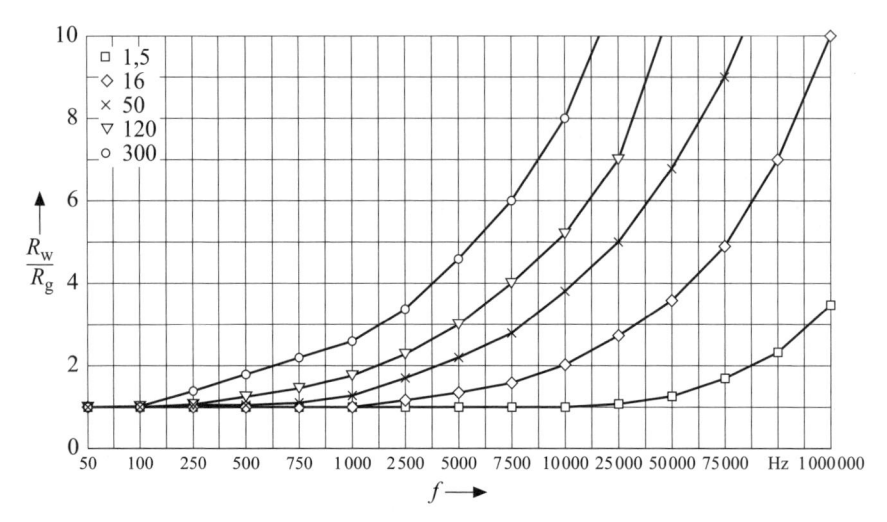

Bild 4.40 Grafische Darstellung des Verhältnisses des Wechselstromwiderstands (R_W) zum Gleichstromwiderstand (R_g) unter Berücksichtigung des Skineffekts bei verschiedenen Frequenzen

4.3.4.5.6 Neutralleiterüberlastung

Harmonische Oberschwingungen des Nullsystems sind dadurch gekennzeichnet, dass sie kein Drehfeld erzeugen (s. hierzu Abschnitt 4.3.4.2.2). Der Grund hierfür ist, dass diese Oberschwingungen einen Periodenverlauf besitzen, der genau in die Teilung der um 120° verschobenen Netzströme der Außenleiter fällt. Dadurch treten die Ströme der 3. harmonischen Oberschwingung bei allen drei Außenleitern gleichphasig auf. In **Bild 4.41** wird dies grafisch veranschaulicht.

Am Bild 4.41 wird deutlich, dass die Periode der 3. harmonischen Oberschwingung mit ihrer Frequenz von 150 Hz genau in die Phasenverschiebung (120°) der netzfrequenten Grundschwingung passt. Aus diesem Grund weist diese 150-Hz-Schwingung in allen drei Außenleitern dieselbe Phasenlage auf. Während sich die netzfrequenten Ströme der Außenleiter bei symmetrischer Belastung im Neutralleiter zu null addieren, tritt die 3. harmonische Oberschwingung im Neutralleiter bei symmetrischer Belastung in dreifacher Höhe auf. Natürlich kann es auch bei den 150-Hz-Strömen zu Phasenverschiebungen kommen, dies soll aber für diese grundsätzliche Betrachtung außer Acht gelassen werden.

Gleiches gilt im Übrigen von allen Oberschwingungen des Nullsystems (s. Abschnitt 4.3.4.2.2). Dies sind alle harmonischen Oberschwingungen, die durch

Ströme im Außenleiter L1:
I_{L1} = Grundschwingungsstrom (50 Hz) = 100 %
I_{3L1} = Strom der 3. Oberschwingung
(150 Hz), z. B. 45 %

Ströme im Außenleiter L2:
I_{L2} = Grundschwingungsstrom (50 Hz) um $-120°$ phasenverschoben = 100 %
$I_{3L2} \triangleq I_{3L1}$ (150 Hz, keine Phasenverschiebung), z. B. 45 %

Ströme im Außenleiter L3:
I_{L3} = Grundschwingungsstrom (50 Hz) um $+120°$ phasenverschoben = 100 %
$I_{3L3} \triangleq I_{3L12}$ (150 Hz, keine Phasenverschiebung), z. B. 45 %

Ströme im N-Leiter
I_N = Grundschwingungsstrom = 0 %
I_{3N} = Strom der 3. Oberschwingung
= $I_{3L1} + I_{3L2} + I_{3L3}$ = 135 %

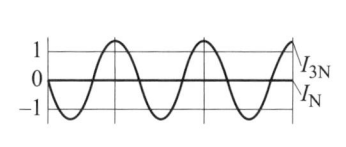

Bild 4.41 Liniendiagramm der Grundschwingungen und der 3. harmonischen Oberschwingungen der drei Außenleiter sowie des Neutralleiters.
Bei einer symmetrischen Belastung addieren sich die Grundschwingungsströme I_{L1}, I_{L2}, I_{L3} im Neutralleiter zu null; die Ströme der 3. harmonischen Oberschwingung in den Außenleitern (I_{3L1}, I_{3L2}, I_{3L3}) addieren sich dagegen im Neutralleiter (I_{3N}) zum dreifachen Wert.
(Quelle: VdS 2349)

3 teilbar sind (also die 6., 9., 12. ... harmonische Oberschwingung). Allerdings sind die Scheitelwerte dieser harmonischen Oberschwingungen in der Regel deutlich geringer als der Scheitelwert der 3. harmonischen Oberschwingung.

Da besonders bei einphasigen, elektronischen Verbrauchern und Schaltgeräten (Dimmer, Netzteile, Frequenzumrichter usw.) harmonische Oberschwingungen des Nullsystems auftreten und die 150-Hz-Schwingung nicht selten in fast gleicher Höhe wie die Grundschwingung vorkommt, kann es hier sehr schnell zu einer Neutralleiterüberlastung kommen. An einem Beispiel soll das verdeutlicht werden.

Beispiel:
Ein Netzteil liefert für einen Verbraucher eine Leistung von P = 500 W. Der effektive Strom der Grundschwingung beträgt bei einer Betriebsspannung von 230 V demnach:

$$I_1 = \frac{500 \text{ W}}{230 \text{ V}} = 2{,}17 \text{ A}$$

Bild 4.42 zeigt das entsprechende Liniendiagramm des Stroms sowie die Analyse der Oberschwingungen. Aus den angegebenen Werten lässt sich ermitteln:

$$I_{3,9} = I_1 \cdot \sqrt{0{,}95^2 + 0{,}55^2} = 2{,}38 \text{ A}$$

(Geometrischer Mittelwert der Ströme der 3. und 9. harmonischen Oberschwingung unter der Voraussetzung, dass nach Balkendiagramm anzusetzen ist: I_1 = 100 %, die Werte unter der Wurzel sind dem Balkendiagramm entnommen)

$I_O = THD \cdot I_1 = 1{,}64 \cdot 2{,}17 = 3{,}56$ A (s. Abschnitt 4.3.4.4.6)

$$I_{\text{eff}} = \sqrt{I_O^2 + I_1^2} = \sqrt{3{,}56^2 \text{A}^2 + 2{,}17^2 \text{A}^2} = 4{,}17 \text{ A}$$

(I_{eff} ist der Gesamt-Effektivwert des Gesamtstroms – s. auch Abschnitt 4.3.4.4.4. Mit diesem Strom wird die Leitung belastet.)

Wenn nun in allen drei Außenleitern je drei dieser Geräte angeschlossen sind, beträgt der Neutralleiterstrom:

$I_N = 9 \cdot 2{,}38$ A = 21,4 A

Dieser Strom wäre für eine Leitung mit einem Querschnitt von 1,5 mm^2 bereits eine Überlastung, obwohl nur ein Außenleiterstrom fließt von je:

$I_{L1} = 3 \cdot 4{,}17$ A = **12,5 A** (z. B. Außenleiterstrom in L1)

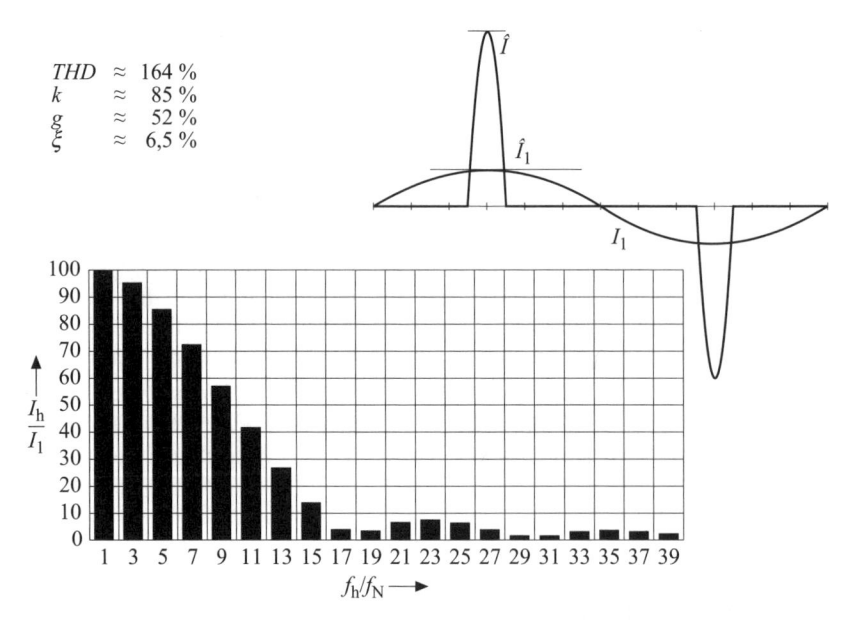

$THD \approx 164 \%$
$k \approx 85 \%$
$g \approx 52 \%$
$\xi \approx 6{,}5 \%$

Bild 4.42 Liniendiagramm eines Netzteils mit kapazitiver Glättung sowie das Ergebnis der Oberschwingungsanalyse im Balkendiagramm.
Die angegebenen Werte (*THD, k, g, ξ*) sind dem Balkendiagramm oder dem Liniendiagramm entnommen.

4.3.4.5.7 Kompensationsanlagen

In Abschnitt 4.3.2.2 wurde gezeigt, wie der kapazitive Blindwiderstand berechnet wird:

$$X_C = \frac{1}{\omega \cdot C} = \frac{1}{2\pi \cdot f \cdot C}$$

Unter dem Bruchstrich steht die Frequenz f. Das bedeutet, dass der kapazitive Widerstand X_C mit zunehmender Frequenz abnimmt. Eine Kompensationsanlage wird in der Regel für die Betriebsfrequenz ausgelegt. Treten nun Oberschwingungen auf, so ist der Blindwiderstand X_C für deren Frequenzen deutlich geringer. Dadurch fließt ein erhöhter Strom. Höhere Verluste, gefährliche Wärmebildung an Kondensatoren bzw. eine konstante Überbelastung der gesamten Kompensationsanlage können die Folge sein. Dass überlastete Kondensatoren Brände hervorrufen können, zeigt **Bild 4.43**. Näheres zu diesem Thema ist im Kapitel 10 des folgenden Buchs zu finden: *Stefan Faßbinder, Netzstörungen durch passive und aktive Bauelemente, VDE VERLAG, Berlin und Offenbach.*

Bild 4.43 Brand in einer Kompensationsanlage durch überlastete Kondensatorbatterien

Dazu kommt noch die Gefahr, dass die Kompensationsanlage bei bestimmten Oberschwingungsfrequenzen in Resonanz mit Teilen der elektrischen Anlage geraten kann, was eine konstante Spannungserhöhung, zu hohe Ströme und somit eine gefährliche Überbelastung hervorrufen kann (**Bild 4.44**).

Anmerkung:
In der Regel werden elektrische Anlagen leicht „induktiv" mit einem cos φ = 0,9 ... 0,98 betrieben. Selbst bei einer vorhandenen Kompensationsanlage regelt man nicht auf cos φ = 1, da man Resonanzzustände vermeiden möchte. Allerdings verändern Oberschwingungen dieses Verhältnis aufgrund der Frequenzabhängigkeit der in der Anlage vorhandenen induktiven oder kapazitiven Widerstände. Die Folge ist, dass es sehr viele elektrische Anlagen gibt, die kapazitiv betrieben werden, ohne dass der Betreiber dies weiß. Unzulässige Spannungserhöhungen an beteiligten Betriebsmitteln sind u. a. möglich. So wird dieser Zustand häufig erst dann erkannt, wenn Betriebsmittel unnatürlich häufig ausfallen (z. B. Leuchtmittel oder Vorschaltgeräte).

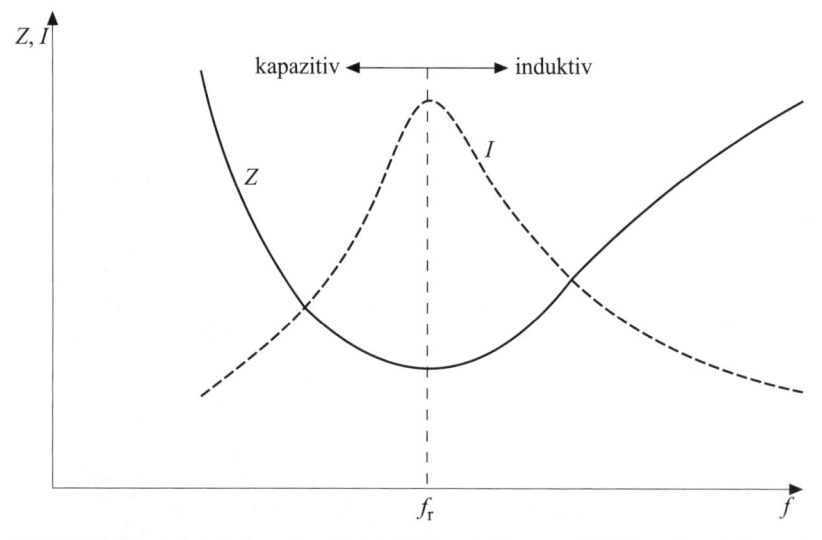

Bild 4.44 Abhängigkeit der Impedanz Z einer Reihenschaltung von induktiven, kapazitiven und Ohm'schen Widerständen von der Frequenz

Eine anliegende Spannung treibt einen Strom *I*. Für den *Resonanzfall* ($f = f_r$) heben sich die Blindwiderstände (kapazitiver und induktiver Widerstand) auf. Z erreicht seinen Mindestwert, weil er dann nur noch aus dem Ohm'schen Widerstand besteht. Der Strom erreicht demzufolge seinen Maximalwert. Dieser maximale Strom fließt jedoch durch den tatsächlich noch vorhandenen induktiven sowie kapazitiven Widerstand und verursacht an ihnen einen maximalen Spannungsfall, der höher liegen kann als die anliegende Betriebsspannung.

4.3.4.5.8 Messgeräte

Oberschwingungen verzerren Ströme und Spannungen. Je nach dem Grad der Verzerrung können sie nicht mehr mit einem beliebigen Gerät gemessen werden. Besonders neuzeitliche Digitalinstrumente müssen den kompletten Verlauf der gemessenen Größe (z. B. Strom oder Spannung) erfassen, sonst sind Fehlmessungen vorprogrammiert. Preiswerte Geräte registrieren häufig nur einige Werte (z. B. Nullstellen und Maximalwerte). Die Messwerte werden dann unter der Voraussetzung errechnet und angezeigt, dass diese Größe einen sinusförmigen Verlauf aufweist. Da dies bei vorhandenen Oberschwingungen jedoch nicht der Fall ist, werden unweigerlich falsche Werte angezeigt (s. auch Abschnitt 7.2.1).

Man benötigt deshalb bei vorhandenen Oberschwingungen für Spannungs- und Strommessungen Messgeräte, die eine „Echt-Effektivwertmessung" gewährleisten. Häufig wird dies auf dem Messgerät als TRMS angegeben.

Bei Vergleichsmessungen von Messgeräten mit und ohne Echt-Effektivwertmessung sind je nach Ausmaß der Verzerrung Unterschiede zwischen 10 % bis 300 % festgestellt worden. In heutigen Anlagen, in denen überall mit elektronischen Verbrauchern zu rechnen ist, sollte man stets mit Messgeräten prüfen, die eine Echt-Effektivwertmessung zulassen.

4.3.4.5.9 Störstrahlungen

Nach Abschnitt 4.3.2.4 können auch elektromagnetische Wellen auftreten, die sich frei im Raum bewegen, weil sie sich von der Leitung, in der der auslösende Strom fließt, gelöst haben. Bedingungen sind die Frequenz und die Leitungslänge. Bei elektromagnetischen Wellen wird die jeweilige Wellenlänge λ herangezogen, um die Störwirkung zu beurteilen. Die Gleichung für λ ist:

$$\lambda = \frac{c}{f}$$ (s. hierzu Abschnitt 4.3.2.4)

Da nach dem vorgenannten Abschnitt dieses Buchs Leitungen oder leitfähige Teile ab einer Länge von $\lambda/10$ betroffen sein können, sind bei Frequenzen ab etwa 3 MHz Störstrahlungen möglich. Dies wären Oberschwingungen mit der Ordnungszahl $h = 60\,000$. Dies ist ein enorm hoher Wert, der jedoch bei schnellen Schaltvorgängen durchaus erreicht wird. Dies können z. B. sein:

- Schalten von Relaiskontakten
- Kommutierungsvorgänge bei Halbleiterbauelementen
- Schaltvorgänge bei Frequenzumrichtern

In solchen Fällen muss beim Thema Oberschwingungen auch die Störwirkung durch elektromagnetische Wellen berücksichtigt werden.

4.4 Störsenke

Im Abschnitt 4.2 wurde das Beeinflussungsmodell kurz vorgestellt. Beim Thema EMV geht es danach um Störquellen, die Störgrößen aussenden und dadurch Störsenken beeinflussen. Im Abschnitt 4.3 wurden mögliche Störquellen und Störgrößen beschrieben. In diesem Abschnitt geht es um die Störsenken.

Störsenke im Sinn der EMV kann nur ein Betriebsmittel (Gerät, Einrichtung) sein, das eine elektrische bzw. elektronische oder informationstechnische Funktion ausführt, die durch die Störgröße beeinflusst wird. Das Gehäuse eines elektrischen Verteilers kommt als Störsenke im Sinne der EMV in der Regel nicht in Betracht, da hier lediglich mechanische oder schirmende Funktionen eine Rolle spielen. Unerheblich ist, ob es sich um eine informationstechnische Funktion handelt (z. B. Datentelegramm aussenden), eine energietechnische (z. B. Erzeugen eines Drehmoments bei Motoren) oder eine schützende (z. B Überstrom-Schutzeinrichtung, die einen Schutz bei Überstrom gewährleisten soll). Erheblich ist nur, ob die Funktion gestört wird (z. B. durch Zerstörung oder Beeinflussung).

Im Grunde kann jedes elektrische Betriebsmittel zur Störsenke werden. Allerdings ist es wenig wahrscheinlich, dass sich ein normaler Asynchronmotor von Feldern oder Überspannungen übermäßig beeinflussen lässt, es sei denn, dass diese außerordentlich stark auftreten, was jedoch eher selten vorkommt. Auch eine Kaffeemaschine ist relativ unempfindlich gegenüber üblichen Störeinflüssen. Dies sieht bei elektronischen Einrichtungen schon ganz anders aus. Wenn kleinste Spannungsdifferenzen Informationszustände darstellen oder am Geräteeingang eine Überspannung von wenigen Volt bereits Zerstörung verursachen kann, gibt es eine ganze Reihe von Störgrößen, die hier unzulässige Beeinflussungen verursachen.

Aber auch der soeben erwähnte Asynchronmotor kann zur Störsenke werden, wenn er mit Oberschwingungen stark belastet wird und sich dadurch unzulässig erwärmt oder seine Umgebung durch Geräusche auf unerträgliche Weise belästigt (s. Abschnitte 4.3.4.2.2 und 4.3.4.5.3).

Allgemein kann gesagt werden, dass Störsenken immer nur potentielle Störsenken sind. Das heißt, sie werden zum beeinflussten Betriebsmittel erst dann, wenn die Störung einen bestimmten Pegel überschreitet oder wenn eine bestimmte Art der Störung eine unzulässige Beeinflussung hervorruft.

Aufgabe des Planers einer elektrischen Anlage ist es nach VDE 0100-510, Abschnitt 515.3.1.1, die Schwachstellen der potentiellen Störsenken zu erkennen, um bei der Betrachtung aller vorkommenden Störgrößen entscheiden zu können, ob die potentielle Störsenke zu einer tatsächlichen Störsenke werden kann.

Störsenken können unterteilt werden in Einrichtungen oder Geräte, die
a) **ihre Funktion mit sehr geringen Spannungs- oder Stromwerten ausführen (informationstechnische Geräte und Einrichtungen)**
Bei ihnen werden geringe, elektrische Potentialdifferenzen oder sehr kleine Ströme benutzt, um damit digitale oder analoge Signale zu transportieren bzw. diese zur Weiterverarbeitung aufzunehmen.

Dies sind z. B. Mess- und Steuergeräte oder auch Geräte der Gebäudeleittechnik oder der Telekommunikationseinrichtung. Die unzulässige Beeinflussung besteht hier meist aus Fehlfunktionen, falschen Messwerten und Ausfällen.

b) **eine geringe Spannungsfestigkeit aufweisen**
(spannungsempfindliche Geräte und Einrichtungen)
Sie reagieren empfindlich auf vorübergehende oder konstante Überspannungen, weil die internen, elektronischen Bauteile diese nicht vertragen und eventuell zerstört werden.
Hierunter fallen sehr viele elektronische Geräte, die meist keine Überspannungen vertragen. Hier besteht die Beeinflussung meist aus der Zerstörung einzelner Bauteile.

c) **für bestimmte Arten von Störgrößen empfindlich sind und mit Funktionsstörungen reagieren**
(teilempfindliche Geräte und Einrichtungen)
Dies sind Betriebsmittel, die aufgrund ihres Aufbaus oder ihrer Wirkungsweise durch bestimmte Störgrößen unzulässig beeinflusst oder sogar zerstört werden. Zu diesen Geräten können die unterschiedlichsten Betriebsmittel gezählt werden. So kann z. B. der schon zuvor erwähnte Asynchronmotor durch Oberschwingungen zur Störsenke werden.
Ebenso kann ein an sich unempfindliches, geschirmtes Datenkabel eine Störsenke abgeben. Wenn der Kabelschirm z. B. verschiedene elektrische Potentiale überbrückt, fließt über den Schirm ein Strom, der nicht nur die enthaltenen Datenleitungen stört, sondern auch für das Kabel selbst gefährlich werden kann. Auch die in Abschnitt 4.3.4.5.7 erwähnte Kompensationsanlage wird bei bestimmten Störgrößen (in der Regel bei Oberschwingungen) zur Störsenke.
Die Beeinflussungsmöglichkeiten sind so verschieden wie die Betriebsmittel selbst, die hier aufgezählt werden könnten. Beim zuvor erwähnten Motor können es die Geräusche sein oder die verkürzte Lebenszeit durch erhöhte Verluste. Beim Datenkabel ist es die Zerstörung. Eine einheitliche Aussage kann hier nicht gemacht werden.

d) alle oder einige der vorgenannten Charakteristika in sich vereinigen (**Mischformen**).

4.5 Kopplungen

4.5.1 Einleitung

Mit Kopplung wurde nach dem Beeinflussungsmodell aus Abschnitt 4.2 der Weg der Störung von der Störquelle zur Störsenke bezeichnet. In der Regel geht man von folgender Einteilung aus:
(1) galvanische Kopplung
(2) kapazitive Kopplung

(3) induktive Kopplung
(4) Strahlungskopplung

Oder man unterteilt in leitungsgebundene und feldgebundene Kopplungen. Dabei ist die zuvor genannte Kopplung (1) leitungsgebunden, und die übrigen sind feldgebunden.

Tatsächlich kommen aber sehr häufig Mischformen vor. Ein magnetisches Feld wirkt z. B. auf eine Leiterschleife (feldgebundene induktive Kopplung) und induziert dort eine Spannung, die in einem Gerät (die eigentliche Störsenke) eine Überspannung hervorruft (leitungsgebunden) und dadurch Fehlfunktionen verursacht.

4.5.2 Galvanische Kopplung

Die galvanische Kopplung liegt vor, wenn die Störgröße direkt über leitfähige Teile (z. B. einen Leiter in einem Kabel) zur Störsenke gelangen. Es handelt sich also um die Reinform der leitungsgebundenen Kopplung. **Bild 4.45** zeigt eine schematische Darstellung der Situation.

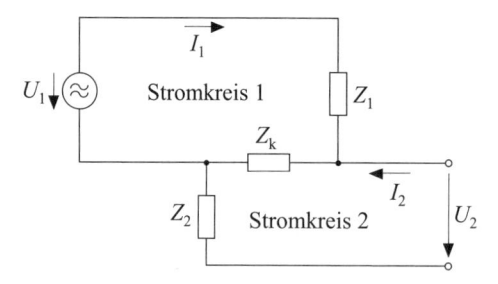

Bild 4.45 Schematische Darstellung der galvanischen Kopplung
Die Spannungsquelle U_1 im Stromkreis 1 ist die Störquelle. Die Kopplung ist der für die Stromkreise 1 und 2 gemeinsame Leiter mit der Impedanz Z_K (z. B. ein PEN-Leiter). Hier tritt die Störgröße als Spannungsfall an Z_K auf, die die Spannung U_2 im Stromkreis 2 überlagert. Diese so veränderte Spannung wirkt an der Störsenke im Stromkreis 2, die mit der Impedanz Z_2 dargestellt wird, und verursacht dort Funktionsstörungen.

Bereits in den Bildern 4.9 bis 4.11 im Abschnitt 4.3.3 wurden Beispiele zur leitungsgebundenen Übertragung von Störgrößen gezeigt. Dort wurde auch in Bezug auf den PEN-Leiter hervorgehoben, dass dieser nicht selbst die Störquelle darstellt, sondern zur leitungsgebundenen (galvanischen) Kopplung gehört.

Auch bei der galvanischen Kopplung können sporadisch auftretende Störgrößen auf die Störsenke einwirken. Besonders bei Blitzeinschlägen in Teilen, die leitfähig mit der elektrischen Anlage (meist über den Schutzleiter) verbunden sind, können hohe Überspannungsimpulse als Störgrößen leitungsgebunden zur Störsenke gelangen (**Bild 4.46**).

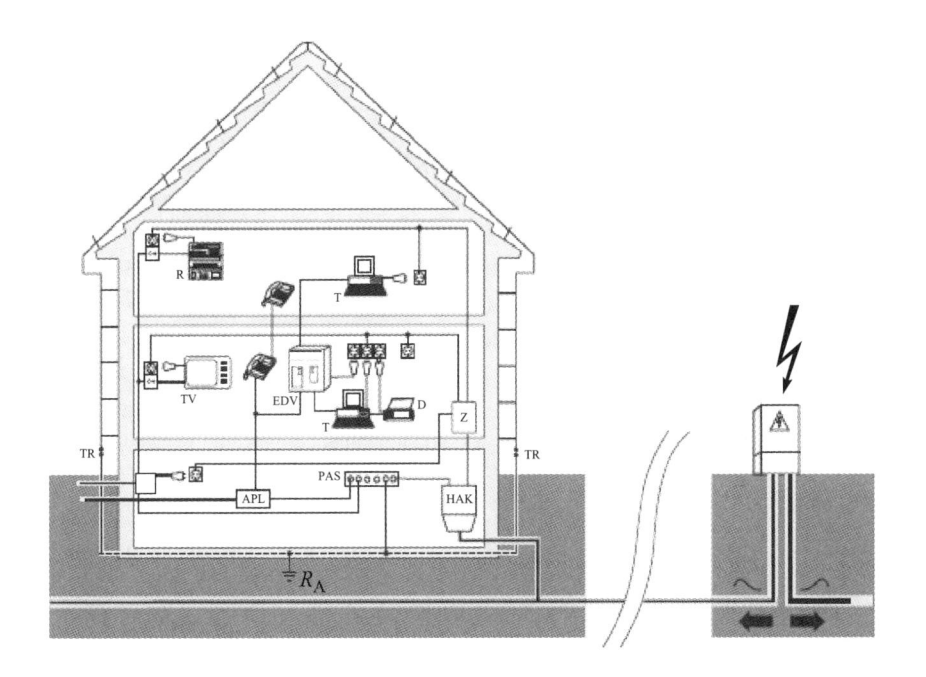

Bild 4.46 Galvanische Kopplung bei Blitzeinwirkung.
Der Standverteiler wird getroffen, und der Überspannungsimpuls wird leitungsgebunden in die elektrische Anlage geführt.

4.5.3 Kapazitive Kopplung

Bei der kapazitiven Kopplung geht es um die Wirkung des elektrischen Feldes. Es handelt sich also um eine feldgebundene Kopplung. Näheres hierzu ist im Abschnitt 4.3.2.2 beschrieben. In diesem Abschnitt wurde auch der allgemeine Satz formuliert:

> Liegt zwischen leitfähigen Teilen eine Wechselspannung an, wird immer ein kapazitiver Strom hervorgerufen.

In der gesamten elektrischen Niederspannungsanlage in einem Gebäude herrscht zwischen irgendwelchen Teilen in der Regel eine entsprechende Wechselspannung. Gleichgültig, ob es sich dabei handelt um
- Leiter verschiedener Stromkreise oder Systeme
- eine Motorwicklung und das leitfähige Motorgehäuse

- einen spannungsführenden Leiter in einem geschirmten Kabel, dessen Schirm mit dem Potentialaugleich verbunden ist
- einen spannungsführenden Leiter und dem Gebäude-Potentialausgleich

Die Isolierstrecke zwischen diesen Teilen, sei es die dazwischen liegende Luft oder ein Isoliermaterial, wirkt wie das Dielektrikum eines Kondensators. Die Übertragung findet somit über das elektrische Feld dieses „Kondensators" statt. **Bild 4.47** soll dies an einem Beispiel verdeutlichen.

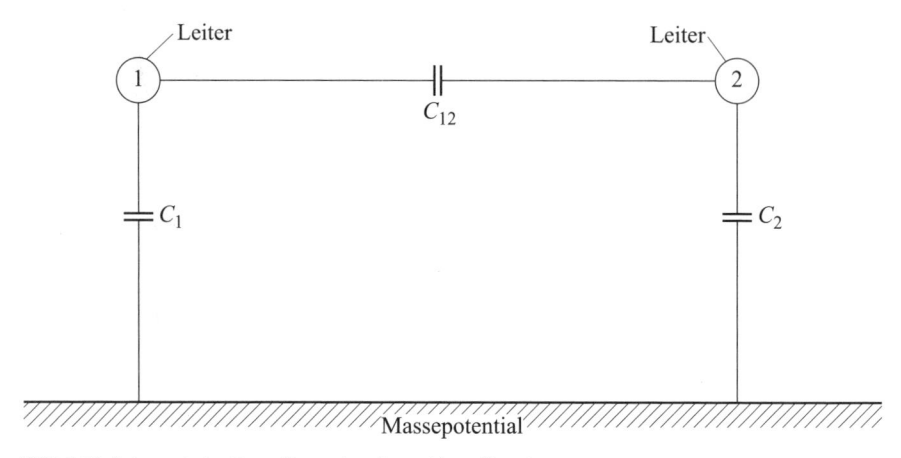

Bild 4.47 Schematische Darstellung einer kapazitiven Kopplung.
Leiter 1 ist die Störquelle. Er besitzt sowohl gegenüber Leiter 2 (Koppelkapazität C_{12}) als auch gegen Masse (parasitäre Messkapazität C_1) eine gewisse Kapazität. Ein Störspannungssignal im Leiter 1 verursacht über Masse (also über C_1) und die zweite parasitäre Massekapazität C_2 als auch über die Koppelkapazität C_{12} eine Störspannung auf Leiter 2. Die Höhe dieser Störspannung ist dabei abhängig von den parasitären Massekapazitäten sowie von der Koppelkapazität. Sind die parasitären Kapazitäten genügend groß, schließen sie die Koppelkapazitäten sozusagen kurz.

Die Störspannung im Leiter 2 aus Bild 4.47 wird kleiner, wenn die Koppelkapazität C_{12} kleiner und/oder wenn die parasitären Massekapazitäten C_1 und C_2 größer werden. Daraus folgt, dass die kapazitive Kopplung in einem solchen Fall verringert werden kann, wenn man die beiden Leiter möglichst mit einem genügend großen Abstand verlegt und beide möglichst dicht an das Massepotential heranführt (s. auch Abschnitte 5.4.1 und 5.4.6).

4.5.4 Induktive Kopplung

Bei der induktiven Kopplung (auch magnetische Kopplung genannt) kommen die Störgrößen über das magnetische Feld zur Störsenke. Es geht somit um eine feldgebundene Kopplung. Diese Art der Kopplung spielt in üblichen elektrischen Anlagen häufig die Hauptrolle.

Bild 4.48 zeigt eine induktive Kopplung. Die Störquelle (hier der Blitzstrom) wirkt über das magnetische Feld (im Bild mit H bezeichnet) auf Leiterschleifen im Gebäude und verursacht dort eine Überspannung, die in Geräten (Störsenken) Funktionsstörungen oder Zerstörungen verursachen kann.

Wie in Abschnitt 4.5.1 bereits gesagt, kann auch hier nicht von einer reinen induktiven Kopplung gesprochen werden, da die Störsenke ja nicht die Leiterschleife selbst ist, sondern das angeschlossene Gerät. Auf dieses Gerät wirkt aber nicht das magnetische Feld, sondern eine Störspannung bzw. ein Überspannungsimpuls, und zwar über die angeschlossenen Leitungen.

Natürlich erzeugt jede stromdurchflossene Leitung ein magnetisches Feld, das im ungünstigsten Fall zur Störquelle werden kann. Besonders Stromschienensysteme und Einleiterkabel erzeugen relativ hohe magnetische Felder, aber auch ein Kabel mit PEN-Leiter, bei dem ein Teil des Neutralleiterstroms parallel zum PEN über irgendwelche Potentialausgleichsverbindungen oder fremde leitfähige Teile fließt, ist magnetisch unausgeglichen und erzeugt mehr oder weniger starke Felder (s. Abschnitt 4.3.2.3.5 und Bild 4.8).

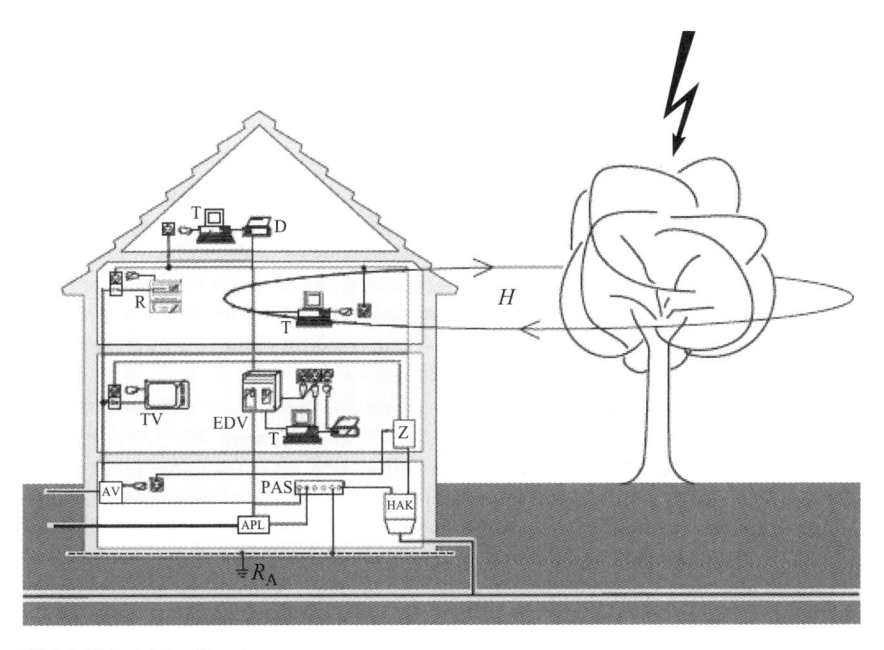

Bild 4.48 Induktive Kopplung.
Die Störquelle (hier der Blitzstrom) verursacht ein magnetisches Feld (H), das in Leiterschleifen im Gebäude eine Spannung verursacht. Diese Spannung kann in angeschlossenen Geräten (Störsenken) Schaden oder Funktionsausfall verursachen (Quelle: VdS 2569).

Bild 4.49 zeigt eine schematische Darstellung der induktiven Kopplung. M_K ist dabei die Gegeninduktivität, die wie die Selbstinduktion L (s. Abschnitt 4.3.2.3.5) die geometrischen und stofflichen Bedingungen der Induktion beschreibt. Die Störgröße ist in Bild 4.49 die Spannung u_1 bzw. der durch sie verursachte Strom i, der nach der angegebenen Gleichung im Stromkreis 2 eine Störspannung u_2 induziert.

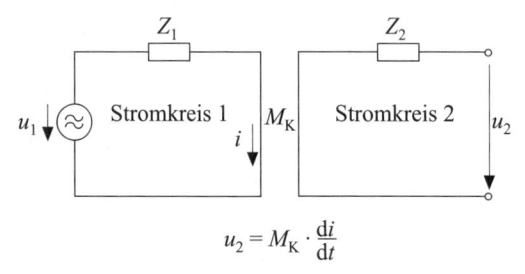

$$u_2 = M_K \cdot \frac{di}{dt}$$

Bild 4.49 Schematische Darstellung der induktiven Kopplung

Zu unterscheiden sind noch die kontinuierliche Störaussendung, z. B. durch Starkstromleitungen, und die sporadisch auftretende induktive Beeinflussung bei Schalthandlungen oder Blitzschlag.

4.5.5 Strahlungskopplung

In Abschnitt 4.3.2.4 wurde das elektromagnetische Feld beschrieben. Wenn die Abmessungen der beteiligten leitfähigen Teile in den Bereich der Wellenlänge λ der Wechselgröße kommen, strahlen die stromdurchflossenen Teile elektromagnetische Wellen ab, die sich dann frei im Raum bewegen. Andere Teile, die Abmessungen im Bereich der jeweiligen Wellenlänge besitzen, können solche Wellen aufnehmen. Die dadurch entstehenden Störungen sind in der Regel Funkstörungen, Störungen von Bild- und Tonübertragungen und u. U. auch Fehlmessungen oder störende Beeinflussungen von Automatisierungsvorgängen.

Im Abschnitt 4.3.2.4 wurden Längen und zugehörige Frequenzen genannt, die für solche Störungen in Frage kommen. Ursachen sind in Tabelle 4.2 genannt. Beispielsweise müssen in Produktionsbereichen, in denen takt- oder frequenzgesteuerte Maschinen betrieben werden, besondere Maßnahmen ergriffen werden. Aber auch bei der Anwendung von Hochfrequenz im industriellen Bereich müssen besondere Anforderungen erfüllt werden. Hier werden zur Vermeidung von Wellenausbreitung spezielle Filter eingesetzt, oder einlaufende elektromagnetische Wellen werden durch Schirme ausgegrenzt.

5 Maßnahmen gegen elektromagnetische Beeinflussung

5.1 Einführung

Die Verpflichtung, Aspekte der EMV bei der Planung und Errichtung elektrischer Anlagen zu beachten, geht aus Anforderungen der VDE-Normen der Reihe VDE 0100 klar hervor (z. B. VDE 0100-510, Abschnitt 515.3.1, s. auch Abschnitte 2.3.1 bis 2.3.3). Wenn im Gebäude informationstechnische Einrichtungen errichtet werden sollen, kommen zudem Anforderungen der Reihe VDE 0800 hinzu. Da in heutigen Anlagen so gut wie immer informationstechnische Einrichtungen betrieben werden, müssen Planer und Errichter elektrischer Niederspannungsanlagen im Grunde stets auch die zusätzlichen Anforderungen beachten, die in den Normen der Reihe VDE 0800 in Bezug auf die Ausführung der Niederspannungsanlage und des Potentialausgleichs dokumentiert sind.

Bei Normen der Reihe VDE 0100 wird dabei immer wieder auf DIN VDE 0100-444 verwiesen. So z. B. in den Abschnitten 132.11 und 33.2 aus DIN VDE 0100-100 sowie in den Abschnitten 512.1.5 und 515.3.1.2 aus VDE 0100-510.

Folgende grundlegende Anforderung wird in DIN VDE 0100-444, Abschnitt 444.3, genannt:

„Alle elektrischen Betriebsmittel müssen die angemessenen Anforderungen für elektromagnetische Verträglichkeit (EMV) und die zutreffenden EMV-Normen erfüllen."

Diese fast schon selbstverständliche Aussage entspricht im Übrigen auch den Aussagen der anderen Normen, die hierzu genannt werden können. Gemeint ist, dass sich Planer und Errichter zunächst darüber Gedanken machen müssen, welche Störgrößen in einem zu planenden Gebäude auftreten können, welche Kopplungen möglich sind und welche Störsenken berücksichtigt werden müssen.

Dabei kann diese Untersuchung ergeben, dass alle Betriebsmittel den Anforderungen an die EMV in diesem Gebäude gerecht werden, die Störgrößen keine zu große Auswirkung haben bzw. die Störsenken in der vorgesehenen Umgebung eine genügend hohe Störfestigkeit aufweisen. In diesem Fall wären keine weiteren Maßnahmen erforderlich. Allerdings ist dies ein eher theoretischer Fall, der in einer realen Anlage selten vorkommt.

Im Folgenden werden (entsprechend den Normen) notwendige und eventuell auch mögliche (d. h. zu empfehlende) Maßnahmen beschrieben, um einen weitgehend störungsfreien Betrieb zu gewährleisten.

5.2 Das Netzsystem

5.2.1 Darstellung der Netzsysteme

Die verschiedenen Netzsysteme werden in DIN VDE 0100-300 beschrieben. Danach gibt es das TN-, TT- und IT-System. Beim TN-System wird noch unterschieden in ein TN-S- und TN-C-System (**Bilder 5.1 bis 5.5** – in diesen Bildern werden nur die Sekundärwicklungen des einspeisenden Transformators dargestellt).

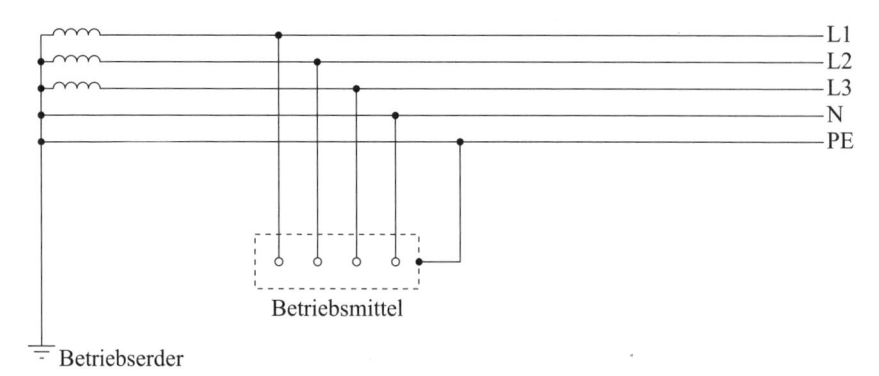

Bild 5.1 Schematische Darstellung eines TN-S-Systems
Der Schutzleiter (PE) und der Neutralleiter gehen vom geerdeten Sternpunkt des Transformators aus und werden separat geführt. Der Neutralleiter wird als aktiver Leiter auf seiner ganzen Länge isoliert verlegt.

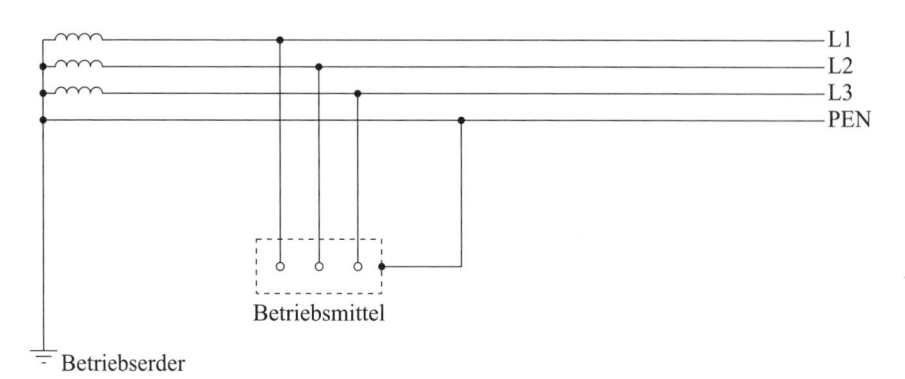

Bild 5.2 Schematische Darstellung eines TN-C-Systems
Der Schutzleiter (PE) und der Neutralleiter werden in einem Leiter (PEN) zusammengefasst. Der PEN gilt definitionsgemäß als Schutzleiter, führt jedoch die betriebsbedingten Neutralleiterströme.

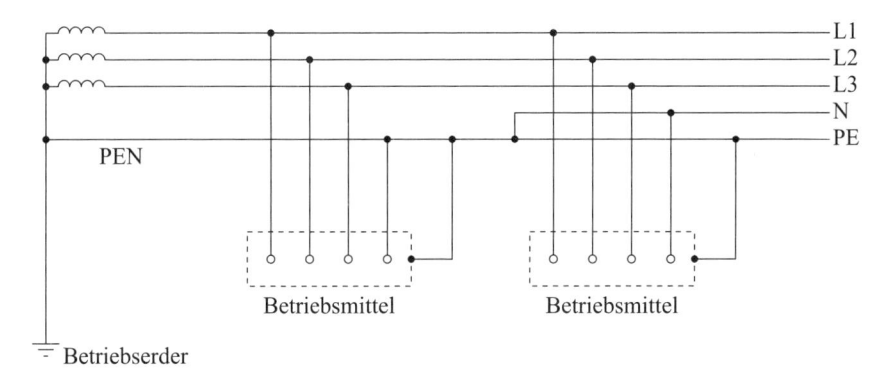

Bild 5.3 Schematische Darstellung eines TN-C-S-Systems
Dies ist eine Mischform der Netzsysteme TN-S (Bild 5.1) und TN-C (Bild 5.2). An einem bestimmten Punkt in der elektrischen Anlage wird die Trennung des Schutzleiters (PE) und Neutralleiters durchgeführt. Danach darf es keine Verbindung mehr zwischen Schutzleiter (PE) und Neutralleiter geben. Diese Mischform ist im Grunde die übliche Netzform in den meisten elektrischen Niederspannungsanlagen in Deutschland.

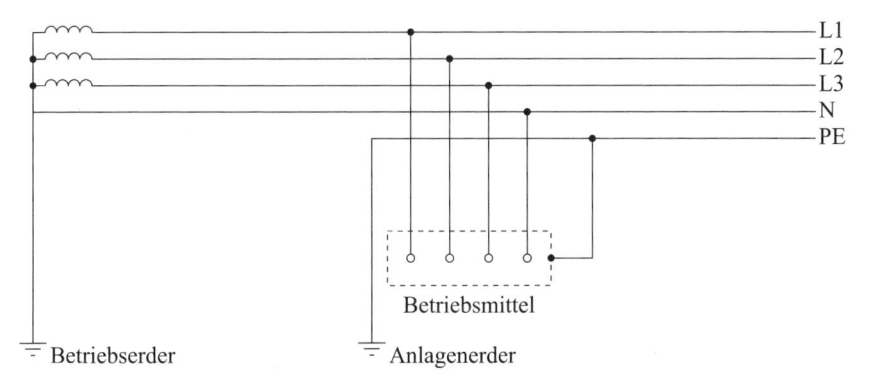

Bild 5.4 Schematische Darstellung eines TT-Systems
Der Neutralleiter wird separat und isoliert als aktiver Leiter verlegt. Die Betriebsmittel werden gesondert vom Betriebserder geerdet (Anlagenerder). Zwischen dem Anlagenerder und dem Betriebserder gibt es keine direkte, leitfähige Verbindung über irgendwelche Teile (z. B. über Cu-Leiter). Ein Fehlerstrom auf dem Schutzleiter in der elektrischen Verbraucheranlage fließt somit über den Anlagenerder, dem Erdreich und dem Betriebserder zurück zur Spannungsquelle (hier die Sekundärwicklungen des einspeisenden Transformators).

153

```
    L1
    L2
    L3
    PE
```

Betriebsmittel
Anlagenerder

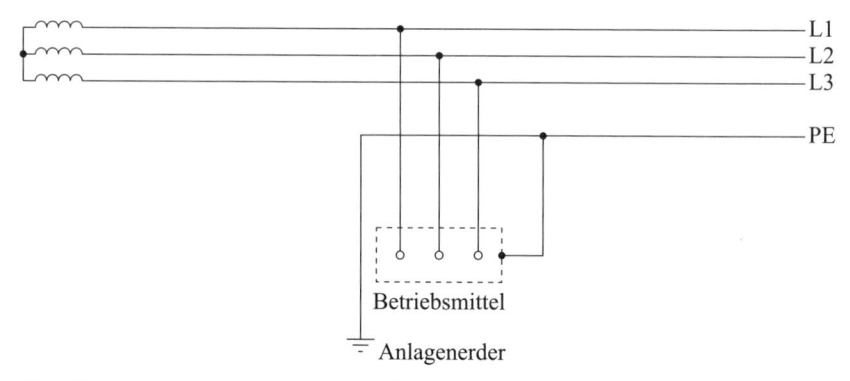

Bild 5.5 Schematische Darstellung eines IT-Systems
Die Spannungsquelle (hier die Sekundärwicklungen des einspeisenden Transformators) ist nicht geerdet (Ausnahme: der Sternpunkt wird über eine hochohmige Impedanz geerdet). Die Betriebsmittel stehen über Schutzleiterverbindungen und dem Anlagenerder mit dem Erdpotential in Verbindung. Das IT-System kann auch mit einem Neutralleiter betrieben werden, der dann als aktiver Leiter isoliert geführt werden muss.

5.2.2 Das TN-System

5.2.2.1 Die Verträglichkeit des TN-Systems bezüglich der EMV

Wenn von der Verträglichkeit des Netzsystems bezüglich der EMV die Rede sein soll, muss grundsätzlich zwischen TN-C und TN-S unterschieden werden. Wie in den Abschnitten 4.3.2.3.5, 4.3.3.1 und 4.3.3.2 sowie Bilder 4.6, 4.10 und 4.11 beschrieben, macht der im TN-C-System stets vorhandene PEN-Leiter u. U. große Probleme. Insofern kann davon ausgegangen werden, dass die Aspekte der EMV in TN-C-Systemen schlecht oder überhaupt nicht berücksichtigt werden. Dies ist auch der Grund, warum in elektrischen Anlagen mit informationstechnischen Einrichtungen nach VDE 0800-2-310 das TN-C-System ganz ausgeschlossen wird (s. Abschnitt 5.2.2.2). Die einzige für die EMV sinnvolle Variante des TN-Systems ist also das TN-S-System.

Ein PEN-Leiter in der Verbraucheranlage ist also in jedem Fall entweder zu vermeiden oder er darf nur einmal mit dem Erdungs- und Potentialausgleichssystem in Verbindung gebracht werden (s. Abschnitt 5.2.2.2). Anderenfalls entstehen zwangsläufig Parallelwege für den betriebsbedingten Neutralleiterstrom mit all den Problemen, die hierdurch hervorgerufen werden.

> **Fazit:**
> Das TN-C-System ist für die EMV ungeeignet.
> Das TN-S-System ist die für die EMV geeignete Variante des TN-Systems.

5.2.2.2 Der PEN-Leiter

5.2.2.2.1 Aussagen zum PEN-Leiter in den Normen

In DIN EN 50310 (VDE 0800-2-310):2006-10 (Anwendung von Maßnahmen für Erdung und Potentialausgleich in Gebäuden mit Einrichtungen der Informationstechnik) wird der Planer bzw. Errichter beim Thema Netzsystem im Abschnitt 6.3 unmissverständlich aufgefordert, ein TN-S-System zu errichten. Wörtlich heißt es dort:

Die Wechselstromverteilungsanlage in einem Gebäude muss die Anforderungen eines TN-S-Systems erfüllen. Dies macht es erforderlich, dass im Gebäude kein PEN-Leiter vorhanden sein darf.

Der zweite Satz dieser Anforderung muss näher betrachtet werden. Das Verbot, im Gebäude einen PEN-Leiter zu verlegen, ist im Grunde genommen kaum durchführbar. Von der Sache her ist der PEN-Leiter zugleich der Schutzleiter (PE) und der Neutralleiter. Er führt also den betriebsbedingten Neutralleiterstrom und im Fehlerfall (z. B. bei Körperschluss) den Fehlerstrom. Das kann bzw. darf bei keinem Neutralleiter und ebenso bei keinem Schutzleiter (PE) der Fall sein. Nur der PEN-Leiter übernimmt diese Doppelfunktion. Bei Berücksichtigung dieser beiden Charakteristika wird es immer einen Leiter geben, der definitionsgemäß ein PEN-Leiter ist. Selbst im Bild 4.11 (rechte Abbildung), das den idealen Zustand in Bezug auf die EMV beschreibt (TN-S-System), weil keine störenden Streuströme verursacht werden, ist ein PEN-Leiter vorhanden (**Bild 5.6**). Das Leitungsstück, auf das in Bild 5.6 verwiesen wird, entspricht genau der soeben erwähnten PEN-Leiter-Definition: Es führt den Neutralleiterstrom und im Fehlerfall den Fehlerstrom.

Eine völlig „PEN-Leiter-freie" elektrische Anlage wird es also im Grunde nicht geben. Wie ist aber das Verbot des PEN-Leiters in VDE 0800-2-310 inhaltlich zu verstehen, bzw. wie wird man dieser Anforderung gerecht?

Zunächst muss deutlich gesagt werden, dass es im Prinzip nicht um irgendeinen Leiter, schon gar nicht um die Bezeichnung eines Leiters geht, sondern um die Störungen, die ein PEN-Leiter hervorrufen kann (s. Abschnitte 4.3.2.3.5, 4.3.3.1 und 4.3.3.2). Genau genommen geht es um die mehrfache Anbindung eines solchen Leiters. Die mehrfache Anbindung des PEN-Leiters an das Erdungs- und Potentialausgleichssystem bewirkt die in den vorgenannten Abschnitten beschriebenen Potentialdifferenzen, Streuströme und magnetischen Störfelder.

Wenn es also gelingt, den immer vorhandenen PEN-Leiter nur an einer einzigen Stelle mit dem Erdungs- und Potentialausgleichssystem in Verbindung zu bringen, sodass keine zum PEN-Leiter parallelen Betriebsströme fließen können, ist die Anforderung der Norm (VDE 0800-2-310) im Grunde genommen erfüllt.

Im Zusammenhang mit dem PEN-Leiter sollen an dieser Stelle einige besondere Probleme hervorgehoben werden.

TN-S-System

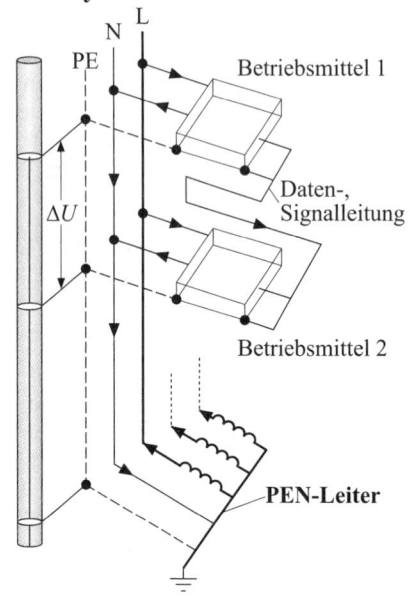

Bild 5.6 TN-S-System mit Kennzeichnung des Leitungsstücks, das als PEN-Leiter betrachtet werden muss

5.2.2.2.2 Der Hausanschlusskasten (HAK)

Private Haushalte sowie kleinere bis mittlere gewerbliche und industrielle Betriebe werden vom Netzbetreiber (NB) meist über Niederspannungseinspeisungen mit elektrischer Energie versorgt. Dazu verlegt der NB in der Regel ein 4-Leiter-Kabel ins Gebäude. Bei einem TN-System ist der vierte Leiter ein PEN. Um die Anforderung der Normen (z. B. VDE 0800-2-310, s. Abschnitt 5.2.2.2.1) zu erfüllen, wird der Planer bzw. Errichter direkt im Hausanschlusskasten (HAK) die Trennung des PEN in einen Neutralleiter und Schutzleiter (PE) vornehmen (**Bild 5.7**).

Damit wäre schon viel erreicht. Allerdings sind damit nicht unbedingt alle Probleme aus der Welt. Der PEN ist über die kurze Verbindungsleitung zwischen der PEN-Klemme im HAK und der PAS galvanisch mit dem Anlagenerder (häufig ein Fundamenterder) verbunden. Aber das ist nicht seine einzige Verbindung zum Erdpotential. Vielmehr ist er mindestens am Betriebserder des einspeisenden Versorgungsnetzes (z. B. am Sternpunkt des NS-Transformators) angeschlossen. Damit kommt es zwangsläufig zu einem Parallelpfad:

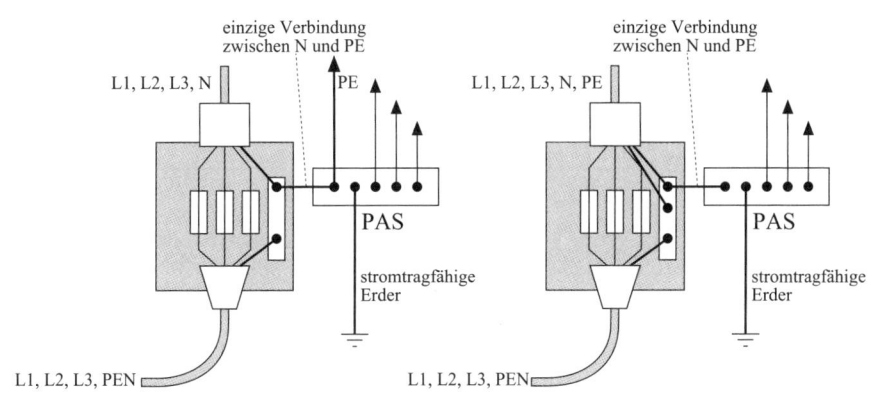

Bild 5.7 Beispiele für eine Einspeisung mit einem vieradrigem Kabel im TN-System
Der Aufteilungspunkt des PEN wird direkt beim HAK vorgenommen. Dieser Aufteilungspunkt bildet die einzige Verbindung zwischen PEN und dem Schutzleiter bzw. dem Potentialausgleichssystem im Gebäude. Das Hauptleitungskabel kann dabei vieradrig (links) oder fünfadrig (rechts) ausgeführt sein.
PAS = Potentialausgleichsschiene (nach aktuellen Normen wird hierfür das Kürzel MET verwendet, s. Abschnitt 3.4.6).

Der betriebsbedingte Neutralleiterstrom, der über den PEN-Leiter zurück zum Transformator fließt, teilt sich auf in

- einen Strom über den PEN-Leiter

- einen Strom, der zunächst über den Anlagenerder, des Weiteren über das Erdreich und schließlich über den Betriebserder zum Sternpunkt des Transformators fließt

Allerdings sind die Wege, die der zweitgenannte Teilstrom wählt, nicht immer vorhersehbar (**Bild 5.8**).

Weil nun Ströme über den Anlagenerder ins Erdreich fließen, wird das elektrische Potential aller mit der PAS verbundenen Teile des Potentialausgleichssystems wie Rohrsysteme, Schutzleiter gegenüber dem Erdpotential angehoben. Wenn diese Teile irgendwo in der elektrischen Anlage direkt oder indirekt (z. B. über die Armierung im Gebäude) mit der Erde in Kontakt stehen, fließt aufgrund dieses elektrischen Potentials ein Teilstrom direkt zur Erde.

Mit anderen Worten: Der Teil des Neutralleiterstroms, der als paralleler Erdstrom zum Transformator zurückfließt, wird nicht nur über die Verbindungsleitung zwischen PAS und dem Anlagenerder zum Erdreich fließen, sondern auch über andere Verbindungsleitungen, über die Armierung im Gebäude sowie über den eventuell vorhandenen Fundamenterder. Damit kommt es wieder zu unerwünschten Streuströmen im Gebäude (Bild 5.8).

```
                    HAK
  ⌇⌇⌇⌇━━━━━━━┬━━━━━━━━━━━━━━━━━━━━━ L1
  ⌇⌇⌇⌇━━━━━━━┼━┬━━━━━━━━━━━━━━━━━━━ L2
  ⌇⌇⌇⌇━━━━━━━┼━┼━┬━━━━━━━━━━━━━━━━━ L3
              │ │ │  I_N            N
  ← I_PEN PEN │ │ │                 PE
              │ │ │ I_E2
```

I_E I_{E1} ein weiterer Teilstrom fließt parallel zum PEN zur Erde bzw. zum Transformator-Sternpunkt

Betriebsmittel I_{E2}

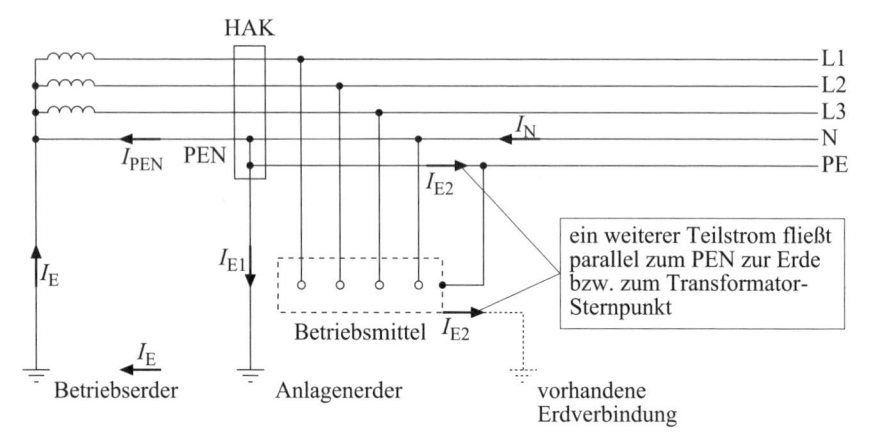

I_E ←

Betriebserder   Anlagenerder   vorhandene Erdverbindung

Bild 5.8 Schematische Darstellung der Anschlusssituation bei vorhandenem TN-C-Versorgungssystem sowie TN-S-Verbrauchersystem.

Der Neutralleiterstrom I_N teilt sich auf in einen Teilstrom I_{PEN}, der über den PEN-Leiter zurück zum Transformator-Sternpunkt fließt, und einen Teilstrom I_E, der über den Anlagenerder, über das Erdreich sowie über den Betriebserder zurückfließt.
Sobald jedoch Teile der elektrischen Anlage (z. B. Körper von Betriebsmitteln, leitfähige Teile, die mit dem Schutzleiter (PE) direkt oder indirekt in Verbindung stehen usw.) parallel zum Betriebserder eine Verbindung mit neutraler Erde haben, teilt sich der Teilstrom I_E weiter auf in I_{E1} und I_{E2}. Dadurch entstehen Streuströme in der elektrischen Anlage.
Im Bild 5.8 gilt:

I_N betriebsbedingter Neutralleiterstrom
I_{PEN} Teilstrom des Neutralleiterstroms, der über den PEN zurück zum Transformator fließt
I_E Teilstrom des Neutralleiterstroms, der parallel zum PEN über das Erdreich und den Betriebserder zum Transformator-Sternpunkt zurückfließt. $I_E = I_{E1} + I_{E2}$
I_{E1} Teilstrom des Neutralleiterstroms, der parallel zum PEN über den Anlagenerder und über das Erdreich zum Betriebserder und somit zum Transformator-Sternpunkt zurückfließt
I_{E2} Teilstrom des Neutralleiterstroms, der parallel zum PEN über Schutzleiter über z. B. fremde leitfähige Teile und letztlich über das Erdreich zum Betriebserder und dann zum Transformator-Sternpunkt zurückfließt.

Wenn ein PEN im Gebäude verlegt wird und an mehreren Stellen Verbindung mit dem Schutzleiter bzw. mit dem Potentialausgleichssystem im Gebäude hat, werden die dadurch entstehenden Streuströme sicherlich höher ausfallen als im soeben beschriebenen Fall. Dennoch sind die Streuströme, wie sie in Bild 5.8 dargestellt werden, nicht automatisch vernachlässigbar; denn auch sie können unter Umständen Störungen verursachen.

Es ist also in jedem Fall sinnvoll, auch bei üblichen Niederspannungseinspeisungen, über ein 5-Leiter-System nachzudenken. Nur wenn der Neutralleiterstrom in einem vom Erdpotential isolierten Leiter zum Transformator-Sternpunkt geführt wird, können Streuströme und die damit verbundenen Störungen vermieden werden. Natürlich müssten die Netzbetreiber hierzu die Voraussetzungen schaffen. Ob dies irgendwann einmal gelingen wird, bleibt allerdings abzuwarten.

5.2.2.2.3 Die Einspeisung der Niederspannungs-Hauptverteilung (NHV)

In größeren gewerblich oder industriell genutzten Gebäuden bietet der Netzbetreiber (NB) häufig eine Mittelspannungseinspeisung an. Der Abnehmer (Betreiber des Gebäudes) kann dann über einen Transformator, der im Gebäude oder in der Nähe des Gebäudes errichtet wird, die komplette Niederspannungsversorgung seiner elektrischen Anlage selbst aufbauen.

Früher wurde dabei wie selbstverständlich zwischen dem Transformator und der nachgeschalteten Niederspannungs-Hauptverteilung (NHV) ein 4-Leiter-Kabel bzw. bei höheren Strömen vier Einleiterkabel verlegt. Der vierte Leiter war dann natürlich der PEN, der am Transformator mit dem Sternpunkt der Sekundärwicklungen und in der Nähe des Schutzpotentialausgleichs mit dem Erdungsleiter bzw. dem Gebäudepotentialausgleich verbunden wurde. Damit entsteht jedoch die gleiche Situation, wie sie schon in Bild 5.8 dargestellt wurde. Der Unterschied ist aber, dass sich das ganze Problem auf dem jeweiligen Betriebsgelände abspielt. Befindet sich der Transformator z. B. im Gebäudeinnern, fließen die im Bild 5.8 erwähnten Teilströme (I_E, I_{E1} und I_{E2}) über das Potentialausgleichssystem (also über Schutzleiter und fremde leitfähige Teile). Sie werden deshalb auch Streuströme genannt.

Solche Ströme können erhebliche Störungen verursachen und sind zudem auch noch brandgefährlich. Dies ist auch einer der Gründe, warum der PEN-Leiter in feuergefährlichen Bereichen nach VDE 0100-482 verboten wird. Allerdings hilft dieses Verbot wenig, wenn sich der feuergefährliche Bereich in einem begrenzten Teil des Gebäudes befindet. Wenn das zuvor beschriebene Problem vorliegt, fließen die Streuströme im gesamten Gebäude und machen selbstverständlich auch vor einem feuergefährdeten Bereich keinen Halt, weil sie über fremde leitfähige Teile auch in solche Bereiche gelangen können, obwohl dort gar kein PEN-Leiter vorhanden ist.

Aber nicht nur diese Streuströme, die ohnehin schon Probleme genug mit sich bringen, können Störungen hervorrufen. Wie im Abschnitt 4.3.2.3.5 gezeigt (dort unter der Überschrift „Faktor 3"), wird das Problem der Einzelleiter beschrieben. Mehrleiterkabel, bei denen ein Teil des Rückstroms (Neutralleiterstroms) nicht im Kabel fließt, sondern parallel dazu über Schutzleiter, fremde leitfähige Teile oder Erde, wirken wie Einzelleiter (s. Bild 4.6), die erhebliche magnetische Störfelder hervorrufen (s. Bild 4.8).

Vermeiden lassen sich diese Störungen durch eine entsprechende Errichtung, bei der der PEN-Leiter nur an einer einzigen Stelle mit dem Erdungs- und Potentialausgleichssystem des Gebäudes in Verbindung kommt. In **Bild 5.9** und **Bild 5.10** werden zwei mögliche Lösungen dargestellt.

Erst recht gilt dies für Mehrfacheinspeisungen, wenn beispielsweise zwei oder mehr Transformatoren oder ein Transformator sowie ein Ersatzstromaggregat

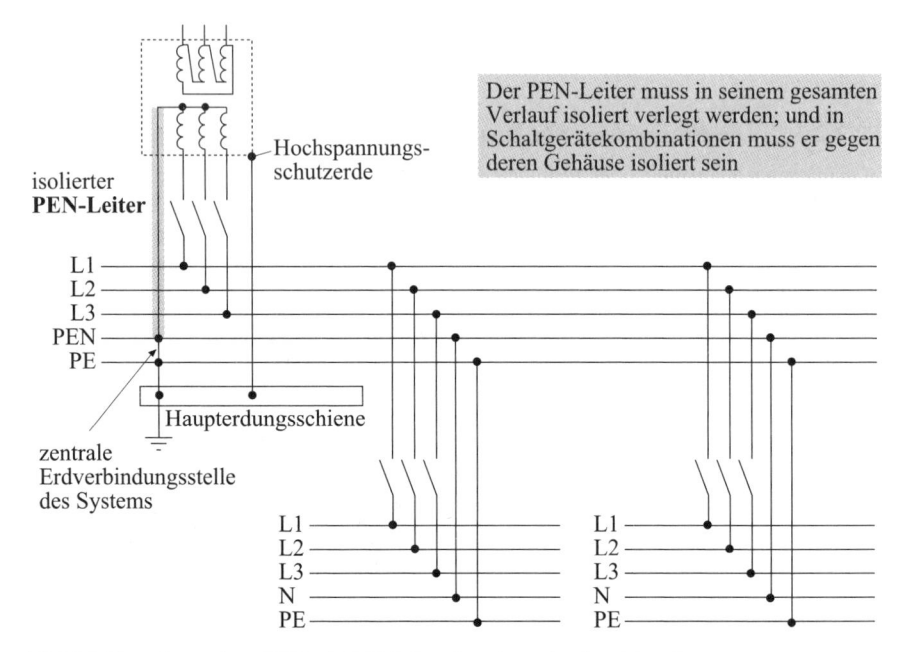

```
                    Der PEN-Leiter muss in seinem gesamten
                    Verlauf isoliert verlegt werden; und in
          Hochspannungs-  Schaltgerätekombinationen muss er gegen
isolierter   schutzerde   deren Gehäuse isoliert sein
PEN-Leiter
```

Bild 5.9 Einspeisung einer NHV mit PEN-Leiter über einen einzelnen Transformator
Der PEN-Leiter des **ungeerdeten** Transformator-Sternpunkts wird **isoliert** bis in die NHV geführt und dort auf die PEN-Schiene gelegt. An diese Schiene werden die verschiedenen Neutralleiter der abgehenden Stromkreise angeschlossen. Außerdem wird hier die einzige Verbindung zur Schutzleiterschiene hergestellt (zentrale Erdverbindungsstelle). Weiterhin wird auf dieser Schutzleiterschiene der Erdungsleiter aufgelegt, der sie mit der Haupterdungsschiene (PAS bzw. MET – s. Abschnitt 3.4.6) verbindet. Von dieser Schiene aus erfolgt dann die Anlagen- und Betriebserdung.

parallel und gleichzeitig einspeisen. Hier sind Streuströme im Potentialausgleichssystem (häufig auch Kreisströme genannt) unausweichlich (**Bild 5.11**).

Dieser Effekt ist nur vermeidbar, wenn nach E DIN IEC 60364-4-44/A2 (VDE 0100-444):2003-04, Abschnitt 444.4.13, die PEN-Leiter der einspeisenden Spannungsquellen (Transformatoren und Generatoren) isoliert bis zur NHV verlegt und dort nur an einer zentralen Stelle mit dem Erdungssystem in Verbindung gebracht werden. Diese zentrale Erdverbindungsstelle wird häufig „zentrale Erdverbindung", „zentrale Erdverbindungsstelle" oder „zentraler Erdverbindungspunkt" (ZEP) genannt (**Bild 5.12**).

Hin und wieder werden die Forderungen verwechselt nach
- einer einzigen Anbindung des PEN-Leiters an das Erdungs- und Potentialausgleichsystem
- nach einer Vermaschung des Erdungs- und Potentialausgleichsystems

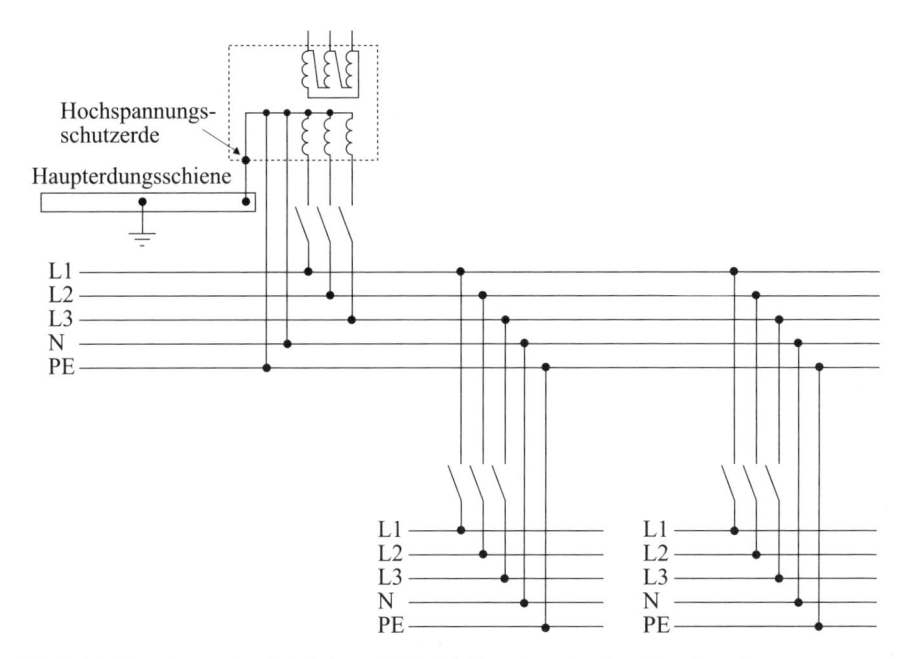

Bild 5.10 Einspeisung einer NHV ohne PEN-Leiter über einen einzelnen Transformator
Am Transformator wird die Trennung des PEN-Leiters in Neutralleiter und Schutzleiter (PE) vorgenommen. Dort, in der Nähe des Transformator-Sternpunkts, wird auch die Haupterdungsschiene (PAS bzw. MET – s. Abschnitt 3.4.6) aufgebaut, die den Sternpunkt mit dem Anlagen- bzw. Betriebserder verbindet.

Man darf nicht aus den Augen verlieren, dass es bei der erstgenannten Anforderung um den PEN-Leiter der einspeisenden Spannungsquelle geht, der nur ein einziges Mal mit dem Erdpotential verbunden werden darf. Die Schutz- und Potentialausgleichsleiter in der Verbraucheranlage können und sollen dagegen so häufig wie möglich mit dem Erdpotential in Verbindung gebracht und untereinander so eng wie möglich vermascht werden.

5.2.2.2.4 Probleme bei bestehenden Gebäuden mit PEN-Leiter

In Abschnitt 444.4 aus DIN VDE 0100-444 (VDE 0100-444):1999-10 (sowie in VDE V 0800-2-548):1999-10, Anhang A) werden Empfehlungen für Gebäude gegeben, in denen ein PEN-Leiter vorhanden ist oder andere elektromagnetische Störungen auf informationstechnischen Kabeln und Leitungen zu erwarten sind. Dies ist immer der Fall, wenn

- informationstechnische Anlagen in bestehenden Gebäuden, in denen PEN-Leiter vorkommen, errichtet werden

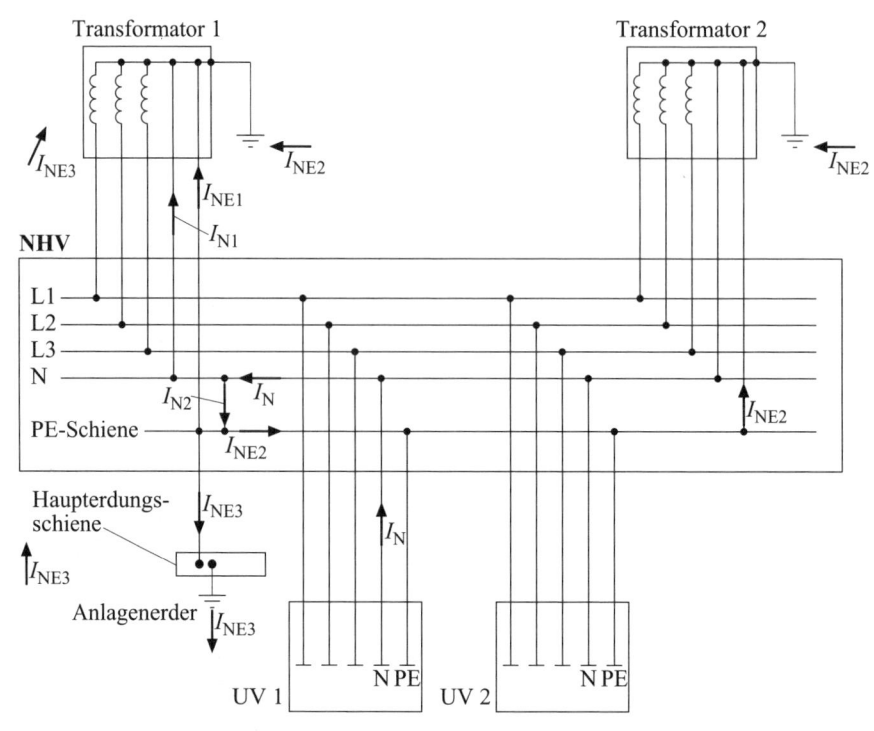

Bild 5.11 Mehrfacheinspeisung mit zahlreichen Verbindungen der PEN-Leiter zum Erdungs- und Potentialausgleichssystem der Verbraucheranlage

I_N betriebsbedingter Rückleiterstrom (Neutralleiterstrom) aus UV 1
I_{N1} Teilstrom von I_N, der über den Neutralleiter direkt zum Transformator 1 zurückfließt
I_{N2} Teilstrom von I_N, der über die Brücke zwischen PE- und Neutralleiter-Schiene (ZEP) fließt; dabei ist I_{N2} so groß wie I_N, reduziert um den Teilstrom I_{N1} ($I_{N2} = I_N - I_{N1}$)
I_{NE1} Teilstrom von I_{N2}, der über den Schutzleiter zum Transformator 1 zurückfließt
I_{NE2} Teilstrom von I_{N2}, der über die PE-Schiene und über den zweiten Schutzleiter zum Transformator 2 und dort über dessen Erdung zum Sternpunkt des Transformators 1 zurückfließt
I_{NE3} Teilstrom von I_{N2}, der über den Erdungsleiter zur Haupterdungsschiene und von dort über den Anlagenerder zum Sternpunkt des Transformators 1 zurückfließt

Demnach ist: $I_N = I_{N1} + I_{N2}$
und zugleich: $I_{N2} = I_{NE1} + I_{NE2} + I_{NE3}$

Anmerkungen:
- Die Ströme I_{NE1} bis I_{NE3} fließen in der Praxis überall im Potentialausgleichssystem und in damit verbundenen fremden leitfähigen Teilen (Streuströme bzw. Kreisströme).
- Um die Darstellung nicht noch unübersichtlicher zu gestalten, wurde der parallele Strom über den Neutralleiter des jeweils anderen Transformators nicht berücksichtigt.
- Wichtig ist noch, dass der Strom I_{NE2} sehr hohe Werte annehmen kann, wenn es irgendwelche leitfähigen Verbindungen zwischen den Sternpunkten der Transformatoren gibt.

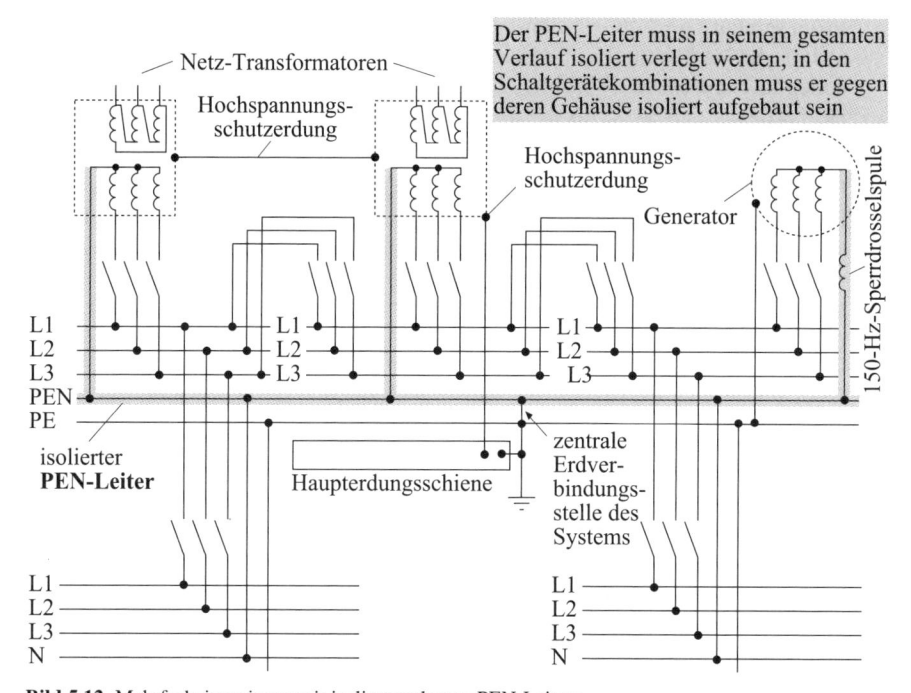

Bild 5.12 Mehrfacheinspeisung mit isoliert verlegten PEN-Leitern

Die Spannungsquellen (zwei Transformatoren und ein Generator) werden nicht direkt geerdet. Der Sternpunkt der Wicklungen wird über einen PEN-Leiter isoliert bis zur NHV geführt und dort auf eine PEN-Schiene gelegt. Diese Schiene muss isoliert gegenüber dem Gehäuse der NHV sowie gegenüber dem Erdpotential aufgebaut sein. Die isolierte Montage wird im Bild durch eine graue Schattierung hervorgehoben.
In der NHV wird die einzige Erdverbindung der PEN-Leiter hergestellt, indem diese PEN-Schiene einmal mit der ebenfalls vorhandenen Schutzleiterschiene (PE-Schiene) verbunden wird (ZEP). Zugleich ist diese Erdverbindung auch der Erdungspunkt der speisenden Spannungsquellen (also der Transformatoren). Die Schutzleiterschiene in der NHV sowie die an ihr angeschlossenen Schutzleiter können und sollen so häufig wie möglich mit dem Erdpotential in Verbindung gebracht werden.
An der isoliert aufgebauten PEN-Schiene werden auch sämtliche abgehenden Neutralleiter angeschlossen.

- das einspeisende Netzsystem mit dem PEN-Leiter, der Störungen verursacht, nicht beeinflusst werden kann
- nach Funktionsstörungen irgendwelcher Art nachträgliche Maßnahmen für eine EMV-freundiche elektrische Anlage ergriffen werden müssen

Um also bestehende Probleme mit der EMV in bestehenden Gebäuden zu minimieren, kann nach VDE 0800-174-2, Abschnitt 6.4.4.6, eine der folgenden Maßnahmen ergriffen werden:

a) Im gesamten Gebäude werden Lichtwellenleitersysteme für die informationstechnische Verkabelung (mindestens jedoch für die Verkabelung der verschiedenen informationstechnischen Abschnitts- oder Etagenverteiler) gewählt.
b) Die informationstechnischen Betriebsmittel sind ausschließlich solche der Schutzklasse II. Dies ist allerdings in der Regel nicht durchgängig planbar.
c) Für die Versorgung der informationstechnischen Einrichtungen mit elektrischer Energie wird ein örtlicher Transformator mit getrennten Wicklungen (Trenntransformator) verwendet. Mit dieser Maßnahme werden die informationstechnischen Einrichtungen galvanisch vom übrigen Netzsystem abgekoppelt. Es entsteht ein „Inselnetz" innerhalb der Verbraucheranlage, das als IT-System betrachtet werden kann. Eventuell kann man auch wie bei der Schutzmaßnahme „Schutztrennung" verfahren. Letzteres dürfte jedoch kaum durchführbar sein, da nicht auszuschließen ist, dass das Massepotential und somit die Schutzleiter und Schirme innerhalb dieser „informationstechnischen Insel" dauerhaft vom Potentialausgleichs- und Erdungssystem des übrigen Gebäudes getrennt werden kann.

5.2.2.2.5 Gebäudeverbindende Kabel und Leitungen im TN-C-System

Bereits im Abschnitt 4.3.3.1 sowie in Bild 4.10 wurde auf das Problem hingewiesen, das im Zusammenhang mit dem PEN-Leiter bei gebäudeüberschreitenden Kabeln und Leitungen auftritt. **Bild 5.13** verdeutlicht die Situation. Verschiedene benachbarte Gebäude werden über ein gemeinsames Einspeisekabel versorgt.

Selbst wenn in den benachbarten Gebäuden ein TN-S-System errichtet wurde, verursacht der PEN-Leiter, der im Kabel zwischen den Gebäuden vorhanden ist, erhebliche Störungen z. B. bei gebäudeverbindenden informationstechnischen Kabeln und Leitungen (**Bild 5.14**). Abhilfe schafft hier nur ein konsequent angewandtes TN-S-System, bei dem der Neutralleiter als aktiver Leiter isoliert vom Erdpotential geführt wird. Wo dies in bestehenden Anlagen nicht mehr möglich ist, muss ein Entlastungsleiter vorgesehen werden (**Bild 5.15**).

Ein solcher Entlastungsleiter muss dabei einen möglichst großen Querschnitt aufweisen, um die Leitungsimpedanz gering zu halten. Als groben Richtwert kann man den Querschnitt des parallel verlaufenden PEN-Leiters wählen, mindestens jedoch 16 mm² Cu. Dieser Entlastungsleiter stellt für den eventuell vorhandenen Schirmstrom der informationstechnischen Leitungen einen im Verhältnis zum Schirm niederohmigeren Parallelweg dar. Dadurch wird der störende Schirmstrom im informationstechnischen Kabel zumindest stark reduziert.

Reicht dies nicht aus, können zusätzlich oder alternativ verschiedene Maßnahmen ergriffen werden, wie:

- Verlegung von Lichtwellenleitern
  Informationstechnische Datenkabel im Außenbereich gehören in der Regel zur sogenannten Primärverkabelung (s. Abschnitt 5.4.5.1). Für die Primärverkabelung sollten, wo immer möglich, Lichtwellenleiter (LWL) verwendet werden.

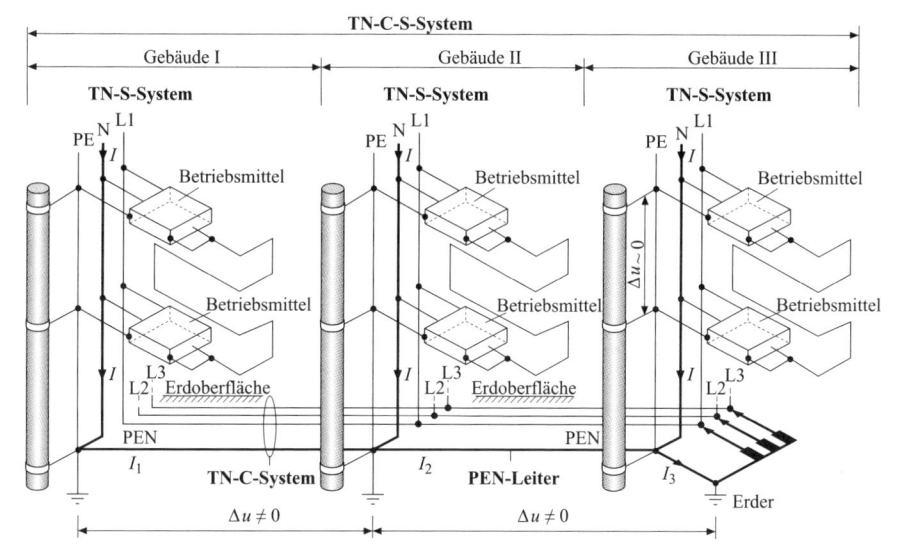

Bild 5.13 Zuleitung zur Versorgung elektrischer Energie für mehrere benachbarte Gebäude im TN-C-System
Durch den betriebsbedingten Strom im PEN-Leiter entsteht ein Spannungsfall $\Delta u > 0$ zwischen den Gebäuden. Wenn nun z. B. Leitungen zwischen den Gebäuden verlegt werden, bei denen ein Leiter oder der Schirm beidseitig an den Potentialausgleich angebunden wird, entstehen u. U. enorme Ausgleichsströme.

Aber auch alle übrigen informationstechnischen Außenkabel können als Lichtwellenleiter ausgeführt sein. Diese Maßnahme kann unerwünschte elektromagnetische Einkopplungen verhindern. Da hier kein Schirm notwendig ist, brauchen keine Maßnahmen zum Schutz vor zu hohen Schirmströmen vorgesehen werden. Hinzu kommt, dass die Informationen nicht über elektrische Ladungsträger übertragen werden, sondern mithilfe von Lichtsignalen, die durch übliche Störfelder kaum beeinflusst werden können.

- Schirmungsmaßnahmen
Statt eines Entlastungsleiters kann auch der Schirm selbst den Strom aufnehmen, der durch das Vorhandensein des PEN-Leiters bzw. durch die dadurch verursachten Potentiale entsteht. Ein solcher Schirm kann
  – ein metallenes Rohr sein, das leitfähig durchverbunden und mit beiden Enden an den Potentialausgleich der Gebäude angeschlossen wird
  – ein Installationskanal sein, z. B. aus Beton, dessen Armierung beidseitig mit dem Potential der Gebäude in Verbindung steht und leitfähig durchverbunden wurde (s. **Bild 5.16** sowie Abschnitt 5.5.5.3.4); die Ausführung eines solchen Schirms wird im Abschnitt 5.5.5.3 besprochen

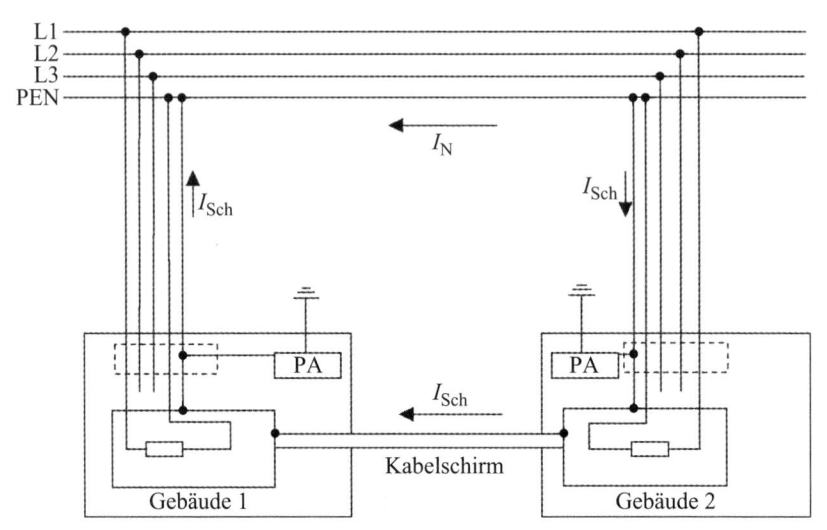

Bild 5.14 Probleme mit dem PEN-Leiter
Aufgrund des Stroms im PEN-Leiter (I_N) entsteht ein Spannungsfall, der auf dem Schirm der informationstechnischen Leitung zwischen den Gebäuden einen Schirmstrom (I_{Sch}) hervorruft. Dieser Schirmstrom kann z. B. Signalstörungen verursachen oder bei entsprechender Stromstärke den Schirm thermisch überlasten.
PA Haupterdungsschiene/Potentialausgleichsschiene des Schutzpotentialausgleichs

Probleme im TT-System sowie im IT-System mit informationstechnischen Kabeln und Leitungen, die verschiedene Gebäude verbinden, werden in den folgenden Abschnitten 5.2.3 und 5.2.4 besprochen.

5.2.3 Das TT-System

Das TT-System scheint auf den ersten Blick günstiger für die EMV zu sein. Es gibt keinen PEN-Leiter, und der betriebsbedingte Rückstrom fließt ausschließlich im vom Erdpotential isolierten Neutralleiter. Dennoch können u. U. erhebliche Probleme auftreten.

Die Voraussetzung für eine für die EMV günstige Umgebung im TT-System ist, dass die gesamte Anlage an einem einzigen Erder angeschlossen wird. Probleme treten auf, wenn dies nicht der Fall ist, oder wenn Leitungen (vor allem informationstechnische Kabel und Leitungen) Gebäude miteinander verbinden und diese Gebäude nicht mit einem gemeinsamen Erder verbunden sind. Ist dies der Fall, können Ableitströme in den elektrischen Anlagen der Gebäude bereits Störungen verursachen, weil diese unweigerlich über die Schirme der Kabel und Leitungen, die die Gebäude verbinden, bzw. über den Masseleiter in diesen Kabeln und Leitungen, fließen werden (**Bild 5.17**).

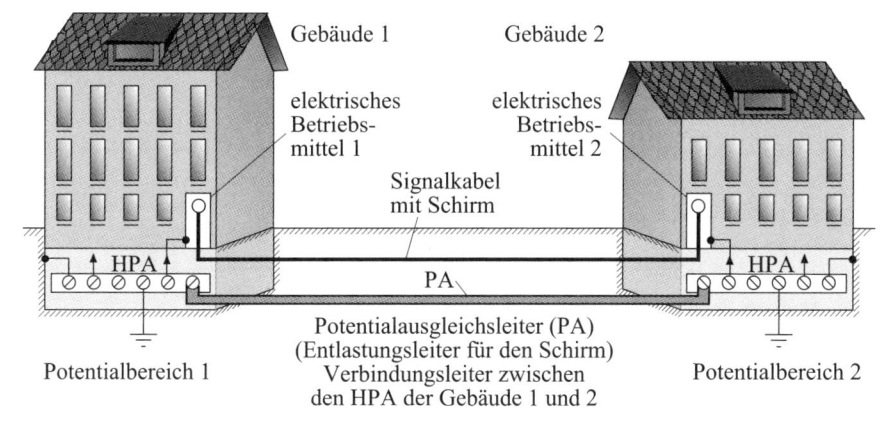

Gebäude 1　　　　　Gebäude 2

elektrisches　　　elektrisches
Betriebs-　　　　Betriebs-
mittel 1　　　　　mittel 2

Signalkabel
mit Schirm

HPA　　　　　　　　　　　　　　　　　　　HPA

PA

Potentialbereich 1　　Potentialausgleichsleiter (PA)　　Potentialbereich 2
　　　　　　　　　(Entlastungsleiter für den Schirm)
　　　　　　　　　Verbindungsleiter zwischen
　　　　　　　　　den HPA der Gebäude 1 und 2

HPA: Hauptpotentialausgleich, Haupterdungsklemme
▨▨▨ Oberkante des Erdbodens oder der Erdoberfläche

Bild 5.15 Schirmentlastung durch einen parallel verlaufenden Potentialausgleichsleiter (Entlastungsleiter bzw. Schirmentlastungsleiter)
Der Strom, der, wie in Bild 5.14 dargestellt, über den Schirm fließen würde, wird auf diese Weise reduziert, da der Entlastungsleiter einen niederohmigen Parallelweg darstellt.
(HPA Haupterdungsschiene/Potentialausgleichsschiene des Schutzpotentialausgleichs)

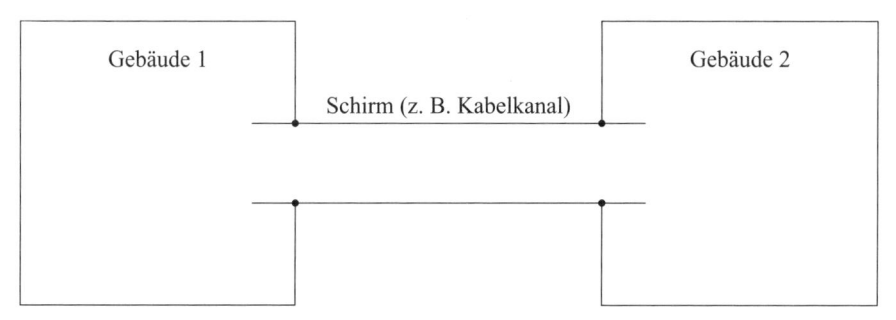

Gebäude 1　　　　　　　　　　　　　　　　　Gebäude 2

Schirm (z. B. Kabelkanal)

Bild 5.16 Prinzipdarstellung einer Schirmung z. B. mittels eines Kabelkanals mit Stahlarmierung, die als Schirm dient (s. Abschnitt 5.5.5.3)
Den Schutz der Leitungen, die von Gebäude 1 zum Gebäude 2 geführt werden, gewährleistet der Schirm. Voraussetzung ist, dass der Schirm in beiden Gebäuden mit dem Potentialausgleich (z. B. über die Armierung des Gebäudes) verbunden wird. Bei richtiger Auslegung des Schirms kann häufig auch eine ungeschirmte Leitung verlegt werden.

Noch schlimmer wird dies bei Fehlern in einem Teil der energietechnischen Anlage. Vor allem, wenn ein Körperschluss auftritt. In diesem Fall wird der Fehlerstrom zum Teil über die vorgenannte Verbindung (Schirm oder Masseleiter) fließen. Diese Ströme können u. U. sehr hoch ausfallen, sodass Beschädigungen der Kabel

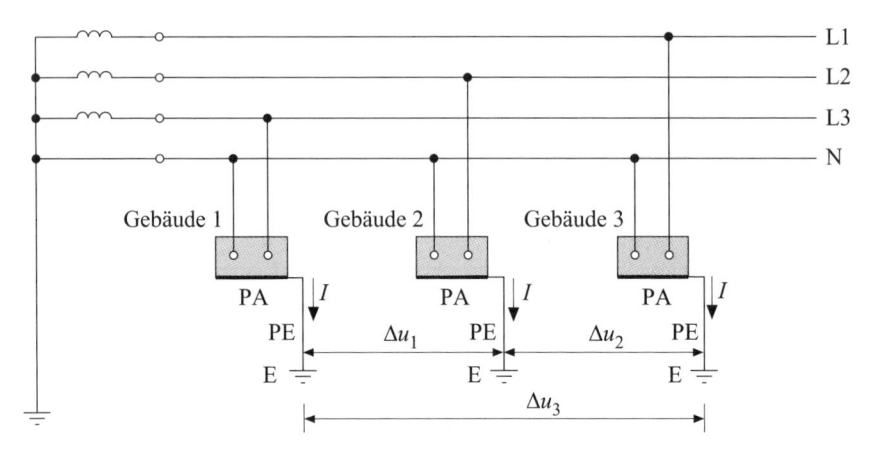

Bild 5.17 Einspeisung mehrerer Gebäude mit jeweils separaten Erdern im TT-System
Durch Ableitströme, Fehlerströme oder Blitzströme entstehen Potentialunterschiede zwischen den Gebäuden (Δu). Wenn ein informationstechnisches Kabel diese Gebäude miteinander verbindet, fließen auf dessem Schirm unweigerlich entsprechende Ströme.

und Leitungen, zumindest jedoch Funktionsstörungen, nicht zu vermeiden sind. Noch extremer wird das Problem, wenn ein oder mehrere der Gebäude über eine Blitzschutzanlage verfügen. Bei einem Blitzeinschlag wird der Blitzstrom über die Blitzschutzanlage zur Erde abgeleitet und fließt somit zum Teil über den Kabelschirm des informationstechnischen Kabels, das die Gebäude verbindet. Eine Zerstörung des Schirms oder des gesamten Kabels kann die Folge sein.

Im Grunde genommen sollte deshalb bei einem TT-System vermieden werden, dass verschiedene Bereiche oder Gebäude, die über ein eigenes, separates Erdungssystem verfügen, durch informationstechnische Kabel oder Leitungen verbunden werden. In DIN EN 50310 (VDE 0800-2-310):2006-10 wird deshalb in Tabelle 1 zum TT-System Folgendes ausgesagt:

- *für EMV geeignet bei informationstechnischen Anlagen innerhalb des Gebäudes*

- *nicht für EMV geeignet bei Verbindungsleitungen zwischen Gebäuden mit informationstechnischen Anlagen; Entlastungs-Potentialausgleichsleiter erforderlich*

Eine ähnliche Aussage findet sich auch in DIN V VDE V 0800-2-548 (VDE V 0800-2-548):1999-10, dort in Tabelle N1.

Abhilfe schafft u. U. ein entsprechender Entlastungsleiter (s. Abschnitt 5.2.2.2.4), dessen Querschnitt mindestens 16 mm^2 Cu betragen muss. In der E DIN IEC 60364-4-44/A2 (VDE 0100-444):2003-04 heißt es im Abschnitt 444.4.7 hierzu:

„Im Fall der Verwendung von geschirmten Signal- oder Datenkabeln für mehrere Gebäude, die von einem TT-System versorgt sind, sollte ein paralleler Potentialausgleichsleiter verwendet werden. Der parallele Potentialausgleichsleiter muss einen Mindestquerschnitt von 16 mm Kupfer oder vergleichbarer Leitfähigkeit haben und entsprechend 543.1 dimensioniert sein."

Denkbar wäre auch, nur eine Seite des Schirms aufzulegen, was jedoch die Schutzwirkung des Schirms herabsetzt (s. Abschnitt 5.5).

5.2.4 Das IT-System

Ähnlich wie beim TT-System kann man auch vom IT-System zunächst sagen, dass das Nichtvorhandensein eines PEN-Leiters darauf schließen lässt, dass es sich um ein für die EMV günstiges Netzsystem handelt. Aber auch hier gelten dieselben Einschränkungen wie im TT-System. Solange ein gemeinsames Erdungssystem für alle Bereiche der elektrischen Anlage vorliegt und die informationstechnischen Kabel und Leitungen nur Einrichtungen innerhalb dieser Anlage verbinden, kann auch das IT-System als für die EMV günstig bezeichnet werden. Sobald jedoch verschiedene Bereiche oder Gebäude, deren elektrische Anlagen mit jeweils verschiedenen, separaten Erdern verbunden sind, durch informationstechnische Kabel und Leitungen verbunden werden, entstehen Probleme. Die Ausführungen in Abschnitt 5.2.3 können also auf das IT-System übertragen werden.

5.2.5 Erdung des Netzsystems

5.2.5.1 Einführung

Erdungsanlagen, bestehend aus dem eigentlichen Erder, dem Erdungsleiter und der Haupterdungsschiene (Potentialausgleichsschiene). Sie wird in DIN VDE 0100-540, Abschnitt 542, beschrieben. Kommentierungen zu den Bestimmungstexten dieser Norm sind z. B. in „H. Schmolke/D. Vogt, Potentialausgleich, Fundamenterder, Korrosionsgefährdung, VDE-Schriftenreihe Band 35, VDE VERLAG, Berlin und Offenbach" zu finden.

5.2.5.2 Die gemeinsame Erdungsanlage

In DIN VDE 0100-540, Abschnitt 542.1.1, heißt es wörtlich: *„Erdungsanlagen dürfen für Schutz- und Funktionszwecke, entsprechend den Anforderungen der elektrischen Anlage, gemeinsam oder getrennt verwendet werden."* Auch wenn der „Schutzzweck" immer Vorrang hat, bedeutet dies, dass die sowieso in elektrischen Anlagen benötigte Erdungsanlage auch für zusätzliche Maßnahmen der EMV (besonders im Zusammenhang mit informationstechnischen Einrichtungen) genutzt werden kann. Genau genommen muss sogar vermieden werden, dass separate Erdungsanlagen vorgesehen werden. Vielmehr sind sämtliche Schutz- und Funktionserdungsleiter nach E DIN IEC 60364-4-44/A2 (VDE 0100-444), Abschnitt 444.5.1, auf die Haupterdungsschiene zu führen (**Bild 5.18**).

Wenn diese direkte Verbindung verschiedener Erdungs- und Potentialausgleichsanlagen in verschiedenen Gebäuden oder in verschiedenen Bereichen von weitverzweigten Gebäuden, die je einen eigenen Erder bzw. eine eigene Potentialausgleichsanlage besitzen, nicht realisiert werden kann, müssen entsprechende Maßnahmen vorgesehen werden, wenn informationstechnische Leitungen diese Gebäude oder Bereiche untereinander verbinden. Die Anforderungen hierzu sind z. B. in E DIN IEC 60364-4-44/A2 (VDE 0100-444):2003-04, Abschnitt 444.5.1, sowie DIN VDE 0100-444 (VDE 0100-444):1999-10, Abschnitt 444.3.15, nachzulesen.

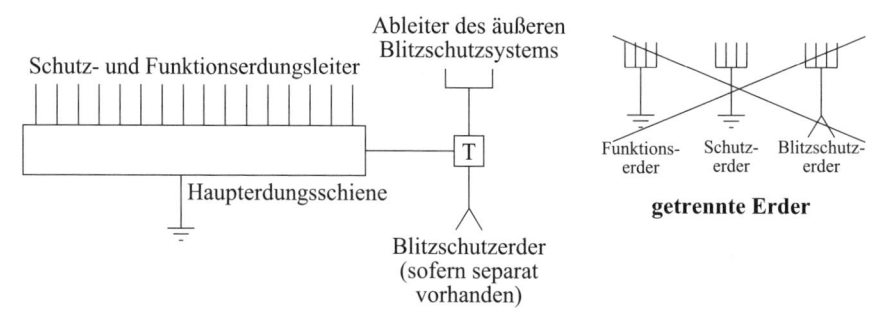

Bild 5.18 Verbindung der Schutz- und Funktionserdungsleiter (bzw. Schutz- und Funktionspotentialausgleichsleiter) an einer Haupterdungsschiene
Getrennte Erder für verschiedene Systeme in einem Gebäude müssen vermieden werden. Beim Anschluss an die Haupterdungsschiene (Potentialausgleichsschiene) muss die Trennung einzelner Leiter möglich sein, ohne die Verbindung der anderen Leiter zu unterbrechen. Leiter für Schutzfunktionen separater Systeme (wie Blitzschutz) müssen mit einer Trenneinrichtung versehen sein, die für Prüfzwecke leicht gelöst werden kann.
T Trenn- bzw. Verbindungsstelle für Blitzschutzerdung
(nach VDE 0100-444, Abschnitt 444.5.1)

In den Bestimmungstexten der vorgenannten Normen werden diese besonderen Maßnahmen leider nur als Empfehlungen aufgeführt. Allerdings kommt man um diese Maßnahmen nicht herum, wenn Störungen vermieden werden sollen. Sie wurden bereits in Abschnitt 5.2.2.2.4 beschrieben. Dort ging es um informationstechnische Anlagen, die in bestehenden Gebäuden errichtet werden müssen, in denen ein TN-C-System vorhanden ist und deshalb Störungen zu erwarten bzw. bereits aufgetreten sind. Im Wesentlichen ging es darum,

- die informationstechnischen Leitungssysteme galvanisch ganz abzukoppeln (z. B. mit Lichtwellenleitersystemen)
- die energietechnische Einspeisung der informationstechnischen Einrichtungen galvanisch zu trennen (z. B. über Trenntransformatoren oder Aufbau der Stromkreise als SELV- oder PELV-Stromkreise)

5.2.5.3 Die Erdung

5.2.5.3.1 Einführung

Die gebräuchlichsten Erderarten sind Oberflächenerder und Tiefenerder. Als Oberflächenerder werden häufig Runddrähte oder Bänder benutzt. Als Material kommen in Frage: nicht rostender oder feuerverzinkter Stahl (gelegentlich auch Stahl mit Kupferumhüllung) sowie blankes, verzinntes oder verzinktes Kupfer. Sie werden in den Erdboden meist um ein Gebäude herum verlegt (Ringerder).

Tiefenerder dagegen sind in der Regel Stangen aus Stahl (nicht rostend, blank oder mit einer Kupferumhüllung), die in die Erde eingetrieben werden. Sie werden häufig errichtet, wenn nachträglich ein Erder vorgesehen werden muss oder wenn die bestehenden Erdungsmaßnahmen nicht ausreichend gute Erdungswiderstandswerte erbracht haben.

5.2.5.3.2 Fundamenterder

Der wohl häufigste Erder bei neu errichteten Gebäuden ist der Fundamenterder. Er wird als geschlossener Ring in den Beton des Gebäudefundaments eingebettet. Dabei handelt es sich in der Regel um

- einen Rundstahl mit mindestens 10 mm Durchmesser
- Bandstahl mit den Maßen: 30 mm × 3,5 mm

Der Werkstoff ist meist feuerverzinkter oder nicht rostender Stahl. Nähere Einzelheiten werden in DIN 18014 erläutert.

Bei kleineren Gebäuden reicht es aus, den Fundamenterder entlang der Außenfundamente zu verlegen. Bei größeren Gebäuden ist es erforderlich, zusätzlich durch Querverbindungen die Maschenweite nicht allzu groß werden zu lassen. DIN 18014 fordert eine maximale Maschenweite von 20 m × 20 m (**Bild 5.19**).

DIN 18014 sagt hierzu im Abschnitt 5.1 Folgendes:

„Der Fundamenterder ist als geschlossener Ring auszuführen und in den Fundamenten der Außenwände des Gebäudes oder in der Fundamentplatte entsprechend anzuordnen ... Bei größeren Gebäuden sollte der Fundamenterder durch Querverbindungen aufgeteilt werden. Die Maschenweite sollte nicht größer als 20 m × 20 m sein."

Wichtig ist, dass der Fundamenterder allseits mit Beton bei einer Mindestüberdeckung von 5 cm umhüllt sein muss, um ihn dauerhaft vor Korrosionsschäden zu schützen.

Um dies zu gewährleisten, wird er bei unbewehrtem Beton nach DIN 18014 mit Abstandhaltern in seiner Lage fixiert (**Bild 5.20**). Bei bewehrtem Beton wird er an der untersten Bewehrungslage fixiert. Dieses Fixieren erfolgt mittels Schweiß- oder Klemmverbindung (**Bild 5.21**).

1 Fundamenterder
2 Anschlussfahne
3 Querverbindung des Fundamenterders

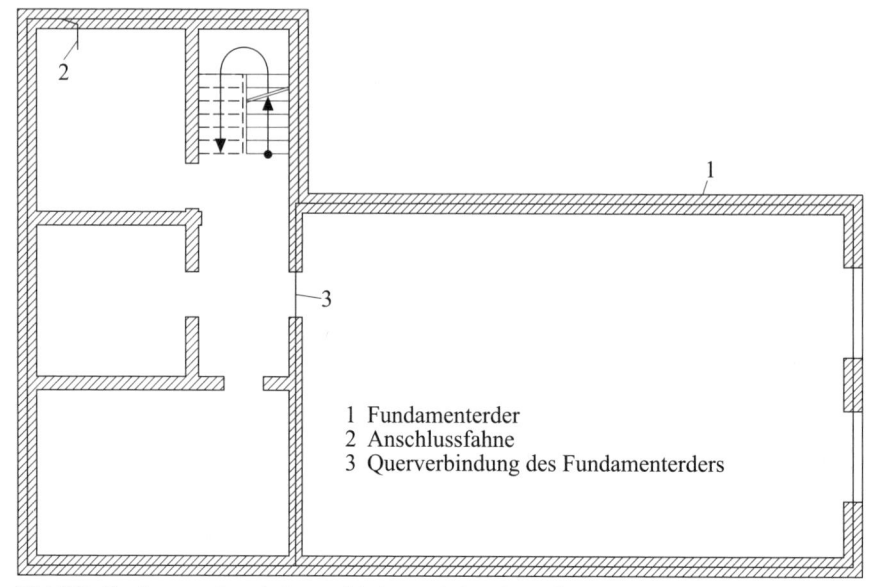

Bild 5.19 Fundamenterder mit Querverbindungen bei größeren Gebäuden
(Quelle: DIN 18014)

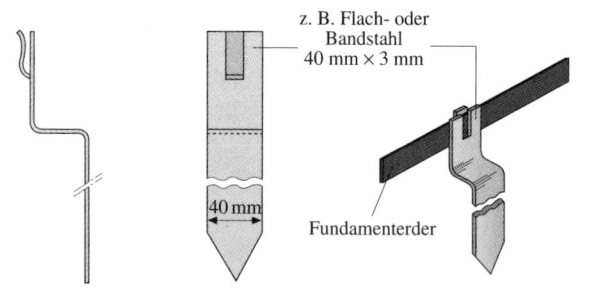

Bild 5.20 Beispiel für einen Abstandhalter zur Lagefixierung des Fundamenterders nach DIN 18014
(Quelle: RWE Bau-Handbuch)

An wichtigen Stellen im Gebäude müssen Verbindungen zu diesem Fundamenterder geschaffen werden, damit Erdungs-, Schutz- und Potentialausgleichsleiter an ihn angeschlossen werden können. Dies geschieht in der Regel durch
- Anschlussfahnen, die im Innern des Gebäudes an möglichst vielen Stellen vorgesehen werden (**Bild 5.22**)
- Anschlusspunkte mittels eines besonderen Erdungsfestpunkts (s. Bilder 5.22, 5.26 und 5.27)

Bild 5.21 Beispiel für eine Verbindungsklemme, mit der der Fundamenterder am Bewehrungsstahl befestigt wird, sodass er leitfähig mit diesem verbunden ist (Quelle: Dehn&Söhne)

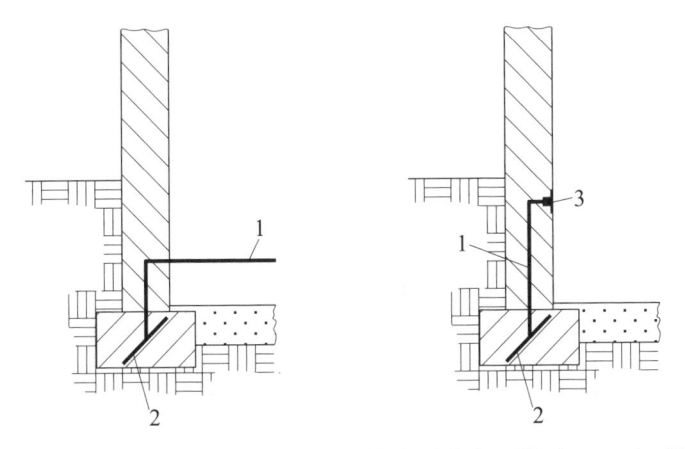

Bild 5.22 Beispiele für Anschlussmöglichkeiten bei einem Fundamenterder (2)
Links erfolgt der Anschluss über eine Anschlussfahne (1) aus Bandstahl (feuerverzinkt oder nicht rostender Stahl) mit gleichem Querschnitt wie der Fundamenterder; die Anschlussfahne muss mindestens 1,5 m aus dem Fertigfußboden herausragen und ist während des Baus auffällig zu kennzeichnen, damit sie nicht versehentlich entfernt wird.
Rechts erfolgt der Anschluss des Fundamenterders über einen Anschlusspunkt, auch Erdungsfestpunkt genannt (3).

Beide Möglichkeiten werden in Bild 5.22 dargestellt. Zusätzliche Anschlussfahnen des Fundamenterders im Außenbereich dienen häufig dazu, die Ableitungen der äußeren Blitzschutzanlage zu erden. In diesem Fall dient der Fundamenterder gleichzeitig als Blitzschutzerder (**Bild 5.23**).

Außenbereich

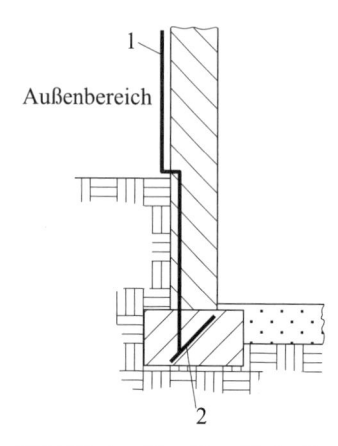

Bild 5.23 Anschlussfahne (1) des Fundamenterders (2) im Außenbereich für den Anschluss der Blitzschutzableiter (nach DIN 18014)
1 Anschlussfahne im Außenbereich des Gebäudes
2 Fundamenterder im Streifenfundament

Die Anschlussfahnen werden durch Klemmverbindungen oder durch Schweißen mit dem Fundamenterder verbunden und etwa 1,5 m aus dem Erdboden herausgeführt. Damit die Anschlussfahne während der Bauphase nicht versehentlich entfernt wird, muss sie deutlich als Teil der Erdungsanlage gekennzeichnet sein.

Anschlussfahnen werden sinnvollerweise dort vorgesehen, wo ein Potentialausgleich durchgeführt werden muss. Dies sind Technikräume, Aufzugsschächte, Installationsschächte, aber auch Orte, wo größere elektrische Energieverteilungsanlagen stehen und in der Nähe von Steigetrassen und Doppelbodenkonstruktionen. Wenn in größeren Räumen zahlreiche leitfähige Teile an verschiedenen Stellen angebunden und leitfähige Kabelträgersysteme mehrfach in den Potentialausgleich einbezogen werden müssen, ist es sinnvoll, Anschlussfahnen oder Erdungsfestpunkte (s. Bilder 5.26 und 5.27) entlang der Wände in regelmäßigen Abständen vorzusehen.

Die Anschlussfahnen werden nach Fertigstellung des Fußbodens und der Wand (z. B. nach dem Verputzen) auf die passende Länge gekürzt und entweder am entsprechenden Bauteil (z. B. den Fußpunkt einer Stahlstütze) angeschlossen, oder auf eine Potentialausgleichsschiene aufgelegt, die zu Potentialausgleichszwecken dort errichtet wurde (s. **Bild 5.24** sowie Bild 5.27 und 5.28).

Auch bei Dehnfugen wird es notwendig, Anschlussfahnen vorzusehen, um außerhalb des Fundaments eine entsprechende leitfähige Verbindung zu schaffen. Durch die Fuge darf der Fundamenterder, der stets als Ring vorgesehen werden muss, nicht unterbrochen werden (s. **Bild 5.25**).

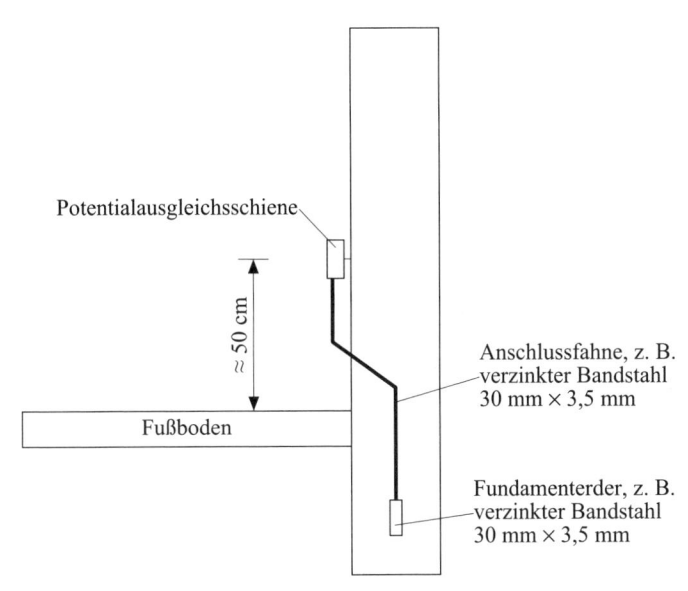

Bild 5.24 Beispiel für den Anschluss der Anschlussfahne an eine Potentialausgleichsschiene

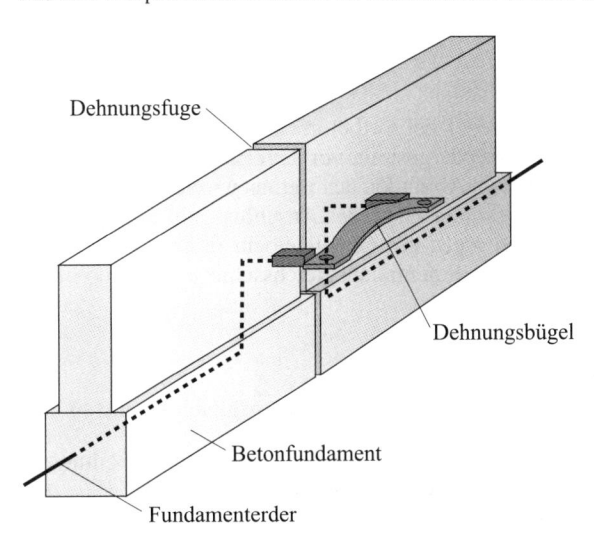

Bild 5.25 Überbrückung des Fundamenterders mittels eines Dehnfugenbügels bei vorhandenen Dehnfugen im Fundament

Erdungsfestpunkte sind im Grunde Anschlussmöglichkeiten für Erdungsmaßnahmen mittels Schraubverbindung (**Bild 5.26** und **Bild 5.27**).

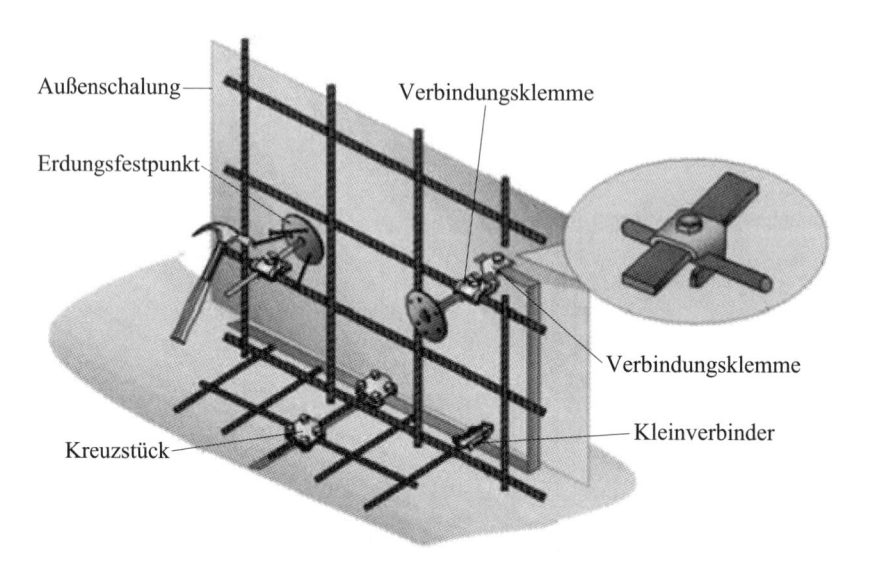

Bild 5.26 Beispiel für Erdungsverbindungen mit Erdungsfestpunkten
In diesem Beispiel wird die Verbindung zum Erder über Anschlussfahnen vom Fundamenterder oder über die Armierung (bzw. zusätzlich über die Armierung) hergestellt. Die Festpunkte werden vor Einbringen des Betons an der Verschalung befestigt (Quelle: Firma Dehn & Söhne).

Der Erdungsfestpunkt wird in der Regel bei Ortbetonwänden vorgesehen. Dabei wird er, wie in Bild 5.26 (links im Bild) dargestellt, vor dem Einbringen des Betons an die Verschalung genagelt. Nach dem Abbinden des Betons wird die Verschalung entfernt, und an der Wand bleibt die runde Platte des Anschlusspunkts sichtbar. In der Mitte dieser Platte befindet sich meist ein Gewindeloch, in dem Erdungsanschlüsse (z. B. die Verbindung zu einer Potentialausgleichsschiene) vorgenommen werden können (Bild 5.27).

Um die Armierung des Ortbetons

- als zusätzliche Verbindung für einen Maschenpotentialausgleich zu nutzen und

- sämtliche metallenen Konstruktionsteile, Schutzleiterschienen in Verteilungen, metallenen Gehäuse von Geräten usw. auf möglichst kurzem Weg in den Gesamtpotentialausgleich (siehe Abschnitt 5.3)

einbeziehen zu können, müssen Erdungsfestpunkt an möglichst vielen geeigneten Stellen vorgesehen werden. Dies setzt eine entsprechende vorausschauende Planung des Erdungs- und Potentialausgleichssystems voraus.

Außerdem ist natürlich auch die Überbrückung einer Dehnfuge (s. Bild 5.25) mit zwei benachbarten Erdungsfestpunkten und einem flexiblen Band, das die beiden Anschlusspunkte miteinander verbindet, möglich.

Anschluss von Schutz- und Potentialausgleichsleitern

Anschluss mittels Gewinde M12

Erdungsfestpunkt, bündig mit der Wand

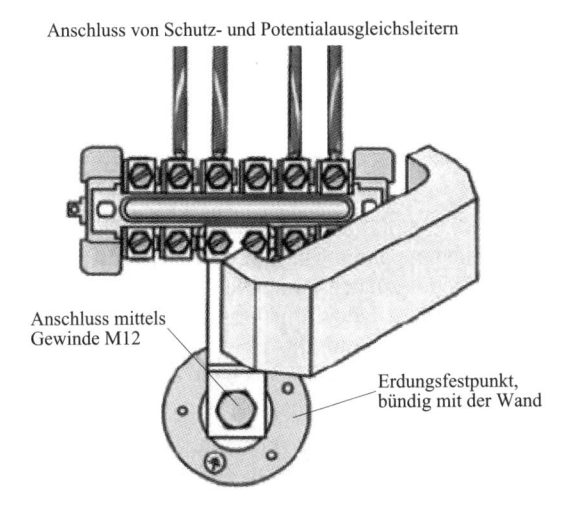

Bild 5.27 Beispiel für den Anschluss einer Potentialausgleichsschiene (eventuell auch einer Haupterdungsschiene) über einen Erdungsfestpunkt (Quelle: Firma Dehn & Söhne)

Weitere Ausführungen sind in DIN 18014, VDE 0100-540, VDE 0185-305-3 sowie im Fachbuch: H. Schmolke/D. Vogt, Potentialausgleich, Fundamenterder, Korrosionsgefährdung, VDE-Schriftenreihe Band 35, VDE VERLAG, Berlin und Offenbach nachzulesen.

5.3 Potentialausgleich

5.3.1 Der Potentialausgleich nach DIN VDE 0100-410 und -540

5.3.1.1 Einführung

Der bisher gebräuchliche Begriff „Hauptpotentialausgleich" taucht in neueren Normen nicht mehr auf. Stattdessen wurde der Begriff „Schutzpotentialausgleich" eingeführt. Der früher bekannte „zusätzliche Potentialausgleich" heißt nach neuerer Begrifflichkeit „zusätzlicher Schutzpotentialausgleich". Mit dieser Änderung wollte man auch begrifflich eine saubere Trennung ziehen zwischen

177

- dem Potentialausgleich, der eine Teilmaßnahme für den Schutz vor elektrischem Schlag z. B. nach VDE 0100-410, darstellt
- dem Funktionspotentialausgleich nach VDE 0800-2-310, der u. a. dazu dient, für informationstechnische Anlagen einen sauberen Signalbezug zu erhalten (s. auch Abschnitt 3.4.2)

Dass Normen der Reihe VDE 0800 Anforderungen zum Potentialausgleich beschreiben, ist verständlich, denn bei informationstechnischen Einrichtungen geht es nicht nur um den Personenschutz, sondern auch um einen störungsfreien Betrieb. Da Betriebsmittel der Informationstechnik wesentlich sensibler sind als übliche Betriebsmittel der Energietechnik, müssen hier besondere Anforderungen gelten. Probleme gibt es, wenn die Informationstechnik unabhängig von der übrigen elektrischen Anlage geplant und errichtet wird. Hier passen die Dinge häufig nicht mehr zusammen, und es darf nicht verwundern, wenn anschließend Probleme auftreten.

Planer und Errichter von elektrischen Niederspannungsanlagen berücksichtigen bei Erdung und Potentialausgleich in der Regel zunächst nur die Anforderungen der Normenreihe VDE 0100. Diese Einstellung ist jedoch nicht mehr zeitgemäß. Wer weiß, dass im fertigen Gebäude informationstechnische Einrichtungen betrieben werden müssen (und wo ist dies nicht der Fall?), der muss auch die Belange solcher Einrichtungen mit im Blick haben.

Dabei versuchen die Normen der Reihe VDE 0800 möglichst auf Anforderungen aus VDE 0100 zurückzugreifen. In der Einleitung zu VDE 0800-2-310 heißt es wörtlich:

*„Diese Norm behandelt Erdung und Potentialausgleich für Einrichtungen der Informationstechnik in Gebäuden im Hinblick auf Sicherheit, Funktion und elektromagnetische Verträglichkeit, wobei berücksichtigt wird, dass die Norm **keine zusätzlichen Erdungs- und Potentialausgleichsanlagen** vorsieht, jedoch aus den bestehenden (siehe Harmonisierungsdokumente der Reihe HD 384/HD 60364, ergänzt um IEC 60364-5-548) die nach den Anforderungen der Informationstechnik am besten geeigneten Maßnahmen auswählt (CBN, MESH-BN, TN-S-System)."*

Die Bemerkung „keine zusätzlichen Erdungs- und Potentialausgleichsanlagen" klingt zunächst harmlos. Gemeint ist im Grunde, dass in dieser Norm keine neuen oder eigenen Anforderungen an ein Erdungs- und Potentialausgleichssystem definiert werden. Es wird auch keine eigene, vom Schutzpotentialausgleich losgelöste Potentialausgleichsanlage errichtet. Aber die Maßnahmen, die im Zusammenhang mit diesem Schutzpotentialausgleich (z. B. nach VDE 0100-540) beschrieben werden, sollen nach VDE 0800 spezifisch für die Belange der Informationstechnik ausgewählt und angepasst werden. Dabei kommen ausdrücklich auch Anforderungen zu Wort, die wir in Deutschland gar nicht in der Normenreihe VDE 0100 finden. Die im zitierten Text aus VDE 0800-2-310 erwähnte IEC 60364-5-548 ist in Deutschland z. B. nur als Vornorm in der Reihe VDE 0800 herausgegeben worden – dort als VDE V 0800-2-548 (s. Abschnitt 2.3.14).

Insofern ist es unrichtig, zu behaupten, dass die Anforderungen zur Erdung und zum Potentialausgleich, wie sie in der Normenreihe VDE 0800 gefordert werden, bei Berücksichtigung der Anforderungen der Normenreihe VDE 0100 automatisch mit erfüllt sind. Dies soll im Folgenden genauer beschrieben werden.

5.3.1.2 Der Schutzpotentialausgleich

Wie bereits im vorherigen Abschnitt erwähnt, taucht in den neueren Normen der bisher bekannte Begriff „Hauptpotentialausgleich" nicht auf. Stattdessen steht an der entsprechenden Stelle (so in VDE 0100-410 sowie -540) der Begriff „Schutzpotentialausgleich". Genau genommen ist der Schutzpotentialausgleich der Sammelbegriff über alle Potentialausgleichsmaßnahmen. Tatsächlich wird dieser Begriff jedoch immer dann verwendet, wenn ausschließlich vom ehemals bekannten Hauptpotentialausgleich die Rede ist. Zur Abgrenzung wird dann in den neueren Normen der früher bekannte „zusätzliche Potentialausgleich" zukünftig „zusätzlicher Schutzpotentialausgleich" genannt.

Der Schutzpotentialausgleich wird in VDE 0100-410, Abschnitt 411.3.1.2, sowie in VDE 0100-540, Abschnitte 542.4 und 544, beschrieben. Kernstück dieser Maßnahme ist die Haupterdungsklemme bzw. Haupterdungsschiene, an die folgende Leiter angeschlossen werden müssen (**Bild 5.28**):

- der Erdungsleiter
- alle von außen in das Gebäude eingeführten leitfähigen Teile (wie metallene Gas- und Wasserrohre)
- leitfähige Gebäudekonstruktionsteile, Rohre oder Kanäle, die das Gebäude durchziehen
- die Betonarmierung, sofern zugänglich
- die Schutzpotentialausgleichsleiter (z. B. Potentialausgleichsverbindung zur Fernmeldeanlage) und zum Schutzleiter

Nach VDE 0100-540, Abschnitt 542.4.2, muss es bei der Haupterdungsschiene stets möglich sein, jeden einzelnen Leiter abzuklemmen, ohne dass dabei die Verbindung anderer Leiter gelöst werden muss.

Die Einbeziehung der genannten Teile in den Schutzpotentialausgleich nach VDE 0100-540 muss möglichst sofort beim Eintritt der leitfähigen Teile in das Gebäude durchgeführt werden (**Bild 5.29**). In der Regel geschieht dies in einem gesonderten Raum, z. B. dem Hausanschlussraum. Nach den Anforderungen aus VDE 0100-410 sowie -540 ist es nicht notwendig, die erwähnten leitfähigen Teile im weiteren Verlauf durchgängig leitfähig zu verbinden. Das bedeutet, dass z. B. ein leitfähiges Rohr, das einmal in den Schutzpotential einbezogen wurde, vom Errichter nicht weiter durchverbunden werden muss. Natürlich gilt dies ebenso für alle anderen mit dem Schutzpotential verbundenen Teile.

Verbindung mit
Schutzleiter PE bei
Schutzmaßnahme
im TT-System
oder:

Verbindung mit
PEN-Leiter bei
Schutzmaßnahme
im TN-System

Potentialausgleichsleiter zur Verbindung mit:
Fernmeldeanlage
Antennenanlage
Gasrohren
Heizungsrohren
Wasserverbrauchsleitungen

Verbindung zur
Blitzschutzanlage

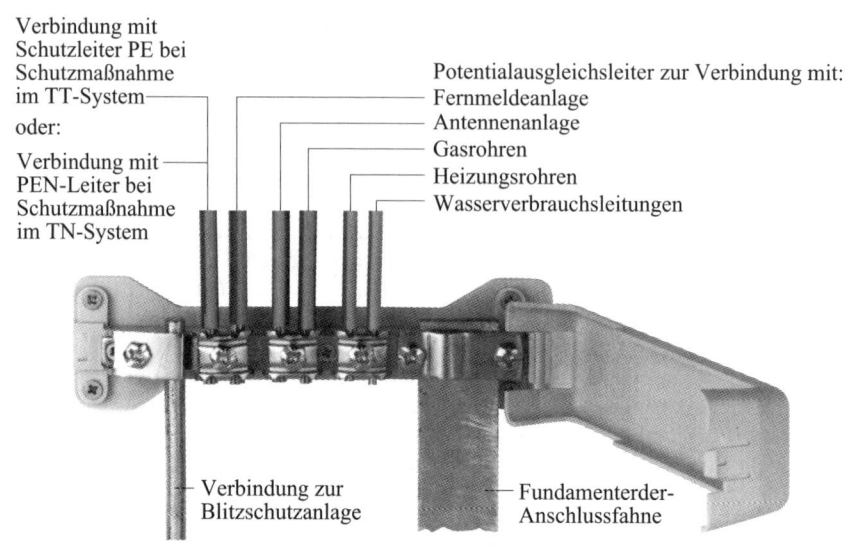

Fundamenterder-
Anschlussfahne

Bild 5.28 Beispiel für eine Haupterdungsschiene mit angeschlossenen Leitern (früher übliche Bezeichnung: Potentialausgleichsschiene)

Dies ist ein wesentlicher Unterschied zwischen dem Potentialausgleich, der aus Personenschutzgründen nach DIN VDE 0100-410 errichtet wird, zu einem Potentialausgleich, der aus funktionellen Gründen vorgesehen werden soll, um z. B. eine EMV-freundliche Umgebung zu gewährleisten. Der zuletzt genannte Potentialausgleich (s. Abschnitt 3.4.2 dieses Buchs) wird vor allem in der Normenreihe VDE 0800 beschrieben. Dort wird er „kombinierte oder gemeinsame Potentialausgleichsanlage (CBN)" genannt. Nach den Anforderungen an eine CBN muss der Errichter stets bestrebt sein, alle leitfähigen Teile wie Rohrleitungen und Gebäudekonstruktionen usw. bis in die letzte Verästelung leitfähig durchzuverbinden und zusätzlich soweit als möglich mehrfach untereinander in Verbindung zu bringen. Im Gebäude soll dadurch ein umspannendes Maschen-Potentialausgleichsystem entstehen.

In Bezug auf den Schutzpotentialausgleich nach VDE 0100-410 und -540 kann somit gesagt werden:

> Der Schutzpotentialausgleich nach der Normenreihe VDE 0100 ist eine notwendige Voraussetzung für einen umfassenden Potentialausgleich (CBN) im Sinne der EMV. Allerdings wird die Verbindung der leitfähigen Teile nach VDE 0100-540 nur einmal an einer Stelle im Gebäude ausgeführt. Eine durchgehende und leitfähige Verbindung der einmal einbezogenen Teile wie leitfähige Rohre, Kanäle und Konstruktionselemente usw. im Gebäude ist weder nach VDE 0100-410 noch nach VDE 0100-540 gefordert.

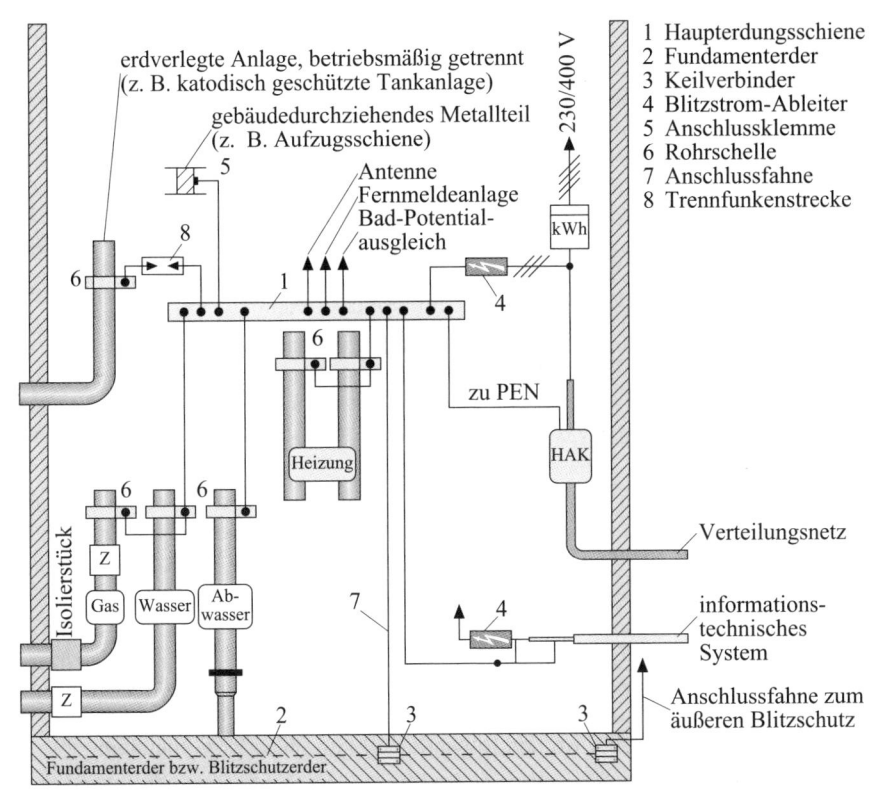

Bild 5.29 Der Schutzpotentialausgleich in einem typischen Hausanschlussraum
Die Verbindungsleitung zum PEN im Hausanschlusskasten (HAK) entfällt bei einem TT-System. Wenn im HAK eine zusätzliche PE-Klemme vorhanden ist, wird der dargestellte Verbindungsleiter auf diese PE-Klemme im HAK gelegt, und von dort aus wird dann zum Zähler (kWh) ein fünfadriges Kabel verlegt. Eine andere Möglichkeit wäre, ein vieradriges Kabel zwischen HAK und kWh zu verlegen und den Schutzleiter (PE) separat von der Haupterdungsschiene aus zu verlegen.
(Quelle: Dehn & Söhne)

5.3.1.3 Der zusätzliche Schutzpotentialausgleich

Die Frage, was an diesem Potentialausgleich „zusätzlich" ist, muss von der jeweiligen Anforderung in den VDE-Normen aus beantwortet werden (zum Begriff s. Abschnitt 5.3.1.2). Die hauptsächliche Stelle in den Bestimmungstexten der Normen für die Forderung nach einem zusätzlichen Schutzpotentialausgleich ist VDE 0100-410, Abschnitt 411.3.2.6. Dort heißt es wörtlich:

„Wenn automatische Abschaltung nach 411.3.2.1 in der in 411.3.2.2, 411.3.2.3 oder 411.3.2.4 geforderten Zeit – je nachdem, was zutreffend ist – nicht erreicht

181

werden kann, muss ein zusätzlicher Schutzpotentialausgleich nach 415.2 vorgesehen werden."

Danach ist dieser Potentialausgleich eine Art „**Ersatzmaßnahme**" für die Schutzmaßnahme „Schutz durch automatische Abschaltung im Fehlerfall", wenn deren Anforderungen aus irgendwelchen Gründen nicht eingehalten werden können. Dieser Fall kommt in der Praxis nicht so häufig vor, da der Errichter im Grenzfall eher eine Fehlerstrom-Schutzeinrichtung (RCD) vorsieht, statt einen wesentlich schwerer zu errichtenden zusätzlichen Schutzpotentialausgleich. In der Regel werden Anforderungen für den „Schutz durch automatische Abschaltung im Fehlerfall" mit einer Fehlerstrom-Schutzeinrichtung (RCD) immer erreicht.

Darüber hinaus wird ein zusätzlicher Schutzpotentialausgleich gefordert, wenn z. B. eine besondere Gefährdung vorausgesetzt wird. Insbesondere kommen derartige Anforderungen in Normen der Gruppe 700 aus der Normenreihe VDE 0100 vor (z. B. in VDE 0100-702, Becken von Schwimmbädern und andere Becken, dort im Abschnitt 702.413.1.6).

Allerdings geht es dann in der Regel nicht um die zuvor erwähnte Ersatzmaßnahme, sondern um eine **zusätzliche** Sicherheit trotz funktionierender Schutzmaßnahmen nach VDE 0100-410. Man könnte den zusätzlichen Schutzpotentialausgleich in diesem Fall eine „**Ergänzungsmaßnahme**" nennen; denn er ergänzt den funktionierenden und in anderen Bereichen ausreichenden Schutz.

Die Grundidee des zusätzlichen Schutzpotentialausgleichs ist, dass alle gleichzeitig berührbaren Teile über möglichst kurze, d. h. niederohmige Leitungen verbunden werden, sodass keine gefährlichen Potentialunterschiede zwischen diesen Teilen auftreten können. Dabei werden folgende Teile miteinander verbunden:

- alle gleichzeitig berührbaren Körper fest angebrachter elektrischer Betriebsmittel
- alle fremden leitfähigen Teile, die untereinander gleichzeitig berührt werden können bzw. die gleichzeitig mit den Körpern fest angebrachter Betriebsmittel berührt werden können
- soweit möglich die Bewehrung von Betonwänden und -decken
- sämtliche Schutzleiter der elektrischen Betriebsmittel

Letzteres gilt über den Schutzleiter der Steckdose auch für die nicht ortsfesten Betriebsmittel.

In einer Anmerkung in VDE 0100-410, Abschnitt 415.2, heißt es wörtlich: *„Der zusätzliche Schutzpotentialausgleich darf die gesamte Anlage, einen Teil der Anlage, ein Gerät oder einen Bereich einschließen."* Im Grunde genommen sind hier bereits Maßnahmen genannt, die dem Potentialausgleich nach Gesichtspunkten der EMV (also des CBN, s. Abschnitt 3.4.2) entsprechen. Allerdings ist nach den zuvor angegebenen Voraussetzungen der zusätzliche Schutzpotentialausgleich nur in bestimmten Bereichen oder unter bestimmten Voraussetzungen gefordert. Eine allgemeine Forderung gibt es also nicht.

5.3.2 Die kombinierte Potentialausgleichsanlage (CBN) nach VDE 0800-2-310

5.3.2.1 Einführung

In VDE 0800-2-310 wird die CBN auch „gemeinsame Potentialausgleichsanlage" genannt. In E DIN IEC 60364-4-44/A2 (VDE 0100-444):2003-04 steht im Abschnitt 444.3.3 zum Thema CBN Folgendes:

„Potentialausgleichsanlage, die sowohl Schutzpotentialausgleich als auch Funktionspotentialausgleich herstellt."

Geht man von dem bisher Gesagten aus (s. Abschnitt 5.3.1), so erscheint die CBN durch die Einbeziehung des Funktionspotentialausgleichs als eine konsequente Fortführung des Schutzpotentialausgleichs im Sinne einer EMV-freundlichen elektrischen Anlage. Eine eindeutige und sichere Grenze zwischen Schutzpotentialausgleich nach der Normenreihe VDE 0100 und dem Funktionspotentialausgleich nach den Anforderungen der Normenreihe VDE 0800 gibt es im Grunde nicht. Vielmehr sind die Schnittstellen zwischen Anforderungen aus beiden Normenreihen fließend. Deshalb ist es sinnvoll, im Zusammenhang mit der CBN von zum Schutzpotential ergänzenden Maßnahmen zu sprechen, wobei die CBN die grundlegenden Maßnahmen zum Schutzpotentialausgleich einschließt bzw. voraussetzt.

Dies mach deutlich, dass es in einem Gebäude durchaus üblich ist, dass Schutz- und/oder Potentialausgleichsleiter sowohl Schutzzwecke nach VDE 0100 als auch Funktionszwecke nach VDE 0800 erfüllen. Zu sogenannten „kombinierten Schutz- und Funktionserdungsleitern" heißt es in der VDE 0100-540, Abschnitt 543.5, beispielsweise:

„Wenn ein gemeinsamer Schutzerdungs- und Funktionserdungsleiter verwendet wird, muss dieser die Anforderungen für einen Schutzleiter erfüllen. Zusätzlich muss er auch die entsprechenden Anforderungen für Funktionszwecke erfüllen."

Daneben wird es immer auch Potentialausgleichsleiter und Potentialausgleichsanschlüsse geben, die nicht aus sicherheitstechnischen Gründen nach VDE 0100-410 gefordert sind. Sie gehören dann zum Bereich des Funktionspotentialausgleichs und sind somit Teil des CBN, nicht jedoch des Schutzpotentialausgleichs nach der Normenreihe VDE 0100.

Die Anforderungen an einen CBN werden in VDE 0800-2-310, Abschnitt 4, beschrieben. Dort wird u. a. gefordert, dass in komplexen Anlagen der Informationstechnik eine sogenannte Systembezugspotentialebene (SRPP) vorhanden sein muss (s. auch Abschnitte 3.4.5 und 5.3.5). Diese Formulierung zeigt im Grunde, dass nicht in jeder Anlage, in denen informationstechnische Einrichtungen betrieben werden, derselbe Umfang an Potentialausgleichsmaßnahmen gefordert wird. Der gesamte Maßnahmenkatalog der Normenreihe VDE 0800 zum Potentialausgleich kann grob in drei Bereiche untergliedert werden:

(1) **Übliche Maßnahmen** zum CBN in Gebäuden mit informationstechnischen Einrichtungen. Sie werden in den folgenden Abschnitten 5.3.2.2 bis 5.3.2.8 beschrieben.

(2) **Besondere Maßnahmen**, die bei besonderen Anforderungen an die Funktionalität und Betriebssicherheit der informationstechnischen Anlagen erforderlich werden. Solche Maßnahmen werden in den Abschnitten 5.3.3 bis 5.3.6 beschrieben. Je nachdem, welche Störungen erwartet werden (Stärke der Störwirkung, Frequenzgang der Störungen usw.), können alle oder nur einige der Maßnahmen (eventuell als Kombination von allen oder einigen Maßnahmen) angewendet werden (s. Bild 5.50).

(3) **Blitz- und Überspannungsmaßnahmen.** Muss aufgrund einer Risikobewertung davon ausgegangen werden, dass direkte oder entfernte Blitzschläge nicht hinnehmbare Auswirkungen auf die Funktionalität der informationstechnischen Anlagen ausüben können, sind zusätzliche Maßnahmen erforderlich, die in Abschnitt 5.3.7 besprochen werden.

Die Anforderungen an den CBN sind also vielschichtig und müssen von Fall zu Fall konkret festgelegt werden. Dabei kann es auch zu „örtlichen Verdichtungen" der Maßnahmen innerhalb eines Gebäudes kommen. So kann es z. B. in einem Gebäude, in dem sonst kaum besondere Maßnahmen nötig werden, Bereiche geben, in denen empfindliche informationstechnische Einrichtungen gehäuft vorkommen (z. B. Serverräume, EDV-Räume, EDV-Zentralen usw.). In solchen Bereichen muss über zusätzlich Maßnahmen nachgedacht werden. Dies kann die Errichtung eines Potentialausgleichsringleiters (auch Erdungssammelleiter genannt, s. Abschnitte 3.3 und 5.3.3) sein oder das Einbringen einer Stahlmatte im Fußboden als Systembezugspotentialebene (s. Abschnitt 5.3.5).

Grundlegend für eine funktionierende CBN ist jedoch die Vermaschung des Potentialausgleichs. In VDE 0800-2-310, Abschnitt 5.2, heißt es wörtlich:

„In jedem Gebäude gibt es metallene Bauteile, die zur Bildung einer grundlegenden CBN benutzt werden müssen (z. B. Haupterdungsklemme oder -schiene, Schutzleiter (PE), metallene Rohrleitungen, Baustahl, Bewehrungsstäbe). Eine solche grundlegende CBN kann durch weitere leitfähige Bauteile verbessert werden (z. B. Potentialausgleichsleiter, Potentialausgleichsringleiter, Kabelpritschen), bis die CBN eine ausreichend niedrige Impedanz und hohe Strombelastbarkeit hat, um die allgemeinen Anforderungen (für eine notwendige Signalbezugsebene – Zusatz des Autors) *zu erfüllen."*

5.3.2.2 Gebäudeeinführung

Eine grundsätzliche Anforderung an einen EMV-freundlichen Potentialausgleich und somit an eine funktionierende CBN ist also ein korrekt ausgeführter Schutzpotentialausgleich. In DIN VDE 0100-444 (VDE 0100-444):1999-10, Abschnitt

444.3.14, wird ergänzend zu den Aussagen in VDE 0100-540 folgende Anforderung hervorgehoben:

„*Rohrleitungen aus Metall (z. B. für Wasser, Gas oder Heizung) und Kabel zur Versorgung des Gebäudes sollten an derselben Stelle in das Gebäude eingeführt werden. Für Kabelmäntel, Leitungsschirme, Rohrleitungen aus Metall und Verbindungen dieser Teile muss untereinander ein Potentialausgleich hergestellt werden, der mit dem Hauptpotentialausgleich (HPA) des Gebäudes verbunden werden muss ..., und zwar durch Leiter mit niedriger Impedanz (Wechselstromwiderstand).*"

In **Bild 5.30** ist diese Anforderung zeichnerisch dargestellt. Hervorzuheben ist noch, dass Potentialausgleichsleiter nach VDE 0100-444 eine möglichst niedrige Impedanz haben müssen. Hier wird an die Ausführung in Abschnitt 4.3.3.3.2 dieses Buchs erinnert, wo betont wurde, dass flache Leiter eine niedrigere Impedanz besitzen als runde. Wo immer möglich, sollte dies berücksichtigt werden.

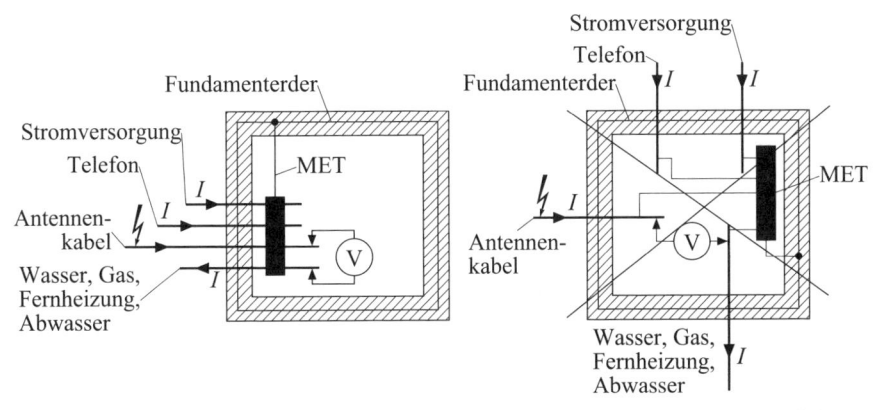

Eine gemeinsame Einführungsstelle ist bevorzugt:
$U \approx 0$ V

Einführung an unterschiedlichen Stellen:
$U \neq 0$ V

MET   Haupterdungsschiene
I induzierter Strom

Bild 5.30 Metallene Rohrleitungen und Kabel mit Schirm oder Bewehrung sollen soweit als möglich an derselben Stelle ins Gebäude eingeführt und dort umgehend untereinander sowie mit der Haupterdungsschiene (MIT) verbunden werden.
Ziel ist es, dass bei einfließenden Strömen (z. B. ein Blitzteilstrom) möglichst keine Spannungsdifferenzen zwischen den Teilen des Schutzpotentialausgleichs entstehen.
(Bild aus VDE 0100-444)

Ist es z. B. in großen, verzweigten Gebäudekomplexen mit eventuell mehreren Transformator-Einspeisungen nicht möglich, die eingeführten leitfähigen Teile sowie Kabel und Leitungen an einer Stelle in das Gebäude einzuführen, müssen die

Potentialausgleichsschienen, die für die verschiedenen Einführungsstellen vorgesehen werden, möglichst niederinduktiv miteinander verbunden werden. Dies kann geschehen, indem beispielsweise die Stahlarmierung des Gebäudes mit angebunden wird und zusätzlich eine Verbindungsleitung zwischen den Potentialausgleichsschienen vorgesehen wird. Diese Verbindungsleitung kann innen (Potentialausgleichsringleiter s. Abschnitt 5.3.3) oder außen (als Ringerder) ausgeführt sein (s. **Bild 5.31**).

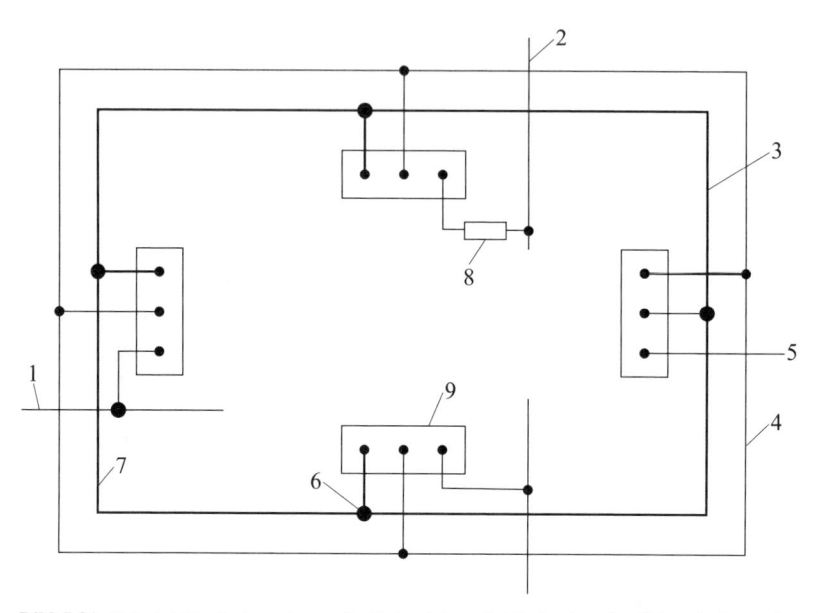

Bild 5.31 Beispiel für die Anordnung des Potentialausgleichs in einer baulichen Anlage mit mehreren Einführungsstellen leitfähiger Teile. Die Stahlarmierung sowie der im Erdreich verlegte äußere Ringerder dient als Verbindung der Potentialausgleichsschienen untereinander.
Die „spezielle Potentialausgleichsverbindung (6) kann z. B. durch einen Erdungsfestpunkt, der mit der Armierung des Gebäudes verbunden ist, hergestellt werden (s. Bild 5.26). Die Armierung (3) muss durchgehend mittels Klemmverbindung oder Schweißverbindung stromtragfähig verbunden sein.
(Bild E.46 aus VDE 0185-305-3)

1   äußeres leitendes Teil, z. B. Metallwasserrohr
2   elektrische Energie- oder Kommunikationsleitung
3   Stahlbewehrung der Betonaußenwand und des Fundaments
4   Ringerder
5   Verbindung mit einem zusätzlichen Erder
6   spezielle Potentialausgleichsverbindung
7   Stahlbetonwand, siehe 3
8   Überspannungsschutzgerät (SPD)
9   Potentialausgleichsschiene
Anmerkung: Die Stahlbewehrung im Fundament wird als natürlicher Erder benutzt.

5.3.2.3 Leitfähige Rohr- und Kanalsysteme

Metallene Rohrleitungen eignen sich hervorragend als zusätzliche Maßnahme für ein möglichst engmaschiges Potentialausgleichs-Maschennetz. Im Bereich des Schutzpotentialausgleichs müssen metallene Rohrleitungen (besonders wenn sie von außen in das Gebäude eingeführt werden) in den Potentialausgleich einbezogen werden (siehe Abschnitt 5.3.1.2). Doch diese einmalige Anbindung, so nötig sie ist, reicht für einen funktionierenden kombinierten Potentialausgleich (CBN) nicht aus.

Um einen wirklich niederinduktiven Maschenpotentialausgleich zu erhalten, wie er nach VDE 0800-2-310 gefordert wird (s. auch Abschnitt 5.3.2.8), müssen Rohrleitungen

- über ihre gesamte Länge leitfähig durchverbunden (dies ist notwendig, wenn isolierende Teilstücke innerhalb der Rohrleitungen die Verbindung unterbrechen) werden
- so häufig wie möglich untereinander (bei mehreren, parallelen Rohrleitungen) verbunden werden
- so häufig wie möglich mit dem Potentialausgleich in Verbindung gebracht werden

Eine Möglichkeit besteht z. B. darin, an möglichst vielen Stellen einen entsprechenden Erdungsfestpunkt (s. Bild 5.26 und Bild 5.27) und eventuell zusätzlich eine Potentialausgleichsschiene zu setzen, um daran alle in der Nähe befindlichen leitfähigen Teile – so auch die leitfähigen Rohrleitungen – anzubinden (**Bild 5.32**).

Bild 5.32 Anbindung von metallenen Rohrleitungen an den kombinierten Potentialausgleich (CBN) über Potentialausgleichsschiene und Erdungsfestpunkt. Der Erdungsfestpunkt ist zudem mit dem Fundamenterder und/oder dem Armierungsstahl verbunden (Quelle: Dehn & Söhne).

Wenn das metallene Rohr nicht ohne Weiteres zugänglich ist, müssen Wege gesucht werden, den Einbezug dennoch möglich zu machen (**Bild 5.33**). Natürlich bedarf es im Einzelfall der Absprache mit dem Planer bzw. Errichter der Rohrleitungsanlage.

Bild 5.33 Beispiel für die Anbindung eines metallenen, ummantelten Rohrs (Quelle: Markus Scholand)

Auch metallene Lüftungskanäle werden an möglichst vielen Stellen in den Potentialausgleich einbezogen (s. Bild 5.44). Um eine durchgängig leitfähige Verbindung zu erhalten, ist es erforderlich, dass die Faltenbälge der Lüftungskanäle überbrückt werden.

5.3.2.4 Metallene Gebäudekonstruktionen

In Gebäuden mit metallenen Gebäudekonstruktionsteilen, wie sie in industriellen Hallenbauten durchaus üblich sind, eignen sich die bauseitigen Stahlstützen und deren Verstrebungen ebenfalls dazu, ein Potentialausgleichs-Maschennetz zu errichten (**Bild 5.34**). Dazu müssen natürlich die einzelnen Stahlstützen über z. B. Anschlussfahnen des Fundamenterders untereinander verbunden sein.

Stahlträger oder ähnliche Konstruktionsteile kommen in industriellen Anlagen aber nicht nur als Teil der Gebäudeaußenhaut vor. Beispielsweise muss darüber nachgedacht werden, Stahlträger für Hebeanlagen (an denen die Laufkatzen befestigt sind) mit in den Potentialausgleich einzubeziehen. Um einen möglichst flächigen Potentialausgleich innerhalb des Gebäudes herstellen zu können, ist es

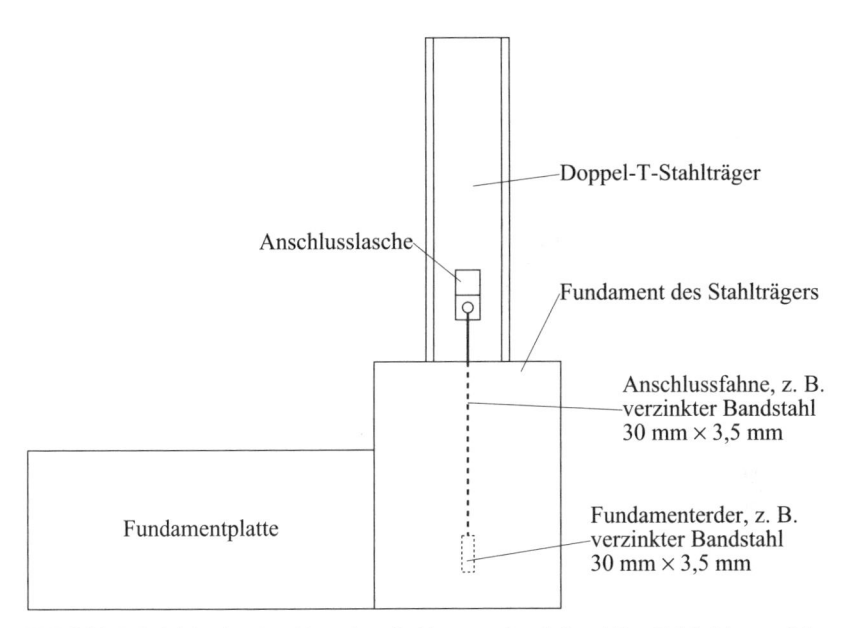

```
                           ┌──┐
                           │  │──── Doppel-T-Stahlträger
                           │  │
         Anschlusslasche ──│▫ │    Fundament des Stahlträgers
                           │  │   /
                           │  │  /
                           └──┼─┐
                              │ │  Anschlussfahne, z. B.
                              │ │── verzinkter Bandstahl
                              │ │   30 mm × 3,5 mm
  ┌────────────────┐          │ │
  │                │          │ │   Fundamenterder, z. B.
  │ Fundamentplatte│          │ │── verzinkter Bandstahl
  │                │          │ │   30 mm × 3,5 mm
  │                │          └─┘
```

Bild 5.34 Beispiel für den Anschluss eines Stahlträgers einer industriellen Gebäudekonstruktion. Die Anschlussfahne wird vom Fundamenterder kommend herausgeführt und an einer entsprechenden Anschlusslasche befestigt. Diese Lasche wird häufig mittels Schweißen an dem Stahlträger befestigt; Der Anschluss der Anschlussfahne an diese Lasche erfolgt in der Regel mit Schrauben.

ebenso sinnvoll, metallene Treppengeländer und großflächige Fensterrahmen einzubeziehen. Diese Maßnahmen dienen zugleich auch zusätzlich der Gebäudeschirmung (s. Abschnitt 5.5).

Leitfähige Konstruktionsteile eines Doppelbodens in Räumen mit informationstechnischen Einrichtungen sollten immer angebunden werden. Wird die Unterbaukonstruktion eines Doppelbodens leitfähig durchverbunden, entsteht bereits eine Systembezugspotentialebene (SRPP), die im Abschnitt 5.3.5 dieses Buchs näher beschrieben wird. In VDE 0800-174-2 heißt es in Abschnitt 6.7.3.5 hierzu:

„Die Schirmwirkung eines Doppelbodens steht in direktem Zusammenhang mit seinem Potentialausgleich ... Die ideale Lösung ist es, jeden der Ständer mit dem Potentialausgleich zu verbinden, es reicht jedoch häufig aus, jeden zweiten oder sogar nur jeden dritten in jeder Richtung zu verbinden .... Eine Gittergröße von 1,5 m bis 2 m je Verbindung ist in den meisten Fällen ausreichend. Der Kupferquerschnitt sollte 10 mm^2 oder größer sein."

Bild 5.35 zeigt ein Ausführungsbeispiel.

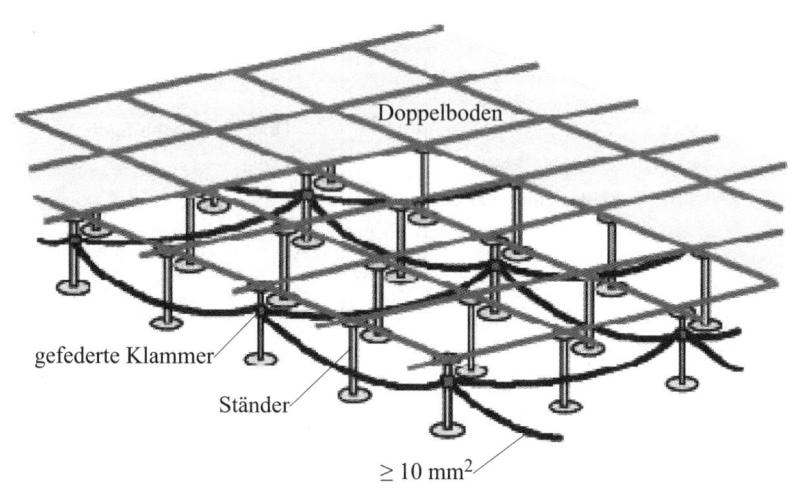

Bild 5.35 Ausführungsbeispiel für die Anbindung einer Doppelbodenkonstruktion in den Potentialausgleich
Die Federklemmen im Bild dienen dazu, die Ständer des Bodens mit dem Potentialausgleichsleitungen zu verbinden).
(VDE 0800-174-2, Abschnitt 6.7.3.5)

In Anlagen mit Doppelboden, in denen besonders empfindliche informationstechnische Geräte oder Verteilerschränke betrieben werden, bei denen auf alle Fälle vermieden werden muss, dass transiente (vorübergehende, kurzzeitige) Überspannungen in das Gerät/den Verteiler oder dessen Datenleitungen eingekoppelt werden, muss darüber nachgedacht werden, wie diese Geräte/Verteiler gegen elektromagnetische Störwirkungen eines Teilblitzstroms, der über die Bewehrung des Gebäudes fließen kann, zu schützen sind. Hier kann z. B. eine leitfähige Platte mit den Mindestmaßen 1 m × 1 m eingebracht werden (**Bild 5.36**), auf der entsprechende Filter, Überspannungsableiter (für die Energiekabel) und die Schirme der Datenleitungen montiert bzw. gut leitfähig mit dieser verbunden werden.

5.3.2.5 Kabelträgersysteme

Um eine für die EMV günstige Verkabelung errichten zu können, müssen die Kabelträgersysteme aus leitfähigem Material bestehen. Sinnvollerweise sollten die verschiedenen Systeme je eigene Kabelbehältnisse erhalten (s. **Bild 5.37**, rechts im Bild). Ist dies nicht möglich, muss durch eine geeignete Anordnung eine gegenteilige Beeinflussung vermieden oder zumindest reduziert werden. Hierzu kann neben einer entsprechenden Anordnung auch ein metallener Trennsteg von Nutzen sein (s. Bild 5.37, links im Bild). Auf alle Fälle sind grundsätzliche Anforderungen zur Leitungsverlegung zu beachten, die im Abschnitt 5.4 näher beschrieben werden.

Filter, Überspannungs-
schutz usw.

geschirmtes
Kabel auf
Potential-
ausgleich

Doppelboden

Schutzleiter

Platte zur
Unterdrückung
von Transienten

AC- oder DC-
Hauptleitung

Datenleitung

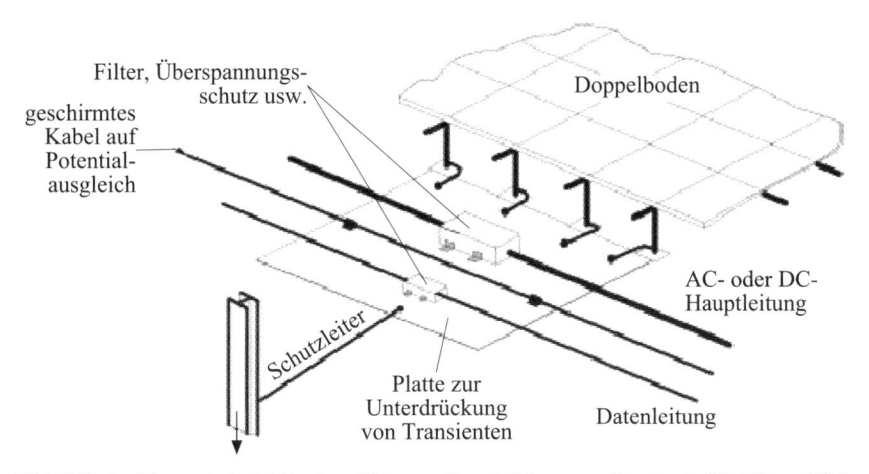

Bild 5.36 Ausführungsbeispiel für eine „Platte zur Unterdrückung von Transienten" bei Doppelböden z. B in Serverräumen oder Messwarten
(VDE 0800-174-2, Abschnitt 6.7.3.5)

nicht empfohlen

richtig

metallene Kabelträger

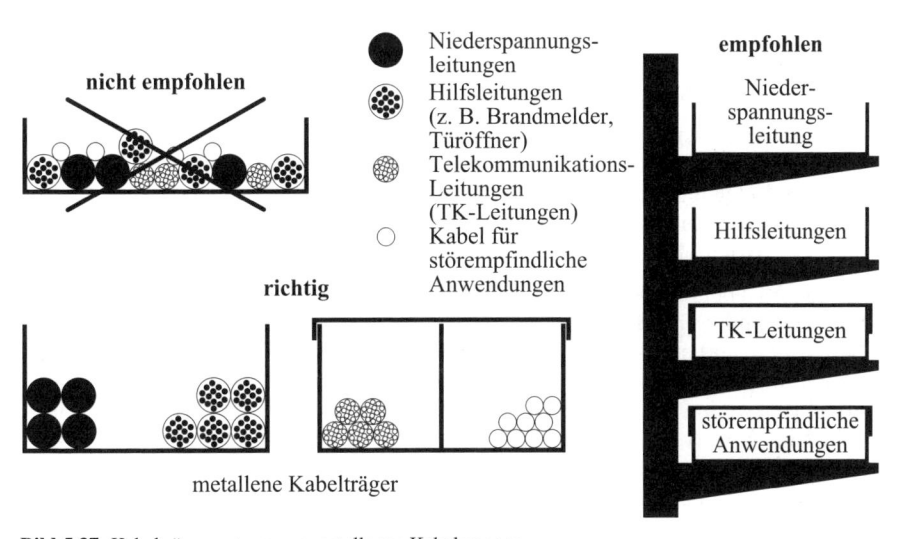

● Niederspannungs-
leitungen
◉ Hilfsleitungen
(z. B. Brandmelder,
Türöffner)
◍ Telekommunikations-
Leitungen
(TK-Leitungen)
○ Kabel für
störempfindliche
Anwendungen

empfohlen

Nieder-
spannungs-
leitung

Hilfsleitungen

TK-Leitungen

störempfindliche
Anwendungen

Bild 5.37 Kabelträgersysteme aus metallenen Kabelwannen
Die verschiedenen Systeme werden in eigenen Trassen geführt (rechts dargestellt). Bei der Belegung einer Kabelwanne mit verschiedenen Systemen muss eine geeignete örtliche Trennung gewählt werden (links dargestellt).
(DIN EN 50174-2 (VDE 0800-174-2), Abschnitt 6.5.3)

Über die Form der Tragesysteme gibt es ebenfalls sinnvolle Anforderungen. Soll die Schirmwirkung der metallenen Kabelwanne oder -rinne genutzt werden, ist eine geschlossene oder zumindest eine gelochte Wanne vorzusehen (**Bild 5.38**).

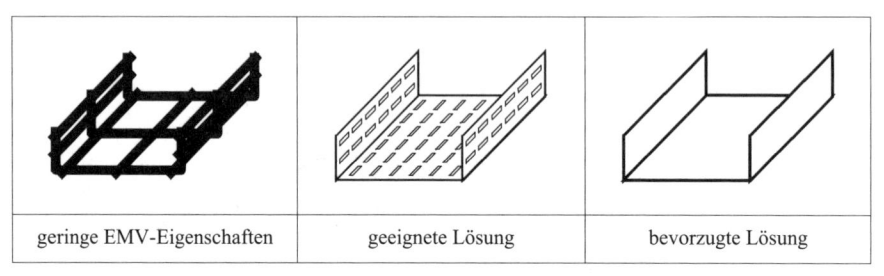

geringe EMV-Eigenschaften	geeignete Lösung	bevorzugte Lösung

Bild 5.38 Beurteilung von verschiedenen Kabelwannen unter Berücksichtigung der EMV (Quelle: VDE 0800-174-2, Abschnitt 6.6.2)

Bei Energiekabeln hat dies jedoch Einfluss auf die Stromtragfähigkeit der Kabel und Leitungen, denn bei einer geschlossenen Wanne wird nach VDE 0298-4 die Referenzverlegeart C veranschlagt und bei einer gelochten Wanne Referenzverlegeart E. Der Unterschied ist nicht sehr groß, muss aber berücksichtigt werden.

Beispiel:
Eine Drehstromleitung mit einem Leiterquerschnitt von 16 mm^2 Cu hat ohne Berücksichtigung von Häufung und bei einer Umgebungstemperatur von etwa 25 °C bei Verlegeart C eine Strombelastbarkeit von 81 A und bei Verlegeart E von 85 A.

Auch die Höhe der seitlichen Stege einer Kabelwanne hat Auswirkungen auf die Schirmwirkung der Wanne. Höhere Stege sind günstiger. Auf alle Fälle sollte die Höhe der Belegung nicht größer sein als die Steghöhe der Wanne (**Bild 5.39**). Ein Deckel aus leitfähigem Material begünstigt die Schirmwirkung zusätzlich. Dieser Deckel muss leitfähig mit der Kabelwanne verbunden sein.

Metallene Kabelträgersysteme müssen so häufig wie möglich, mindestens jedoch an beiden Enden mit dem Potentialausgleich verbunden werden. Bei Längen von über 30 m bis 60 m sollte das Trägersystem zudem mindestens ein Mal mittig und darüber hinaus etwa alle 25 m mit dem Gebäude-Potentialausgleich niederinduktiv verbunden werden (s. Bild 5.45). Parallel verlaufende Kabelträgersysteme, wie z. B. in Bild 5.37 (rechts) dargestellt, sind zusätzlich an diesen Anschlusspunkten untereinander niederinduktiv zu verbinden.

Außerdem sind die metallenen Trassenabschnitte an den Stoßstellen zu verbinden, wobei die Verbindung möglichst niederinduktiv ausgeführt sein muss (**Bild 5.40**). Steigetrassen, die z. B. in der unmittelbaren Nähe von Verteilungen angeordnet wurden, müssen am Fußpunkt mit dem Potentialausgleich und der Schutzleiterschiene (PE) des Verteilers verbunden werden (s. Bild 5.45).

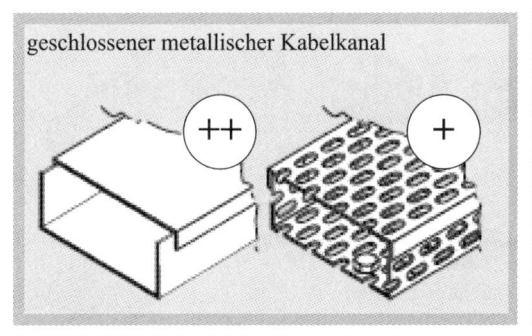

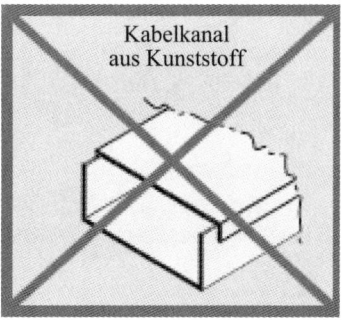

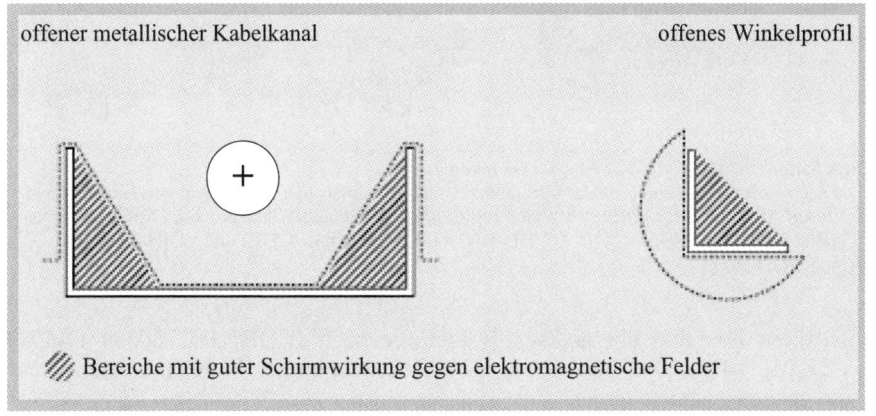

Bild 5.39 Querschnittsformen von Kabelkanälen und Metallprofilen – die Höhe des Stegs sollte nicht zu knapp bemessen sein.
+ günstige Anordnung
++ besonders günstige Anordnung
(Quelle: Rittal)

Das Verlegen der Kabel und Leitungen in metallenen Behältnissen hat aber nicht nur den Vorteil der Schirmwirkung. Ein wichtiger Aspekt ist, dass mit dieser Maßnahme auch typische Schleifenbildungen vermieden werden (s. Bild 5.41 und Bild 5.42). Näheres hierzu ist in den Abschnitten 5.3.2.6 und 5.4 zu finden.

5.3.2.6 Funktions-Potentialausgleichsleiter

Mit Einführung des CBN werden Potentialverbindungen notwendig, die keine direkte Schutzfunktion im Sinne von VDE 0100-410 bzw. -540 besitzen. Solche, lediglich der EMV dienenden Potentialausgleichsleitungen werden üblicherweise Funktions-Potentialausgleichsleiter genannt. Wo Leiter eindeutig und ausschließ-

falsch

nicht empfohlen

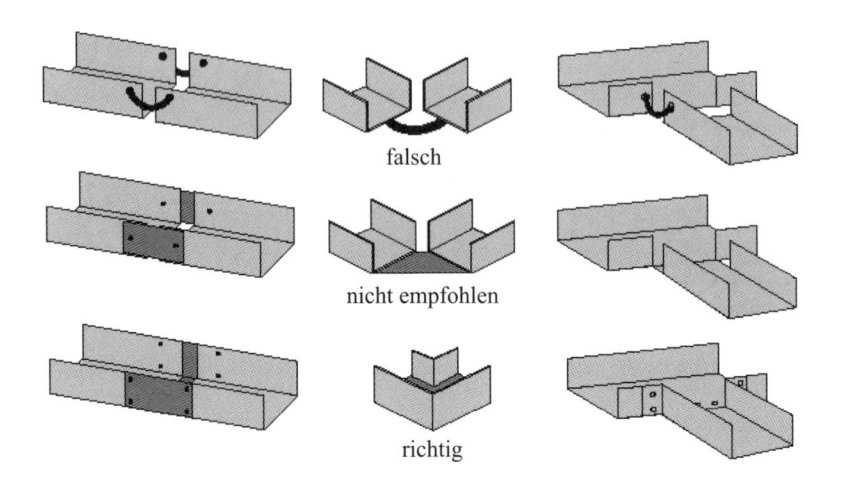

richtig

Bild 5.40 Verbindung von Kabeltrassenabschnitten. Die nach Norm „nicht empfohlene" Verbindung ist leider in manchen Fällen nicht zu vermeiden und sollte nur dann gewählt werden, wenn sich keine andere Möglichkeit ohne größeren Aufwand anbietet. (Quelle: E DIN IEC 60364-4-44/A2 (VDE 0100-444), Abschnitt 444.5.8.2 und VDE 0800-2-310, Abschnitt 6.6.3.1)

lich diese Funktion übernehmen, sollten sie nach E DIN IEC 60364-4-44/A2 (VDE 0100-444):2003-04, Abschnitt 444.5.5, nicht mit der Farbkombination grün-gelb gekennzeichnet werden.

Bereits das zusätzliche Verlegen eines Potentialausgleichsleiters entlang der Kabeltrassen (z. B. in den Kabelwannen oder in Kabelkanälen) kann vorteilhaft für die EMV in der elektrischen Anlage sein. Ein solcher Leiter ist im Grunde eine besondere Form eines Funktions-Potentialausgleichsleiters. Seine Funktion ist in erster Linie nicht der eigentliche Potentialausgleich; vielmehr dient er dazu, die Wirkung von magnetischen Störfeldern zu reduzieren.

In VDE 0800-174-2, Abschnitt 6.7.2, wird ein solcher Leiter beschrieben. Dabei wird betont, dass es im Potentialausgleichs- und Erdungssystem stets zu Schleifenbildungen kommen kann. Als Beispiel werden zwei informationstechnische Geräte der Schutzklasse I dargestellt. Sie sollen über eine geschirmte Datenleitung untereinander verbunden werden. Hierdurch entsteht bereits eine Schleife. Diese Schleife besteht zum einen aus den Schutzleitern (PE), die in den Zuleitungen zu den Geräten enthalten sind, und zum andern aus dem Schirm der Datenleitung, soweit dieser in beiden Geräten aufgelegt wurde (**Bild 5.41**).

Durch diese Schleifen können hochfrequente Störeinflüsse (z. B. Störströme, die durch äußere Magnetfelder hervorgerufen werden) bei den Geräten Funktionsstörungen und Datenverluste hervorrufen. Mit der entsprechenden Energie (z. B. durch die Wirkung des magnetischen Feldes eines Blitzstroms hervorgerufen) können auch Zerstörungen nicht ausgeschlossen werden. Grundsätzlich kann gesagt werden, dass Schleifen in der elektrischen Anlage stets potentielle Kopplungen für Störgrößen bilden (s. Abschnitt 5.4.6.2).

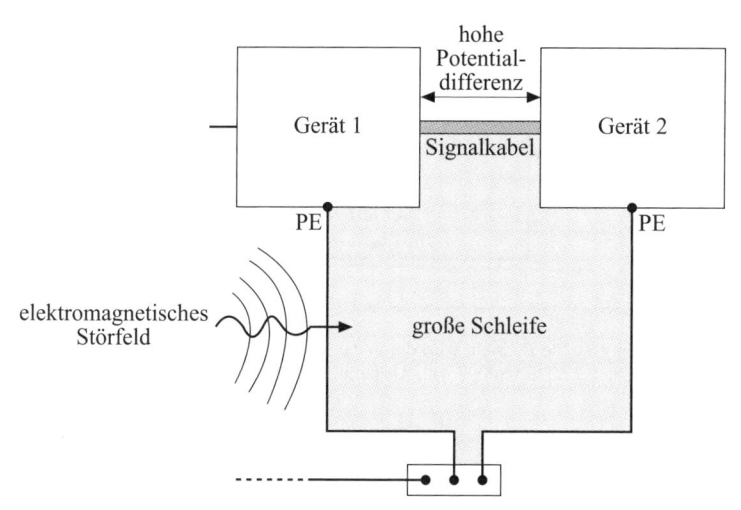

Bild 5.41 Beispiel für eine zu große Schleifenbildung
Magnetische Störfelder, die z. B. durch Blitzströme hervorgerufen werden, können in diese Schleife einwirken und Funktionsstörungen verursachen (Quelle: VDE 0800-174-2, Abschnitt 6.7.2).

Abhilfe kann hier ein zusätzlicher Potentialausgleichsleiter schaffen, der die aktive Schleifenfläche deutlich reduziert (**Bild 5.42**).

Der zusätzliche Potentialausgleichsleiter kann entfallen, wenn die Leitungen in metallenen Kabelträgersystemen (Wannen, Kanälen, Rinnen), die durchgängig verbunden sind, geführt werden (s. Abschnitt 5.3.2.5). Anders ausgedrückt: Überall dort, wo das Verlegen der Kabel und Leitungen in metallenen Tragesystemen nicht möglich ist, kann mit einem zusätzlichen Potentialausgleichsleiter eine zumindest ähnliche Wirkung erzielt werden.

5.3.2.7 Potentialausgleichsverbindungen

Potentialausgleichsverbindungen müssen selbstverständlich dauerhaft ausgeführt sein, sie müssen den am Montageort auftretenden Umweltbelastungen standhalten und dürfen keinen auffällig hohen Übergangswiderstand verursachen. Diese allgemeinen Anforderungen sind fast schon selbstverständlich und entsprechen den Anforderungen aus VDE 0100-540.

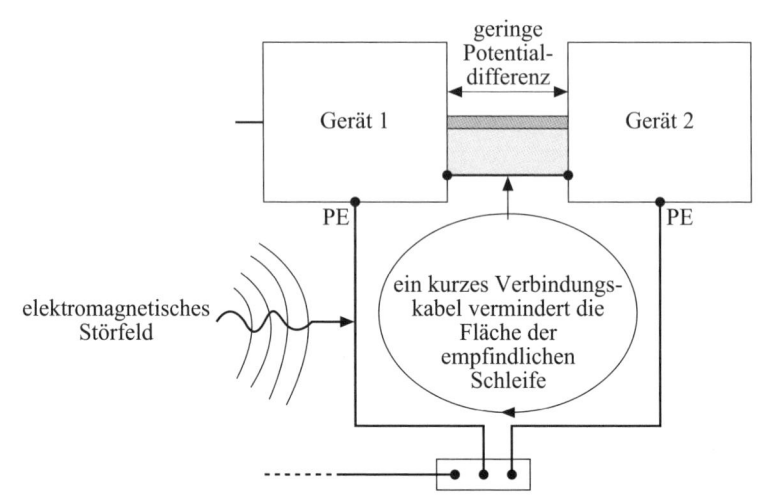

Bild 5.42 Das in Bild 5.41 dargestellte Problem wird durch das Verlegen eines zusätzlichen Potentialausgleichsleiters verringert (Quelle: VDE 0800-174-2, Abschnitt 6.7.2)

Für die Belange der EMV müssen jedoch noch weitere Gesichtspunkte berücksichtigt werden. Hier kommt es z. B. auch darauf an, dass diese Verbindungen aufgrund der Beanspruchung mit hochfrequenten Strömen möglichst niederinduktiv (s. unter „Begriffe" im Abschnitt 3.3) ausgeführt sind. Dabei spielt die Querschnittsform eine nicht unerhebliche Rolle (s. Abschnitt 4.3.3.3.2). In VDE 0800-174-2, Abschnitt 6.7.3.3 steht folgender Hinweis:

„*Ein runder Leiter hat bei hohen Frequenzen eine größere Impedanz als ein flacher Leiter mit demselben Materialquerschnitt.*"

Außerdem muss die Verbindungsleitung so kurz wie irgend möglich gewählt werden. In DIN EN 50174-2 (VDE 0800-174-2):2001-09 heißt es im Abschnitt 6.7.3.1, dass Potentialausgleichsverbindungen (z. B. zwischen einem Gerät und dem Gebäude-Potentialausgleich) möglichst nicht länger sein sollte als 0,5 m. Verbindungen zwischen der PE-Schiene eines Elektroverteilers und dem Gebäudepotentialausgleich sollte keine größere Induktivität aufweisen als 0,5 µH (maximal 1 µH). Dies ist nach Abschnitt 4.3.3.3.2 dieses Buchs mit üblichen Rundleitern zu erreichen, wenn die Anschlussleitung nicht länger ausfällt als 10 m (maximal 20 m). Besser wäre jedoch stets eine direkte Anbindung dieser Schiene an einen Potentialausgleichs-Anschlusspunkt in der unmittelbaren Nähe der Verteilung (s. Bild 5.45).

Wenn mit hochfrequenten Strömen und Störfeldern zu rechnen ist, müssen bei Anschluss- oder Verbindungslaschen zusätzlich einige besondere Anforderungen an Ausführung und äußere Abmessung beachtet werden:

- Zur Vermeidung des Skineffekts (s. Abschnitt 4.3.4.5.3) ist nach Möglichkeit ein Geflechtstreifen bzw. ein Geflechtband zu bevorzugen
- Nach VDE 0800-174-2, Abschnitt 6.7.3.3, ist es zudem vorteilhaft, wenn das Längen-Breiten-Verhältnis von 5:1 nicht überschritten wird. Das heißt, die Anschlussleitungen sollten möglichst breite und zugleich kurze Flachbänder sein, Rundleiter sind zu vermeiden (**Bild 5.43**)

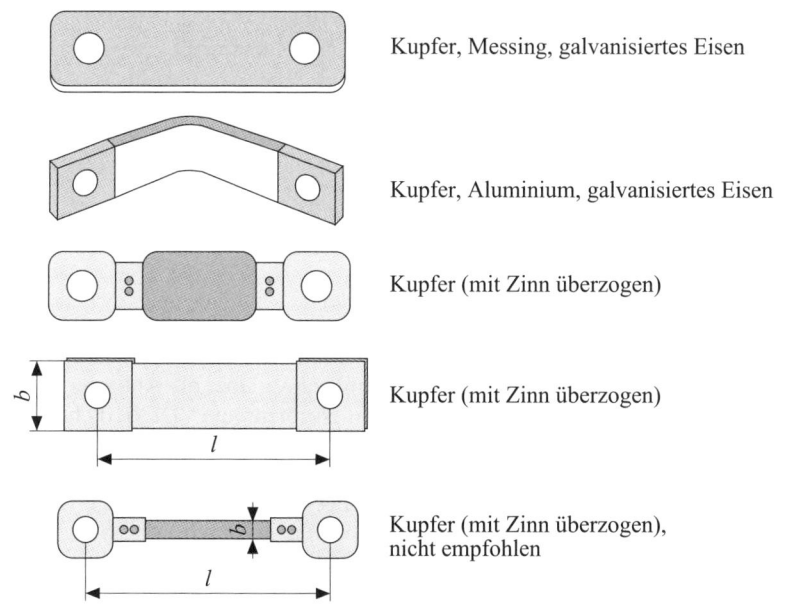

Kupfer, Messing, galvanisiertes Eisen

Kupfer, Aluminium, galvanisiertes Eisen

Kupfer (mit Zinn überzogen)

Kupfer (mit Zinn überzogen)

Kupfer (mit Zinn überzogen), nicht empfohlen

Bild 5.43 Beispiele von Verbindungslaschen für Potentialausgleichsverbindungen bei Berücksichtigung von hochfrequenten Störgrößen
Wichtig ist hier das Verhältnis der Länge l zu der Breite b der Lasche. Rundleiter sind für niederinduktive Verbindungen weniger geeignet (Quelle: VDE 0800-174-2).

Die Potentialausgleichsverbindung selbst muss mit geeigneten Mitteln hergestellt werden. Üblich sind Schraubverbindungen, die jedoch gegen äußere Einflüsse (mechanische Belastungen oder korrosive Atmosphäre) geschützt werden müssen, damit sich die Verbindung (z. B. durch Lockerung oder durch chemische Veränderungen) nicht verschlechtert. Eine besonders sichere Verbindung ist die Schweißverbindung, die dann bevorzugt werden sollte, wenn das Material dies zulässt und wenn abzusehen ist, dass die Verbindung nie oder auf absehbar lange Zeit nicht wieder gelöst werden muss (**Bild 5.44**).

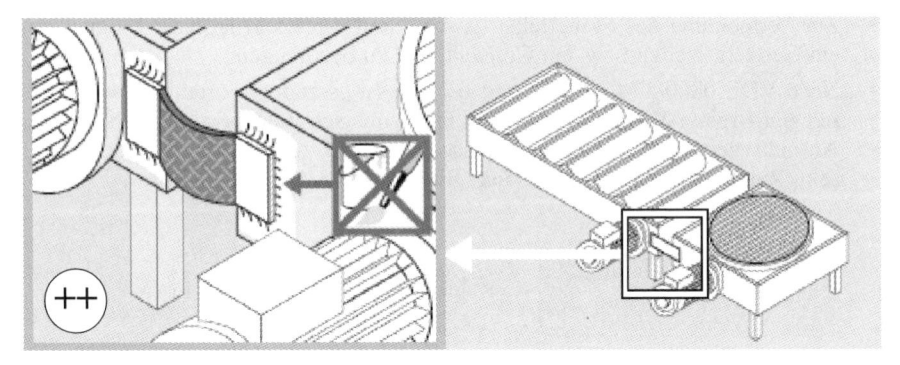

Bild 5.44 Geschweißte Potentialausgleichsverbindung zwischen Maschinenteilen mittels spezieller Verbindungslasche (s. Bild 5.43) (Quelle: Rittal)

5.3.2.8 Maschenförmiger und sternförmiger Potentialausgleich

5.3.2.8.1 Das Potentialausgleichs-Netzwerk

Wie bereits in Abschnitt 5.3.2.1 gesagt, können die Anforderungen an den kombinierten Potentialausgleich (CBN) in einem Gebäude je nach Art und Umfang der informationstechnischen Nutzung mehr oder weniger weit über die Anforderungen an einen reinen Schutzpotentialausgleich nach der Normenreihe VDE 0100 hinausgehen. Ziel ist es beim CBN, nicht nur bestimmte fremde leitfähige Teile einmal an irgendeiner Stelle in den Potentialausgleich einzubeziehen, sondern sämtliche metallene Konstruktionen, Rohrsysteme, Verteilergehäuse, Kabelträgersysteme usw. im Gebäude untereinander und mit dem Potentialausgleichssystem an möglichst vielen Stellen zu verbinden (s. **Bild 5.45**). Die genannten Teile selbst werden dabei soweit als möglich auf der gesamten Länge durchverbunden (z. B. Überbrückung von Faltenbälgen der Lüftungskanäle mittels eines flexiblen Kupferbands oder von Stoßkanten eines Kabelträgersystems, s. Bild 5.40).

Die auf diese Weise entstehenden Maschen des Potentialausgleichssystems sollten so eng wie möglich ausfallen. Dies hat zahlreiche Vorteile:

a) Ein möglicher Störstrom (z. B. ein Blitz-Teilstrom) kann sich auf viele Wege aufteilen; dadurch wird die Störwirkung verringert.

b) Der Einfluss des Potentialausgleichs umfasst das komplette Gebäude. Es treten kaum noch Potentialdifferenzen zwischen einzelnen Teilen des Potentialausgleichs (Körpern, Schutzleiterschienen, Masseanschlüssen von informationstechnischen Geräten usw.) auf. Man spricht in diesem Zusammenhang auch von einem möglichst „fremdspannungsarmen Potentialausgleich".

c) Das Maschensystem wirkt nach außen als dreidimensionales Potentialausgleichs-Netzwerk (**Bild 5.46**) und somit zugleich als Gebäude- oder Raumschirm (s. Abschnitt 5.5).

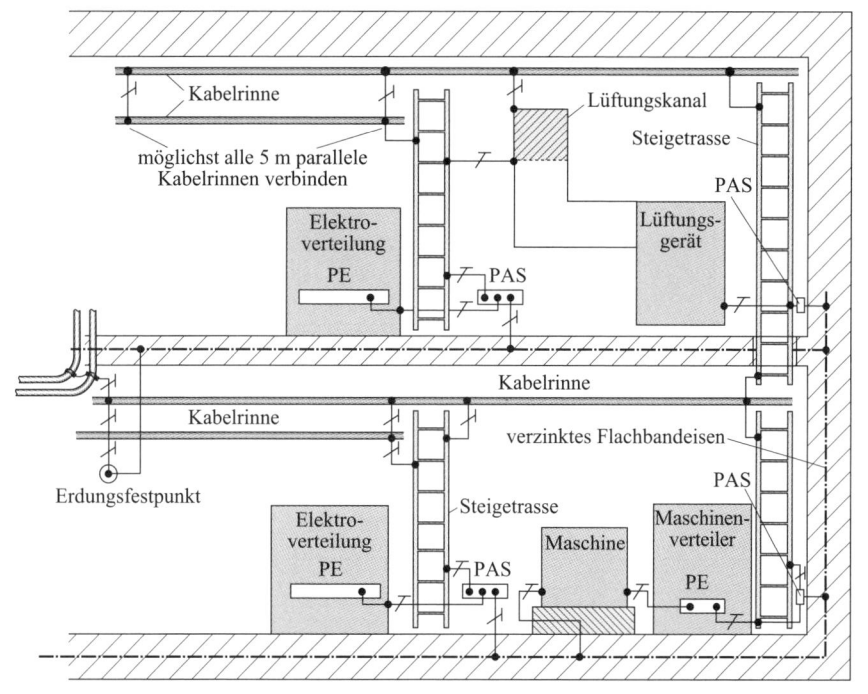

Bild 5.45 Beispiel eines maschenförmigen Potentialausgleichs in einem industriell genutzten Gebäude (schematische Darstellung)
PAS Potentialausgleichsschiene/Haupterdungsschiene
PE   Schutzleiterschiene im Elektroverteiler

Darüber hinaus sind u. U. noch weitergehende Anforderungen zu beachten, wenn beispielsweise im Gebäude komplexe und vor allem empfindliche informationstechnische Anlagen betrieben werden, an die besonders hohe Ansprüche bezüglich der Betriebs- und Funktionssicherheit gestellt werden. In diesem Fall beschreiben die Normen zusätzliche Anforderungen

- an den Potentialausgleich, um z. B. einen einheitlichen Signalbezug für die informationstechnischen Geräte zu erhalten
- an das Gebäude, wenn sichergestellt werden soll, dass auch elektromagnetische Störfelder aus der Umwelt (z. B. bei Blitzeinwirkung) vermieden oder reduziert werden müssen

Die besonderen Anforderungen für den erstgenannten Fall werden in den Abschnitten 5.3.3 bis 5.3.6 und für den zweitgenannten Fall im Abschnitt 5.5 beschrieben.

Potentialausgleich-
Netzwerk

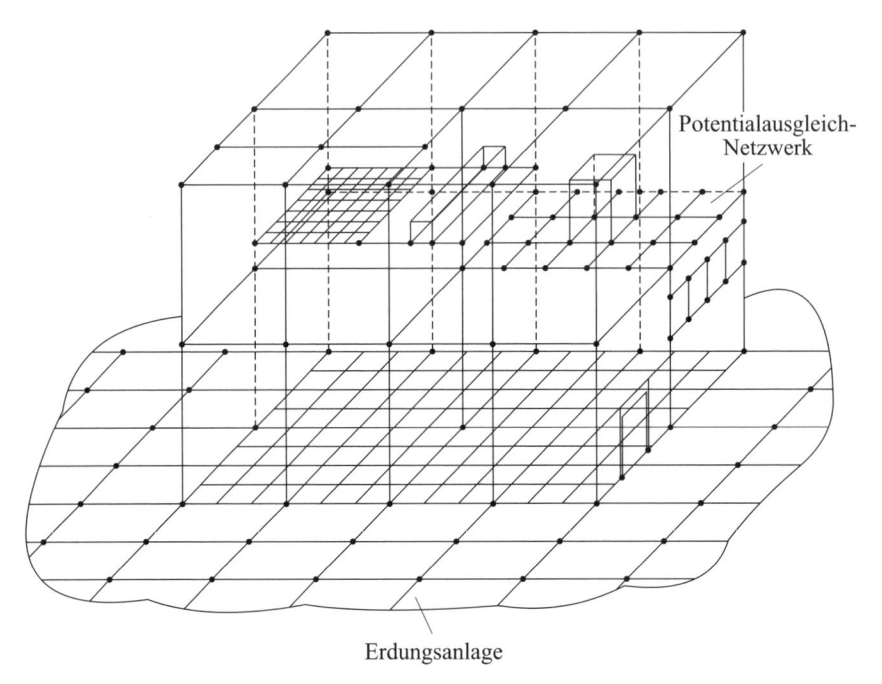

Erdungsanlage

Bild 5.46 Prinzipdarstellung eines umfassenden, dreidimensionalen Potentialausgleichs-Netzwerks in einem Gebäude
Nach außen wirkt dieses Netzwerk wie eine Gebäudeschirmung. Dabei sind sämtliche Maßnahmen der Erdung und des umfassenden Potentialausgleichs einbezogen worden (s. Abschnitte 5.3).
(Quelle: VDE 0185-4, Bild 5)

5.3.2.8.2 Vergleich zwischen maschen- und sternförmigem Potentialausgleich

Im Idealfall wird der Potentialausgleich als Netzwerk mit möglichst vielen und damit engen Maschen ausgeführt. Da in einem solchen Maschensystem allerdings immer noch Schleifenbildungen vorkommen (jede Masche ist im Grunde eine Schleife), kann man auf den Gedanken kommen, dass die ideale Struktur kein Maschensystem, sondern ein Sternsystem sein müsste. Man nennt eine solche Ausführung des Potentialausgleichs auch eine isolierte Potentialausgleichsanlage (IBN – s. **Bild 5.47** sowie Bild 5.50).

Die Sternstruktur kann allerdings nur funktionieren, wenn die Betriebsmittel (bzw. die informationstechnischen Geräte) alle mit einem zentralen Massepunkt (Erdungspunkt oder Potentialausgleichspunkt) verbunden sind. Dies kann die Schutzleiterschiene im Verteiler sein, von dem aus die Betriebsmittel mit elektrischer Energie versorgt werden (Bild 5.47). Untereinander dürfen sie sinnvollerweise keine Verbindung haben. Auch müssen die Betriebsmittel stets isoliert vom Gebäudepotentialausgleich betrieben werden.

Dies bereitet allerdings erhebliche Probleme, weil in einer komplexen Anlage kaum konstant darauf geachtet werden kann, ob das eine oder andere Betriebsmittel nicht doch eine „Erdverbindung" aufweist. Auch Datenleitungen, mit denen die Betriebsmittel eventuell untereinander verbunden werden müssen, dürfen keine Masseverbindung und keinen beidseitig aufgelegten Schirm besitzen, sonst wird das ganze sternförmige System in Frage gestellt. Wenn die datentechnischen Verbindungen zudem nicht potentialfrei sind, also das Massepotential der beiden Geräte über die Verbindungsleitung untereinander verbunden wird, ist sowieso kein wirkliches Sternsystem aufrechtzuhalten.

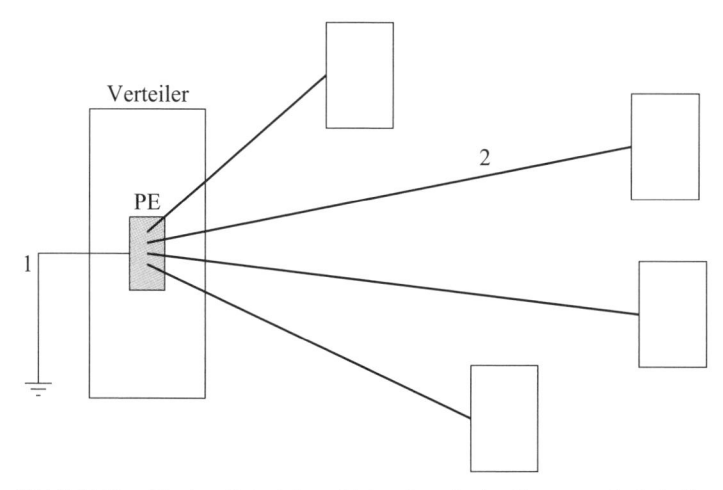

Bild 5.47 Sternförmiges Potentialausgleichsanlage (in den Normen auch als isolierte Potentialausgleichsanlage (IBN) bezeichnet, IBN = isolated bonding network)
Die Geräte dürfen keine Verbindung untereinander und mit dem Potentialausgleich haben. Stattdessen sind alle Geräte über den Schutzleiter (2) mit einem zentralen Erdungspunkt verbunden. Im Bild ist dies die Schutzleiterschiene des Verteilers.
☐ informationstechnisches Gerät, das aus einem elektrischen Verteiler mit Energie versorgt wird
PE Schutzleiterschiene im Verteiler
1 Schutzleiter im Zuleitungskabel des Verteilers oder Schutzpotentialausgleichsleiter von der Haupterdungsschiene kommend
2 Schutzleiter im Netzanschlusskabel des jeweiligen Geräts

Einen reinen sternförmigen Potentialausgleich kann es deshalb sinnvollerweise nur in überschaubaren Anlagenbereichen geben. Dabei kommt es zu sogenannten Insellösungen, bei denen das Gebäude einen vermaschten Potentialausgleich erhält und nur ein bestimmter Bereich oder eine bestimmte informationstechnische Einrichtung mit einer isolierten Potentialausgleichsanlage (IBN) betrieben wird (s. Bild 5.50). Grundsätzlich wird jedoch in der Praxis stets das vermaschte System angestrebt.

5.3.3 Potentialausgleichsringleiter/Erdungssammelleiter (BRC)

In elektrischen Anlagen, in denen besonders zahlreiche empfindliche Geräte (z. B. der Informationstechnik) betrieben werden, deren Betriebssicherheit zudem von besonderer Bedeutung ist, muss für eine niederinduktive Anbindung dieser Geräte in den Potentialausgleich gesorgt werden. Das bedeutet vor allem: kurze Leitungslängen. Dieses Ziel kann z. B. mit einem besonderen Leiter bewerkstelligt werden. In der Überschrift zu diesem Abschnitt sind die üblichen Bezeichnungen dieses Leiters genannt worden. In DIN V VDE V 0800-2-548 (VDE V 0800-2-548) wird er Erdungssammelleiter genannt und im Internationalen Wörterbuch (IEV) sowie in den neueren Ausgaben der Normenreihe VDE 0800 findet man die Bezeichnung Potentialausgleichsringleiter oder kurz BRC (s. Abschnitt 3.4.4).

Genaugenommen handelt es sich beim BRC um die Verlängerung der Haupterdungsschiene, da Leiter, die an die Haupterdungsschiene angeschlossen werden müssen, auch an einen BRC angeschlossen werden dürfen.

Ein Ausführungsbeispiel des BRC zeigt **Bild 5.48**. Wie der Name bereits andeutet, wird der Potentialausgleichsringleiter (BRC) im Ring innerhalb eines Raums oder eines kompletten Gebäudes errichtet. Als Material wird meist Kupfer gewählt, der Mindestquerschnitt beträgt 50 mm^2.

Ziel ist es, vor allem die informationstechnischen Geräte und Verteiler auf möglichst kurzem Weg in den Potentialausgleich einbeziehen zu können. Durch die ringförmige Anordnung sind nicht nur die Wege für die Anschlussleitungen kürzer, man kommt zugleich auf diese Weise dem Ziel nach einem weitgehend einheitlichen Bezugspotential (Masse) für die informationstechnischen Geräte näher. Selbst bei vorhandenen Schutzleiterströmen fällt der Spannungsfall zwischen Punkten, die durch einen BRC verbunden sind, vernachlässigbar niedrig aus.

In der Regel wird der BRC entlang der Wände in einer Höhe von etwa 30 cm bis 50 cm über dem Fertigfußboden auf hierfür vorgesehenen Halterungen geführt (s. Bild 5.48). Dabei muss darauf geachtet werden, dass er stets zugänglich bleibt, um weitere Klemmverbindungen möglich zu machen bzw. um bestehende überprüfen zu können. Meist wird der BRC als blanker Leiter ausgeführt, er kann jedoch auch isoliert sein, wenn schädigende Einflüsse aus der Umgebung dies notwendig werden lassen. Durchdringt der BRC eine Wand, müssen an der Durchtrittstelle Maßnahmen zum Korrosionsschutz getroffen werden (z. B. durch spezielle Anstriche).

Natürlich muss der BRC an möglichst vielen Stellen mit dem Gebäude-Potentialausgleich (also dem CBN) verbunden werden. Dies kann beispielsweise geschehen durch

- Erdungsfestpunkte (s. Bilder 5.22, 5.26 und 5.27)
  Diese sind entweder über Anschlussfahnen direkt mit dem Fundamenterder verbunden oder mit der Armierung, wenn diese mit dem Fundamenterder sowie durchgängig leitfähig verbunden wurde.

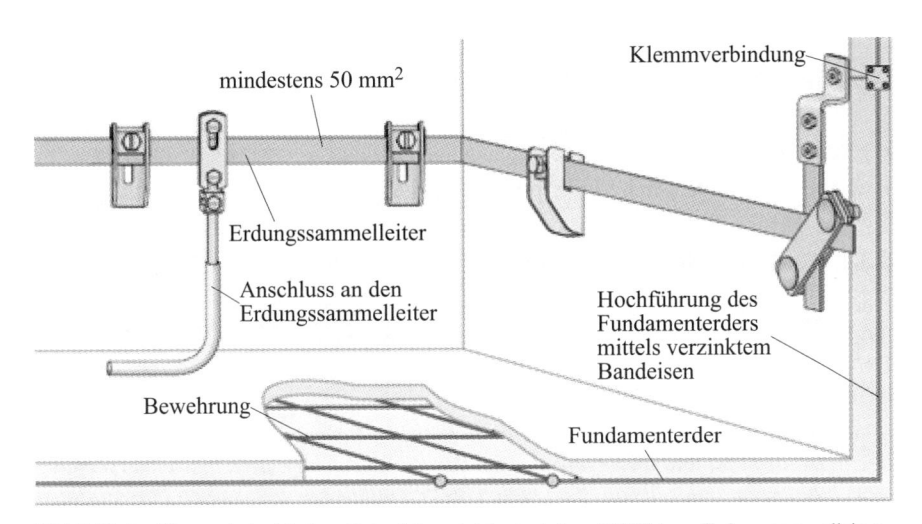

Bild 5.48 Ausführungsbeispiel eines Potentialausgleichsringleiters (BRC) bzw. Erdungssammelleiters. Im Türbereich (rechts im Bild) können die Enden z. B. mit dem Erdungssystem verbunden werden, damit der „Ring" geschlossen wird. Ob dies mit einem direkten Anschluss oder mittels Erdungsfestpunkt (s. Bild 5.26 und Bild 5.27) geschieht, ist dabei nicht von Bedeutung.
(Quelle: Dehn & Söhne)

- Anschlussfahnen, die mit den Fundamenterder verbunden sind (s. Bild 5.22 und Bild 5.23)
- Anschlüsse an metallene Konstruktionsteile, die mit dem Potentialausgleich verbunden sind (wie Stahlträger)

In der DIN EN 50310 (VDE 0800-2-310):2006-10, Abschnitt 6.3, heißt es hierzu:

„Wird wahlweise ein Potentialausgleichsringleiter (BRC) eingebaut, muss er direkt mit der CBN verbunden werden, und zwar mindestens in den vier Ecken des Raums mit den Einrichtungen."

Nach DIN V VDE V 0800-2-548 (VDE V 0800-2-548) dürfen folgende Leiter an den BRC angeschlossen werden:

- alle Leiter, die nach VDE 0100-410 bzw. VDE 0100-540 an die Haupterdungsschiene angeschlossen werden müssen
- leitfähige Schirme, Umhüllungen oder Bewehrungen (auch Mäntel) der Telekommunikationskabel oder -leitungen oder der Betriebsmittel der Telekommunikationstechnik
- Potentialausgleichsleiter für Bahnanlagen
- Erdungsleiter für Überspannungs-Schutzeinrichtungen
- Erdungsleiter für Antennenanlagen

- Erdungsleiter für die Erdung einer Gleichstromversorgungsanlage für Betriebsmittel der Informationstechnik
- Funktionserdungsleiter
- Leiter für Blitzschutzanlagen
- Leiter für zusätzlichen Schutzpotentialausgleich

5.3.4 Mesh-BN

Der Mesh-BN (aus dem Englischen: meshed bonding netwok, siehe Abschnitt 3.4.3) ist ein typischer „informationstechnischer Potentialausgleich". In DIN EN 50310 (VDE 0800-2-310):2006-10), Abschnitt 3.1.15, wird er wie folgt beschrieben:

„Potentialausgleichsanlage, in der alle beteiligten Rahmen, Gestelle und Schränke der Betriebsmittel und im Regelfall auch der Rückleiter der Gleichstromversorgung sowohl untereinander als auch an vielen Stellen mit der gemeinsamen Potentialausgleichsanlage (CBN) leitend verbunden sind."

Im Grunde ist der Mesh-BN ein Flächenpotentialausgleich, bei dem es um die niederinduktive, maschenförmige Verbindung sämtlicher Anlagenteile wie

- Baugruppenrahmen
- Schränke
- Gestellreihen
- Kabelträgersysteme (Wannen, Rinnen und Pritschen)
- Verteilerrahmen
- Kabelschirme
- sonstige Potentialausgleichsmaßnahmen wie Schirmplatten (s. Bild 5.36)

der informationstechnischen Einrichtungen innerhalb eines Gebäudes oder Raums geht.

Ziel ist es, ein möglichst engmaschiges und somit niederinduktives Netzwerk des Potentialausgleichs nach DIN EN 50310 (VDE 0800-2-310):2006-10, Abschnitt 5.3, zu erhalten. Man könnte, um in der Sprache der Errichtungsnormen der Normenreihe VDE 0100 zu bleiben, von einem „zusätzlichen Schutzpotentialausgleich" speziell für die informationstechnischen Einrichtungen sprechen.

Natürlich befindet sich ein derartiger informationstechnischer Potentialausgleich nicht losgelöst vom übrigen Gebäude im „luftleeren Raum". Vielmehr muss dieser Potentialausgleich an möglichst vielen Stellen mit dem übrigen Potentialausgleich (also mit dem Schutzpotentialausgleich bzw. CBN) verbunden werden. Hierzu kann besonders effektiv ein BRC (s. Abschnitt 5.3.3) vorgesehen werden, an dem die Teile, die im Zusammenhang mit dem Mesh-BN untereinander verbunden sind, möglichst häufig angeschlossen werden.

Insgesamt wird man in der fertig installierten Anlage häufig kaum zwischen dem CBN und dem Mesh-BN unterscheiden können. Im Grunde genommen ist der Mesh-BN eine zusätzliche Maßnahme im Bereich der informationstechnischen Anlagen, die dann notwendig wird, wenn besondere Anforderungen an eine potentialfreie Signalbezugsebene sowie an die Störfestigkeit bzw. Betriebssicherheit der informationstechnischen Einrichtungen gefordert wird. Mit anderen Worten: Diese Anforderungen werden sicher nicht für jeden Raum anzuwenden sein, in denen sich irgendwelche informationstechnischen Geräte befinden. Wenn jedoch eine bestimmte Dichte an solchen Geräten vorausgesetzt werden kann (wie z. B. in typischen Serverräumen) und wenn dazu ein Ausfall der Anlage sowie Funktionsstörungen nicht hingenommen werden dürfen, müssen die Maßnahmen für einen Mesh-BN umgesetzt werden.

Diese Maßnahmen beziehen sich dabei stets auf einen (funktional wie örtlich) zusammengehörigen Komplex von informationstechnischen Einrichtungen. Ein solcher Komplex wird in den Bestimmungstexten der Normenreihe VDE 0800 „Systemblock" genannt (DIN EN 50310 (VDE 0800-2-310):2006-10), Abschnitt 3.1.23).

5.3.5 Systembezugspotentialebene (SRPP)

Eine SRPP ist idealerweise eine leitende, massive Ebene, in der ein möglichst potentialfreier Signalbezug aller beteiligten informationstechnischen Einrichtungen möglich ist. Außerdem bewirkt sie wie der Mesh-BN eine höhere Störfestigkeit und damit Betriebssicherheit solcher Einrichtungen eines Raums oder kompletten Gebäudes. Die beschriebenen Maßnahmen sind vorzunehmen, wenn hierzu besondere Anforderungen notwendig werden. Ob ein Mesh-BN für die sichere Funktion der informationstechnischen Einrichtungen ausreicht oder ob zusätzlich ein SRPP errichtet werden muss, kann pauschal nicht festgelegt werden. Diese Frage muss von Fall zu Fall entschieden werden. Für diese Entscheidung sind Informationen einzuholen:

- Wie empfindlich sind die informationstechnischen Geräte (Störfestigkeit)?
- Wie hoch fallen die möglichen Störungen aus?
- Können Funktionsstörungen hingenommen werden, oder muss unbedingt auf einen absolut störungsfreien Betrieb hingewirkt werden?

Hierzu sind Absprachen mit dem Betreiber und den Herstellern der informationstechnischen Einrichtungen unabdingbar.

Die Wirkung einer SRPP bezieht sich wie beim Mesh-BN stets auf einen sogenannten Systemblock (s. Abschnitt 5.3.4). In der DIN EN 50310 (VDE 0800-2-310): 2006-10), Abschnitt 4.3, heißt es hierzu:

„In einer komplexen informationstechnischen Anlage ... müssen die Maßnahmen, um eine ausreichende elektromagnetische Verträglichkeit der Anlage zu erzielen,

durch eine Systembezugspotentialebene (SRPP) unterstützt werden. Diese SRPP muss eine hinreichend niedrige Impedanz für den Anschluss von Filtern, Schränken und Kabelschirmen sicherstellen.

In Abschnitt 4.2 dieser Norm wird zusätzlich Folgendes gesagt:

In einer komplexen Anlage ... muss ein zuverlässiger Signalbezug durch eine Systembezugspotentialebene (SRPP) sichergestellt werden, die mindestens einer funktionalen Einheit oder einem Systemblock zugeordnet ist. Um eine unzulässige funktionelle Beeinträchtigung oder die Gefahr eines Bauteilausfalls zu vermeiden, muss die SRPP bis zur höchsten für die Einrichtung in Betracht kommenden Frequenz eine hinreichend niedrige Impedanz aufweisen."

Um diesen Anforderungen gerecht zu werden, kann man in Wänden und Fußböden Metallplatten einbringen, die an möglichst vielen Stellen mit dem Potentialausgleich verbunden werden. An diese Platten sind dann die Schutzleiterschienen der Verteiler sämtlicher leitfähiger Gehäuse sowie die Gestelle und Kabelschirme der informationstechnischen Einrichtungen anzuschließen.

Eine Platte kommt jedoch eher selten zur Anwendung. Häufiger wird eine SRPP durch das Einbringen von möglichst engmaschigen Leitungsnetzen in Decken und Fußböden hergestellt; beispielsweise durch

- an den Potentialausgleich einbezogene Stahlmatten im Beton, die an möglichst vielen Stellen für Potentialausgleichsanschlüsse zugänglich sein müssen (**Bild 5.49**)
- die Stahlarmierung im Beton selbst, eventuell mit zusätzlichen Verstrebungen versehen, wobei durch Schweiß- oder Klemmverbindungen für eine gut leitende Verbindung der beteiligten Leiter gesorgt werden muss
- die durchgängige und möglichst engmaschige Verbindung der leitfähigen Konstruktionsteile eines Doppelbodens (s. Abschnitt 5.3.2.4 sowie Bild 5.35)

Die Maschenweite dieses Netzwerks sollte möglichst klein sein. In E DIN IEC 60364-4-44/A2 (VDE 0100-444), Abschnitt 5.3.3, wird eine maximale Maschenweite von 2 m × 2 m angegeben. Je höher die Frequenz des zu erwartenden Störfelds ist, umso kleiner muss die Maschenweite ausgelegt werden. In Abschnitt 4.3.2.4 wurde der Zusammenhang zwischen Abmessungen leitfähiger Teile und der Frequenz der Störfelder erläutert. In Tabelle 4.2 wurden die üblicherweise auftretenden Frequenzen von Einrichtungen aufgelistet und dabei Abmessungen angegeben, die auf diese Frequenzen sozusagen als Antenne wirken können. Sind Störungen solcher Einrichtungen zu erwarten, müssen die Maschen natürlich entsprechend klein gewählt werden. Wenn z. B. mit dem Einfluss von schnellen Schaltvorgängen gerechnet werden muss, sollten die Maschen nicht größer als 15 cm sein.

Zu den möglichen Störfeldern zählen solche, die von folgenden physikalischen Phänomenen verursacht werden: Blitzeinwirkungen, Schalthandlungen und Kurz-

schlüsse. Die SRPP kann auch gleichzeitig für den sicheren Schutz vor elektrostatischer Entladung (ESD) verwendet werden.
Die Maßnahmen zu einer SRPP können sehr gut mit den Maßnahmen zum Mesh-BN (s. Abschnitt 5.3.4) verknüpft werden. Ebenso eignet sich ein Potentialausgleichsringleiter (BRC, s. Abschnitt 5.3.3) ausgezeichnet als Ergänzung zu den Maßnahmen für eine SRPP. In einem Gebäude können diese verschiedenen Maßnahmen je nach Risikobewertung durchaus auch gemischt werden (**Bild 5.50**).

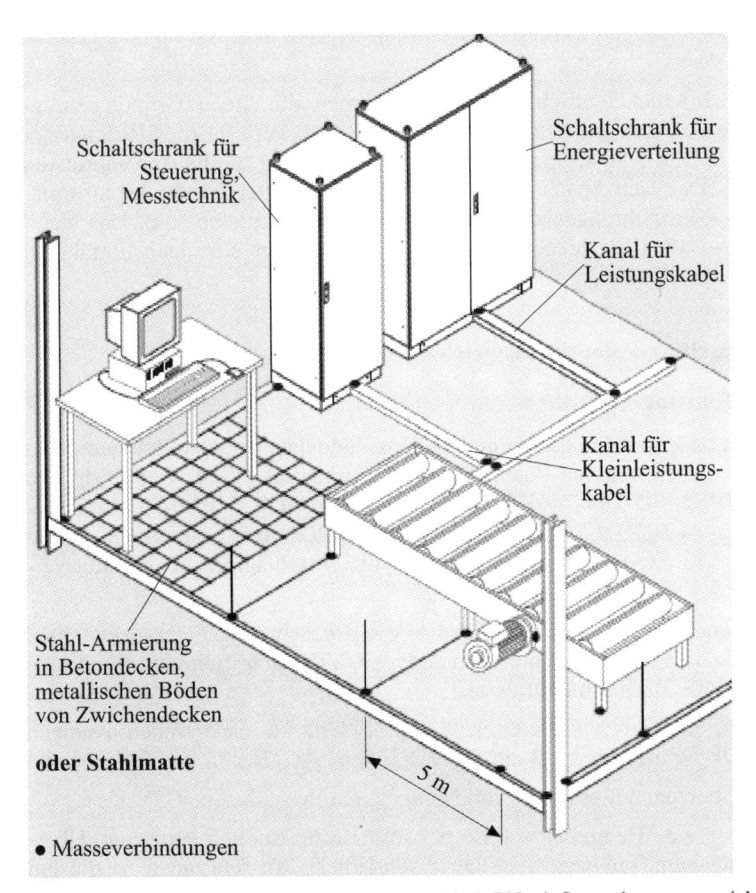

Bild 5.49 Beispiel für eine Maßnahme zu einem Mesh-BN mit Systembezugspotentialebene SRPP informationstechnischer Einrichtungen
Die (informationstechnischen) Verbrauchsmittel werden sowohl über den Schutzleiter des Netzzuleitungskabels mit der Haupterdungsklemme verbunden als auch zusätzlich über direkten Anschluss der leitfähigen Gehäuse (z. B. der Verteiler) an den Mesh-BN (Quelle: Rittal).

5.3.6 Verschiedene Potentialausgleichsmaßnahmen im selben Gebäude

Wenn in einem Gebäude verschiedene Maßnahmen errichtet wurden, muss für eine möglichst niederinduktive Verbindung zwischen diesen besonderen Einzelmaßnahmen (nach Abschnitten 5.3.3 bis 5.3.5) gesorgt werden. In einem mehrgeschossigen Gebäude muss diese Verbindung auch vertikal – also zwischen den Geschossen hergestellt werden. Dies kann durch mehrere zusätzliche Verbindungsleitungen erfolgen oder durch Bänder aus verzinktem Bandstahl, die vom Fundamenterder beginnend an verschiedenen Stellen in der Wand bis zum obersten Geschoss hochgezogen werden (s. Bild 5.50 – Verbindungsleitungen zwischen den Stockwerken).

Aus Bild 5.50 wird auch deutlich, dass es Maßnahmen gibt, die im Grunde genommen mehrere Anforderungen erfüllen. So bildet das Netzwerk für die SRPP auf der dritten Ebene im Bild 5.50 z. B. zugleich die Voraussetzung für die Anforderungen an einen Mesh-BN (nach Abschnitt 5.3.4), weil die leitfähigen Teile der informationstechnischen Einrichtungen direkt mit dem SRPP verbunden sind. Das Netzwerk bildet sozusagen die niederinduktive Verbindung der einzelnen leitfähigen Teile innerhalb des Systemsblocks.

5.3.7 Blitzschutz-Potentialausgleich

5.3.7.1 Einführung

Anforderungen an einen funktionierenden Blitz- und Überspannungsschutz (und damit ist auch der Blitzschutz-Potentialausgleich eingeschlossen) werden in den Normen VDE 0185-305-1 bis -4, VDE 0100-443 sowie VDE V 0100-534 beschrieben. Das Thema ist äußerst komplex und würde den Rahmen dieses Buchs sprengen. Deshalb sei in diesem Zusammenhang auf die einschlägige Fachliteratur verwiesen, z. B.:

- Hasse. P./Landers, E. U./Wiesinger, J., EMV – Blitzschutz von elektrischen und elektronischen Systemen in baulichen Anlagen, VDE Schriftenreihe Band 185, VDE VERLAG, Berlin und Offenbach
- Biegelmeier, G./Kiefer, G./Krefter, K.-H., Schutz in elektrischen Anlagen Band 4, VDE Schriftenreihe Band 83, VDE VERLAG, Berlin und Offenbach
- Hasse, P., Überspannungsschutz von Niederspannungsanlagen, TÜV Verlag

Darüber hinaus bieten Hersteller von Betriebsmitteln im Bereich Blitz- und Überspannungsschutz zum Teil sehr detaillierte schriftliche Ausführungen zu diesem Thema an. Die grundsätzlichen Aussagen, die im Abschnitt 4.3.3.4 gemacht wurden, zeigen auf alle Fälle, dass der Schutz vor den Störwirkungen bei Blitzschlägen und Schalthandlungen unbedingt berücksichtigt werden muss.

Der Blitzschutz-Potentialausgleich soll bewirken, dass keine unzulässigen Potentialdifferenzen im Gebäude durch die Wirkung der enorm hohen Blitzströme ent-

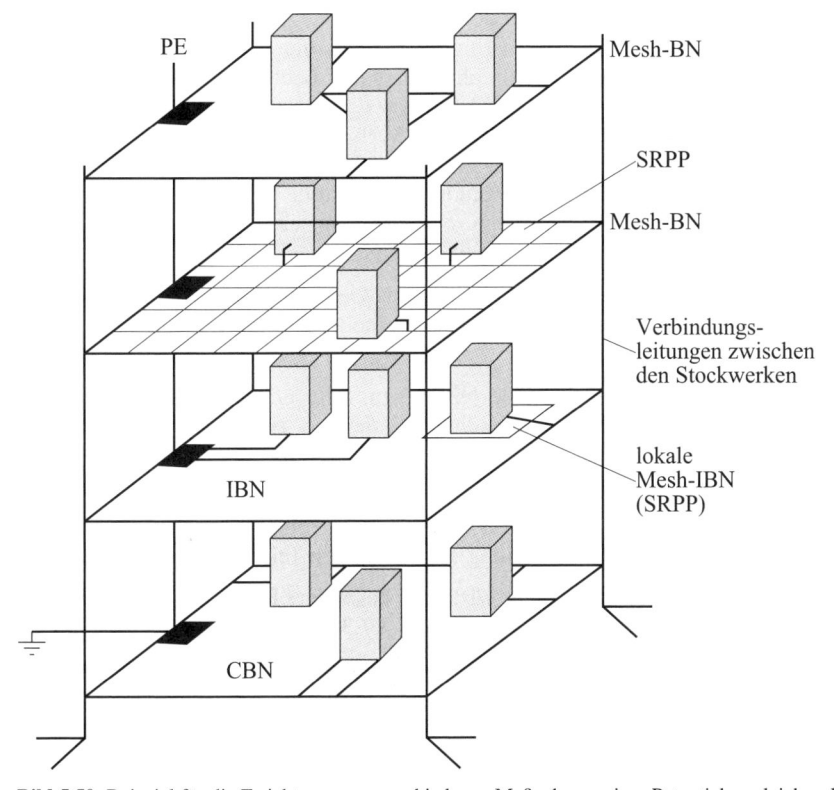

Bild 5.50 Beispiel für die Errichtung von verschiedenen Maßnahmen einer Potentialausgleichsanlage in einem Gebäude
IBN   isolierte Potentialausgleichsanlage (s. Abschnitt 5.3.2.8.2)
(Quelle: DIN EN 50174-2 (VDE 0800-174-2):2001-09)

stehen, die Funktionsstörungen verursachen oder sich sogar durch Funkenbildung brandgefährlich auswirken können.

Die gefährlichen Potentialdifferenzen können auf zwei Arten verhindert werden. Dabei müssen die leitfähigen Teile, durch die ein Blitzstrom fließen kann,

a) mit benachbarten, leitfähigen Teilen direkt und niederinduktiv verbunden werden

b) von benachbarten, leitfähigen Teilen so weit entfernt werden, dass Überschläge nicht zu erwarten sind

Bei Methode a) wird die gefährliche Potentialdifferenz durch die direkte Verbindung quasi kurzgeschlossen, und bei Methode b) wird ein Sicherheitsabstand eingehalten, bei dem trotz vorhandener Potentialdifferenz keine Überschläge zu erwarten sind.

Der Vorteil der erstgenannten Methode ist, dass hier nichts weiter zu tun ist als eine möglichst direkte, niederinduktive Verbindung zu schaffen. Es müssen keine Sicherheitsabstände berechnet und durch phantasievolle Leitungsführung unzulässige Näherungen vermieden werden. Der Nachteil ist jedoch, dass der Blitzstrom auf diese Weise immer auch den Weg über diese Verbindung nehmen wird. Das leitfähige Teil, das ursprünglich vielleicht gar nicht vom Blitzstrom durchströmt werden konnte, wird jetzt, nachdem die Verbindung hergestellt wurde, ganz sicher einen Teilblitzstrom aushalten müssen. Wenn solche Teile in das Gebäude führen, sind die gesamten Störwirkungen des Teilblitzstroms auch im Gebäude zu erwarten.

Wenn es also um leitfähige Teile geht, die in das Gebäude hineingeführt werden, ist b) die sicherste und für die EMV sinnvollste Methode. Sie wird in VDE 0185-305-3, Abschnitt 6.3, näher beschrieben.

Ganz allgemein kann man folgende leitfähigen Teile unterscheiden, die für den Anschluss bzw. die Potentialausgleichsverbindungen zum äußeren Blitzschutz (LPS) in Frage kommen:

(1) Metallgerüste und besondere Konstruktionen außerhalb der zu schützenden Anlage, die nicht in das Gebäudeinnere hineingeführt werden und die auch keine direkte, leitfähige Verbindung mit leitfähigen Teilen im Gebäude besitzen

(2) metallene Rohrsysteme, Metallgerüste und besondere Konstruktionen innerhalb der zu schützenden Anlage (s. Abschnitt 5.3.7.3)

(3) leitende Rohrsysteme, Metallgerüste und besondere Konstruktionen im Außenbereich, die mit inneren leitfähigen Teilen der zu schützenden Anlage leitfähig verbunden sind bzw. in das Gebäude hineingeführt wurden (s. Abschnitt 5.3.7.2)

(4) elektrische und elektronische Systeme innerhalb der zu schützenden baulichen Anlage (s. Abschnitt 5.3.7.3)

(5) elektrische und elektronische Systeme außerhalb der zu schützenden baulichen Anlage, die in das zu schützende Gebäude hineingeführt werden (s. Abschnitt 5.3.7.4)

Die unter (1) genannten Teile (z. B. äußere metallene Treppengeländer) können direkt mit der Blitzschutzanlage (LPS) verbunden werden.

Die unter (3) und (5) genannten Teile werden direkt am Gebäudeeintritt mit dem Gebäude-Potentialbereich möglichst niederinduktiv verbunden. Sie dürfen jedoch nicht mit Teilen der LPS direkt in Verbindung kommen. Direkte Blitzeinschläge in diese Teile sind durch die entsprechende Positionierung von Fangeinrichtungen der LPS oder durch eine geschützte Führung der Teile zu verhindern.

Die unter (2) und (4) genannten Teile sind ebenfalls untereinander und mit dem Gebäude-Potentialausgleich zu verbinden. Allerdings haben elektrische und elektronische Systeme (4) über den Schutzleiter stets Verbindung zu Potentialen außerhalb des Gebäudes. Aus diesem Grund gehören diese Teile der elektrischen Anlage im Wesentlichen zu den Teilen, die unter (5) aufgeführt sind.

Natürlich werden nicht alle genannten Teile direkt angebunden. Elektrische Leitungen z. B. werden über Überspannungs- bzw. Blitzstromableiter an den Potentialausgleich angeschlossen (s. Bild 5.52 und Bild 5.55). Diese Maßnahmen werden in den Normen der Normenreihe VDE 0185-305 sowie in der einschlägigen Fachliteratur eingehend besprochen.

5.3.7.2 Einbeziehung von leitfähigen Teilen, die in das Gebäude eingeführt werden

Bezüglich der Anbindung der Teile, die im Abschnitt 5.3.7.1 unter (3) genannt wurden, wird in VDE 0185-305-3 im Abschnitt 6.2.2 gefordert, dass eine Verbindung mit der Blitzschutzanlage (LPS) möglichst nur im Kellergeschoss oder etwa auf Erdbodenhöhe durchzuführen ist. Nur dort sollte auch die Verbindung des Gebäude-Potentialausgleichs (hier z. B. die CBN) mit der LPS oder mit Teilen, die zwangsläufig von Blitz- bzw. Blitzteilströmen durchströmt werden können, erfolgen. In Bild 5.29 ist diese Anbindung beispielhaft dargestellt worden.

Oberhalb des Erdbodenniveaus müssen alle Teile, die vom Blitz- oder Blitzteilströmen durchflossen werden können, gegenüber leitfähigen Teilen im Innern des Gebäudes bzw. gegenüber Teilen, die direkt in das Innere des Gebäudes führen, einen Sicherheitsabstand einhalten (s. Abschnitt 5.3.7.1 unter b).

Die Verbindung der Teile, die im Abschnitt 5.3.7.1 unter (3) genannt wurden, ist sinnvollerweise über eine entsprechende Potentialausgleichsschiene vorzunehmen, an der die verschiedenen Potentialausgleichs-Verbindungsleitungen anzuschließen sind. Diese Schienen sind mit der Erdungsanlage zu verbinden. Bei großen baulichen Anlagen (z. B. Länge über 20 m) können mehrere Potentialausgleichsschienen im Gebäude notwendig sein, die dann untereinander niederinduktiv verbunden werden müssen (s. Bild 5.31).

5.3.7.3 Einbeziehung von leitfähigen Teilen innerhalb des Gebäudes

Bei den Teilen, die im Abschnitt 5.3.7.1 unter (2) genannt werden, sind Verbindungen untereinander und mit dem Gebäude-Potentialausgleich gefordert, wie dies den Anforderungen nach einem umfassenden CBN (s. Abschnitt 5.3.2) entspricht. Durch die Überlegungen aus Sicht des Blitzschutzes ergibt sich im Grunde nur noch ein zusätzliches Argument für die Ausführung eines derart umfassenden Potentialausgleichs. Bei der Bewertung des Risikos eines Schadens bzw. einer Funktionsstörung muss also auch das Blitzereignis mit einbezogen werden.

Wenn der Blitzschutz mitberücksichtigt wird, müssen bei der Wahl der Potentialausgleichsleitungen die in der Blitzschutznorm angegebenen Mindestwerte für Leitungsquerschnitte der Potentialausgleichs-Verbindungsleitungen mitbeachtet werden. Dazu werden in der Norm (VDE 0185-305-3) zwei Tabellen angegeben (**Tabelle 5.1** und **Tabelle 5.2**).

Schutzklasse der LPS	Werkstoff	Mindestquerschnitt in mm²
für alle Schutzklassen	Cu	16
	Al	25
	Stahl	50

Tabelle 5.1 Mindestquerschnitte von Potentialausgleichsleitern
Leiter, die verschiedene Potentialausgleichsschienen untereinander verbinden, oder Erdungsleiter, die Potentialausgleichsschienen mit der Erdungsanlage verbinden
(Quelle: VDE 0185-305-3)

Schutzklasse der LPS	Werkstoff	Mindestquerschnitt in mm²
für alle Schutzklassen	Cu	6
	Al	10
	Stahl	16

Tabelle 5.2 Mindestquerschnitt von Potentialausgleichsleitern für die Verbindung innerer metallener Installationen (Konstruktionsteile, Rohrsysteme usw.) mit der Potentialausgleichsschiene
(Quelle: VDE 0185-305-3)

5.3.7.4 Einbeziehung von aktiven Teilen der elektrischen Anlage

Die Teile, die im Abschnitt 5.3.7.1 unter (5) genannt wurden, sind in erster Linie Zuleitungen für die Versorgung des Gebäudes mit elektrischer Energie sowie die informationstechnischen Kabel und Leitungen der üblichen Kommunikationstechnik (Telefon und Fernsehen). In Industriegebäuden kommen eventuell noch weitere Kabel hinzu (wie gebäudeverbindende Niederspannungs-, Signal-, Steuer- und Datenkabel).

Da bei einem Blitzschlag das elektrische Potential des gesamten Gebäude-Potentialausgleichs gegenüber neutraler Erde extrem angehoben wird (s. Abschnitte 4.3.3.4.3 und 4.3.3.4.4), ist davon auszugehen, dass sich diese Überspannung durch Überschläge zwischen dem Schutzleiter und den aktiven Leitern bemerkbar macht. Dadurch werden (je nachdem, wo die Überschläge stattfinden) Betriebsmittel gestört, zerstört (**Bild 5.51**), oder es kann im Extremfall ein Brand entstehen.

Da in der Regel sämtliche Teile der elektrischen Anlage über den Schutzleiter bzw. über Masse mit dem Gebäude-Potentialausgleich verbunden sind, fallen hierunter auch die Teile, die im Abschnitt 5.3.7.1 unter (4) genannt werden.

Um solche Überschläge zu vermeiden, werden auch die aktiven Leiter der elektrischen Anlage in den Blitzschutz-Potentialausgleich einbezogen. Allerdings nicht

Bild 5.51 Beispiel für einen Überspannungsschaden: aufgeplatzter Chip in einem elektronischen Gerät
(Quelle: VdS 2014)

über Direktanschlüsse, sondern über Bauteile, die bei der betriebsbedingten Netzspannung einen möglichst unendlich hohen Widerstand aufweisen und nur im Fall der Überspannung in Sekundenbruchteilen für eine ausreichend niederohmige Verbindung sorgen. Dies sind z. B. Funkenstrecken, Varistoren (spannungsabhängige Widerstände), Zenerdioden usw. Solche Bauteile werden Blitzstrom- und Überspannungsableiter genannt. Häufig taucht in den Normen auch der allgemeine Begriff „Überspannungs-Schutzeinrichtung" oder die Kurzform SPD (aus dem Englischen: surge protective device) auf.

Die zuvor erwähnte Potentialanhebung im Gebäude wird in Abschnitt 4.3.3.4.4 beschrieben. Überspannungen durch derartige Potentialanhebungen entstehen nach Bild 4.21 auch bei Blitzschlägen in der Umgebung des Gebäudes. Zusätzlich wirkt der Blitz auch über sein magnetisches Feld (s. Bild 4.4 und Bild 4.21), das je nach Entfernung verschieden hohe Überspannungen in der elektrischen Anlage hervorrufen kann. Selbst wenn der Betreiber der elektrischen Anlage einen Direkteinschlag des Blitzes auf seinem Gebäude nicht berücksichtigen möchte, weil dies in seinen Augen zu selten vorkommt, sollte er die Risiken von Überspannungsschäden nicht außer Acht lassen, da diese statistisch betrachtet wesentlich wahrscheinlicher sind als ein Direkteinschlag. Wenn also kein umfassender Blitzschutz nach der Normenreihe VDE 0185-305 ausgeführt werden soll, sind zumindest Maßnahmen für einen umfassenden Überspannungsschutz nach VDE 0100-443 vorzusehen. Durch eine Risikobeurteilung nach VDE 0185-305-2 kann z. B. beurteilt werden, ob ein Überspannungsschutz (z. B. nach VDE 0100-443) reicht oder ob auch der äußere Blitzschutz mit vorgesehen werden muss.

Bezüglich des Überspannungsschutzes werden die in der elektrischen Anlage befindlichen elektrischen Betriebsmittel in sogenannte Überspannungskategorien eingeteilt (s. Abschnitt 4.3.3.4.5). Damit die Überspannung zu den Verbrauchsmitteln hin entsprechend diesen Überspannungskategorien mehr und mehr abgebaut wird, werden die Blitzstrom- oder Überspannungsableiter in Kaskaden hintereinander geschaltet (**Bild 5.52**). Zum Schutz vor Überspannung muss vor die angeschlossenen Betriebsmittel, die zu einer gemeinsamen Überspannungskategorie gehören, eine entsprechende Überspannungs-Schutzeinrichtung geschaltet werden. Diese Schutzeinrichtung sorgt dafür, dass keine Überspannung entsteht, die höher ausfällt, als es die Überspannungskategorie vorsieht – ganz gleich, ob die Überspannung durch Schalthandlungen, magnetische Störfelder des Blitzstroms oder durch Potentialanhebung des Schutzleitersystems bei einem Direkteinschlag entstanden ist.

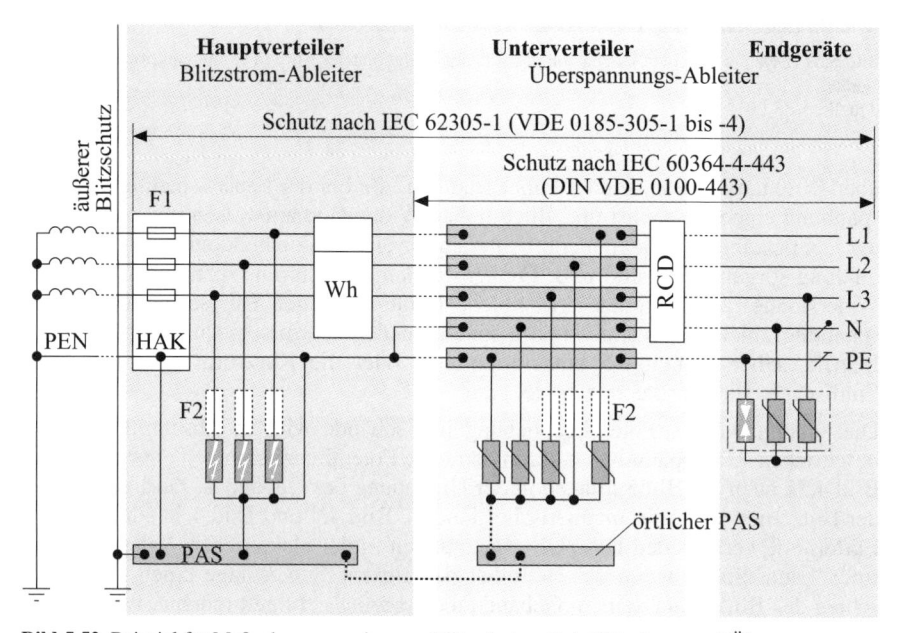

Bild 5.52 Beispiel für Maßnahmen zum inneren Blitzschutz mittels Blitzstrom- und Überspannungsableiter in einem TN-C-S-System (Quelle: Dehn & Söhne)

Blitzstrom- und Überspannungseinrichtungen bilden sozusagen „Sollbruchstellen" in der elektrischen Anlage. Dadurch werden alle übrigen potentiellen Überschlagsstellen in der Anlage, die sonst Störungen und/oder Zerstörungen hervorrufen würden, verschont.

Der Blitzstromableiter (s. linkes Bild 5.52) muss dabei der höchsten Belastung standhalten, da er einen sehr energiereichen Blitzstrom übernehmen muss (s. Bild

4.20 und Bild 4.22). Allerdings kann der Blitzstromableiter die entstehende Überspannung nicht völlig aufheben. Vielmehr hinterlässt er eine noch relativ hohe Restspannung, die er sozusagen an die nachgeschaltete elektrische Anlage weitergibt. Diese Restspannung wird Schutzpegel genannt und mit U_{sp} angegeben.

Man geht davon aus, dass Betriebsmittel in unmittelbarer Umgebung des Hausanschlusskastens der Überspannungskategorie IV zugeordnet werden können (s. Abschnitt 4.3.3.4.5), die eine Stehstoßspannungsfestigkeit von 6 000 V besitzen müssen (s. Tabelle 4.9). Der Schutzpegel des Blitzstromableiters darf somit nicht höher liegen als 6 000 V.

Die Betriebsmittel im weiteren Verlauf der Verbraucheranlage besitzen dagegen lediglich eine Stehstoßspannungsfestigkeit von 4 000 V bis 1 500 V. Solche Betriebsmittel werden den Überspannungskategorien III bis I zugeordnet (s. Tabelle 4.9). Hierdurch ergibt sich die zuvor erwähnte kaskadenförmige Hintereinanderschaltung von immer empfindlicher werdenden Überspannungs-Schutzeinrichtungen, wie dies im Bild 5.52 dargestellt wird.

Zum Schluss werden die empfindlichen Endgeräte der Überspannungskategorie I (z. B. informationstechnische Einrichtungen) geschützt. In der Regel geschieht dies vor Ort durch separate bzw. örtlich begrenzt wirkende Überspannungsableiter (z. B. in der zugehörigen Steckdose).

Wichtig ist beim Anschluss der Blitzstrom- und Überspannungsableiter, dass die Anschlussleitungen möglichst niederinduktiv sind. Das bedeutet vor allem, dass die Anschlussleitungen möglichst kurz sein müssen. Der Grund ist, dass die enorm hohe Stromänderungsgeschwindigkeit entlang der Anschlussleitung zu ganz erheblichen zusätzlichen Spannungsfällen führt (s. Abschnitt 4.3.2.3.4). Dieser zusätzliche Spannungsfall addiert sich zur Restspannung (Schutzpegel U_{sp}) des Ableiters. In der nachgeschalteten elektrischen Anlage fällt dann die gesamte Spannung an. Wenn z. B. der Ableiter einen Schutzpegel von 6 kV aufweist und an den Anschlussleitungen bei einem anfallenden Blitzstrom noch zusätzlich 4 kV, dann muss die nachgeschaltete elektrische Anlage nicht 6 kV, sondern 10 kV aushalten. Dies muss vermieden werden.

Sind keine genügend kurzen Anschlussleitungen möglich, versucht man dieses Problem bei einem Blitzstromableiter dadurch zu beseitigen, indem die Anschlüsse in V-Form an den Ableiter herangeführt werden (**Bild 5.53**). Dies setzt voraus, dass der Ableiter über sogenannte Doppelklemmen verfügt.

Üblicherweise rechnet man mit einem Spannungsfall von 1 000 V pro laufendem Meter Anschlussleitung. Deshalb sagt die Norm (E DIN IEC 60364-5-53/A2 (VDE 0100-534)), dass diese Anschlussleitung möglichst nicht länger sein soll als 0,5 m (**Bild 5.54**).

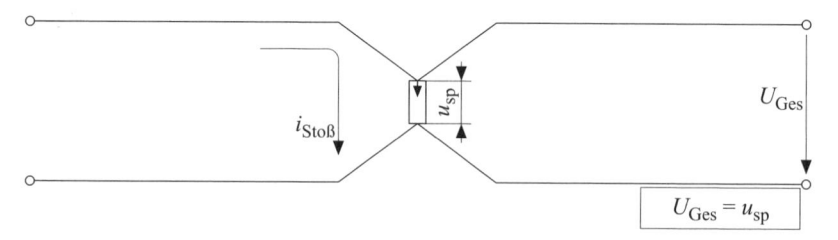

Bild 5.53 Anschluss eines Blitzstromableiters mit der sogenannten V-förmigen Anschlusstechnik
$i_{Stoß}$ abgeleiteter Stoßstrom
u_{sp} Begrenzungsspannung des Schutzgeräts (Schutzpegel)
U_{Ges} am Endgerät anliegende Begrenzungsspannung
(Quelle: Dehn & Söhne)

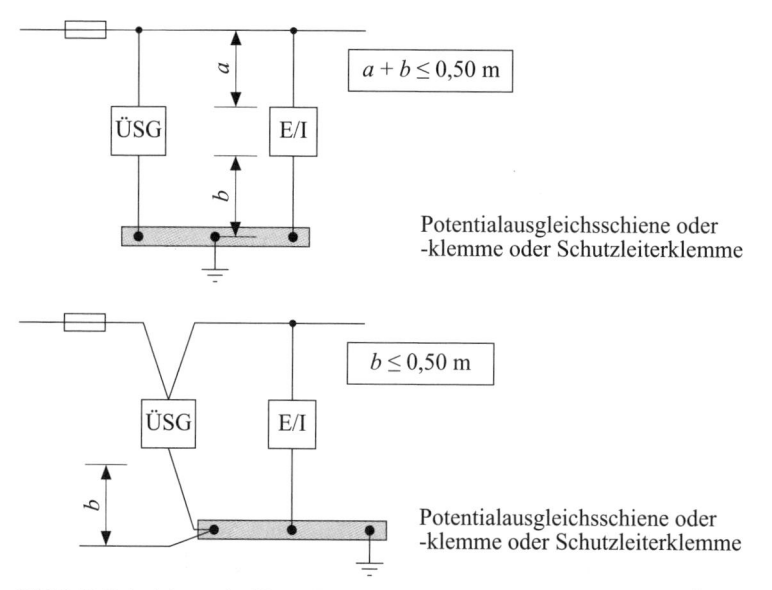

$a + b \leq 0{,}50$ m

Potentialausgleichsschiene oder -klemme oder Schutzleiterklemme

$b \leq 0{,}50$ m

Potentialausgleichsschiene oder -klemme oder Schutzleiterklemme

Bild 5.54: Beispiele aus der Norm (DIN VDE 0100-534) für den Anschluss von Überspannungs-Schutzeinrichtungen mit Angabe der maximalen Leitungslänge
ÜSG Überspannungs-Schutzeinrichtung
E/I Betriebsmittel oder Teil der Anlage
(Quelle: Entwurf der DIN VDE 0100-534)

Beispiel:
Angenommen, der Errichter würde den Fußpunkt einer Überspannungs-Schutzeinrichtung, die einen Schutzpegel U_{sp} = 6 000 V besitzt, und im Verteiler im EG eines Gebäudes installiert wurde, mit einer separaten Leitung direkt mit der Haupterdungsschiene im Keller verbinden. Diese Anschlussleitung soll eine Länge von

15 m aufweisen. In diesem Fall kämen zu den 6 000 V Schutzpegelspannung des Überspannungsableiters noch 15 000 V für die Anschlussleitung hinzu. Die angeschlossenen Verbraucher müssen also im Fall einer Blitzeinwirkung bzw. bei einlaufender Überspannung mit einer Spannungsspitze von insgesamt 21 000 V rechnen. In diesem Fall kann man sich den Einbau der Überspannungs-Schutzeinrichtung getrost sparen.

Der im zuvor erwähnten Beispiel gemachte Fehler wird leider immer wieder in elektrischen Anlagen vorgefunden. Häufig werden an dieser Stelle auch die Bestimmungstexte der Norm falsch verstanden – nicht selten, weil die Texte selbst leider missverständlich verfasst wurden.

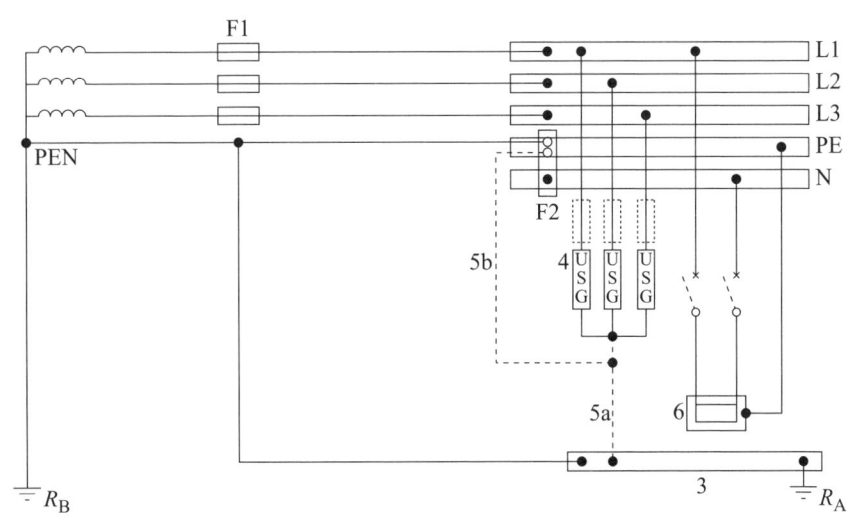

Bild 5.55 Anschluss einer Überspannungs-Schutzeinrichtung nach E DIN IEC 60364-5-53/A2 (VDE 0100-534)

So wird beispielsweise im Entwurf zur VDE 0100-534 aus dem Jahr 2001 im Bild A dargestellt, wie der Anschluss einer Überspannungs-Schutzeinrichtung auszusehen hat. Im **Bild 5.55** ist diese Darstellung wiedergegeben. Bei der Verbindungsleitung 5 steht unter dem Bild folgender Text:

„*5 Erdungsleiter für Überspannungs-Schutzeinrichtungen, entweder 5a oder 5b*"

Mit diesem Hinweis kommt der Errichter leicht auf den Gedanken, die im Beispiel erwähnte 15 m lange Verbindung dem Direktanschluss des Ableiters an die Schutzleiterschiene im Verteiler vorzuziehen. Tatsächlich ist jedoch gemeint, dass die Alternative darin besteht, dass die Verbindung gewählt werden muss, die eine kürzere Leitungslänge verursacht. Da jedoch in üblichen Verteileranlagen die direkte

Verbindung der Ableiter an die interne Schutzleiterschiene in der Regel kürzer ist als bei anderen Anschlussmöglichkeiten an externen Potentialausgleichsschienen (ganz gleich, wo sie sich befinden), muss bei einer Errichtung des Überspannungsschutzes nach der Darstellung in Bild 5.55 darauf geachtet werden, dass die Verbindung 5b auf keinen Fall vergessen wird. Natürlich kann man auch beide Verbindungen (5a und 5b) gleichzeitig wählen, doch wer die Verbindungen 5a und 5b als alternative Möglichkeiten auffasst und aus irgendeinen Grund 5b weglässt, verursacht zwangsläufig die zuvor erwähnten Probleme.

Natürlich gelten diese Aussagen entsprechend auch für die aktiven Leiter der informationstechnischen Einrichtungen. Auch diese Leiter und die daran angeschlossenen Geräte müssen vor Überspannungen geschützt werden. Auch hier muss zwischen solchen unterschieden werden, die von außen eingeführt werden und somit einen Teilblitzstrom einführen können, und solchen, bei denen zunächst nur die anfallende Überspannung abgebaut werden muss. Näheres zu der gesamten Problematik ist in der zuvor angegebenen Fachliteratur sowie in den Normen (besonders der Reihe VDE 0185-305) nachzulesen.

Da Blitzströme auch magnetische Störfelder verursachen, muss in diesem Zusammenhang auch über die Vermeidung von Leiterschleifen oder eventuell auch über eine notwendige Schirmung nachgedacht werden, die im Abschnitt 5.5.6.3 behandelt wird.

5.4 Leitungsverlegung

5.4.1 Grundsätzliche Anorderungen

Die fachtechnisch korrekte Kabel- und Leitungsverlegung in einem Gebäude kann sehr viel zu einer störungsfreien elektrischen Anlage im Sinne der EMV beitragen. Aus diesem Grund werden im Folgenden grundsätzliche Anforderungen an die Leitungsführung aus der Sicht der EMV dargestellt. Ziel ist es, im jeweiligen Gebäude eine für die EMV günstige Umgebung zu schaffen, die weder selbst unannehmbare Störgrößen produziert noch für von außen einwirkende Störgrößen als geeignete Koppelstrecke wirkt.

Störwirkungen können vermieden oder reduziert werden durch

- geschützte Verlegung der informationstechnischen Kabel und Leitungen
- sternförmige Energieversorgung
- geeignete Leiteranordnung
- ausreichende Verlegeabstände zwischen sich beeinflussenden Systemen
- Vermeidung von Leiterschleifen
- Verlegung von Kabeln und Leitungen entlang des Gebäude-Potentialausgleichs

Unabhängig davon gibt es einige grundsätzliche Anforderungen wie die, dass die Verlegung der Kabel und Leitungen möglichst ohne „stille Reserven" erfolgen muss. Leitungslängen müssen also so kurz wie möglich gewählt werden.

Ebenso grundsätzlich und fast schon selbstverständlich ist die Anforderung, dass bei einer fachtechnisch korrekten Energieverteilung darauf geachtet werden muss, Kabel und Leitungen, die hohe Ströme führen oder bei denen große Stromänderungsgeschwindigkeiten (z. B. aufgrund von hohen Anlaufströmen) zu erwarten sind, nicht in der Nähe von empfindlichen Betriebsmitteln (wie informationstechnischen Einrichtungen und Datenleitungen) zu errichten.

Aus Abschnitt 4.3.4.2.1 soll noch eine grundsätzliche Anforderung wiederholt werden. Da sich Oberschwingungen im Niederspannungs-Verteilungsnetz ausbreiten können (s. Bild 4.27) und die Wirkung dieser Verteilung ganz wesentlich von der vorgelagerten Netzimpedanz abhängt, ist es erforderlich, leistungsstarke Verbraucher, die Oberschwingungen produzieren, möglichst am Einspeisepunkt einer elektrischen Anlage anzuschließen.

5.4.2 Geschützte Verlegung

Bereits in Abschnitt 5.3.2.5 wurde darauf hingewiesen, dass Kabel und Leitungen möglichst in metallenen Tragesystemen zu führen sind. Dies können z. B. Kabelwannen, -rinnen oder -kanäle sein. Bei besonders störempfindlichen Systemen (z. B. Datenleitungen) kann es sinnvoll sein, diese in komplett geschlossenen Systemen zu verlegen. Auch Kabelwannen sollten in diesem Fall einen metallenen Deckel erhalten (s. Bild 5.37), der eine möglichst gute galvanische Kontaktierung mit der Wanne selbst gewährleistet.

Wichtig ist, dass das metallene Tragesystem so häufig wie möglich, mindestens jedoch beidseitig, mit dem Gebäude-Potentialausgleich (CBN) verbunden wird (s. Abschnitt 5.3.2.5). Außerdem ist dafür zu sorgen, dass die einzelnen Abschnitte des Tragesystems durchgehend leitfähig verbunden sind (**Bild 5.56**).

Dort, wo Kabel und Leitungen offen verlegt werden, muss dies nach Möglichkeit in geschützten Bereichen geschehen. Dies können z. B. metallene Teile der Gebäudekonstruktion sein. Stahlträger sind hierfür besonders geeignet (**Bild 5.57**).

5.4.3 Sternförmige Energieversorgung

Im Niederspannungsbereich muss nach Möglichkeit auf eine Vermaschung der Energieversorgung verzichtet werden. Doppeleinspeisungen, die eine höhere Versorgungssicherheit gewährleisten, sollten möglichst auf der Mittelspannungsebene ausgeführt werden. Aber auch Steuer- und Signalleitungen, die beispielsweise verschiedene Verteilungen galvanisch verbinden, können störende Schleifenbildungen zur Folge haben (**Bild 5.58**). Sind sie notwendig, können u. U. Optokoppler oder Glasfaserkabel verwendet werden.

Die Energieversorgung im Niederspannungsbereich sollte also stets sternförmig ausgeführt werden. Letztlich ist dies zugleich die Forderung nach einer Verkabelung ohne Schleifenbildung (s. Abschnitt 5.4.6). Ziel ist hierbei, nach Möglichkeit jeden Elektroverteiler im Stich von einem übergeordneten Verteiler oder (bei Hauptverteilern) vom einspeisenden Transformator zu versorgen.

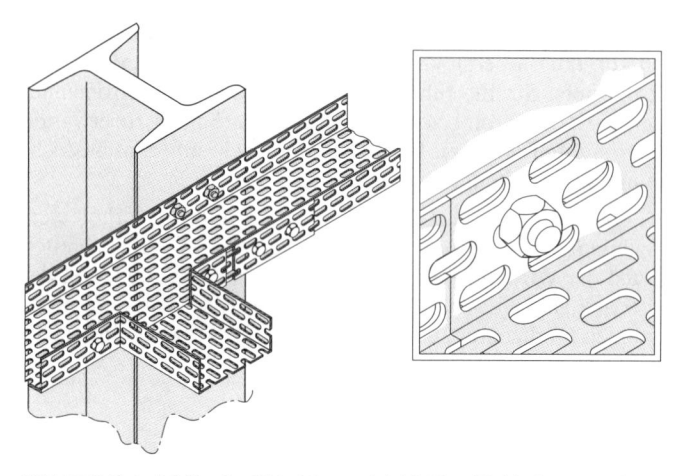

Bild 5.56 Beispiel für eine Kabelrinne mit leitfähiger Verbindung zum Stahlträger und zur seitlich abzweigenden Rinne.
Die Kontaktstelle zwischen Rinne und Träger muss sauber, fettfrei und frei von Lack sein.
(Quelle: Rittal)

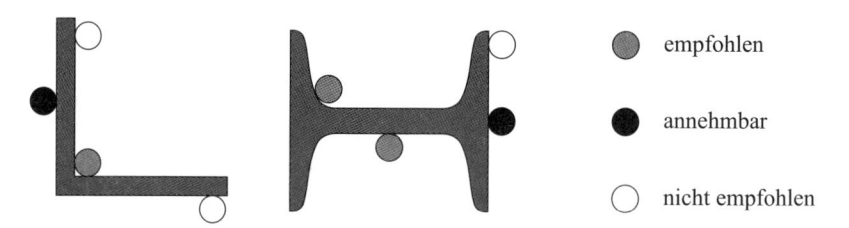

● empfohlen

● annehmbar

○ nicht empfohlen

Bild 5.57 Beispiel für eine geschützte Verlegung von Leitungen entlang eines Trägers in L- sowie in Doppel-T-Form
Die Schirmwirkung der Träger muss nach Möglichkeit genutzt werden; dabei sind Innenkanten den nach außen gerichteten Flächen vorzuziehen.
(VDE 0800-174-2)

5.4.4 Geeignete Leiteranordnung

Die Leiteranordnung ist z. B. bei einem Mehrleiterkabel vorgegeben. Die Verdrillung der aktiven Leiter in einem solchen Kabel sorgt dafür, dass das Kabel nach außen möglichst kein größeres magnetisches Störfeld aufbaut. Bei Stromschienensystemen oder bei Stromkreisen, die aus Einzelleitern aufgebaut sind, ist dies jedoch nicht der Fall. Hier ist stets davon auszugehen, dass die nebeneinander liegenden aktiven Leiter ein magnetisches Feld aufbauen, das als Störfeld in Frage kommen kann (s. Bild 4.7).

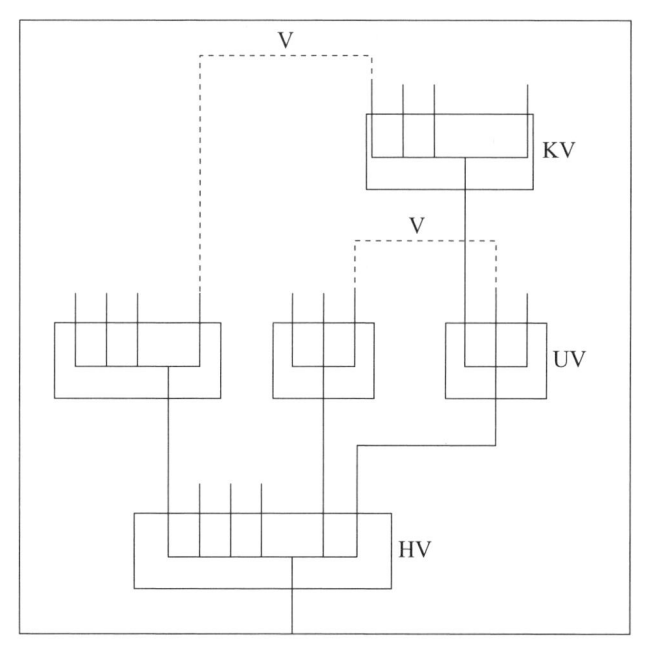

Bild 5.58 Auf galvanische Verknüpfungen zwischen Verteilern (z. B. Steuerleitungen) sollte nach Möglichkeit verzichtet werden, um unnötige Schleifenbildungen zu vermeiden
V   galvanische Verbindungen vermeiden, z. B. Steuerleitungen
HV   Hauptverteiler
KV   Kleinverteiler
UV   Unterverteiler
(Quelle: VdS 2349)

Bei Stromschienensystemen ist deshalb darauf zu achten, dass diese im 5-Leiter-System betrieben werden. Das Gehäuse solcher Systeme muss aus leitfähigem Material bestehen, das an möglichst vielen Stellen mit dem Potentialausgleich verbunden wird.

Einleiterkabel sollten dagegen möglichst vermieden werden. Wenn sie notwendig sind, müssen die aktiven Leiter entlang der gesamten Kabelstrecke eng beieinander angeordnet werden. Aus Tabelle 4.4 ist zu entnehmen, dass beispielsweise ein Stromkreis aus Einleiterkabeln einen Induktivitätsbelag von 0,37 µH/m aufweist, wenn die Leiter im Dreieck gemeinsam verlegt werden. Nebeneinander angeordnet beträgt der Induktivitätsbelag bereits 0,48 µH/m. Bei größer ausfallendem Abstand zwischen den Leitern muss von einem noch höheren Induktivitätsbelag ausgegangen werden. Durch Stromkreise aus Einleiterkabeln entstehen nicht unerhebliche magnetische Störfelder.

Dabei muss betont werden, dass der Neutralleiter zu den aktiven Leitern zählt. Auch er muss also so eng wie irgend möglich an die zugehörigen Außenleiter des Stromkreises geführt werden. Es hat sich bewährt, die Einzelleiter bei der Verlegung zu verdrillen. Eine Schlaglänge von etwa 5 m würde das magnetische Feld bereits erheblich reduzieren. Allerdings erfordert dies bei der Verlegung einen Mehraufwand.

Bei besonders hohen Strömen werden häufig pro aktivem Leiter mehrere Einleiterkabel vorgesehen (z. B. NYY 3 + 1 × 120 mm^2 Cu für die drei Außenleiter). Dies kommt häufig bei Transformatorabgängen vor, die sekundärseitig eine HSV einspeisen. In diesem Fall müssen die aktiven Leiter so angeordnet werden, dass möglichst kleine Schleifen entstehen. Erreicht wird dies, indem man die Einleiterkabelsysteme symmetrisch verteilt (**Bild 5.59**).

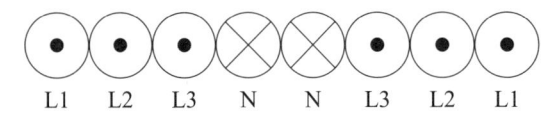

Bild 5.59 Symmetrische Aufteilung der aktiven Leiter bei Stromkreisen aus mehreren Systemen von Einleiterkabeln.

Günstig ist es auch, wenn der Schutzleiter (PE) des Stromkreises nicht zu nah an die aktiven Leiter herangeführt wird. Wenn dann zusätzlich alle Leiter des Stromkreises in metallenen Kabelträgersystemen verlegt werden, ist insgesamt, trotz Einleiterkabel, eine relativ gute Schutzwirkung erreichbar.

5.4.5 Verlegeabstände

5.4.5.1 Einleitung

In einem modernen Gebäude kommen stets Kabel und Leitungen der Energietechnik und solche der Informationstechnik gemeinsam vor (z. B in begehbaren Kabelkanälen, Kabelkellern, Kabelböden sowie im Zwischendeckenbereich, aber u. U. auch entlang der Wände, die für die Montage von Kabeltrassen vorgesehen wurden). Dabei stellt sich selbstverständlich die Frage der gegenseitigen Beeinflussung. Diese hängt natürlich von der Störfestigkeit der informationstechnischen Leitung bzw. des angeschlossenen Betriebsmittels ab. Ist die Datenleitung geschirmt, ist die Kopplung der Störgröße über die Datenleitung erheblich störungssicherer als bei Leitungen ohne Schirm.

Verlaufen die Leitungen der verschiedenen Systeme (z. B. Starkstromleitung und Datenleitung) z. B. in einer gemeinsamen Kabelwanne durch einen metallenen Trennsteg voneinander getrennt, so ist dies aus Sicht der EMV besser als eine Verlegung aller Leitungen in einer gemeinsamen Kabelwanne ohne Trennsteg (möglicherweise gemischt, s. Bild 5.37).

Es ist von daher sinnvoll, bereits bei der Planung die Kabel- und Leitungstrassen genau zu projektieren. Eckpunkte einer solchen Projektierung müssen folgende Fragen sein:

- wie viele Kabel und Leitungen werden für jedes elektrotechnische Einzelgewerk benötigt
- welche Kabeltrassen (Kabelrinnen, Kabelwannen, Kabelkanäle usw.) werden hierfür benötigt (Anzahl, Maße)
- welche gemeinsamen Trassen für energietechnische und informationstechnische Kabel und Leitungen sind unumgänglich
- wie kann eine Trennung (räumlich und/oder elektromagnetisch mittels Schirmung usw.) erfolgen?

Ziel muss es sein, nach Möglichkeit die informationstechnischen von den steuerungs- und messtechnischen Kabeln und Leitungen und beide von den energietechnischen Kabeln und Leitungen getrennt zu verlegen. Wenn z. B. sämtliche Kabel und Leitungen in Kabelwannen oder -rinnen untereinander angeordnet auf einer Wand vorgesehen werden müssen, sind die verschiedenen Kabel und Leitungen nach Systemen zu trennen und auf verschiedene Wannen (Rinnen) zu verteilen (s. Bild 5.37).

Wenn eine gemeinsame Verlegung der Leitungen für Energie- und Informationstechnik unumgänglich ist, muss zumindest über Mindestmaße von Trennungsabständen oder entsprechende Ersatzmaßnahmen nachgedacht werden.

Um die Begrifflichkeit bei der Verkabelung informationstechnischer Leitungen zu verstehen, muss zunächst eine grundlegende Klarstellung erfolgen. Informationstechnische Leitungen werden eingeteilt in solche, die verschiedene Gebäude untereinander verbinden. Sie dienen der übergeordneten Kommunikationsstruktur. Innerhalb des Gebäudes wird die Vernetzung in der Regel so ausgeführt, dass pro Stockwerk oder Gebäudebereich ein entsprechender informationstechnischer Verteiler (Etagen- oder Stockwerksverteiler) vorgesehen wird. Diese Verteiler sind selbstverständlich untereinander verbunden. Von einem solchen Verteiler aus gehen die einzelnen Stränge des vernetzten Systems zu sämtlichen informationstechnischen Arbeitsplätzen (z. B. zu jedem PC, Modem, Faxgerät, Netzwerkdrucker usw.).

In diesem Zusammenhang werden folgende Begriffe eingeführt:

Die Verkabelung benennt man wie folgt (**Bild 5.60**):

- zwischen den Gebäuden **Primärverkabelung**
- zwischen den Etagenverteilern **Sekundärverkabelung**
- zu den Endgeräten **Tertiärverkabelung**

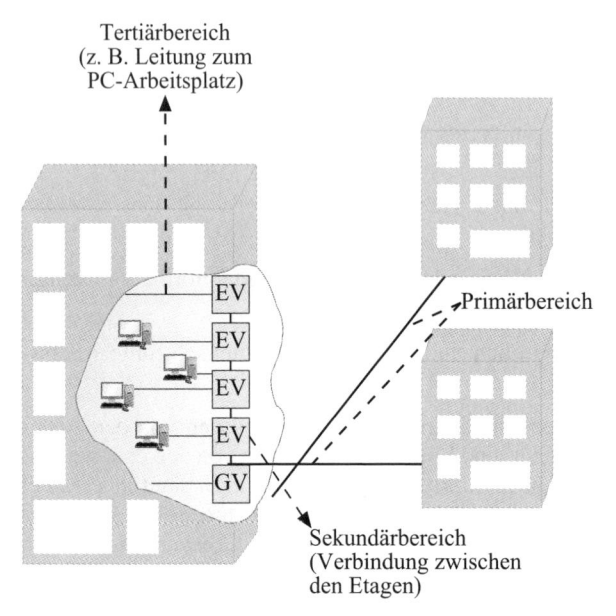

Tertiärbereich
(z. B. Leitung zum
PC-Arbeitsplatz)

Primärbereich

Sekundärbereich
(Verbindung zwischen
den Etagen)

Bild 5.60 Begriffe der informationstechnischen Verkabelung im und außerhalb von Gebäuden.
EV   Etagenverteiler
GV   Gebäude- oder Hauptverteiler

5.4.5.2 Mindestabstände nach VDE 0800-174-2

Die Primär- und häufig auch die Sekundärverkabelung wird häufig mit LWL-Kabel ausgeführt (LWL = Lichtwellenleiter). Dies macht die Verkabelung extrem störungsfest, sodass die auf sie wirkenden Störfelder in der Regel überhaupt nicht übertragen werden.

Werden jedoch Kupferkabel verwendet, muss auf einen ausreichenden Abstand zwischen den Primär- bzw. Sekundärleitungen und parallel verlaufenden, energietechnischen Kabeln und Leitungen geachtet werden. **Tabelle 5.3** gibt hierzu Werte für einen ausreichenden Abstand an.

Zu den Werten aus Tabelle 5.3 ist Folgendes zu sagen:

a) die Werte aus Tabelle 5.3 als Mindestwerte

Natürlich sind die Werte aus Tabelle 5.3 Mindestwerte für eine typische Störfeldbelastung bzw. für typische bzw. durchschnittliche Störfestigkeiten der angeschlossenen informationstechnischen Einrichtungen. Wenn die Störfeldbelastung höher anzusetzen ist oder die informationstechnischen Einrichtungen als besonders empfindlich einzustufen sind, müssen diese Trennungsabstände größer gewählt werden.

Art der Leitung	ohne metallenen Trennsteg	Trennsteg aus Aluminium	Trennsteg aus Stahl
Energieleitung: ungeschirmt Datenleitung: ungeschirmt	200 mm	100 mm	50 mm
Energieleitung: ungeschirmt Datenleitung: geschirmt	50 mm	20 mm	5 mm
Energieleitung: geschirmt Datenleitung: ungeschirmt	30 mm	10 mm	2 mm
Energieleitung: geschirmt Datenleitung: geschirmt	0 mm	0 mm	0 mm

a) Der Begriff „Leitung" steht hier sowohl für Kabel als auch für Leitung.

Tabelle 5.3 Abstände zwischen Datenleitungen und parallel verlaufenden, energietechnischen Leitungen[a)] nach VDE 0800-174-2

Höhere Belastungen können beispielsweise vorliegen bei energietechnischen Stromkreisen, in denen

- hohe Stromänderungsgeschwindigkeiten (di/dt) auftreten (s. Abschnitte 4.3.2.3.2 und 4.3.2.3.4) – z. B. bedingt durch häufige Schalthandlungen oder extreme Belastungsänderungen
- besonders hohe Ströme fließen
- ein extrem hoher Anteil an Oberschwingungen erwartet werden kann

b) die Werte aus Tabelle 5.3 als Maximalwerte

Andererseits kann es vorkommen, dass die Werte der Tabelle 5.3 zu hoch liegen. Dies wäre z. B. der Fall, wenn in den energietechnischen Leitungen tatsächlich nur geringe Ströme fließen. Dazu kommt, dass es selbstverständlich nicht nur empfindliche Datenleitungen und störende energietechnische Leitungen gibt. Zwischen diesen Extremen gibt es eine ganze Reihe von Systemen, die z. B. durchaus als Störquelle in Frage kommen. So kann durchaus eine Signal- oder Steuerleitung oder der Antrieb eines Stellglieds an einer Maschine störend auf eine besonders empfindliche Datenleitung wirken. Die Störwirkung ist dann meist wesentlich geringer als z. B. bei einer Zuleitung für den Antrieb eines Personenaufzugs.

Je nachdem, ob also von einer störenden Leitung nur eine geringe Störwirkung ausgeht, können die Werte aus Tabelle 5.3 durchaus halbiert werden.

c) Besonderheit bei der Tertiärverkabelung

Weiterhin ist zu den Werten aus Tabelle 5.3 zu sagen, dass sie für die gesamte Strecke der parallelen Leitungsführung gelten. Eine Ausnahme gibt es lediglich bei der Tertiärverkabelung. In VDE 0800-174-2, Abschnitt 6.5.2, wird bei geschirmten Datenleitungen Folgendes festgelegt:

- Ist die Leitungslänge der Tertiärverkabelung kleiner als 35 m, so braucht bei geschirmten Datenleitungen kein Trennungsabstand berücksichtigt zu werden

- Bei Leitungslängen der Tertiärverkabelung von 35 m und mehr muss der Trennungsabstand nach Tabelle 5.3 eingehalten werden. Hiervon ausgenommen sind allerdings die letzten 15 m vor dem Anschluss des informationstechnischen Geräts (**Bild 5.61**)

Beispiel:
Die Leitungslänge der Tertiärverkabelung beträgt 40 m. Demnach sind 25 m mit Abstand zu energietechnischen Leitungen zu verlegen, während die restlichen 15 m gemeinsam ohne Abstand geführt werden dürfen.
Bei einer Leitungslänge von insgesamt 60 m wären es 45 m mit und 15 m ohne Abstand.

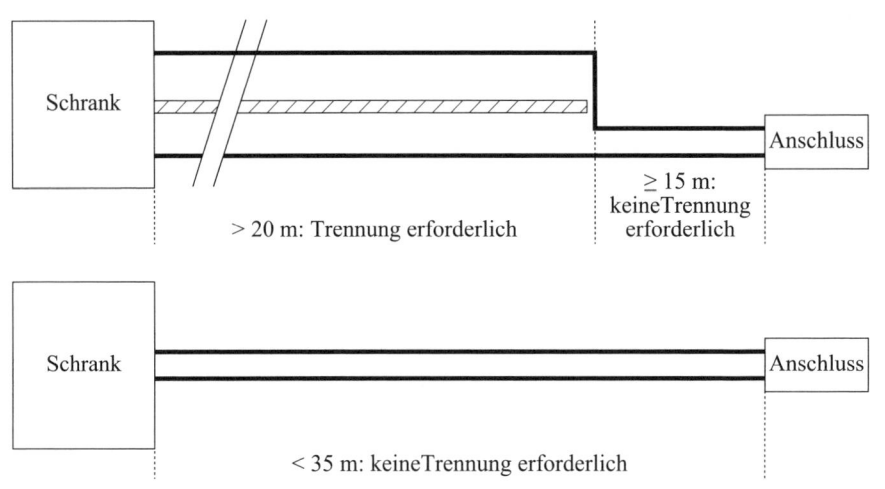

```
Schrank ──── > 20 m: Trennung erforderlich ──── ≥ 15 m: keineTrennung erforderlich ──── Anschluss

Schrank ──── < 35 m: keineTrennung erforderlich ──── Anschluss
```

Bild 5.61 Die Abstände nach Tabelle 5.3 bei der Tertiärverkabelung
In der obigen Darstellung wird gezeigt, dass erst bei Längen ab 35 m der Abstand nach Tabelle 5.3 eingehalten werden muss – allerdings dürfen in diesem Fall die letzten 15 m vor dem angeschlossenen Gerät ohne Trennungsabstand geführt werden.

d) Einfluss der Verlegeart auf die Werte der Tabelle 5.3

Die in Tabelle 5.3 angegebenen Trennungsabstände beziehen sich natürlich auf den ungünstigsten Fall der Befestigungspunkte. Dabei ergeben sich nach VDE 0800-174-2 folgende Möglichkeiten bei verschiedenen Verlegearten:

- Wenn beide parallele Leitungen befestigt sind, muss der kleinste Abstand zwischen den Leitungen immer noch größer sein als der Wert nach Tabelle 5.3.
- Wenn die parallel verlaufenden Leitungen nicht befestigt werden und nicht auf irgendeine Weise getrennt werden (z. B. in verschiedene Kammern eines Installationskanals oder getrennt durch z. B. einen Trennsteg), muss der Abstand zwischen ihnen als 0 cm angesetzt werden. Das bedeutet in diesem Fall, dass nach

Tabelle 5.3 eine parallele Verlegung nur möglich ist, wenn beide Leitungen geschirmt sind (s. letzte Zeile in Tabelle 5.3).
- Wenn die parallel verlaufenden Leitungen z. B. auf einer Kabelwanne durch einen Trennsteg getrennt und dabei nicht auf der Wanne befestigt werden, muss als Trennungsabstand gemäß Tabelle 5.3 die Dicke des Trennstegs angesehen werden.

Natürlich ergibt sich bei einem Trennsteg aus Aluminium und bei ungeschirmten Leitungen kein sinnvoller Wert, da es kaum Trennstege mit einer Dicke von 100 mm gibt. In diesem Fall ist also eine Verlegung mit nur einem Trennsteg nur möglich, wenn mindestens eine Leitung geschirmt ausgeführt wird.

- Werden die parallelen Leitungen ohne weitere Befestigung in verschiedene Kammern eines Kanals oder durch mehrere Trennstege getrennt verlegt, gilt der Abstand der Trennstege als Trennungsabstand nach Tabelle 5.3.

5.4.6 Vermeidung von Schleifen

5.4.6.1 Einführung

Dass Schleifen erhebliche Probleme verursachen können, wurde bereits in den Abschnitten 4.3.2.3.5 und 4.3.3.4.4 erläutert. Es geht darum, dass magnetische Störfelder in Leiterschleifen eine Störspannung induzieren, die dann Funktionsstörungen oder Zerstörungen bei empfindlichen Bauelementen hervorrufen können. Der Grundsatz, dass Schleifen nach Möglichkeit vermieden werden müssen, taucht in fast allen Anforderungen an eine EMV-gerechte Elektroinstallation auf (s. auch Abschnitt 5.4.3).

Da jedoch der Potentialausgleich wie in Abschnitt 5.5.3.2.8 beschrieben, vermascht ausgeführt wird, sind Schleifen, zumindest im Potentialausgleichssystem, nicht zu vermeiden bzw. sogar erwünscht. Dies kann u. U. zu Problemen führen. Im Netzanschlusskabel eines jeden elektrischen Verbrauchsmittels wird ein Schutzleiter mitgeführt. Da dieser selbstverständlich beidseitig an entsprechende Schutzleiterschienen oder -klemmen angeschlossen wird, und diese wiederum mit dem Gebäude-Potentialausgleich verbunden sind, entsteht somit eine Schleife. Bei geschirmten Datenleitungen, deren Schirm beidseitig mit Masse verbunden ist, ist dies nicht anders. Hier wird die Datenleitung bzw. der Schirm dieser Leitung zu einem Teil der vorgenannten Masche.

Wenn jetzt eine Störspannung in diese Masche induziert wird, fließen unweigerlich Störströme über den Schirm der Datenleitung sowie über den Schutzleiter der Netzzuleitung. Bei den Datenleitungen kann dies bereits zu Funktionsstörungen führen.

Im Extremfall kann eine Schleife entstehen aus
- einer Potentialausgleichsleitung
- einem Schutzleiter einer Netzanschlussleitung
- dem Schirm einer informationstechnischen Leitung

und so erhebliche Probleme für das angeschlossene informationstechnische Gerät hervorrufen, weil z. B. eine in diese Schleife induzierte Blitz-Überspannung in dem angeschlossenen Gerät im Extremfall einen Überschlag hervorrufen könnte (**Bild 5.62**).

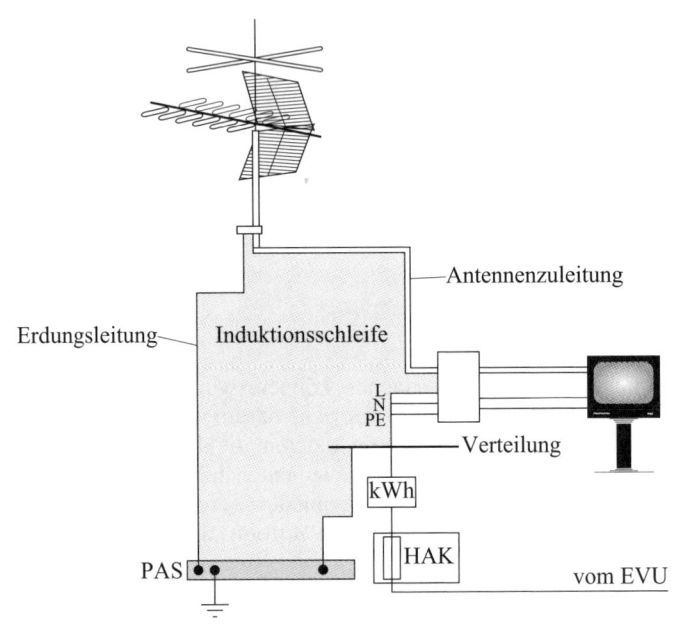

Bild 5.62 Die geschirmte Antennenleitung, der Schutzleiter für die Antennenerdung sowie der Schutzleiter in der Netzanschlussleitung zum Fernsehgerät bilden eine Induktionsschleife, in die z. B. ein Blitzstrom eine viel zu hohe Spannung induzieren kann

Wenn der Schutzleiter in einem energietechnischen Kabel mit dem Potentialausgleichssystem eine Schleife bildet, wirkt diese u. U wie die kurzgeschlossene Sekundärseite eines Transformators. Dabei bilden die aktiven Leiter im Kabel insgesamt die Primärseite (**Bild 5.63**). Bei Stromkreisen, die aus Einleiterkabel oder Stromschienensystemen bestehen, ist dieses Problem besonders relevant.

Die hierdurch in der vorgenannten kurzgeschlossenen Sekundärseite induzierten Ströme sind in der Regel nicht sehr energiereich, können also aufgrund der geringen induzierten Spannung der Sekundärseite meist keinen größeren Sachschaden anrichten. Sie verteilen sich jedoch im gesamten Potentialausgleichssystem und können in informationstechnischen Geräten u. U. störend wirken. Funktionsstörungen und Ausfälle sind hier bei empfindlichen Einrichtungen möglich. Interessant ist weiterhin, dass sie durch eine Fehlerstrom-Schutzeinrichtung (RCD) nicht erkannt werden, da sie durch einen entsprechenden Strom im Primärkreis des

"Transformators" (also in den aktiven Leitern des Kabels) hervorgerufen werden. Dieser „Primärstrom" wirkt in der Fehlerstrom-Schutzeinrichtung (RCD) jedoch nicht als Differenzstrom.

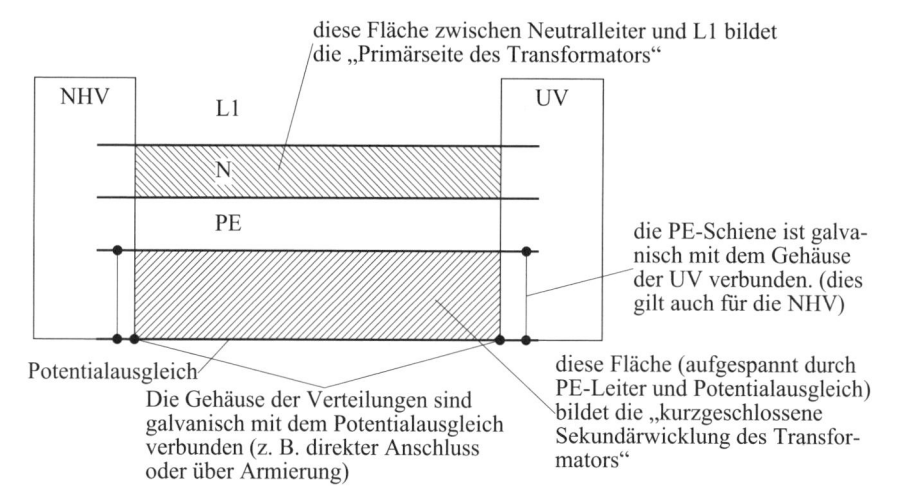

```
                        diese Fläche zwischen Neutralleiter und L1 bildet
                        die „Primärseite des Transformators"
    NHV     L1                              UV
            ░░░░░░░░░░░░░░░░░░░░░░░
              N
            
            PE
    ──●─────────────────────────●──   die PE-Schiene ist galva-
            ░░░░░░░░░░░░░░░░░░░░░░░   nisch mit dem Gehäuse
            ░░░░░░░░░░░░░░░░░░░░░░░   der UV verbunden. (dies
    ──●─────────────────────────●──   gilt auch für die NHV)

Potentialausgleich                    diese Fläche (aufgespannt durch
   Die Gehäuse der Verteilungen sind  PE-Leiter und Potentialausgleich)
   galvanisch mit dem Potentialausgleich bildet die „kurzgeschlossene
   verbunden (z. B. direkter Anschluss  Sekundärwicklung des Transfor-
   oder über Armierung)                 mators"
```

Bild 5.63 Symbolische Darstellung der Wirkung des Betriebsstroms eines Stromkreises, der in die Schleife, bestehend aus Schutz- und Potentialausgleichsleitern, eine Spannung induziert

Abhilfe schafft hier
- ein separat verlegter Funktions-Potentialausgleichsleiter (s. Abschnitte 5.3.2.6 und 5.4.6.2)
- eine entsprechende Leitungsführung (s. Abschnitt 5.4.6.3)
- die Verwendung von besonders geschirmten Energieleitungen (s. Abschnitt 5.4.6.4)

5.4.6.2 Vermeidung von Störungen durch zusätzliche Potentialausgleichsverbindungen

Schon in Abschnitt 5.3.2.6 wurde die besondere Wirkung eines zusätzlichen Potentialausgleichsleiters beschrieben. Er reduziert als Schirmentlastungsleiter niederfrequente Schirmströme, die bei Problemen mit dem PEN-Leiter leider immer zu erwarten sind (s. Abschnitt 5.2.2.2.5 und Bild 5.15), und zusätzlich reduziert er die Größe von Schleifenflächen, die immer eine Kopplung für magnetische Störfelder eröffnen (s. Abschnitt 5.4.6.1). Parallel verlegte und beidseitig angeschlossene Leiter (sogenannte Funktions-Potentialausgleichsleiter, s. Abschnitt 5.3.2.6) verringern somit stets die Kopplung zwischen Störquelle und Störsenke (**Bild 5.64**). Häufig reicht es schon aus, wenn man in einem Kabel nicht benötigte Adern beidseitig „auf Masse" legt. Allerdings muss sichergestellt sein, dass dieser Leiter nicht durch Ströme thermisch überlastet wird, die über ihn fließen, weil er vorhandene Potentialunterschiede überbrückt bzw. kurzschließt.

5.4.6.3 Vermeidung von Störungen durch besondere Leitungsführung

In DIN EN 50310 (VDE 0800-2-310):2006-10) heißt es im Abschnitt 5.5:

Stromversorgungskabel oder -leitungen und Signalkabel oder -leitungen innerhalb und zwischen vermaschten Potentialausgleichsanlagen (Mesh-BN) müssen dicht an den Teilen der erweiterten gemeinsamen Potentialausgleichsanlage (CBN) geführt sein.

Mit anderen Worten, die Kabel und Leitungen müssen stets nahe am Gebäude-Potentialausgleich geführt werden. Dies kann z. B. dadurch geschehen, dass sie in metallenen Tragesystemen geführt werden, die, wie in Abschnitt 5.4.2 beschrieben, galvanisch mit dem Potentialausgleich verbunden sind (d. h. möglichst beidseitiger Anschluss des Tragesystems an den Potentialausgleich, durchgehende Verbindung der Teilstücke des Systems sowie möglichst häufiger Anschluss an den Potentialausgleich entlang der Strecke).

Alternativ oder zusätzlich kann ein paralleler Funktions-Potentialausgleichsleiter nach Abschnitt 5.3.2.6 ebenfalls für eine Reduzierung der vorgenannten Schleifenwirkung sorgen.

Allerdings muss auch von vornherein bei der Planung der Leitungsverlegung darüber nachgedacht werden, wie man unnötige Schleifen vermeiden kann. Wenn beispielsweise zu einem Gerät sowohl energietechnische (Spannungsversorgung) und informationstechnische Kabel und Leitungen (wie Datenleitungen, Signalleitungen ...) geführt werden müssen, sind hierfür gemeinsame Wege zu wählen. Sind Beeinflussungen durch die Felder der energietechnischen Kabel zu erwarten, müssen zusätzliche Schirmungsmaßnahmen Abhilfe schaffen. Besonders in Anlagen, in denen Steuerungsfunktionen, Antriebssteuerungen von Motoren, Messaufgaben usw. vorkommen, treten immer wieder Probleme auf. Schleifenbildungen verstärken die Kopplungsmechanismen für Störgrößen. Häufig reicht bereits eine geschickte Leitungsführung aus, um Abhilfe zu schaffen (Bild 5.64).

5.4.6.4 Vermeidung von Störungen durch besonders geschirmte Kabel und Leitungen

Hier können z. B. Kabel und Leitungen eingesetzt werden, die einen Schutzleiter besitzen, der als Mantel um die aktiven Leiter gelegt wurde. Man spricht von Leitungen mit konzentrischem Schutzleiter (z. B. NYCWY). Auch die Verwendung solcher Kabel und Leitungen reduziert die Wirkung der zuvor beschriebenen

Schleife. So haben Versuche ergeben, dass durch die zuvor beschriebene Schleifenbildung auf dem Schutzleiter durchaus Ströme zwischen 1 A bis 20 A fließen können. Durch Verwendung von entsprechenden Leitungen mit konzentrischem Schutzleiter konnten diese Ströme um bis zu 90 % gesenkt werden.

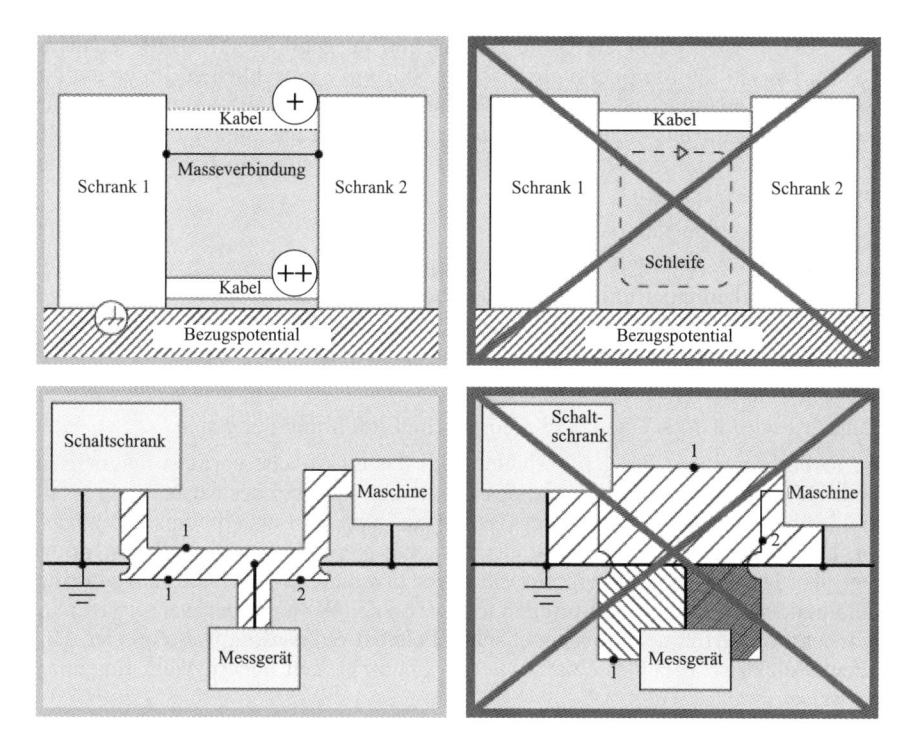

Bild 5.64 Beispiel für die Vermeidung von Schleifenbildung bei der Verkabelung
Im oberen Bild wird die Schleife (rechts im Bild) durch eine zusätzliche Potentialausgleichsverbindung vermieden. Im unteren Bild ist es eine entsprechende Leitungsführung.
+ günstig für die EMV
++ besonders günstig für die EMV
1 Niederspannungsleitung (Energiezufuhr)
2 Steuerleitungen bzw. Messsignalleitungen
(Quelle: Rittal)

5.5 Schirmung gegen Störfelder

5.5.1 Einführung

Das Ziel von Schirmungsmaßnahmen ist die möglichst weitgehende Beseitigung der Kopplung zwischen Störsenke und Störquelle (s. Bild 4.1). Der hierfür verwendete Schirm wird dabei als Hülle oder Schild ausgebildet. Als Hülle kann der Schirm sowohl die Störquelle als auch die Störsenke umschließen. Im ersten Fall soll die Auskopplung und im zweiten Fall die Einkopplung der Störgrößen verhindert werden. Eine ausschlaggebende Rolle spielt die Frage, um welche Störgrößen es sich handelt und mit welchen Frequenzen sie auftreten. Im Folgenden werden drei Fälle unterschieden:

- niederfrequente elektrische Felder
  (E-Felder, s. Abschnitt 5.5.2)
- magnetische Felder mit niedriger und höherer Frequenz
  (H-Felder, s. Abschnitt 5.5.3)
- hochfrequente elektrische und magnetische Felder
  (E-/H-Felder, s. Abschnitt 5.5.4)

Zunächst wird jedoch eine kurze theoretische Einführung nötig sein:

Im niederfrequenten Bereich verhalten sich das elektrische und das magnetische Feld völlig verschieden. Während das elektrische Feld bei der Ausbreitung relativ viel Mühe aufbringen muss, hat es das magnetische Feld unverhältnismäßig leichter. Diese zugegeben etwas flach ausgedrückte physikalische Tatsache ist grundlegend. Man spricht in Bezug auf die zuvor erwähnte „Mühe", die das jeweilige Feld bei der Ausbreitung aufbringen muss, von der Wellenimpedanz. Die ist nämlich beim niederfrequenten, magnetischen Feld extrem niedrig, während niederfrequente, elektrische Felder eine um 1000- bis 5000-fach höhere Wellenimpedanz aufweisen.

Weiterhin ist folgende physikalisch messbare Tatsache von Bedeutung: Je höher die Frequenz wird bzw. je näher man der Quelle des jeweiligen Feldes kommt

- um so geringer wird die Wellenimpedanz des elektrischen Feldes
- um so größer wird die Wellenimpedanz des magnetischen Feldes

Bild 5.65 zeigt dieses Verhalten. Auf der x-Achse ist das Verhältnis vom Abstand r von der Quelle des jeweiligen Feldes zur relevanten Wellenlänge $\lambda/(2\pi)$ aufgetragen:

$$\frac{r}{\lambda/(2\pi)}$$

Diese „relevante Wellenlänge" ist ein besonderes Maß, ab der die beiden Felder (magnetisch und elektrisch) nicht mehr getrennt, sondern gemeinsam auftreten. Das bedeutet, dass man nicht mehr von einem elektrischen oder einem magnetischen Feld sprechen kann, sondern von einem elektromagnetischen Feld. Ab einer bestimmten Entfernung von der Quelle ist dies der Fall bzw. (bei einer bestimmten Entfernung) ab einer bestimmten Frequenz. Bis zu dieser bestimmten Frequenz bzw. dieser Entfernung spricht man von einem **Nahfeld**, bei dem die beiden Felder noch getrennt vorkommen, und darüber hinaus von einem **Fernfeld**, bei dem das nicht mehr der Fall ist.

Die relevante Wellenlänge $\lambda/(2\pi)$ und die zuvor erwähnte „bestimmte Entfernung" sind gleich groß. Darum hat der zuvor genannte Bruch in diesem Fall den Wert 1 (s. Bild 5.65). Setzt man diese Gleichung für die Wellenlänge nach Abschnitt 3.3 (dort beim Begriff „Wellenlänge") ein

$$\lambda = \frac{c}{f}$$

kann dieser Bruch wie folgt dargestellt werden:

$$\frac{r \cdot 2\pi \cdot f}{c}$$

Dabei gilt:
- r Abstand von der Quelle des Feldes
- f Frequenz des Feldes
- c Lichtgeschwindigkeit (sie beträgt $300 \cdot 10^6$ m/s)

Das bedeutet, die x-Achse ist
- bei gleich bleibender Frequenz des Feldes die Entfernung von der Quelle
- bei gleich bleibender Entfernung von der Quelle die Frequenz des Feldes

In **Tabelle 5.4** und **Tabelle 5.5** wird an einigen Beispielen aufgeführt, ab welcher Entfernung bzw. ab welcher Frequenz die Nahfeldbedingung aufhört bzw. die Fernfeldbedingung beginnt.

Aus den Werten der Tabelle 5.5 wird deutlich, dass im Gebäudebereich und üblichen Abständen von 1 m bis 30 m bei Störfeldfrequenzen ab 1,6 MHz bis 48 MHz Fernfeldbedingungen zu berücksichtigen sind. Wenn die Störquelle direkt in der Nähe der Störsenke auftritt, also z. B. in einem Abstand von 10 cm, liegt erst ab einer Frequenz von 478 MHz Fernfeldbedingung vor.

Bild 5.65 zeigt weiterhin, dass bei Fernfeldbedingung beide Felder dieselbe Wellenimpedanz aufweisen. Da sie gemeinsam auftreten, ist das nicht verwunderlich. Was aber bedeuten die unterschiedlichen Wellenimpedanzen im Nahfeldbereich für die Schirmung?

Der Schirm wirkt umso besser, je geringer seine eigene Impedanz (bzw. je leitfähiger sein Material) und je größer im Verhältnis dazu die Wellenimpedanz des Feldes ist. Daraus wird sofort deutlich, dass elektrische Felder im Nahfeldbereich (also bei niedrigen Frequenzen) besonders gut abzuschirmen sind, weil die Wellenimpedanz besonders hoch anzusetzen ist. Der Schirm selbst nimmt das elektrische Feld quasi auf und führt die Energie in Form des elektrischen Stroms über den Schirm ab (s. Abschnitt 5.5.2).

Frequenz des Störfelds	Entfernung von der Quelle (maximale Länge für die Nahfeldbedingung)
50 Hz	954 km
1 000 Hz	48 km
100 kHz	478 m
1 MHz	48 m
100 MHz	0,48 m

Tabelle 5.4 Maximale Entfernungen von der Störquelle bei verschiedenen Frequenzen des Störfelds. Bis zu den angegebenen Entfernungen herrscht bei der jeweiligen Frequenz **Nahfeldbedingung**, bei der magnetisches und elektrisches Feld noch getrennt auftreten.

Entfernung von der Quelle des Störfelds	Frequenz des Störfelds (maximale Frequenz für die Nahfeldbedingung)
0,1 m	478 MHz
0,5 m	95 MHz
1 m	48 MHz
10 m	4,8 MHz
30 m	1,6 MHz
100 m	478 kHz

Tabelle 5.5 Maximale Frequenz des Störfelds bei verschiedenen Entfernungen von der Störquelle. Bis zu den angegebenen Frequenzen herrscht bei der jeweiligen Entfernung **Nahfeldbedingung**, bei der magnetisches und elektrisches Feld noch getrennt auftreten.

Magnetische Felder im niedrigeren Frequenzbereich dagegen besitzen eine besonders geringe Wellenimpedanz. Die Abschirmung fällt daher besonders schwer (s. Abschnitt 5.5.3).

Unter Fernfeldbedingungen, wenn also die Frequenz entsprechend hoch ausfällt, greifen übliche Schirmungsmaßnahmen häufig nicht mehr. Hier müssen spezielle Anforderungen erfüllt werden.

Die Effektivität eines Schirms wird durch das Verhältnis des auftreffenden Störfelds (z. B. E_1) zum Störfeld, das durch den Schirm gedämpft wurde (z. B. E_2), angegeben. Dieses Verhältnis nennt man Schirmdämpfung S.

$$S = \frac{E_1}{E_2}$$

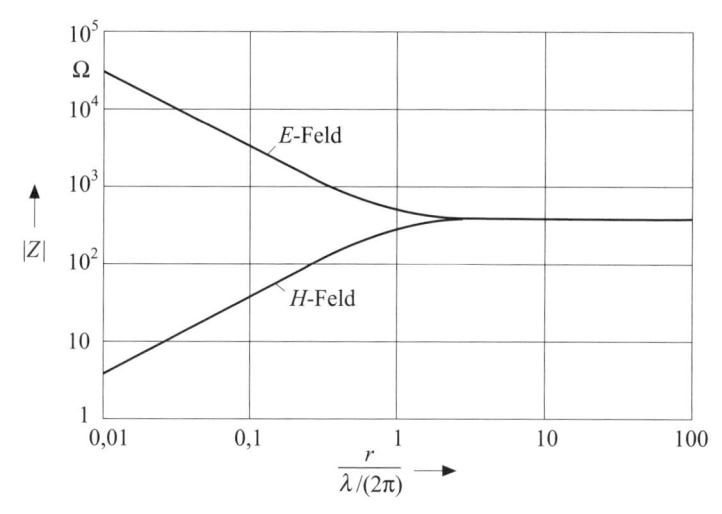

Bild 5.65 Verlauf der Wellenimpedanz |Z| als Funktion des Abstands r zur Quelle bzw. als Funktion der Frequenz f (die in der Berechnungsformel für λ enthalten ist)

Allerdings wird in der Regel der logarithmische Wert dieser Größe in dB (Dezibel) angegeben. Dies ist dann das Schirmdämpfungsmaß a_S (häufig jedoch ebenso als Schirmdämpfung bezeichnet):

$a_S = 20 \cdot \lg(E_1/E_2)$ bzw. $a_S = 20 \cdot \lg(H_1/H_2)$

Beispiel:
Eine halbwegs gute Schirmwirkung wäre es, wenn ein Störfeld durch den Schirm auf 5 % des ursprünglichen Werts gedämpft würde. Das entspricht einem Schirmdämpfungsmaß von:

$a_S = 20 \cdot \lg(100/5) = 26$ dB

Besser wäre eine Dämpfung auf 2 %, das entspricht einem Schirmdämpfungsmaß von:

$a_S = 20 \cdot \lg(100/2) = 34$ dB

5.5.2 Niederfrequente elektrische Felder (Nahfeldbedingungen)

Elektrische Felder sind im unteren Frequenzbereich bis einige 10 kHz relativ leicht abzuschirmen. Im Grunde genommen benötigt man nur einen Schirm (Schirmwand, Schirmmantel, Schirmhülle), der an mindestens einer Stelle mit dem Potentialausgleich verbunden sein muss. Bei Kabel reicht also häufig ein einseitig angeschlossener Schirm aus.

Die Wirkung ist einfach: Elektrische Felder entstehen, wie im Abschnitt 4.3.2.2 gezeigt, überall dort, wo zwischen zwei leitfähigen Teilen eine Spannung anliegt. Also z. B. auch zwischen einer störenden Starkstromleitung und einer gestörten Signalleitung. Beide haben gegen Erde eine Spannung – allerdings in sehr verschiedener Höhe. Deshalb weisen sie auch eine Spannung gegeneinander auf. Aufgrund der Geometrie der spannungsführenden Leiter in den beiden Leitungen muss von einer mehr oder weniger großen Koppelkapazität (man spricht auch von einer parasitären Kapazität) zwischen ihnen ausgegangen werden (**Bild 5.66**).

Da mindestens die Starkstromleitung eine Wechselspannung führt, wird zwischen den beiden Leitungen über die Koppelkapazität auch ein entsprechender Strom fließen.

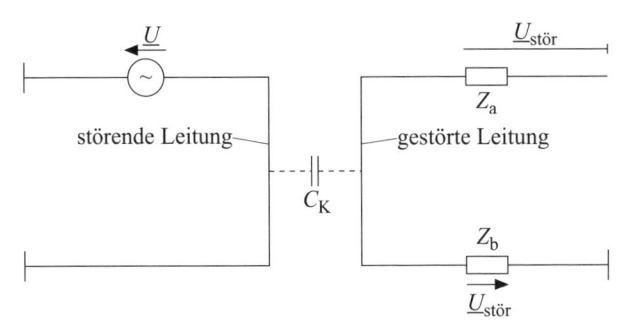

Bild 5.66 Prinzipdarstellung einer kapazitiven Kopplung
Die Koppelkapazität C_K liegt zwischen den beiden Leitungen. Bei einer anstehenden Wechselspannung U fließt ein Strom über C_K und ruft eine Störspannung $U_{stör}$ hervor, die die Signalspannung des gestörten Stromkreises überlagert.

Wenn man zwischen Störsenke und Störquelle einen geerdeten Schirm einbringt, wird der Abstand zwischen den beiden Teilen in zwei Abschnitte geteilt. Dabei entstehen zwei neue Kapazitäten: Eine zwischen der Störquelle und dem Schirm und die andere zwischen Schirm und der Störsenke. Wenn nun der Schirm niederimpedant mit dem Potentialausgleich verbunden ist, wird der „Umweg" über die zweite Kapazität und der Störsenke zum Potentialausgleich sozusagen „kurzgeschlossen" (**Bild 5.67**).

Voraussetzung hierfür ist natürlich, dass die Impedanz des Schirms möglichst gering ist und auch der Anschluss des Schirms an den Potentialausgleich möglichst niederimpedant ausgeführt wird. Gemeint ist mit Letzterem ein möglichst großflächiger Schirmanschluss (idealerweise wird der Schirm über 360° umschlossen). Alle Verbindungsleitungen sollten einen möglichst großen Querschnitt besitzen. Günstig sind auch hier Flachleiteranschlüsse.

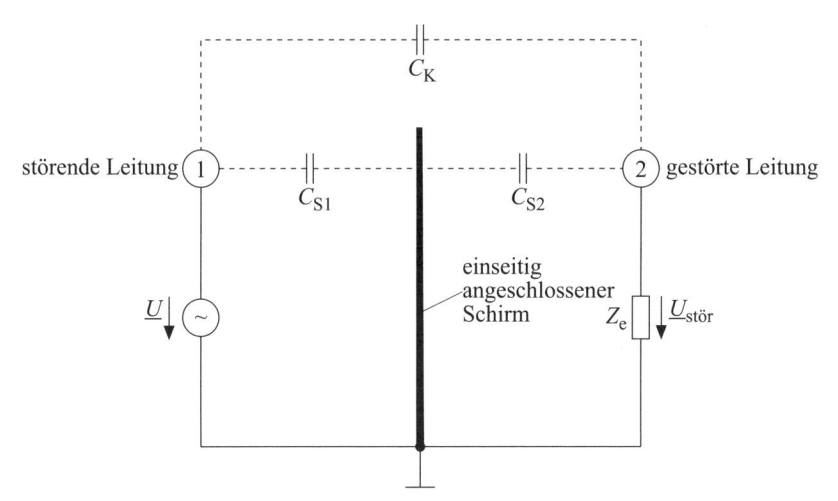

Bild 5.67 Der Schirm zwischen Störsenke und Störquelle teilt die gesamte Stecke in zwei Teilabschnitte und ruft zwei neue Kapazitäten C_{S1} und C_{S2} hervor. Der Weg über C_{S1} und den Schirm zum Potentialausgleich besitzt dabei die geringere Impedanz.

5.5.3 Magnetische Felder mit niedrigen und höheren Frequenzen

5.5.3.1 Einführung

Bei statischen und zum Teil auch bei höherfrequenten magnetischen Feldern kann das magnetische Störfeld abgelenkt oder reduziert werden. Dies geschieht dadurch, dass

- man den Feldlinien des magnetischen Feldes einen für sie energiesparsameren Weg anbietet, s. Abschnitt 5.5.3.2
- im Schirm Wirbelströme und dadurch Gegenfelder verursacht werden (Wirbelstromschirmung), die das Störfeld abschwächen (s. Abschnitt 5.5.3.3)

Diese Schirmwirkungen beschränken sich allerdings auf relativ niederfrequente, magnetische Felder, überwiegend im Nahfeldbereich (s. Abschnitt 5.5.1), sowie bei der Wirbelstromschirmung (Abschnitt 5.5.3.3) auch im höheren Frequenzbereich (also im kHz- und teilweise auch im MHz-Bereich). Wenn die Störfeldfrequenz jedoch entsprechend hoch ausfällt, wirken die Mechanismen der Schirmdämpfung nach den Abschnitten 5.5.2, 5.5.3.2 und 5.5.3.3 nur noch unzureichend oder gar nicht. Dazu kommt, dass je nach Frequenz und Entfernung von der Quelle des Störfelds von einem Fernfeld gesprochen werden muss (s. Abschnitt 5.5.1). In diesem Fall wird die Abschirmung durch eine Entkopplung auf der Strecke zwischen dem Schirm und den inneren Leitern hervorgerufen (Abschnitt 5.5.4).

Betont werden muss noch, dass die Schirmwirkungen, die in den folgenden Abschnitten 5.5.3.2 und 5.5.3.3 besprochen werden, im Grunde nur für Schirme aus vollem Material gelten. Bei Geflechtschirmen (z. B. bei Kabelschirmen) können die gemachten Aussagen nur eingeschränkt gelten, und die Aussagen zur Schirmdämpfung müssen je nach Ausführung des Schirmgeflechts deutlich nach unten korrigiert werden.

5.5.3.2 Magnetostatische Schirmung

Wie der Titel bereits ausdrückt, geht es hierbei um statische, magnetische Felder. Eingeschlossen werden jedoch auch sehr niederfrequente Felder, wie sie z. B. von netzfrequenten Strömen hervorgerufen werden.

Die Wirkung ist simpel. Die Feldlinien versuchen stets den Weg des geringsten Widerstands zu wählen. Der Widerstand, z. B. in Luft, wird durch die sogenannte Permeabilitätszahl beschrieben:

$$\mu_0 = 1{,}257 \cdot 10^{-6} \text{ Vs/(Am)}$$

Diese Permeabilitätszahl beschreibt, genauer gesagt, den Widerstand des magnetischen Felds im Vakuum. In allen anderen Stoffen ist darüber hinaus noch eine relative Permeabilitätszahl μ_r zu berücksichtigen. Dies ist ein reiner Zahlenwert, der aussagt, wie viel Male besser dieser Stoff das magnetische Feld leiten kann als das Vakuum. Für Luft und sehr viele andere Stoffe (sogenannte nichtmagnetische Stoffe wie Aluminium und Kupfer) ist $\mu_r \approx 1$. Magnetische (ferromagnetische) Stoffe wie Eisen bzw. Stahl weisen dagegen ein μ_r zwischen 200 und 5 000 (und u. U auch höher) auf. Das besagt, dass magnetische Stoffe 200 bis 5 000 Mal besser die magnetischen Feldlinien leiten als Luft. Man spricht bei besonders (magnetisch) leitfähigen Materialien von hochpermeablen Stoffen.

Wie gesagt, haben Kupfer und Aluminium nur eine sehr geringe relative Permeabilität, darum kommen auch nur Stahl oder besondere ferromagnetische Legierungen für die magnetostatische Schirmung in Frage. Allerdings ist die Wirkung sehr begrenzt, dies zeigt **Bild 5.68**. Aus der Darstellung wird deutlich, dass es bei der Wirkung dieser Abschirmung um das Verhältnis zwischen der Schirmdicke d und dem Abstand des Schirms zur Störsenke r (z. B. dem inneren Leiter des Datenkabels) ankommt. Der Unterschied, ob der Schirm wie ein Körper die Störsenke umschließt (Kugel) oder wie ein Rohr ummantelt (Zylinder), ist geringfügig.

Beispiel:

Ein Eisenrohr mit einem Innenradius von 20 mm und einer Wanddicke von 0,5 mm soll als Schirm gegen netzfrequente Störfelder dienen. Das Verhältnis d/r wäre also 0,025. Aus Bild 5.68 kann mit diesem Wert (x-Achse) eine Schirmdämpfung von etwa 4 dB abgelesen werden. Die Schirmwirkung ist also eher als gering zu bewerten.

Will man durch Ablenkung des magnetischen Felds (magnetostatische Schirmung) eine ausreichende Schirmdämpfung niederfrequenter, magnetischer Felder erzielen, muss man

- sehr viel Material einsetzen (Dicke des Schirms)
- besondere (und leider auch kostspielige) Legierungen verwenden – z. B. nach Bild 5.68 sogenannte Mumetalle (Eisen-Nickel-Legierungen)

Besonders die zweite Möglichkeit wird häufig gewählt. Nach Bild 5.68 wäre unter den im vorigen Beispiel genannten Bedingungen mit Mumetall eine Dämpfung von über 45 dB möglich. Wie bereits in Abschnitt 5.5.3.1 hervorgehoben, kann es bei dieser Art der Schirmung selbstverständlich nur um einen Schirm aus Vollmaterial gehen. Geflechtschirme, wie sie bei üblichen Kabelschirmen eingesetzt werden, sind nicht nur zu dünn, sondern dazu durch die unterbrochene Struktur (der Schirm besteht meist aus einem Gitter oder aus miteinander verwobenen Einzeldrähten) wenig in der Lage, die zuvor beschriebene Wirkung zu erzielen.

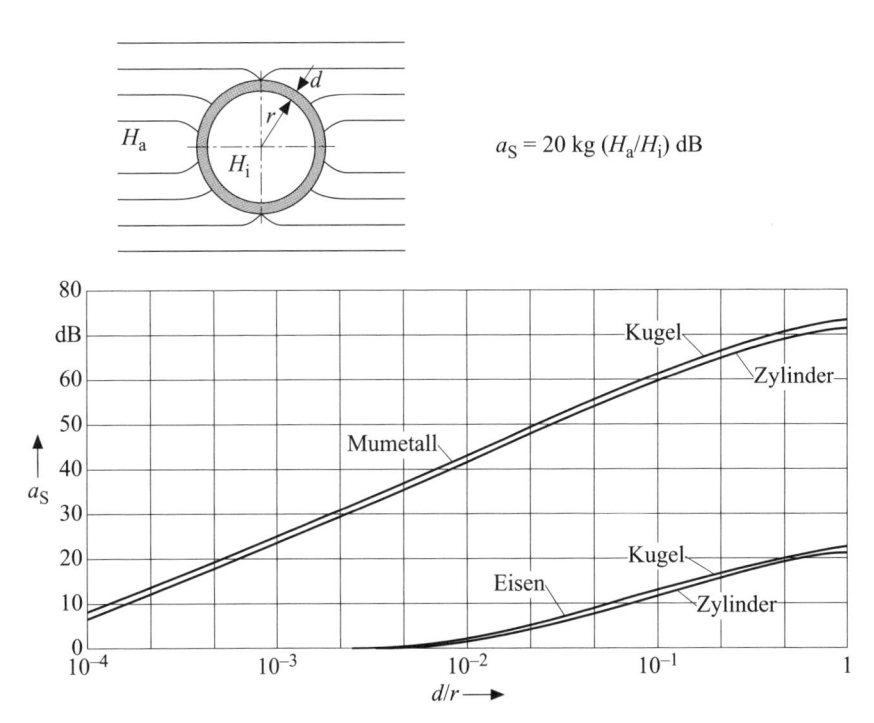

$a_S = 20 \text{ kg } (H_a/H_i) \text{ dB}$

Bild 5.68 Beispiel für die Wirkung einer magnetostatischen Schirmung bei Eisen bzw. Mumetall (Quelle: Stoll, D., EMC, Elitera)

5.5.3.3 Wirbelstromschirmung

Die magnetostatische Schirmung kann, wie gesagt, nur bei sehr niedrigen Frequenzen und dazu nur mit hohem Material- oder Kostenaufwand ausgeführt werden. Für Frequenzen bis zu einigen MHz (je nach Art des Schirms und des verwendeten Materials) gibt es allerdings noch ein weiteres physikalisches Phänomen, das bei zunehmender Frequenz die Schirmwirkung übernehmen kann: die Wirbelstromschirmung.

Der zugrunde liegende Effekt ist bekannt: Dringt ein sich zeitlich änderndes magnetisches Feld in eine Metallfläche ein, so wird in der Metallfläche um das eintretende magnetische Feld ein Kreisstrom induziert, den man Wirbelstrom nennt. Dieses Phänomen macht man sich z. B. bei Oberflächenerwärmungen mittels Induktion beim Härten von Profilstählen zunutze.

Dieser Wirbelstrom selbst baut natürlich ebenso ein magnetisches Feld auf, das aber stets dem verursachenden Magnetfeld entgegengerichtet ist. Das eintretende magnetische Störfeld wird dadurch gedämpft. Will man diesen felddämpfenden Effekt bewusst nutzen, spricht man von der Wirbelstromschirmung.

Die Stärke des Wirbelstroms ist an der Metalloberfläche am größten und sinkt mit zunehmender Eindringtiefe. Die Eindringtiefe nennt man die äquivalente Leitschichtdicke. Sie ist abhängig von

- der Frequenz f des verursachenden Magnetfelds
- der elektrischen Leitfähigkeit κ der Metallfläche
- der magnetischen Permeabilität μ der Metallfläche

Angenähert kann man die Dicke δ der Strombahn (Eindringtiefe) des Wirbelstroms in mm mit folgender Gleichung errechnen:

$$\delta = \frac{503}{\sqrt{f \cdot \mu_r \cdot \kappa}}$$

Dabei gilt:

f Frequenz des Störfelds in Hz

μ_r relative Permeabilität (reiner Zahlenwert, s. Abschnitt 4.3.2.3.5), für Luft und nicht magnetische (nicht ferromagnetische) Stoffe wie Kupfer, Aluminium usw. ist $\mu_r \approx 1$

κ Leitfähigkeit des Schirmmaterials (Cu: $\kappa \approx 57$ m/($\Omega \cdot$ mm^2), Al: $\kappa \approx 36$ m/($\Omega \cdot$ mm^2), Eisen: $\kappa \approx 8$ m/($\Omega \cdot$ mm^2))

Nach dieser Gleichung dringt der Wirbelstrom umso tiefer in das Schirmmaterial ein, je **geringer**

- die Frequenz des Störfelds
- die elektrische Leitfähigkeit der durchdrungenen Fläche
- die relative Permeabilität der durchdrungenen Fläche

Bild 5.69 gibt die Eindringtiefe für verschiedene Materialien als Diagramm an.

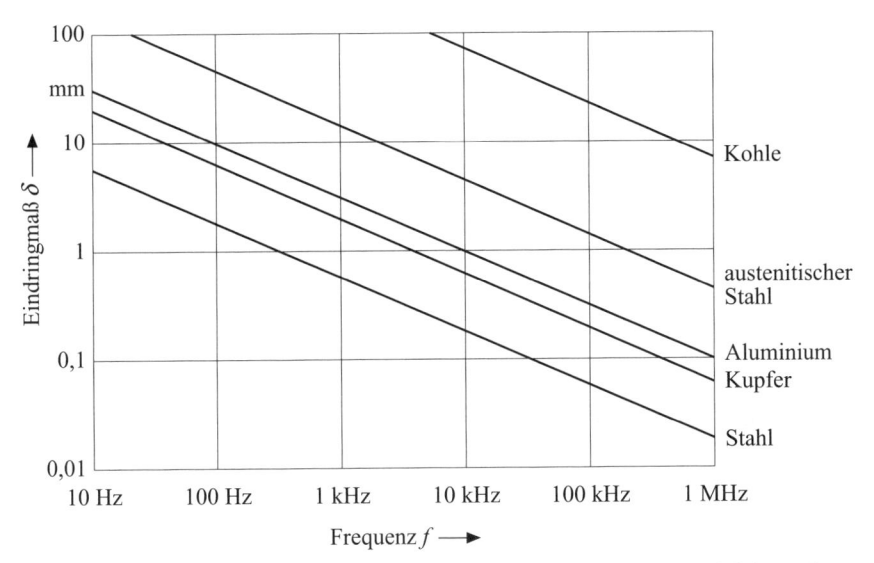

Bild 5.69 Beispiel für die Eindringtiefe δ von verschiedenen Materialien in Abhängigkeit von der Frequenz
(Quelle: Stoll, D. EMC, Elitera)

Die Kenntnis der Eindringtiefe ist von Bedeutung, weil das Störfeld im Wesentlichen bis zu dieser Eindringtiefe gedämpft wird. Wenn z. B. die theoretisch mögliche Eindringtiefe größer ist als die Dicke des Schirms, kann die dämpfende Wirkung nicht voll zur Geltung kommen bzw. kann die theoretisch mögliche Wirkung der Wirbelstromschirmung wegen der zu geringen Dicke des Schirms nicht ausgenutzt werden.

Allgemein kann formuliert werden: Je geringer die Eindringtiefe δ im Verhältnis zur Dicke d des Schirms ist, umso größer ist das Schirmdämpfungsmaß a_S.

Um eine gute abschirmende Wirkung zu erzielen, benötigt man also Schirme, deren Dicke deutlich größer ist als die Eindringtiefe δ. In erster Näherung kann gesagt werden, dass man für eine genügende Dämpfung von etwa 30 dB eine Schirmdicke von mindestens 3δ benötigt. Will man noch bessere Werte für die Schirmdämpfungen erreichen, muss die Schirmdicke mindestens 5δ betragen.
Zusätzlich ist die Wirbelstromdämpfung wie die magnetostatische Schirmung abhängig vom Verhältnis des Abstands r zwischen Schirm und Störsenke (z. B. dem Innenleiter des geschirmten Kabels) zur Dicke d des Schirms (**Bild 5.70**).

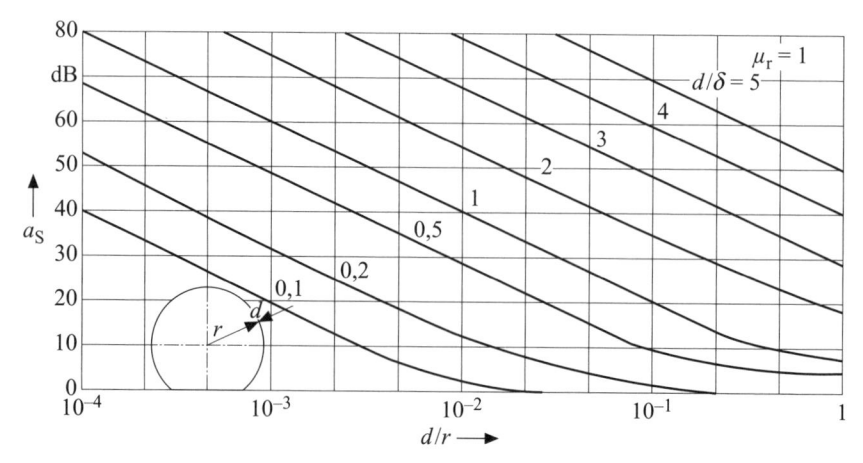

Bild 5.70 Beispiel für das Schirmdämpfungsmaß bei Wirbelstromschirmung in Abhängigkeit des Abstands zwischen Schirm und Störsenke (z. B. Innenleiter des Kabels) r zur Schirmdicke d bei verschiedenen Eindringtiefen (d/δ) (Quelle: Stoll, D., EMC, Elitera)

Beispiel:

Ein Kupferrohr mit einer Wandstärke von 1 mm und einem Innenradius von 10 mm ($d/r = 0,1 = 10^{-1}$) hat

- bei 50 Hz keine (Wirbelstrom-)Schirmwirkung ($a_S = 0$), da die Eindringtiefe nach Bild 5.69 etwa zehnmal größer ist als die Wandstärke
- bei 10 kHz kann nach Bild 5.70 das Schirmdämpfungsmaß mit $a_S \approx 23$ dB veranschlagt werden, weil in diesem Fall nach Bild 5.69 das Verhältnis $d/\delta = 1,25$ beträgt

Das gleiche Rohr aus relativ hochpermeablem Eisen hätte

- nach Bild 5.69 bei 50 Hz einen Wert für $d/\delta = 0,25$; nach Bild 5.70 ergibt sich daraus eine Dämpfung von $a_S \approx 5$ dB
- bei 10 kHz kann aus Bild 5.69 entnommen werden: $d/\delta \approx 8$; das entspricht nach Bild 5.70 einer Dämpfung von $a_S > 80$ dB

Man kann grundsätzlich sagen, dass für niedrige Störfeldfrequenzen nur ein Schirm mit guten ferromagnetischen Eigenschaften (große Permeabilität) und möglichst guter elektrischer Leitfähigkeit sinnvoll eingesetzt werden kann. Je geringer die Frequenz wird, um so schwieriger ist es allerdings, eine genügend gute Wirbelstromschirmung zu erzielen. Aber auch mit steigender Frequenz nimmt die Wirbelstromschirmungsdämpfung ab, da die relative Permeabilität μ_r bei Frequenzen oberhalb 10 kHz zunehmend geringer wird.

Wie in Abschnitt 5.5.3.1 geschehen, muss auch hier noch einmal betont werden, dass die Wirbelstromschirmung nur mit einem Schirm aus Vollmaterial ausreichend sicher funktioniert. Bei Gitterkonstruktionen muss mit einer deutlich geringeren Dämpfung gerechnet werden. Kabelschirme, die häufig aus einem Geflecht von Einzeldrähten bestehen, sind zudem problematisch, weil der Wirbelstrom zusätzliche Übergangswiderstände zwischen den Drähten überwinden muss. Hier kann die zuvor beschriebene Dämpfung nicht erreicht werden.

Bei Kabeln und Leitungen muss deshalb möglichst ein geschlossenes Rohrsystem, bestehend aus einem elektrisch sowie magnetisch gut leitfähigen Material (κ und μ_r müssen möglichst groß sein), zur Schirmung vorgesehen werden. Die Rohre müssen durchgängig untereinander und insgesamt so häufig wie möglich mit dem Gebäudepotentialausgleich niederinduktiv verbunden sein. Dies gilt auch für geschirmte Kabel und Leitungen.

Bei Raum- und Gebäudeschirmungen ist man häufig auf die Stahlarmierung der Decken und Wände angewiesen. Möglich wäre auch, besondere Matten z. B. in die Decke einzubringen (s. Abschnitt 5.3.5). Will man für bestimmte Räume besonders hohe Dämpfungswerte erzielen, muss gesondert geschirmt werden (**Bild 5.71**). Hierzu werden hochpermeable Bleche benutzt (möglichst aus Mumetall), die an möglichst vielen Stellen mit dem Gebäudepotential in Verbindung gebracht werden.

Bild 5.71 Schirmung der Wand in einem Mittelspannungsraum mit Transformator. Der Schirm soll die Störfelder des Transformators für die angrenzenden Räume dämpfen. (Quelle: EMV-tech, Senzig)

Die Wirbelstromschirmung wie auch die zuvor beschriebene magnetostatische Schirmung wirken natürlich nicht getrennt, sondern stets gemeinsam. Während jedoch die zuletzt genannte Schirmung mit zunehmender Frequenz kaum mehr eine Rolle spielt, so wirkt die erstgenannte nur bei höheren Frequenzen. Aber auch hier sind Grenzen gesetzt. Bei Störfeldfrequenzen im MHz- und GHz-Bereich wird zunehmend die im folgenden Abschnitt 5.5.4 genannte Wirkung spürbar, die wiederum bei niedrigen Frequenzen keinen Beitrag leistet.

Die Ausführung und Auswahl der Maßnahmen für die Raum-/Gebäudeschirmung sowie die Kabelschirmung werden im Abschnitt 5.5.5 und 5.5.6 näher beschrieben.

5.5.4 Hochfrequente magnetische und elektrische Felder

5.5.4.1 Einführung

Wie bereits in Abschnitt 5.5.3 gesagt, funktioniert die Schirmung niederfrequenter magnetischer Felder nur mit relativ hohem Materialaufwand und/oder durch Einsatz kostspieliger Materialien. Besonders für Kabel und Leitungen ist dies nicht immer möglich. Kabelschirme müssen in der Regel flexibel sein, um die Beweglichkeit der Kabel nicht einzuschränken. Dies geht natürlich nur, wenn der Schirm entweder hauchdünn ist oder aus einem Geflecht besteht (**Bild 5.72**).

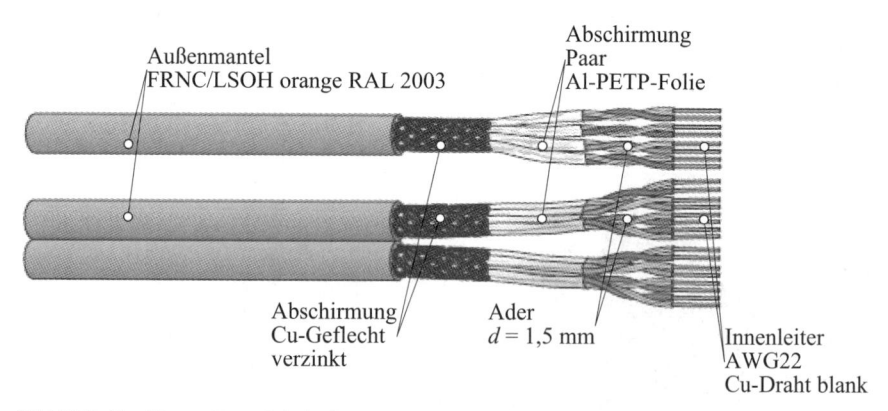

Bild 5.72 Geschirmtes Datenkabel mit sogenanntem Paar- und Geflechtschirm
oben: HF-4942-U 4 × 2 × 0,62 (AWG22) und unten: HF-4947-U 2 × (4 × 2 × 0,62 (AWG22))
(Quelle: Dätwyler)

Bei üblichen Geflechtschirmen kann die in Abschnitt 5.5.3 beschriebene Schirmwirkung für niederfrequente Magnetfelder nur eingeschränkt erzielt werden. Häufig sind deshalb nur eine Auswahl von verschiedenen Maßnahmen möglich, die vor Ort, bzw. von Fall zu Fall, geplant und errichtet werden müssen. Solche Maßnahmen können sein: Abstand zwischen Störquelle und Störsenke, Nutzung der Schirmwirkung

von metallenen Konstruktionen im Gebäude, zusätzliche Abschirmmaßnahmen an der Störsenke oder eventuell auch an der Störquelle (s. Bild 5.71).
Für höhere Frequenzen im Bereich von MHz bzw. GHz ist die Schirmungsdämpfung nach Abschnitt 5.5.2 sowie Abschnitt 5.5.3 geringer bzw. bei sehr hohen Frequenzen gar nicht mehr möglich. Für diese hohen Frequenzbereiche müssen zusätzlich andere Schirmwirkungen zum Tragen kommen. Dabei spielt es auch mit zunehmender Frequenz keine Rolle mehr, ob es sich um elektrische oder magnetische Störfelder handelt, da wir hier bereits (je nach Abstand zwischen Störquelle und Störsenke) in den Fernfeldbereich kommen, bei dem diese beiden Feldarten nicht mehr unterschieden werden können (s. Abschnitt 5.5.1).

5.5.4.2 Kabelschirmung bei hohen Frequenzen

Das Prinzip der Schirmung bei hochfrequenten Feldern ist völlig anders, als es bei niederfrequenten Störgrößen der Fall ist. Hier geht man davon aus, dass durch das auftreffende Störfeld immer ein Schirmstrom entsteht, der über den beidseitig aufgelegten Schirm und das Potentialausgleichssystem im Gebäude fließt. Es wäre jedoch falsch anzunehmen, dass dieses Problem zu beheben wäre, indem der Schirm nur einseitig aufgelegt wird, um diesen Schirmstrom zu unterbinden. Ohne diesen Schirmstrom würde das Feld bei hohen Frequenzen mehr oder weniger direkt auf die innere Leitung einkoppeln. Genau genommen benutzt man sogar die Wirkung dieses Schirmstroms, der bei hohen Frequenzen selbst zu einer Entkopplung beiträgt. Dies soll im Folgenden erläutert werden.

An sich koppelt der Schirmstrom mindestens über die parasitäre Kapazität zwischen Schirm und innerer Leitung auf die innere Leitung und bewirkt so die Überlagerung mit dem Nutzsignal. Ziel ist bei hochfrequenten Störfeldern, diese beiden Strompfade (äußerer Schirm und innerer Leiter) zu entkoppeln. Die zugrunde liegende Theorie muss hier kurz angedeutet werden:

Die Kopplung des vorgenannten Schirmstroms auf die innere Leitung ist abhängig von dem Spannungsfall, den der Schirmstrom entlang des Schirms verursacht. Je kleiner dieser Spannungsfall ist, um so stärker wirkt die Schirmdämpfung. Als Maß für diesen Kopplungsmechanismus dient die sogenannte Kopplungsimpedanz Z_K (häufig auch Kopplungswiderstand R_K oder Transferimpedanz Z_T genannt).

Diese Kopplungsimpedanz kann messtechnisch ermittelt werden. Das Verfahren funktioniert entsprechend den Angaben aus **Bild 5.73** folgendermaßen:

Ein Strom I_1 wird von außen in den Schirm eingeprägt, konstant gehalten und nur in der Frequenz variiert. Die Messung der Spannung U_2 erfolgt an der **Innenseite** des Schirms.

Die Kopplungsimpedanz kann damit errechnet werden zu:

$$Z_K = \frac{U_2}{I_1}$$

Bei Gleichstrom und bei sehr niedrigen Frequenzen ist die Kopplungsimpedanz identisch mit dem Gleichstromwiderstand des Schirms (R_S). Mit steigender Frequenz wird der Schirmstrom I_1 allerdings durch den Skineffekt an die Außenseite des Schirms verdrängt. Dadurch wird die an der Innenseite des Schirms abgegriffene Spannung U_2 geringer, obwohl der Strom I_1, wie schon erwähnt, konstant gehalten wird. Die Kopplungsimpedanz wird also mit zunehmender Frequenz kleiner bzw. die Kopplung auf den Innenleiter nimmt ab. Das zeigt, dass die Schirmwirkung mit sinkender Kopplungsimpedanz zunimmt.

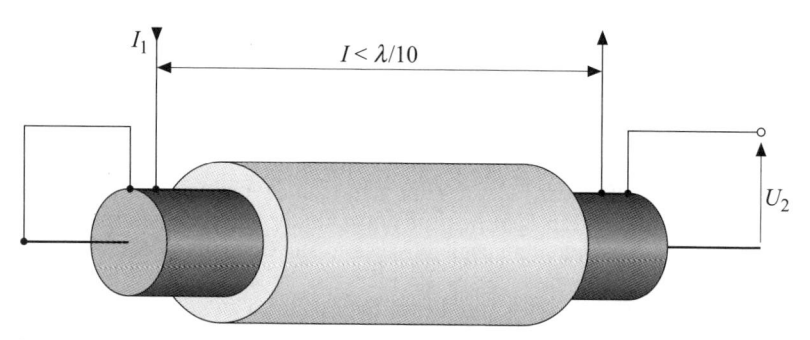

Bild 5.73 Darstellung zur Messung der Kopplungsimpedanz von Kabelschirmen; diese Art der Messung stimmt nur für Leitungslängen, die kleiner sind als $\lambda/10$

Allerdings gilt dies nur für Leitungslängen, die nicht im Bereich der Wellenlängen der jeweiligen Frequenz liegen ($l < \lambda/10$), da bei gegebenen Störfrequenzen und größeren Leitungslängen bzw. bei einer gegebenen Leitungslänge und höheren Frequenzen zunehmend von einer Strahlungseinkopplung der elektromagnetischen Wellen auszugehen ist. Hier wirken die Leitungen bzw. die Schirme sozusagen als Antenne. Die Berechnung derartiger Beeinflussungen ist äußerst kompliziert und würden den Rahmen dieses Buchs sprengen. **Tabelle 5.4** gibt maximale Leitungslängen für verschiedene Frequenzen an.

Die Schirmwirkung wird also mit zunehmender Frequenz besser. Die Mechanismen, die in diesem Abschnitt beschrieben werden, gelten jedoch genau genommen nur bis etwa 5 MHz, da darüber hinaus nach Tabelle 5.4 keine sinnvollen Kabellängen verlegt werden können. Natürlich wirkt auch bei höheren Frequenzen bzw. längeren Kabellängen eine Schirmdämpfung, die Berechnung ist allerdings mit zunehmender Störfeldfrequenz komplexer. Häufig bieten Hersteller von Kabelschirmen Tabellen oder Diagramme an, mit denen man die Schirmdämpfung auch bei sehr hohen Frequenzen abschätzen kann.

Wie bereits gesagt, werden übliche Kabelschirme in der Regel nicht als Vollmantelschirm ausgebildet, sondern als Geflechtschirm. Geflechtschirme lassen jedoch aufgrund der nie komplett geschlossenen Oberfläche immer einen gewissen Durchgriff des Störfelds zu. Hier geht bei höheren Frequenzen einiges an Dämpfung ver-

Frequenz des Störfelds	maximale Leitungslänge (< $\lambda/10$)
50 Hz	600 km
1 000 Hz	30 km
50 kHz	600 m
1 MHz	30 m
5 MHz	6 m
20 MHz	1,5 m
100 MHz	30 cm
500 MHz	6 cm
10 GHz	3 mm

Tabelle 5.4 Grenzlängen für Leitungen mit Schirmen bei Berücksichtigung der üblichen Schirmwirkung und der auftretenden Frequenz des Störfelds
Bei Leitungslängen über diesen Werten sind komplexere Betrachtungen notwendig.

loren. Dies versucht man mit Mehrfachschirmungen etwas aufzufangen. **Bild 5.74** zeigt den Verlauf der Kopplungsimpedanz in Abhängigkeit der Frequenz bei verschiedenen Schirmtypen.
Weitere Einzelheiten zum Thema Kabelschirm werden in Abschnitt 5.5.5 beschrieben.

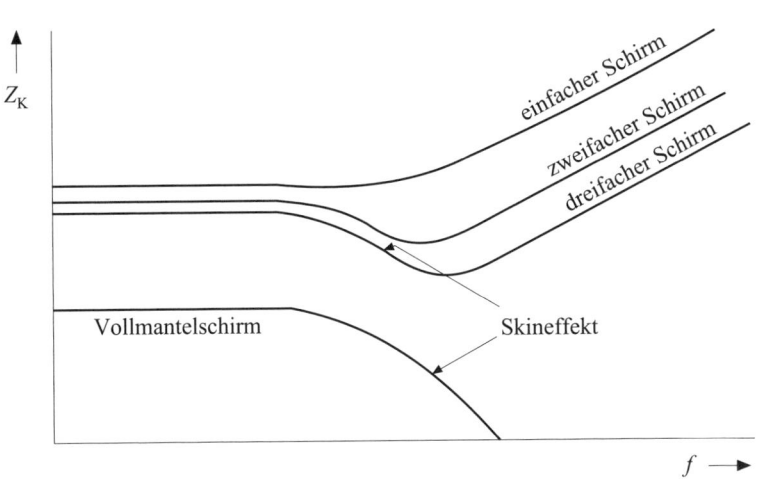

Bild 5.74 Verlauf der Kopplungsimpedanz von verschiedenen Schirmen
Der Vollmantelschirm zeigt sehr schön die Abnahme der Kopplungsimpedanz durch den Skineffekt bei zunehmender Frequenz. Bei Zweifach- und Dreifachschirmen macht sich dieser Effekt anfangs auch bemerkbar. Danach überwiegt jedoch der Effekt des Durchgriffs des magnetischen Störfelds durch das Schirmgeflecht.

5.5.4.3 Gebäude- und Raumschirmung bei hohen Frequenzen

Ein geschirmter Raum oder ein geschirmtes Gebäude wird in der Regel dann gefordert, wenn äußere Störeinwirkungen die in dem Raum oder Gebäude stehenden informationstechnischen Einrichtungen beeinflussen können. Wir finden in den Normen deshalb Aussagen zu solchen Schirmen beim Thema Blitzschutz (z. B. VDE 0185-305-4, Abschnitt 6) oder wenn es um eine störungsarme Umgebung für empfindliche Geräte geht (z. B. VDE 0800-2-310, Abschnitt 5.2). In der Definition zum Potentialausgleich (BN) nach VDE 0800-2-310 heißt es wörtlich:

„Potentialausgleichsanlage (BN)

miteinander verbundene leitfähige Konstruktionen, die einen ‚elektromagnetischen Schirm' für elektronische Systeme und Personal im Frequenzbereich von Gleichstrom bis zum unteren Hochfrequenzbereich bilden."

Hieraus wird deutlich, dass es bei der Raum- oder Gebäudeschirmung immer um die zu berücksichtigenden Frequenzen geht. Da solche Schirme in der Regel maschenförmig aufgebaut werden, muss ausgehend von dieser Überlegung die Maschenweite entsprechend gewählt werden. Wenn beispielsweise Störfrequenzen bis zu 10 GHz zu berücksichtigen sind, darf die Maschenweite natürlich nicht mit 1 m festgelegt werden. Wenn die Maschenweite etwa mit $\lambda/10$ ausgelegt wird, kann von einer ausreichend guten Schirmwirkung ausgegangen werden. Das wäre, um im angeführten Beispiel zu bleiben, bei 10 GHz eine Maschenweite von 3 mm (s. Tabelle 5.4). Eine solche Maschenweite ist bei einem Gebäude kaum ausführbar. Auch bei einem Raum kann diese Vorgabe erhebliche Probleme bereiten und wird wohl nur in besonderen Fällen, wenn z. B. Raumschirmungen für EMV-Räume (EMV-Messräume, Absorberräume usw.) errichtet werden müssen, in Frage kommen. Üblicherweise geht man davon aus, dass die letzte Schirmung am zu schützenden Gerät (also an der Störsenke) selbst ausgeführt wird.

Dennoch ist die Raum- und Gebäudeschirmung von großer Bedeutung und wird darum im Abschnitt 5.5.6 näher beschrieben.

5.5.5 Besonderheiten bei der Kabelschirmung

5.5.5.1 Schirmanschluss

Aus den Ausführungen der Abschnitte 5.5.2 bis 5.5.4 ist wohl eines deutlich geworden: Der Kabelschirm sollte, wo immer möglich, beidseitig aufgelegt werden. In DIN EN 50310 (VDE 0800-2-310) heißt es im Abschnitt 5.5:

„Kabelschirme müssen an beiden Enden mit dem Schirm der Anschlusstechnik verbunden werden. Rundumkontaktierungen (d. h. 360°) sind am wirksamsten."

Im Grunde genommen ist der Kabelschirm die Verlängerung der Geräteschirmung. Er verlängert den geschirmten Raum im Gerät und verbindet ihn mit einem anderen, ebenso geschützten Raum eines zweiten Geräts oder einer Verteilung, damit alle Teile eines Systems (das Gerät selbst und die Anschluss- bzw. Verbindungsleitungen) im geschirmten Bereich liegen (**Bild 5.75**). Dies macht es natürlich erforderlich, dass alle diese Teile leitfähig und vor allem niederinduktiv miteinander verbunden sind.

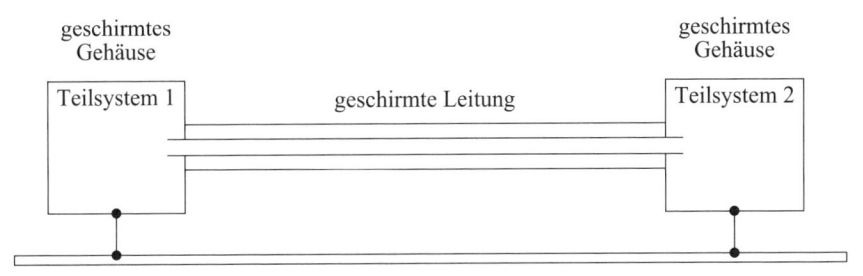

```
        geschirmtes                                      geschirmtes
         Gehäuse                                          Gehäuse
   ┌─────────────┐                                  ┌─────────────┐
   │ Teilsystem 1│        geschirmte Leitung        │ Teilsystem 2│
   │             ├══════════════════════════════════┤             │
   │             │                                  │             │
   └──────┬──────┘                                  └──────┬──────┘
          │                                                │
          ●                                                ●
──────────┴────────────────────────────────────────────────┴──────
```

Bild 5.75 Der Kabelschirm verbindet den geschirmten Bereich des Systems 1 mit dem des Systems 2 und bewirkt so, dass alle Teile der Systeme einschließlich der Verbindungsleitung (z. B. Signalleitung) im geschirmten Bereich liegen

Auf den Schirmanschluss selbst ist besonders zu achten. Wenn das Kabel in das Gerät oder in den Verteiler eingeführt wird, muss der Schirm sofort bei Eintritt in das Gehäuse mit dem Potentialausgleich verbunden werden. In E DIN IEC 61326-3-2 (VDE 0843-20-3-2):2006-06, informativer Anhang B, Abschnitt B.1.5.1, heißt es hierzu:

„*Es sollten EMV-Kabelverschraubungen benutzt werden, oder der Kabelschirm sollte direkt nach dem Einführen der Leitung in das Gehäuse großflächig mit der Schirmanschlussschiene verbunden werden.*"

Die erwähnte Schirmanschlussschiene (auch Schirmschiene, Masseschiene oder Ankerschiene genannt) wird dabei häufig bevorzugt eingesetzt. Mit Hilfe von speziellen Schirmschellen kann hier die Schirmkontaktierung vorgenommen werden (**Bild 5.76**). Die erwähnten Schirmschellen machen eine großflächige Kontaktierung möglich. Anschlüsse über dünne Drähte oder sogenannte Pig Tails (zusammengezwirbelter Schirm, der über einen Bogen angeschlossen wird – s. **Bild 5.77**) verringern die Schirmdämpfung ganz erheblich und können zudem für höhere Frequenzen als Antenne wirken und so zur Störquelle werden.

Sind im Gerät oder im Verteiler zusätzlich Störungen durch elektrische oder magnetische Felder zu erwarten, sollte der Schirm an der Schirmschiene angeschlossen und dann bis zur Klemmstelle (z. B. Baugruppenträger) weiter mitgeführt werden. In der zuvor erwähnten VDE 0843-20-3-2) heißt es Abschnitt B.1.5.1 hierzu:

„*Die Kabelschirmung sollte mit geeigneten Kabelschellen gesichert werden. Die Schirmung sollte von der Masseschiene bis zum Baugruppenträgeeingang weitergeführt und dort erneut angewendet werden.*"

Auf keinen Fall darf die Schirmung über einen Stecker (häufig als Pin bezeichnet) in das Gerät hineingeführt werden.

Auch bei der Anbindung der vorgenannten Schirmschiene werden Fehler gemacht. Es muss darauf geachtet werden, dass diese Schiene nicht doppelt in den Potentialausgleich einbezogen wird: Einmal über einen direkten Anschluss und ein zweites Mal über die Verbindung z. B. zur Hutschiene des Verteilers, auf dem die Klemmen angeordnet werden. In diesem Fall entsteht nämlich eine mehr oder weniger große Erdschleife, die im Extremfall zu einer Störeinkopplung magnetischer Felder beitragen kann. In **Bild 5.78** sind richtige (a und b) sowie ungünstige Möglichkeiten der Anbindung (c und d) der Schirmschiene dargestellt.

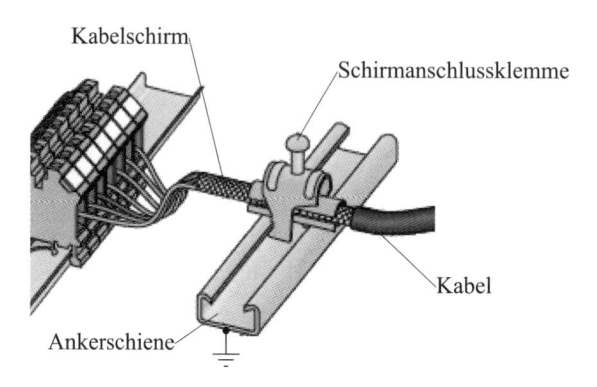

Bild 5.76 Beispiel für einen Schirmanschluss mit separater Anker- oder Schirmschiene (Quelle: Dehn & Söhne)

Wenn informationstechnische Leitungen in einem bestehenden Gebäude verlegt werden müssen und im Gebäude eine für die EMV ungünstige Netzstruktur (wenn z. B. ein TN-C-System vorhanden ist) angetroffen wird, ist häufig eine beidseitige Schirmanbindung nicht möglich. Wenn in diesem Fall die vorgesehene Schirmdämpfung nicht erreicht wird, können Ersatzmaßnahmen ergriffen werden. VDE 0100-444:1999-10 führt im Abschnitt 444.4 hierzu Beispiele auf:

- Verwendung von Lichtwellenleitersystemen
- Verwendung von elektrischen Betriebsmitteln der Schutzklasse II
- Verwendung von örtlichen Transformatoren mit getrennten Wicklungen (Trenntransformatoren) zur Stromversorgung von Betriebsmitteln der Informationstechnik

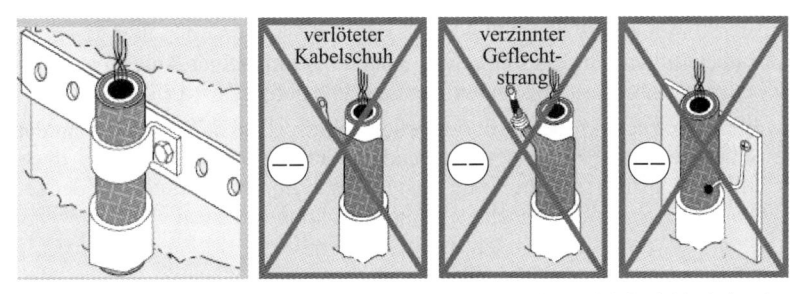

Bild 5.77 Ein Rundumkontakt (möglichst 360° – links im Bild) ist wichtig, leider heben immer wieder anzutreffende Schirmanschlüsse über sogenannte Pig-Tails oder Anschlussdrähte die Wirkung des Schirms auf (s. die drei rechten Darstellungen) (Quelle: Rittal)

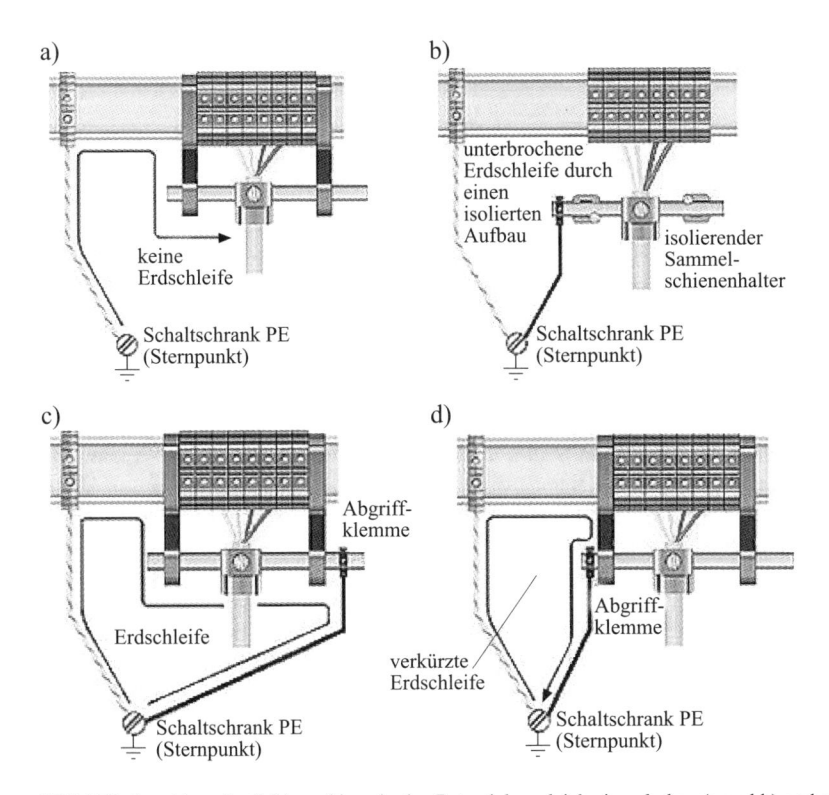

Bild 5.78 Anschluss der Schirmschiene in den Potentialausgleich einmal ohne (a und b) und einmal mit Schleifenbildung (c und d) (Quelle: Phönix Contakt)

Bild 5.79 gibt weitere Möglichkeiten an:
- Statt der einseitigen Schirmauflage wäre auch ein beidseitiger Anschluss möglich, wobei ein Anschluss über einen Kondensator geführt wird (Bild 5.79 a).
- Eine weitere Möglichkeit wäre ein doppelter Schirm (Bild 5.79 b), bei dem der innere Schirm einseitig aufgelegt wird und der äußere beidseitig. Dabei muss dieser äußere Schirm stromtragfähig ausgeführt sein, um eventuell niederfrequente Ausgleichsströme unbeschadet führen zu können.

a)

b)

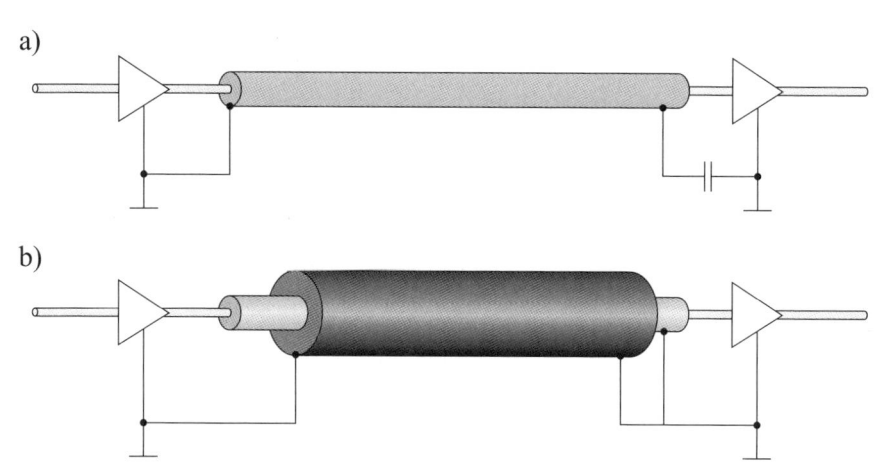

Bild 5.79 Alternative Möglichkeiten bei Problemen mit beidseitiger Schirmauflage:
a) Ein Anschluss wird über einen Kondensator geführt, der für niederfrequente Ströme eine hohe Impedanz darstellt.
b) Die Leitung erhält einen Doppelschirm, und nur der äußere stromtragfähige Schirm wird beidseitig aufgelegt.

Mit der Möglichkeit nach Bild 5.79 a könnte man durch entsprechende Auslegung des Kondensators niederfrequente Ströme (z. B. Netzfrequenz und die ersten Oberschwingungen) stark reduzieren. Für Schirmströme mit höherer Frequenz müsste der Kondensator eine relativ niederimpedante Verbindung darstellen. Allerdings legt man sich mit dem Kondensator stets auf bestimmte Frequenzbereiche fest, denn wenn hochfrequente Ströme vorhanden sind, werden diese bereits an den Anschlüssen des Kondensators eine entsprechende Impedanz vorfinden. Eine sonst gewünschte Kontaktierung über 360° ist mit dem Kondensator kaum möglich.

Gegen die Möglichkeit nach Bild 5.79 b spricht im Grunde nichts, außer dass sie aufgrund des doppelten Schirms kostspieliger ausfällt als der einfache Schirm.

Eine ähnliche Wirkung erzielt man, wenn man den Schirm eines einfach geschirmten Kabels beidseitig auflegt und zusätzlich parallel einen Schirmentlastungsleiter verlegt, der ebenso beidseitig an den Potentialausgleich angeschlossen wird (s.

Abschnitt 5.2.2.2.4). Ein solcher Leiter wird aufgrund der wesentlich geringeren Impedanz den größten Anteil des niederfrequenten Ausgleichstroms übernehmen, wenn der Schirm verschiedene Potentiale überbrückt. Außerdem verringert er zusätzlich die mögliche Schleifenbildung zwischen dem Schirm und dem Potentialausgleich (s. VDE 0100-444, Abschnitt 444.3.10, sowie Abschnitt 5.3.2.6 in diesem Buch).

5.5.5.2 Verlegung von geschirmten Kabeln

Grundsätzlich gilt auch bei geschirmten Kabeln und Leitungen, dass eine Verlegung möglichst eng am Potentialausgleich anzustreben ist. Dazu sind wo immer möglich Verlegesysteme (Kanäle, Kabelwannen, Installationsrohre usw.) aus leitfähigem Material zu verwenden. Ein zusätzlicher, parallel verlegter Leiter kann hier ebenfalls eine für die EMV günstige Wirkung erzielen (s. Abschnitt 5.5.5.1 und Abschnitt 5.3.2.6).

Bei einer Verlegestrecke von mindestens 30 m sollte der Schirm auch zwischendurch mit dem Gebäudepotentialausgleich verbunden werden (**Bild 5.80**). Dies geschieht sinnvollerweise ohne Unterbrechung des Kabels oder des Schirms. Der Schirm wird vielmehr an einer Stelle (falls notwendig) freigelegt und der Anschluss (großflächig, möglichst über 360°) vorgenommen. In E DIN IEC 61326-3-2 (VDE 0843-20-3-2):2006-06 heißt es hierzu wörtlich im informativen Anhang B, Abschnitt B.1.5.1:

„Der Schirm sollte an allen Kabelenden und so oft wie möglich an anderen Punkten mit Masse verbunden werden."

In VDE 0800-174-2, Abschnitt 6.3.2, wird darauf hingewiesen, dass ein Schirm nicht mit dem Gerät selbst verbunden werden darf.

Bild 5.80 Beispiel für eine Schirmanbindung über Schirmschelle auf C-Schiene
Diese Anbindung kann ohne große Schwierigkeit auch unterwegs, entlang der Leitung, vorgenommen werden.

5.5.5.3 Besonderheiten bei Kabeln im Außenbereich

5.5.5.3.1 Einführung

Vorzusehende Maßnahmen bei Kabeln und Leitungen, die verschiedene Gebäude, in denen ein PEN-Leiter vorhanden ist, verbinden, wurden bereits im Abschnitt 5.2.2.2.5 beschrieben. Dort ging es im Wesentlichen um die Gefahr der hohen Schirmströme, da der beidseitig aufgelegte Schirm verschiedene Potentiale überbrücken kann (s. Bilder 5.13 bis 5.15). Allerdings hat der Schirm zunächst andere Aufgaben (s. Abschnitt 5.5.1). Sollen informationstechnische Kabel Einrichtungen in verschiedenen Gebäuden miteinander verbinden, muss über Folgendes nachgedacht werden:

- EMV (sie soll durch den Schirm gewährleistet sein)
- mechanische Belastungen des Schirms im Erdreich
- eventuelle Überlastung des Schirms durch zu hohe Ströme

Beim zuletzt genannten Aspekt geht es sowohl um den Schirmstrom, der fließen wird, wenn das Kabel bei den Gebäuden verschiedene elektrische Potentiale verbindet (s. Bild 5.13 und Bild 5.14), als auch um einen möglichen Blitzteilstrom, der bei einem Blitzschlag in eines der Gebäude oder in den Erdboden in der Nähe des Kabels über den Kabelschirm fließen kann (**Bild 5.81**).

Soll das Kabel direkt in Erde verlegt werden, sind übliche Maßnahmen gegen mechanische Beschädigungen vorzusehen, wie Einhaltung einer entsprechenden Verlegetiefe, Einbettung in Sand, Abdeckung mit Steinen oder Platten, Mitverlegung von Signalbändern, die z. B. bei Grabarbeiten auf das Vorhandensein der Kabel aufmerksam machen usw.

Bezüglich der erstgenannten Anforderung (EMV) sowie unter Berücksichtigung möglicher Schirmströme bieten sich folgende Möglichkeiten an:

- Verwendung von Kabeln mit stromtragfähigem Schirm (Abschnitt 5.5.5.3.2)
- Verwendung von metallenen Rohren oder Kanälen (Abschnitt 5.5.5.3.3)
- Verwendung von besonderen Kabelkanälen (Abschnitt 5.5.5.3.4)

5.5.5.3.2 Kabel mit stromtragfähigem Schirm

Kabelhersteller bieten Datenkabel für Erdverlegung an, die einen blitzstromtragfähigen Schirm besitzen (**Bild 5.82**). Besteht darüber hinaus die Gefahr, dass unterschiedliche Potentiale in den verschiedenen Gebäuden durch den Schirm überbrückt werden, sind besondere Maßnahmen zu treffen. Dies kann ein parallel verlegter Schirmentlastungsleiter sein, der die Hauptlast des Ausgleichsstroms übernimmt (s. Abschnitt 5.2.2.2.5 sowie Bild 5.15).

Reicht diese Maßnahme nicht aus, weil der Schirmstrom eventuell immer noch zu hoch ausfällt, muss zumindest der Blitzschutz gewährleistet bleiben. Dies ist möglich, wenn man den Schirm einseitig über eine entsprechende Funkenstrecke

LPZ 1   LPZ 0   LPZ 1

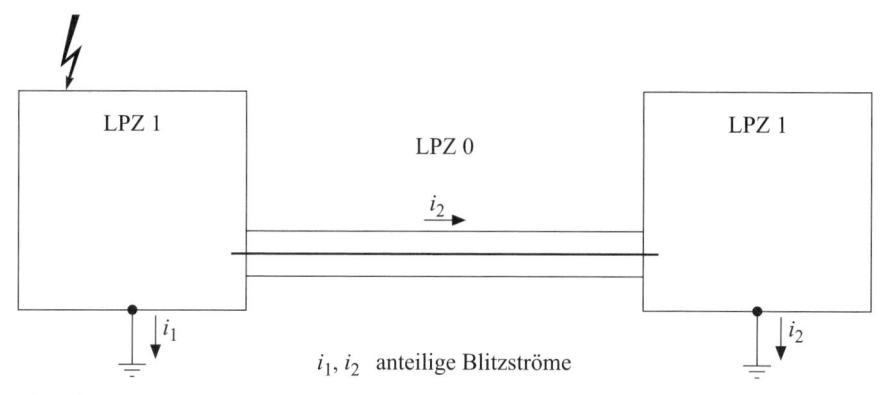

i_2

i_1

i_1, i_2 anteilige Blitzströme i_2

Bild 5.81 Zwei Gebäude sind durch eine geschirmte Datenleitung verbunden
Der Schirm ist beidseitig mit dem Potentialausgleich verbunden. Bei einem Blitzschlag wird ein Teilblitzstrom i_2 über diesen Schirm fließen. (Quelle: VDE 0185-305-4, Bild B.3b)

anschließt. In den Richtlinien der Feuerversicherer, VdS 2031 (Blitz- und Überspannungsschutz in elektrischen Anlagen), heißt es hierzu wörtlich:
„*Dürfen unterschiedliche Systeme nicht galvanisch verbunden werden, sind z. B. Funkenstrecken zu verwenden, die den Zusammenschluss (elektrisch leitfähige Verbindung) nur für den kurzen Zeitraum der Überspannung herstellen.*"
Natürlich ist die letztgenannte Lösung immer mit dem Nachteil verbunden, dass die Schirmwirkung nur eingeschränkt wirksam wird, weil die beidseitige Anbindung des Schirms, wie bereits in den vorausgegangenen Abschnitten erwähnt, eine wichtige Voraussetzung für die Funktionalität des Schirms darstellt.
Um die Auswirkung von direkten Blitzschlägen in den Erdboden zu verringern, ist es sinnvoll, oberhalb der erdverlegten Kabel zusätzlich ein Erdseil mit im Boden zu verlegen. Ein solches Seil muss aus nicht rostendem Stahl oder Kupfer bestehen. Auf Korrosion ist zu achten (Abschnitt 5.8.5).

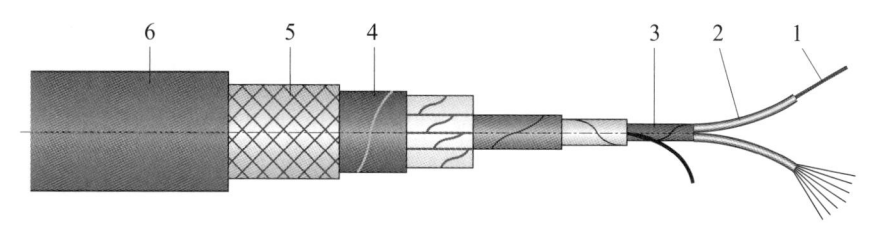

Bild 5.82 Kabel mit äußerem „Blitzschutz"-Schirm, Aderpaar-Schirm und Adern in Paarverseilung
1 Cu-Leiter (feindrähtig)
2 PE-Isolierung
3 geschirmtes Paar (PiMF) mit Beidraht
4 Kunststoffband
5 Cu-Geflecht
6 PVC-Außenmaterial

5.5.5.3.3 Kabel in besonderen Schirmrohren oder -kanälen

Eine andere Möglichkeit wäre, das Kabel (auch das geschirmte Kabel) in metallenen Rohren oder Kanälen zu führen (**Bild 5.83**).

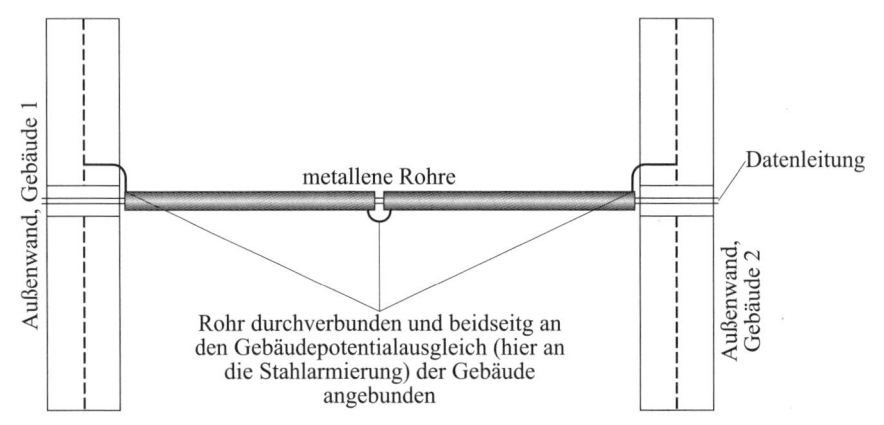

Bild 5.83 Datenleitung, die verschiedene Gebäude verbindet, wird in metallenen Rohren geführt. Die Anschluss- und Verbindungsleitungen müssen so kurz wie möglich und insgesamt niederinduktiv sein (s. Abschnitt 5.3.2.7). Die Verbindung der Rohre untereinander kann durch entsprechende Muffen durchgeführt werden.

5.5.5.3.4 Verlegung in besonderen Kabelkanälen

Häufig besteht die Anforderung, dass sehr viele Kabel der unterschiedlichsten Systeme von einem Gebäude in ein anderes geführt werden müssen. Trifft dies zu, muss darüber nachgedacht werden, ob hierfür nicht ein größerer Kabelkanal, eventuell sogar ein begehbarer, vorgesehen werden muss. Um hier ebenfalls Störeinflüsse zu vermeiden, sind solche Kanäle mit einer ausreichenden Armierung zu versehen, die leitfähig durchverbunden wurde. Die Verbindung der Armierungsstähle muss stets durch Klemmen oder Schweißen vorgenommen werden, da eine Rödelverbindung keine sichere stromtragfähige Verbindung darstellt. Dieser Kanal muss eine Weiterführung der Gebäudeschirmung sein (s. Abschnitt 5.5.6.2). Von daher ist es selbstverständlich, dass die Ausführung zum Gebäudeschirm in diesem Kanal weitergeführt und dass die Armierung im Kanal sicher und gut leitfähig mit der Armierung in den Gebäuden verbunden wird. Dehnfugen müssen selbstverständlich entsprechend überbrückt werden (**Bild 5.84**).

5.5.5.4 Verdrillte Leitungen

Es kann vorkommen, dass für einfache Anwendungen bzw. bei Einrichtungen, die eine etwas größere Störfestigkeit besitzen, informationstechnische Kabel ohne Schirm eingesetzt werden. Auch wenn eine Masseverbindung über den Schirm

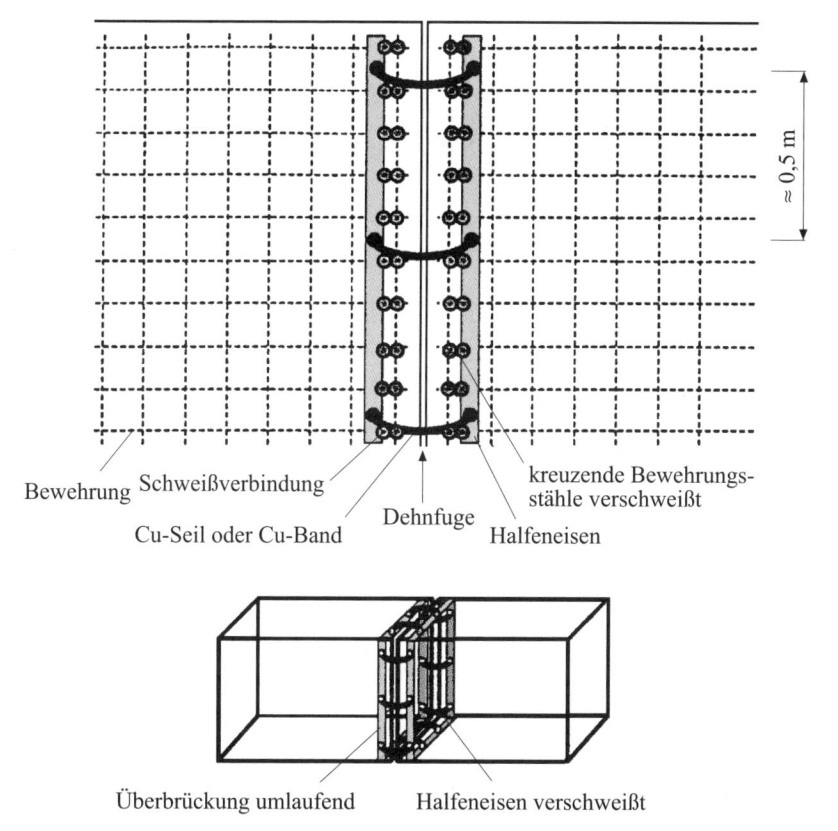

Bild 5.84 Darstellung einer Dehnfugenüberbrückung bei einem Kabelkanal

nicht erwünscht ist, werden solche Kabel verwendet. Diese Kabel nennt man UTP-Kabel (UTP = Unshielded Twisted Pair = ungeschirmte verdrillte Doppelleitungen). In der Regel sind solche Kabel gegen feldbedingte Störeinflüsse geschützt, weil die Adern paarweise aufgebaut sind, wobei die Aderpaare verdrillt sind (**Bild 5.85**).

Bild 5.85 Beispiel eines UTP-Datenkabels

Aber auch geschirmte informationstechnische Kabel sind in der Regel paarweise aufgebaut, und die Aderpaare sind ebenfalls verdrillt. Die Schirmwirkung durch das

Verdrillen ist relativ simpel: Wenn ein magnetisches Feld auf das Aderpaar einwirkt, wir es in einer Verdrillungsschleife eine entsprechende Spannung induzieren. In der daneben liegenden Verdrillungsschleife wird jedoch ebenfalls eine Spannung induziert, die jedoch aufgrund der Verdrillung entgegengerichtet ist. Über die Länge des Kabels heben sich so die Störwirkungen des Feldes weitgehend auf (**Bild 5.86**).

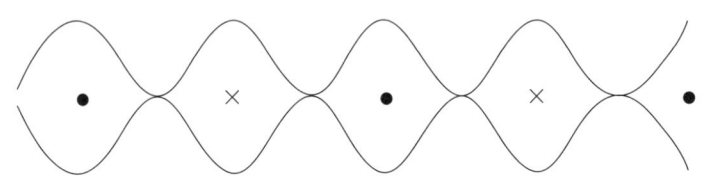

Bild 5.86 Wirkung der Verdrillung bei magnetischen Störfeldern

5.5.5.5 Bewertung von Kabelschirmen

Es dürfte klar geworden sein, dass ein Schirm aus Vollmaterial, der aus besonders leitfähigem (großes κ) und hochpermeablem (großes μ_r) Material besteht, am wirkungsvollsten wäre. Allerdings ist dies bei Kabelschirmen kaum möglich. Eventuell besteht die Möglichkeit, durch entsprechende Rohre eine externe Schirmung vorzunehmen. Meist bieten sich folgende Kabelschirme an:

- Folienschirme
- Geflechtschirme

Da Folien in der Regel aus extrem dünnem Material bestehen, wird die Wirkung eher dürftig ausfallen. Geflechtschirme haben andere Nachteile (s. Abschnitte 5.5.2 bis 5.5.4), sind jedoch durch spezielle Ausführung der Geflechte meist wirksamer als Folienschirme. Am besten sind jedoch Doppel- oder sogar Dreifachgeflechtschirme, die häufig die Vorteile der flexiblen Ausführung des Schirms mit den Vorteilen des Vollmantelschirms zum Teil vereinigen können (**Bild 5.87**).

5.5.6 Besonderheiten bei der Raum- oder Gebäudeschirmung

5.5.6.1 Einführung

Zur Raum- oder Gebäudeschirmung wurde bereits einiges im Abschnitt 5.3.2 (besonders im Abschnitt 5.3.2.8) sowie in den Abschnitten 5.5.3.3 und 5.5.4.3 gesagt. Es geht dabei um einen umfassenden Potentialausgleich im Gebäude. Sind informationstechnische Einrichtungen gegen von außen kommende Störfelder zu schützen, müssen entsprechende Maßnahmen ergriffen werden. Besonders dann, wenn auch besondere Ereignisse wie Blitzschlag zu berücksichtigen sind, sind Schirmungsmaßnahmen vorzusehen. Natürlich hängt die Entscheidung, entspre-

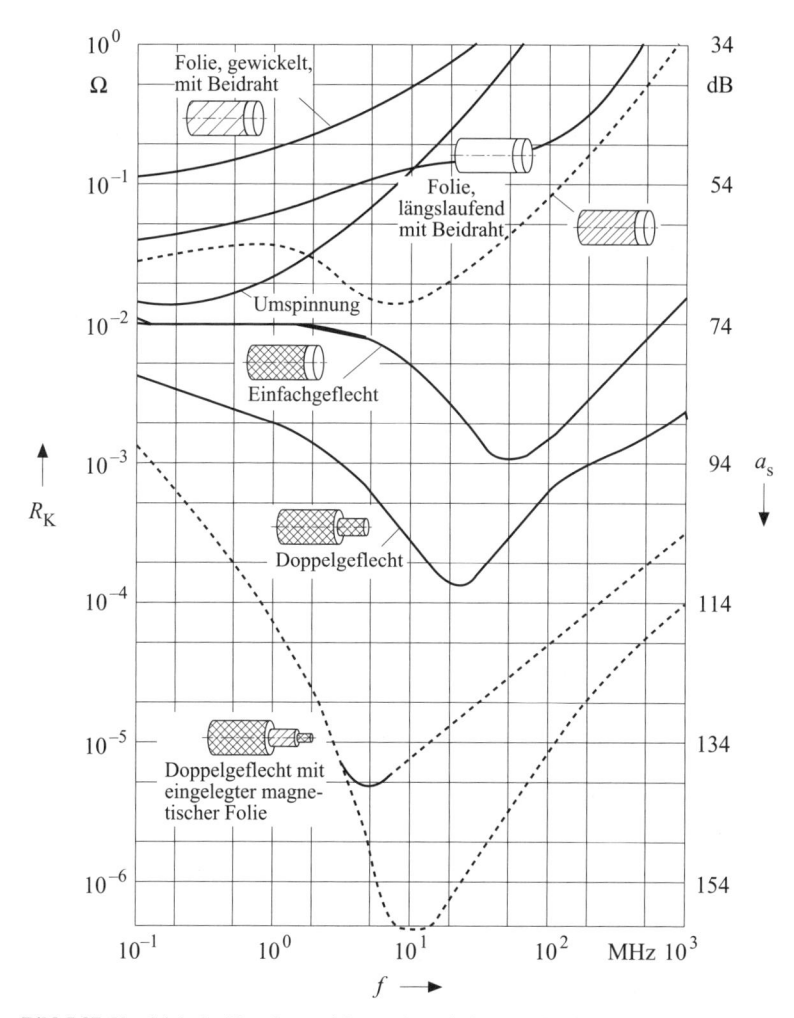

Bild 5.87 Vergleich des Kopplungswiderstands und einer maximal möglichen Dämpfung in Abhängigkeit von der Störfrequenz verschiedener Schirmarten

chende Maßnahmen umzusetzen, von der Risikobewertung des Betreibers ab. Dabei kann diese Risikobewertung rein finanzielle Gründe einschließen. Andere Vorgaben zu einer Risikobewertung können sein:

- ein störungsarmer Betrieb
- Datenverluste sollen ausgeschlossen werden

259

- sicherheitstechnische Belange, wenn es z. B. um explosionsgefährliche Bereiche im Gebäude geht

Planer und Errichter müssen aber auf alle Fälle über die möglichen Gefahren und die erforderlichen Maßnahmen informieren; denn es ist nicht davon auszugehen, dass dem Betreiber die Risiken immer voll bewusst sind. Häufig treten Probleme erst im Nachhinein auf, und es müssen meist wesentlich kostspieligere Ersatzmaßnahmen ergriffen werden, die nicht notwendig gewesen wären, wenn gleich von Anfang an ein ausreichender Schutz errichtet worden wäre (s. Abschnitt 1.3).

5.5.6.2 Raum- und Gebäudeschirmung nach Gesichtspunkten der EMV

Die Grundstruktur einer Raum- oder Gebäudeschirmung entsteht zunächst durch die konsequente Gestaltung von Potentialausgleichsmaßnahmen im Sinne des im Abschnitt 5.3.2 besprochenen „kombinierten Potentialausgleichs (CBN)".

Will man mögliche Störfelder von außen auf alle Fälle so weit reduzieren, dass Beeinträchtigungen (Funktionsstörungen) auch bei besonders empfindlichen Geräten nicht entstehen können, reichen diese Maßnahmen nicht mehr aus. Auch wenn leistungsstarke Verbraucher oder Transformatorstationen in der Nähe von Räumen mit empfindlichen Einrichtungen nicht vermieden werden können, muss über zusätzliche Maßnahmen nachgedacht werden. Beispielsweise ist in solchen Fällen bei Gebäuden aus Ortbeton die Stahlarmierung mit in den Potentialausgleich einzubeziehen. Allerdings setzt dies eine konsequente und vor allem frühzeitige Planung voraus.

Eine wichtige Voraussetzung ist zunächst die Einbeziehung der Stahlarmierung im Bereich des Fundamenterders. Hierzu wurde im Abschnitt 5.2.5.3.2 bereits einiges gesagt. Die Verbindungen müssen dabei so dauerhaft wie möglich ausgeführt werden. Klemm- oder Schweißverbindungen haben sich hier bewährt (s. Bild 5.26).

Darüber hinaus müssen die Bewehrungsstähle in regelmäßigen Abständen untereinander verbunden werden. Die Verbindungspunkte werden mit einer Maschenweite von mindestens 5 m × 5 m hergestellt – ganz unabhängig von der Maschenweite der Armierungsmatte. Die Schirmwirkung ist dabei natürlich abhängig von der Maschenweite der Armierungsmatten (s. Abschnitt 5.5.6.1 sowie **Bild 5.88**). Alle Verbindungen müssen entweder durch Schweißen oder Klemmen hergestellt werden, denn übliche Rödelverbindungen stellen keine sichere elektrische Verbindung dar. Zur sicheren und stromtragfähigen Verbindung der Maschen werden zweckmäßigerweise die tragenden Armierungsstähle so verlegt, dass aus ihnen die vorgenannte Masche (5 m × 5 m) entstehen kann. Eck- bzw. Kreuzungspunkte dieser Masche sind durch Klemmen oder Schweißen stromtragfähig zu verbinden (**Bild 5.89**). Ebenso ist es möglich, die Stahlarmierung mit einem zusätzlichen Gitter aus Stählen herzustellen (s. Abschnitt 5.5.6.3). Mit dieser Maßnahme wird zugleich eine blitzstromtragfähige Verbindung geschaffen, sodass die Armierung selbst als Ableitung benutzt werden kann (s. Bild 5.94).

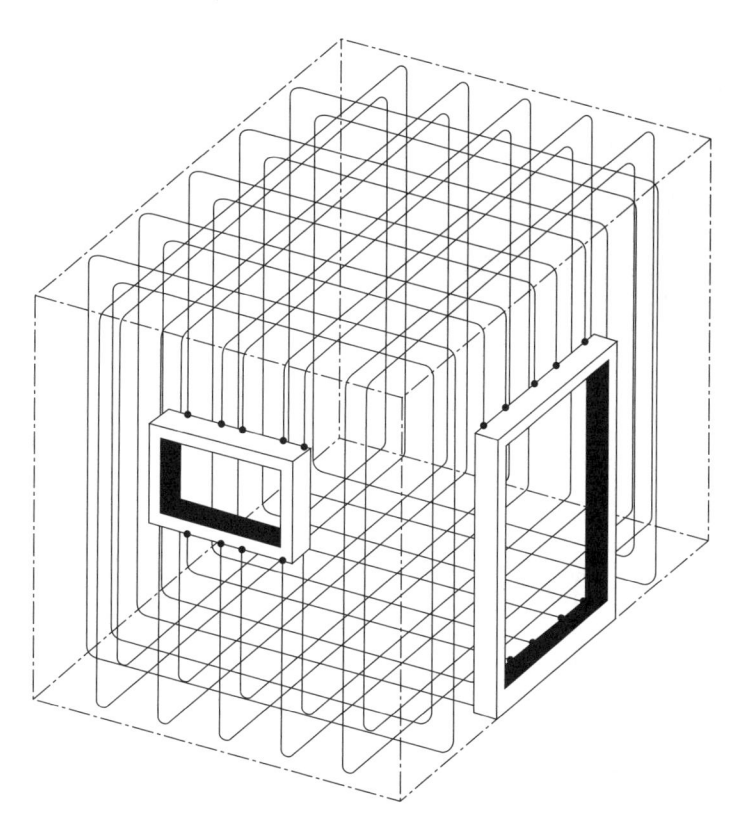

Bild 5.88 Gebäudeschirm, der durch Einbeziehung der Stahlarmierung sowie metallener Konstruktionen (z. B. Fenster- und Türrahmen) errichtet wird. Durch die geschweißten bzw. geklemmten Verbindungsstellen entsteht so ein möglichst dichtes Maschennetz.
(Quelle: VDE 0185-305-4)

Durch das Einbeziehen der Stahlarmierung ist es möglich, von jedem Punkt des Gebäudes, z. B. über Erdungsfestpunkte (s. Bilder 5.26 und 5.27) oder Potentialausgleichsschienen (s. Bild 5.27 und Bild 5.28), einen Zugang zum Gebäudepotentialausgleich zu schaffen (s. auch Bild 5.94). Dadurch können möglichst viele metallene Teile im Gebäude auf kurzem Weg einbezogen werden, sodass in der Gesamtheit ein möglichst dichtes Maschennetz entsteht. **Bild 5.90** zeigt ein Beispiel für die Einbeziehung der im Gebäude befindlichen Gehäuse (von Betriebsmitteln und Verteilern) und Stahlkonstruktionen.

Auch bei Gebäudekonstruktionen aus Fertigbetonteilen kann die Armierung einbezogen werden. Dies setzt natürlich einige vorbereitende Maßnahmen voraus. Häufig muss der Hersteller der Fertigteile darüber informiert werden, welche Vorberei-

Bild 5.89 Verbindung der Stahlarmierung durch Klemmverbindungselemente

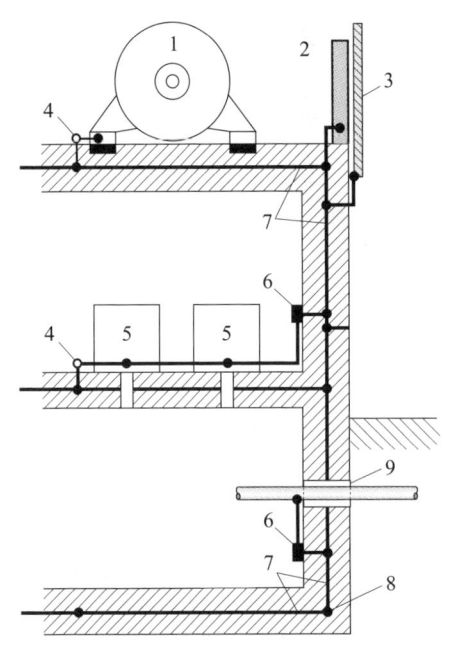

Bild 5.90 Vermaschter Potentialausgleich, in den auch die Armierung einbezogen wurde
1 Geräte der elektrischen Energieversorgung
2 Stahlträger
3 metallene Verkleidung der Fassade
4 Anschluss für Potentialausgleich
5 elektrische oder elektronische Geräte
6 Potentialausgleichsschiene
7 Armierung im Beton (mit überlagertem Maschengitter)
8 Fundamenterder
9 gemeinsame Eintrittstelle für verschiedene Versorgungsleitungen

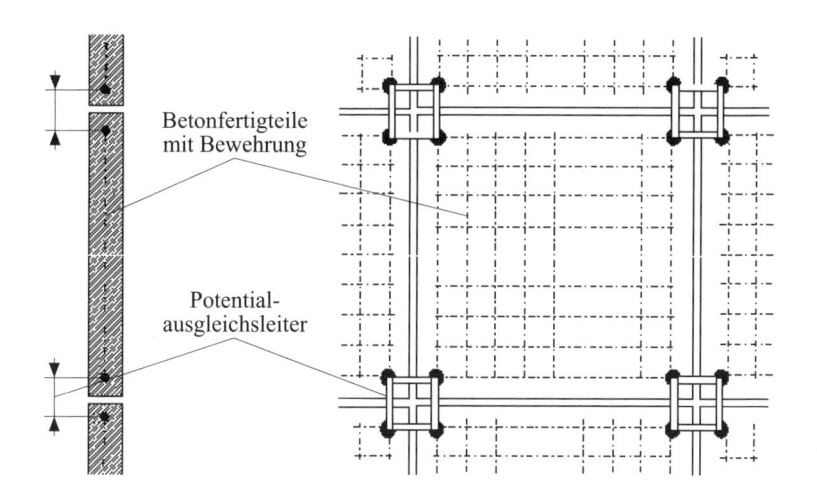

Bild 5.91 Einbeziehung der Stahlarmierung bei Fertigbetonteilen mit Bewehrung (Quelle: VDE 0185-305-3, Bild E.11a)

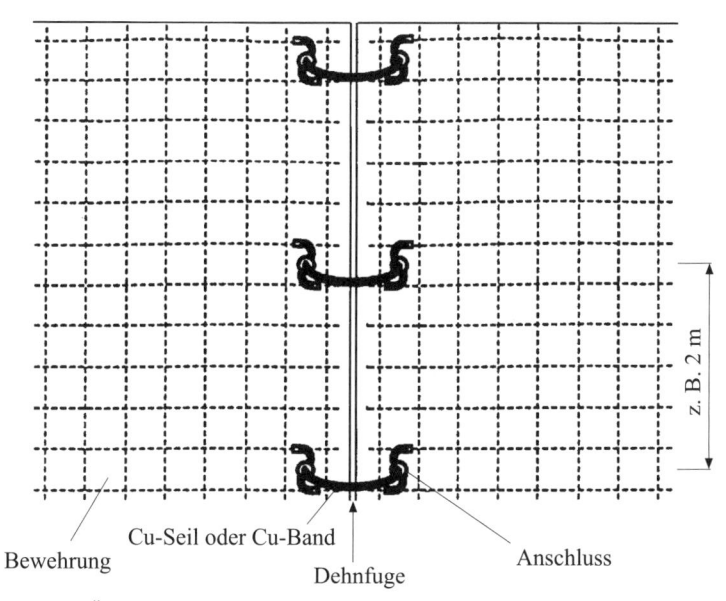

Bild 5.92 Überbrückung von Dehnfugen an Decken und Außenwänden von Gebäuden

tungen er zu treffen hat. Vor allem geht es dabei um Anschlussmöglichkeiten für die nachträgliche Einbeziehung der Armierung (s. **Bild 5.91**).

Ein Problem kann durch Dehnfugen entstehen, die immer eine Unterbrechung des Armierungsschirms darstellen. In diesem Fall muss die Dehnfuge durch zusätzliche Verbindungsleitungen überbrückt werden (**Bild 5.92**).

Sollten zusätzliche Maßnahmen für eine Systembezugspotentialebene (SRPP) notwendig werden (s. Abschnitt 5.3.5), wird der Einbezug solcher Maßnahmen zusätzlich für eine effektive Raumschirmung sorgen.

Abgesehen davon kann es notwendig sein, dass die Störaussendung von bestimmten Störquellen gedämpft werden muss. Besonders, wenn es um niederfrequente magnetische Felder geht, können zusätzliche Maßnahmen erforderlich werden. Dabei kommen häufig Raumschirmungen mit speziellen Blechen (möglichst aus Mumetall) zum Einsatz (s. Bild 5.71).

5.5.6.3 Berücksichtigung des Blitzschutzes nach VDE 0185-305

Soll der Gebäudeschirm auch Felder von Blitzströmen dämpfen (sogenannter LEMP-Schutz), müssen besondere Anforderungen nach DIN EN 62305-4 (VDE 0185-305-4):2006-10 erfüllt werden.

In VDE 0185-305-4, informativer Anhang A, Abschnitt A.2.2, wird Folgendes festgelegt:

„Große räumliche Schirme von inneren LPZ sind in der Praxis üblicherweise aus natürlichen Komponenten der baulichen Anlage aufgebaut, z. B. aus der metallenen Bewehrung in Decken, Wänden und Böden oder aus metallenen Rahmen, Dächern und Fassaden. Diese Komponenten bilden einen gitterförmigen räumlichen Schirm. Eine wirksame Schirmung erfordert typische Maschenweiten kleiner als 5 m."

LPZ ist die Abkürzung der englischen Bezeichnung: lightning protection zone – zu Deutsch: Blitzschutzzone. Der Gedanke ist, dass komplette Gebäude und einzelne Räume in Schutzzonen eingeteilt werden können, die je nach Ausführung der Raum- und Gebäudeschirmung einen Schutz vor den Feldern des Blitzstroms bewirken (s. **Bild 5.93**).

Aus dem Zitat aus VDE 0185-305-4 wird deutlich, dass auch hier zunächst davon ausgegangen wird, dass die vorhandenen leitfähigen Konstruktionen und Armierungsstähle den Schirm bilden sollen. Angestrebt wird dabei ein dreidimensionales Gebilde, bei dem das Erdungssystem, der Schutzpotentialausgleich und darüber hinaus auch alle anderen Potentialausgleichsmaßnahmen, die in Abschnitt 5.3 beschrieben wurden, eingeschlossen sind (s. Bild 5.46 und Bild 5.88).

LPS + Schirm LPZ 1 I_0, H_0 LPZ 0 H_0
Schirm LPZ 2 LPZ 1 H_1

LPZ 2 H_2

Betriebsmittel (Störsenke) U_2, I_2 SPD 1/2 (SB) U_1, I_1 SPD 0/1 (MB) U_0, I_0

Gehäuse

anteiliger Blitzstrom

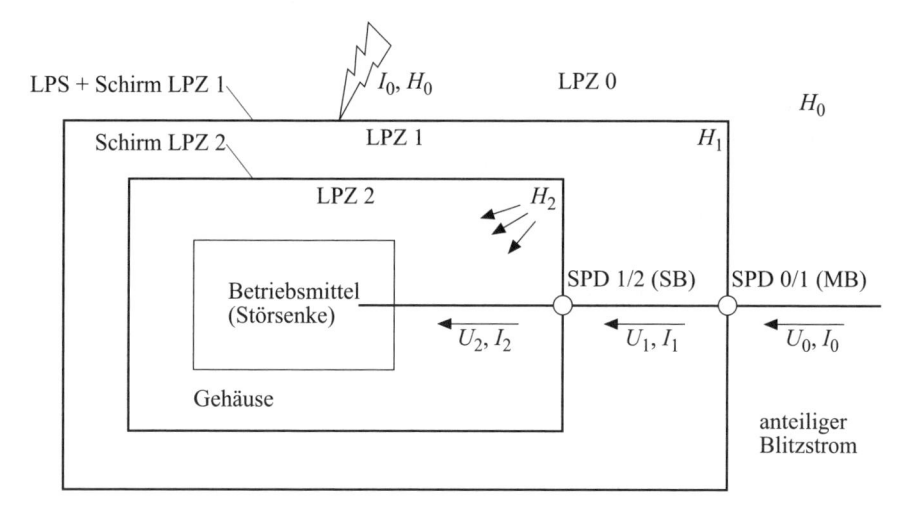

Bild 5.93 Einteilung eines Gebäudes und innerer Räume in Blitzschutzzonen (LPZ)
Nach innen hin wird je nach Ausführung der Schirmungsmaßnahmen die Belastung durch eventuelle Blitzschläge (direkter Blitzstrom, Teilblitzstrom, Felder des Blitzes usw.) verringert.
LPZ 0 ... LPZ 2   Blitzschutzzonen mit abnehmender Belastung
H_0 ... H_2 Magnetische Felder des Blitzstroms, $H_0 > H_1 > H_2$
SPD   Überspannungsschutzgeräte (SPD = surge protective device) mit Angabe der Zonenübergänge: SPD 0/1 wird z. B. am Übergang von LPZ 0 zu LPZ 1 eingesetzt. Dabei muss SPD 0/1 höhere Energiewerte abbauen als SPD 1/2.
(Quelle: VDE 0185-305-4, Bild 2a)

Soll die Störbelastung durch Blitzschlag nach innen zunehmend reduziert werden, muss ein Schutzzonenkonzept nach VDE 0185-305-4 errichtet werden (Bild 5.93). Dabei muss das Gebäude in Zonen (LPZ) eingeteilt werden. Jede Zone wird gesondert geschirmt. Auch hier können Armierungsstähle im Innern des Gebäudes, leitfähige Konstruktionen (wie Zwischendecken- oder Unterbodenkonstruktionen) einbezogen werden. Alle leitfähigen Teile, die in eine solche Zone hineingeführt werden, müssen an der Grenze dieser Schutzzone mit der Schirmung verbunden werden. Auch die dort eingeführten Leitungen (Energie-, Daten- und Signalleitungen) werden über Überspannungsableiter an der Zone mit dem Schirm verbunden (s. Bilder 5.52, 5.55 und 5.93).
Die Armierung ist, wie schon in Abschnitt 5.5.6.2 beschrieben, in Maschen auszuführen (s. Bild 5.88 und Bild 5.89). In VDE 0185-305-4 wird noch unterschieden zwischen der Bewehrung, die in Maschen von 1 m × 1 m untereinander verbunden werden soll, und einer überlagerten Anordnung von zusätzlichen Metallstäben, die mit einer Maschenweite von 5 m × 5 m dem Bewehrungsmaschengitter überlagert

bzw. hinzugefügt wird (**Bild 5.94**). All diese Verbindungen müssen als Schweiß- oder Klemmverbindung ausgeführt sein.

Reicht der Einbezug der natürlich vorhandenen leitfähigen Teile des Gebäudes für die Errichtung einer zusätzlichen Schutzzone nicht aus, müssen zusätzliche Maßnahmen vorgesehen werden. Diese können zusätzliche Gitter aus leitfähigem Material sein, die in Wänden und Decken eingebracht und so oft wie möglich mit dem Gebäudepotentialausgleich verbunden werden.

5.6 Filtermaßnahmen bei Oberschwingungen

5.6.1 Einführung

So wie man durch Schirmung die Kopplung zwischen Störquelle und Störsenke für gestrahlte Störgrößen reduziert (s. Abschnitt 5.5.1), so versucht man dies mit Filtern für leitungsgeführte Störgrößen. Dabei können Filter sowohl die Aufgabe erhalten, ein empfindliches Gerät gegen die Einwirkung äußerer Störgrößen zu schützen, als auch umgekehrt die Umgebung gegen die Störgrößen, die das Gerät selbst produziert.

Im normalen Sprachgebrauch oder in anderen technischen Gewerken bezeichnet Filter ein Bauteil, mit dem man unerwünschte Beimischungen z. B. in Flüssigkeiten oder in Gasen heraussondert (z. B. Benzinfilter in Kraftfahrzeugen). Das hier gemeinte Filter hat im übertragenen Sinn die gleiche Funktion. Aus dem Nutzsignal (der Nutz-, Signal- oder Betriebsspannung) werden sämtliche Überlagerungen (wie Oberschwingungen) entfernt.

In der Regel geschieht dies, indem man Widerstände, Kondensatoren, Induktivitäten, Dioden, Varistoren und ähnliche Bauteile sinnvoll zusammenschaltet, um die gewünschte Wirkung zu erzielen. Häufig wird das Nutzsignal über die Frequenz erfasst und somit sämtliche Überlagerungen als Störfrequenzen angesehen. In diesem Fall benötigt man Filter mit Hochpass- (wenn das Störsignal tiefere Frequenzen aufweist als das Nutzsignal) oder mit Tiefpass- (wenn höhere Frequenzen herauszufiltern sind) oder mit Bandpassfunktion (wenn beides möglich ist). **Bild 5.95** zeigt diese drei Möglichkeiten als Prinzipskizze.

Die Auslegung eines Filters, also die Festlegung der beteiligten Bauteile, der Kenngrößen und Grenzwerte erfordert spezielle Fachkenntnisse. Häufig sind hier detaillierte Absprachen mit dem Hersteller der Filter erforderlich, um ein gewünschtes Ergebnis erzielen zu können.

Ein weiteres Problem ist der Zustand unserer elektrischen Anlagen. Wenn viele Verbraucher betrieben werden, die ganz unterschiedliche und zum Teil auch zeitlich variierende Oberschwingungsanteile an das Netz abgeben, können auch richtig ausgelegte Filter zu einer zusätzlichen Störquelle werden. Dies geschieht z. B., wenn eine nicht in der Planung einbezogene Störfrequenz die Kondensatoren des Filters im Resonanzbereich arbeiten lässt.

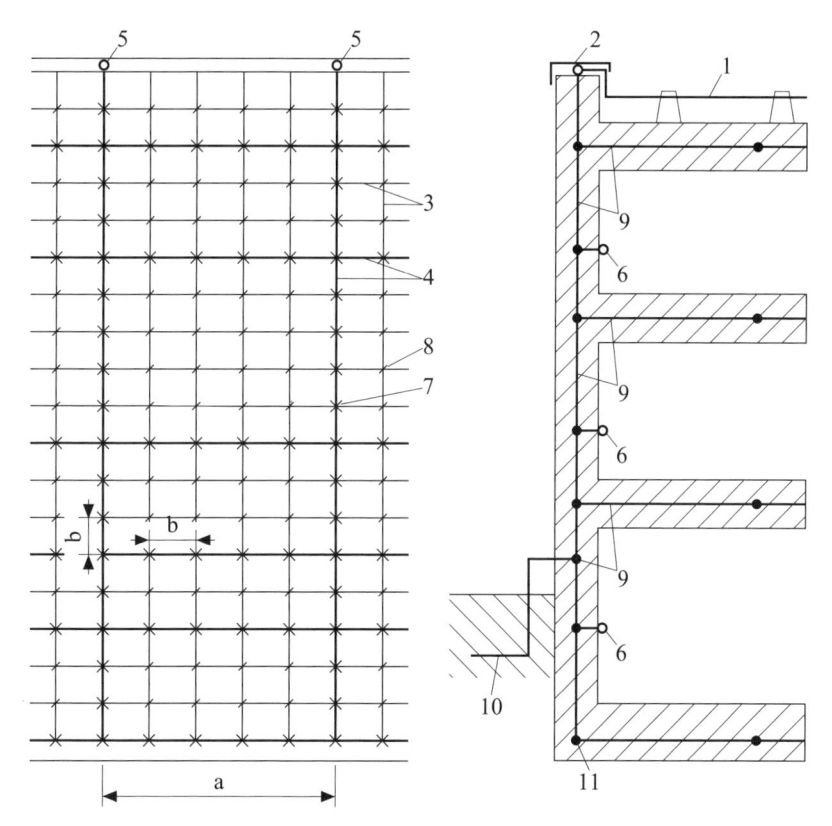

Bild 5.94 Beispiel einer blitzstromtragfähigen Gebäudeschirmung, die zugleich die Verbindung zum Gebäude-Potentialausgleich herstellt (Quelle: VDE 0185-305-4, Bild 7)

1 Leiter der Fangeinrichtung
2 metallene Abdeckung der Dachbrüstung
3 Bewehrungsstäbe aus Stahl
4 der Bewehrung überlagertes Maschengitter
5 Anschluss an das Gitter
6 Anschluss für eine interne Potentialausgleichsschiene
7 Verbindung durch Schweißen oder Klemmen
8 willkürliche Verbindung
9 Stahlbewehrung im Beton (mit überlagertem Maschengitter)
10 Ringerder (soweit vorhanden)
11 Fundamenterder
a typischer Abstand von 5 m im überlagerten Maschengitter
b typischer Abstand von 1 m für Verbindungen dieses Gitters mit der Bewehrung

	Tiefpassfilter

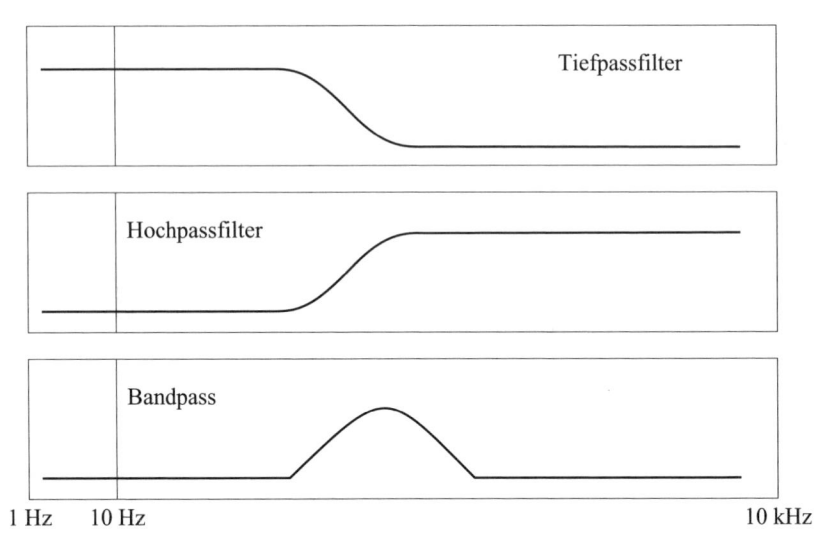

	Hochpassfilter

	Bandpass

1 Hz   10 Hz   10 kHz

Bild 5.95 Frequenzgang von Tiefpass, Hochpass und Bandpass.
Die y-Achse gibt die Stärke des Ausgangssignals an.

Resonanzerscheinungen können sehr unangenehme Folgen haben. Sie können durch Spannungsüberhöhungen Bauteile zerstören, ganze Teile des Verbrauchernetzes zum Schwingen bringen, sodass Störungen an ganz anderen Stellen auftreten als dort, wo sich die Störquellen befinden, und letztlich können Messergebnisse oder Signale verfälscht werden, sodass Regelungs- oder Steuerungsfunktionen im Gebäude nicht mehr korrekt funktionieren usw.

Resonanzen treten auf, weil induktive und kapazitive Blindgrößen (Strom, Spannung, Leistung, Widerstand) sich sozusagen gegenseitig aufheben. Der Grund hierfür ist, dass sich Blindwiderstände bekanntlich frequenzabhängig verhalten (s. Abschnitte 4.3.2.2 und 4.3.2.3). Dabei wird der kapazitive Widerstand mit wachsender Frequenz kleiner, während sich der induktive Widerstand mit zunehmender Frequenz vergrößert. Bei Berücksichtigung dieses Gedankens wird sofort klar, dass es eine bestimmte Frequenz geben muss, bei der der kapazitive Widerstand genau so groß ist wie der induktive. In der Grundausbildung einer jeden Elektrofachkraft wird im Zusammenhang mit der Wechselstromtechnik gelehrt, dass sich induktive und kapazitive Größen gegensätzlich verhalten. Ein induktiver Strom kann beispielsweise durch einen kapazitiven Strom reduziert oder sogar ganz aufgehoben werden. Dieses Phänomen nutzt man bekanntlich beim Kompensieren des Leistungsfaktors (cos φ) mittels Kompensationskondensatoren. Wenn induktive und kapazitive Blindgrößen also gleich groß auftreten, heben sie sich gegenseitig auf. Im Stromkreis, in dem dies geschieht, wirken nach außen somit keine Blindwiderstände mehr. Diese Frequenz, bei der dies passiert, nennt man Resonanzfrequenz.

Angenommen, die beiden Blindgrößen liegen in Serie in einem Stromkreis. In **Bild 5.96** wird dies vereinfacht als Ersatzschaltbild dargestellt. Der Ohm'sche Widerstand R könnte z. B. der angeschlossene Verbraucher sein oder der Ohm'sche Anteil des Leitungswiderstands.

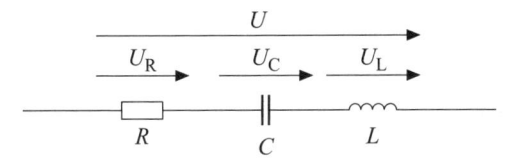

```
                U
       ────────────────▶
   U_R       U_C      U_L
   ────▶    ────▶    ────▶
─────▭──────┤├──────⌒⌒⌒─────
     R       C        L
```

Bild 5.96 Prinzipskizze der Reihenschaltung eines Ohm'schen, kapazitiven und induktiven Widerstands

U Versorgungsspannung des speisenden Netzes
U_R Spannung am Ohm'schen Widerstand
U_C Spannung am kapazitiven Widerstand
U_L Spannung am induktiven Widerstand
R Ohm'scher Widerstand (z. B. Leitungswiderstand, Nutzwiderstand im Verbraucher)
C kapazitiver Widerstand (z. B. Kompensationskondensatoren, Kondensatoren von Filtern)
L induktiver Widerstand (z. B. Motoren, Drosselspulen, Vorschaltgeräte)

Wenn die beiden Blindwiderstände (C, L) sich bei Resonanzfrequenz gegenseitig aufheben, wird der im Stromkreis fließende Strom nur noch durch den Ohm'schen Widerstand R begrenzt. Das bedeutet, der Strom erreicht bei konstanter äußerer Versorgungsspannung U bei Resonanzfrequenz seinen Maximalwert (s. Bild 4.44). Tatsächlich fließt der Strom jedoch auch über die beiden Blindwiderstände (C, L) und verursacht natürlich auch an ihnen eine Spannung (U_C, U_L), die man messtechnisch auch ermitteln kann. Diese beiden Blindspannungen sind jedoch, wie die Blindwiderstände selbst, entgegengerichtet und heben sich bezogen auf den Gesamtstromkreis gegenseitig auf. Man kann sich das so vorstellen, dass zwar ein gemeinsamer Strom, der allein durch R begrenzt wird, durch alle drei beteiligten Bauteile fließt, aber zwischen C und L wird zusätzlich ein Blindstrom hin und her geschoben – man könnte sagen: der Strom schwingt von C nach L und zurück.

Fakt ist aber, dass ein maximaler Strom bei Resonanzfrequenz fließt, der an den beiden Blindwiderständen einen extrem hohen Spannungsfall (U_C, U_L) verursacht. Durch Rechnung sowie durch Messungen kann gezeigt werden, dass diese Blindspannung im ungünstigsten Fall um ein Vielfaches größer werden kann als die äußere Versorgungsspannung U.

Die zugrunde liegenden Vorgänge werden in jedem Fachkundebuch der Berufsschulen oder in Fachbüchern zur Grundlagen der Elektrotechnik an Hoch- und Fachhochschulen detailliert erläutert. Hier soll es ausreichen, an diesen, an sich bekannten, Vorgang zu erinnern:

> Erreicht irgendeine vorkommende Oberschwingungsfrequenz die Höhe der Resonanzfrequenz, die sich zufällig aufgrund von vorhandenen Kapazitäten und Induktivitäten (z. B. Kompensationsanlagen, Filterkondensatoren und Leitungskapazitäten bzw. Drosselspulen, Vorschaltgeräte, Motoren, Transformatoren und Leitungsinduktivitäten) ergibt, können Spannungsüberhöhungen und Netzschwankungen auftreten, die Zerstörungen oder Störungen verursachen.

Damit wird deutlich, wie detailliert und differenziert eine Planung von Filtermaßnahmen u. U. sein muss. Fachplaner mit besonderen Kenntnissen in der EMV sowie Hersteller von Filtern sollten hier bei komplexeren Anlagen spezielle Lösungen finden.

5.6.2 Arten und Auswahl von Filtern

Um ein Filter zu beurteilen, benötigt man eine Angabe, wie gut bzw. wie effektiv das Filter arbeitet. Dies kann sich im Grunde natürlich immer nur auf eine bestimmte Frequenz oder einen Frequenzbereich beziehen, da sich die Bauteile im Filter (wie in Abschnitt 5.6.1 beschrieben) in der Regel frequenzabhängig verhalten (s. Bild 5.95). Die Effektivität eines Filters wird als sogenannte Filterdämpfung a_F angegeben. Häufig wird sie auch Einführungsdämpfung genannt. Gelegentlich wird sie statt mit a_F nur mit a gekennzeichnet. Diese Filterdämpfung gibt in dB an, wie effektiv die Störgröße (beispielsweise eine Störspannung) gedämpft wird.

$$a_F = 20 \cdot \lg\left(\frac{U_{S1}}{U_{S2}}\right) \text{ in dB}$$

Dabei ist:

U_{S1} Störspannung (z. B. Oberschwingungsspannung) am Eingang des Filters

U_{S2} Störspannung am Ausgang des Filters

Da diese Dämpfung stets nur für bestimmte Frequenzen angegeben werden kann, wird ein bestimmtes Filter auch nur durch den Frequenzgang der Dämpfung gekennzeichnet (s. **Bild 5.97**).

Entweder benötigt der Hersteller des Filters bei Bestellung den Dämpfungsverlauf bei zunehmender Störfrequenz (z. B. durch die Angabe 20 dB pro Dekade – s. Bild 5.97 oder durch Angaben für konkrete Frequenzen wie in **Tabelle 5.5**). In Tabelle 5.5 sind einige typische Angaben zusammengefasst, mit denen der Hersteller ein entsprechendes Angebot erstellen kann.

Die bisher beschriebenen Filter werden auch passive Filter genannt, weil die Bauteile des Filters lediglich die auf sie einwirkenden physikalischen Größen (Strom und Spannung) aufgrund ihres Aufbaus oder der beteiligten elektronischen Bauteile

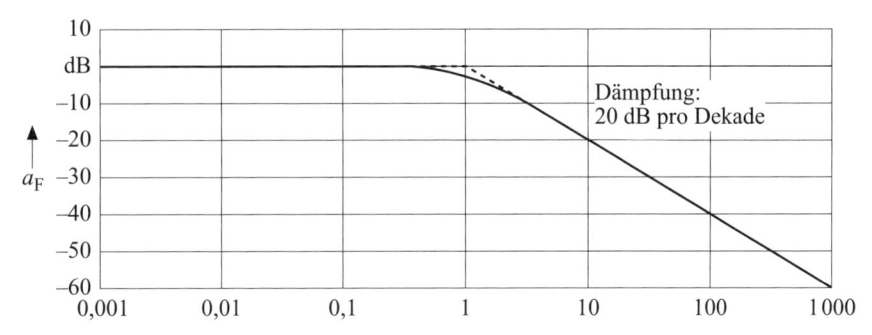

Bild 5.97 Frequenzgang der Filterdämpfung a_F für ein Tiefpassfilter mit einem Frequenzgang von 20 dB/Dekade

Die x-Achse ist logarithmisch aufgeteilt und gibt das Vielfache einer Grenzfrequenz an.
Beispiel: Wenn 1 auf der x-Achse 5 000 Hz entsprechen soll, folgt daraus:
10 = 50 000 Hz und 0,01 = 50 Hz).

gewünschte Funktion	❏ EMV-Filter		❏ Ausgangsfilter		❏ Oberschwingungs-reduzierung	
Anschluss	❏ L – N	❏ L – L	❏ 3 × L	❏ 3 × L + N	❏ ± (DC)	❏ _____
Nenngrößen	U_{Nenn} = _____		I_{Nenn} = _____		f_{Nenn} = _____	
Umgebung	❏ Industrie		❏ Leichtindustrie		❏ _____	
gewünschte Dämpfung	_____ dB bei 150 Hz		_____ dB bei 100 kHz		_____ dB bei 10 MHz	

Tabelle 5.5 Angaben zu technischen Daten für den Hersteller bzw. Anbieter von Filtern

verändern. Zusätzlich bieten Hersteller auch aktive Filter an, die die vorgenannten physikalischen Größen überwachen und von sich aus aktiv je nach Anforderung die Störgrößen dämpfen (herausfiltern). Neben Bauteilen, aus denen auch passive Filter bestehen, wie Widerstände, Kondensatoren und Induktivitäten, enthalten aktive Filter noch aktive Komponenten wie Transistoren oder Operationsverstärker. Sie benötigen daher auch eine zusätzliche Spannungsversorgung. Auch eine Dämpfung mit gleichzeitiger Signalverstärkung ist durch aktive Filter möglich.

Aktive Filter können bevorzugt zur Reduzierung von Verzerrungen des Stroms durch Oberschwingungen zum Einsatz kommen. Dabei überwacht das Filter z. B. den Verlauf des Stroms und verursacht bei Abweichung eine entgegengesetzte Reaktion (**Bild 5.98**). Dadurch wird der Stromverlauf geglättet bzw. der Sinusform angepasst. Diese Möglichkeit der Filterung ist ganz besonders günstig, verursacht aber in der Regel auch höhere Anschaffungskosten.

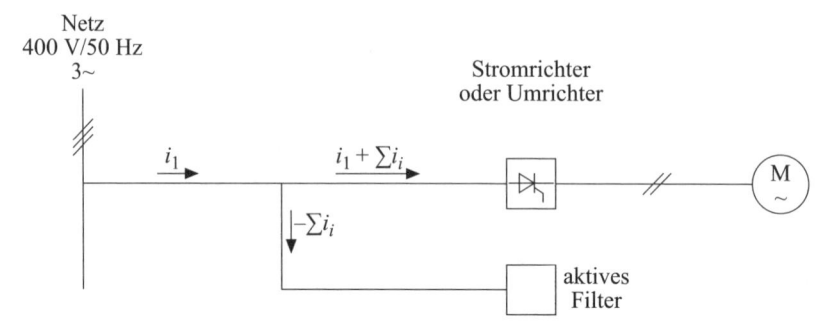

```
Netz
400 V/50 Hz
    3~                        Stromrichter
                              oder Umrichter

       i₁         i₁ + Σiᵢ
                                    ▷|                    (M)
                  |-Σiᵢ                                     ~

                                     aktives
                                     Filter
```

Bild 5.98 Aktives Filter zur Reduzierung von Oberschwingungsströmen
Der Strom i_1 wird durch Oberschwingungsströme (in Summe sind dies Σi_i) überlagert. Das aktive Filter verursacht deshalb einen entgegengesetzten Strom ($-\Sigma i_i$), sodass der Strom i_1 insgesamt sinusförmig bleibt.

Bild 5.99 Nanoperm-Filter (Ringbandkerne) werden zur Filterung von Oberschwingung um die aktiven Leiter der Motorzuleitung gelegt.
Ein Filterkern allein reicht im dargestellten Fall nicht aus. Die magnetischen Felder der Oberschwingungen bei den im Bild dargestellten Leitern lassen im Filter derart hohe Temperaturen entstehen, dass dadurch die Leiterisolation gefährdet würde. Aus diesem Grund sind drei Filterkerne im Verbund montiert worden. Ob ein Filterkern ausreicht oder mehrere im Verbund eingesetzt werden müssen, wird häufig durch Probieren festgestellt. (Quelle: Magnetec)

Wenn beim Betrieb von Lichtbogenöfen oder Frequenzumrichtern zwischenharmonische Oberschwingungen entstehen (s. Abschnitte 4.3.4.1 und 4.3.4.2.4) und diese empfindliche Einrichtungen stören, bieten aktive Filter häufig die einzig wirklich effektive Lösung. Besonders bei Frequenzumrichtern, bei denen die Zwischenharmonischen von der jeweils eingestellten sekundärseitigen Antriebsfrequenz (die die Drehzahl des angetriebenen Motors regelt) abhängt, bieten passive Filter keinen ausreichenden Schutz und können u. U sogar kritische Resonanzen hervorrufen, die zusätzliche Störungen hervorrufen (s. auch VDE 0839-2-4, Abschnitt C.2.1).

Auf ein Filter, das in den letzten Jahren von sich Reden machte, soll hier noch besonders hingewiesen werden. Es wird u. a. bei Frequenzumrichter- oder Wechselrichteranlagen eingesetzt. Gemeint ist das sogenannte Nanoperm-Filter. Häufig wird es auch „Ringbandkern-Filter" genannt, da es aus einem Band mit einer Dicke von etwa 20 µm, bestehend aus nanokristallinem, metallenem Werkstoff, gewickelt wird.

Nanokristallin bedeutet, dass die Kristallstruktur aus einem extrem kleinen Korn von rund 10 nm bis 20 nm besteht (1 nm = $1 \cdot 10^{-9}$ m). Dieser Werkstoff besitzt eine ungewöhnlich hohe Permeabilität (μ_r) und verursacht bei Ummagnetisierungen (z. B. bei einwirkenden Wechselfeldern) sehr niedrige Ummagnetisierungsverluste. Durch den Aufbau des Filters entstehen bei einwirkenden Wechselfeldern zudem nur sehr geringe Wirbelströme. Ein weiterer Vorteil dieser besonderen Kristallstruktur ist die sehr hohe Sättigungsinduktion (etwa 1,2 T). Gemeint ist, dass Nanoperm-Filter sehr viel später in Sättigung gehen als übliche Ferritkern-Filter. Ist die Sättigung nämlich erst einmal erreicht, verliert das Filter seine Wirkung. Auch das Verhalten bei erhöhten Temperaturen ist bei Nanoperm-Filtern deutlich besser als bei allen übrigen Werkstoffen.

Diese Ringbandkerne werden z. B. eingesetzt, um bei frequenzgesteuerten Motoren zum einen den Motor vor zu großen Lagerströmen und Spannungsimpulsen zu schützen und zum anderen die Ableitströme im Schutzleiter (sogenannte Schutzleiterströme) zu minimieren.

Sie werden in der Regel um die Motorzuleitung gelegt (**Bild 5.99**). Dabei muss darauf geachtet werden, dass die im Filterkern verursachte Energie keine zu hohen Temperaturen im Filterkörper verursacht. Gegebenenfalls müssen bei zu hoher Temperaturentwicklung ein oder mehrere zusätzliche Ringbandkerne aufgelegt werden. **Bild 5.100** zeigt eine Auswahl von Nanoperm-Filtern, die auch bei größeren Leitungsquerschnitten montiert werden können.

Darüber hinaus gibt es noch Filter für besondere Anwendungsfälle. Im Abschnitt 5.8.1.4 werden z. B. Filter besprochen, die bei Frequenzumrichterantrieben vorgesehen werden.

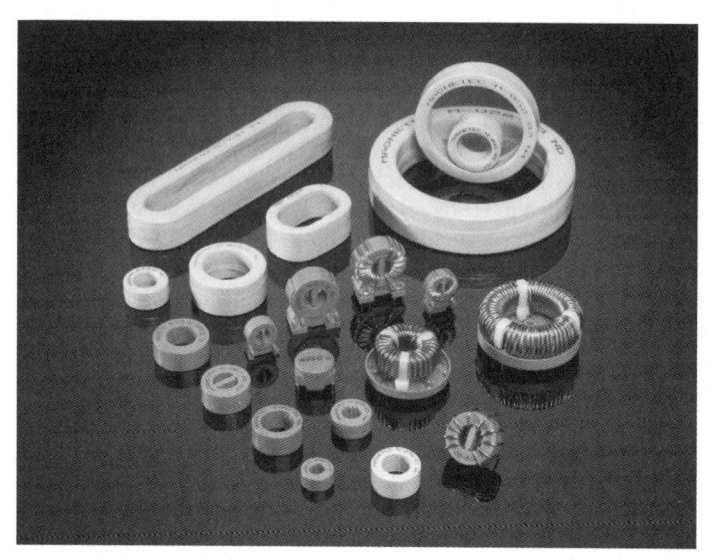

Bild 5.100 Nanoperm-Filter gibt es fast für jeden Querschnitt und Anwendungsfall (Quelle: Magnetec)

5.6.3 Montage von Filtern

Die richtige Montage von Filtern ist enorm wichtig. DIN EN 50174-2 (VDE 0800-174-2):2001-09 sagt in Abschnitt 6.8.3.1 dazu Folgendes:
„*Die Montage eines Filters ist häufig wichtiger als die Filterart. Die schlechte Montage eines an sich guten Filters führt zu schlechten Filterergebnissen.*"
Bei der Montage von Filtern ist generell darauf zu achten, dass Filter stets so nah wie möglich bei dem Gerät montiert werden, das Störungen verursacht bzw. gestört wird. Der Grund ist, dass die Impedanzen der Verbindungsleitungen zwischen Filter und Gerät möglichst gering bleiben müssen.

Eine besonders anzustrebende Möglichkeit ist, das Filter direkt am Gehäuse des Geräts zu befestigen, sodass es eine Einheit mit dem Massepotential des Geräts bildet. Auf alle Fälle muss aber das Filter (ob direkt mit dem Gerät bzw. mit dessen Gehäuse verbunden oder nicht) guten, großflächigen Kontakt mit dem Potentialausgleichssystem haben. Im zuvor erwähnten Abschnitt aus VDE 0800-174-2 heißt es hierzu:

„*Die Impedanz der Erdungsverbindung des Filters sollte möglichst gering sein, um Störungen zu verhindern ...*"

Bild 5.101 gibt hierzu ein Beispiel: Der Masseanschluss muss möglichst über das gesamte leitfähige Gehäuse des Filters erfolgen, und nicht über nur eine einzelne Anschlussleitung.

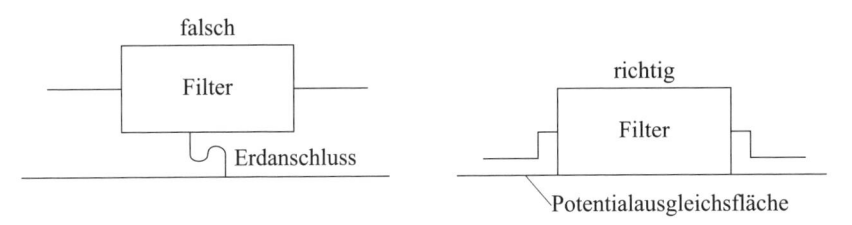

Bild 5.101 Falsche und richtige Montage von Filtern
Der einzelne Anschlussdraht (links im Bild) führt für höhere Frequenzen zu einer hochimpedanten Verbindung.
(Quelle: DIN EN 50174-2 (VDE 0800-174-2):2001-09, Bild 23)

Bild 5.102 zeigt das Ersatzschaltbild einer falschen Filtermontage, wie sie in Bild 5.101 (links) dargestellt wird.

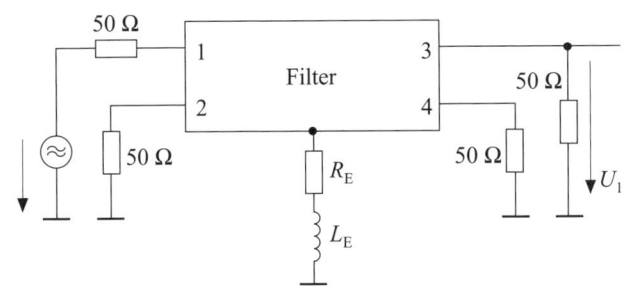

Bild 5.102 Ersatzschaltbild eines Filters bei falscher Montage nach Bild 5.101.
Die Anschlussleitung hat für höhere Frequenzen einen Ohm'schen Widerstand (R_E) sowie einen induktiven Widerstand (L_E). Schon bei einer Anschluss-Leitungslänge von nur 30 cm kann dies bei 10 MHz eine Reduzierung auf etwa ein Drittel der ursprünglichen Dämpfungswirkung bewirken, und bei einer Länge von 3 cm ist immer noch eine Reduzierung der Dämpfung um 50 % möglich.

Weiterhin ist es wichtig, dass ankommende und vom Filter abgehende Leitungen getrennt geführt werden, damit Störgrößen nicht induktiv oder kapazitiv auf die gefilterte Leitung erneut einkoppeln können (**Bild 5.103** sowie **Bild 5.104**). Ist dies nicht möglich, muss mindestens eine der Leitungen geschirmt ausgeführt sein.

a) falsch   b) richtig

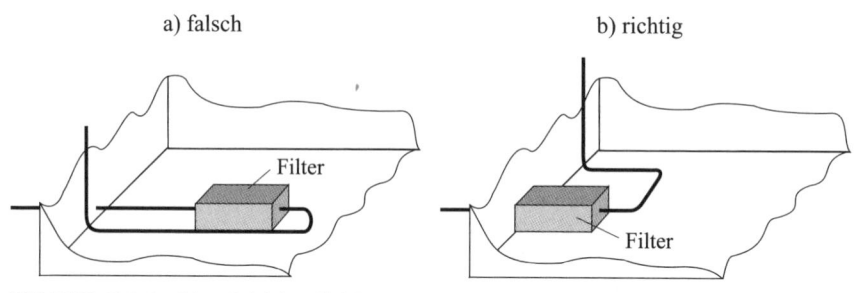

Bild 5.103 Falsche (a) und richtige (b) Montage von Filtern
Bei (a) hat die ungedämpfte Leitung die Möglichkeit, auf die gedämpfte Abgangsleitung des Filters zu koppeln.

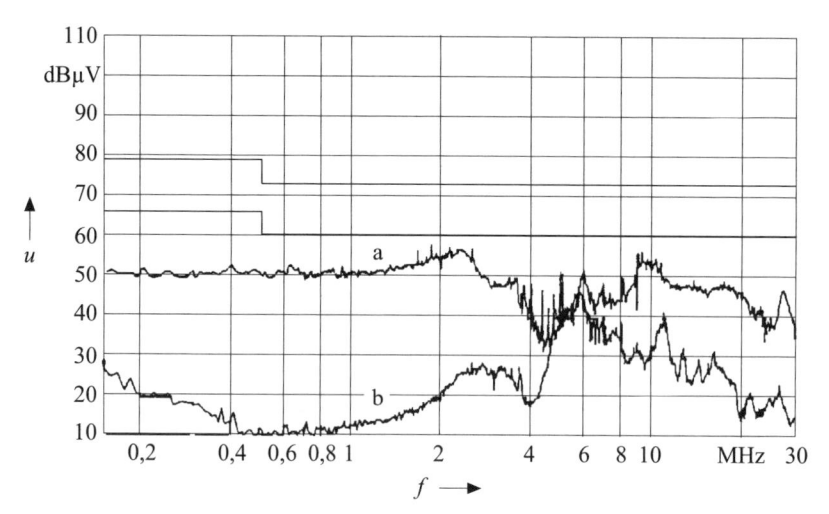

Bild 5.104 Funkstörspannung einer Leistungselektronik bei falschem (a) und richtigem (b) Filtereinbau nach Bild 5.103

DIN EN 50174-2 (VDE 0800-174-2):2001-09 betont ebenfalls diese grundlegende Montagevorschrift im Abschnitt 6.8.3.1 und sagt zudem über die weitere Leitungsführung:

„ ... *eingangs- und ausgangsseitige Adern sollten sich niemals im selben Bündel befinden.*"

In einem Schaltschrank sollte das Filter direkt nach Eintritt des Kabels, dessen Signale oder physikalische Größen gefiltert werden sollen, montiert werden. Eine

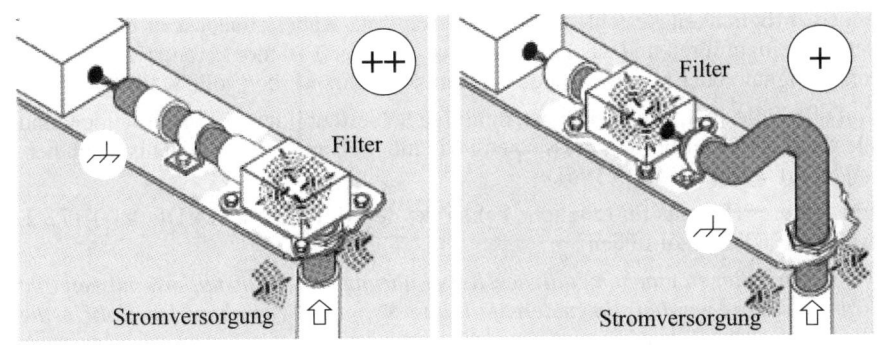

Bild 5.105 Beispiel für die Montage eines Filters direkt bei Eintritt des Kabels (links) sowie direkt vor dem Gerät (rechts)
Von der Bewertung her sind zwar beide möglich – der zuerst genannten Möglichkeit ist jedoch der Vorzug zu geben. Das eingeführte Kabel (rechts) muss allerdings geschirmt sein.
(Quelle: Rittal)

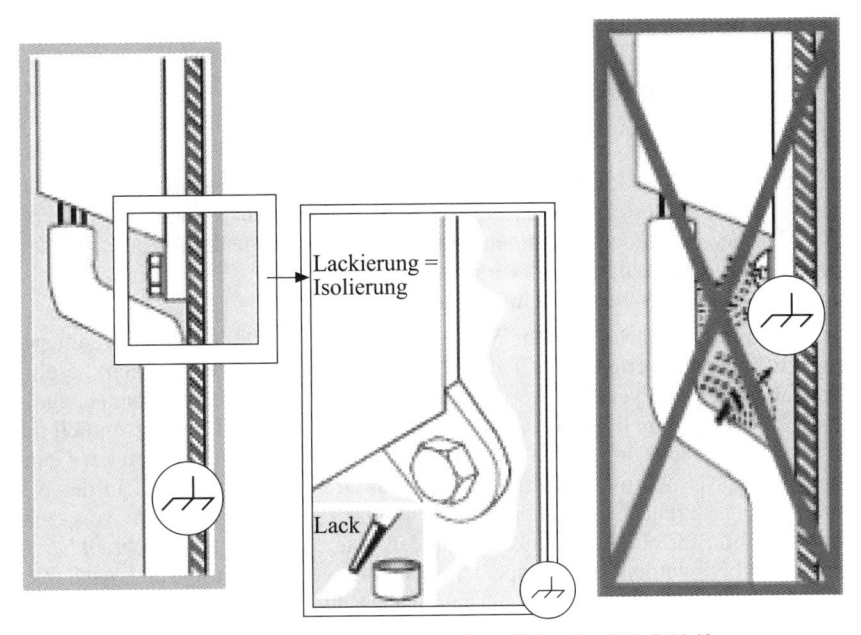

Bild 5.106 Kabelführung eng am Potentialausgleich und möglichst ohne jede Schleifen
(Quelle: Rittal)

277

andere Möglichkeit besteht darin, das geschirmte Kabel zunächst in den Schaltschrank einzuführen und das Filter kurz vor dem Gerät zu montieren, dem die gefilterten Signale oder physikalischen Größen zugeführt werden sollen (**Bild 5.105**).

Auf alle Fälle sind, wie auch sonst, unnötige Schleifenbildungen zu vermeiden, und die gesamte Kabelführung muss so eng wie möglich an den Potentialausgleich herangeführt werden (**Bild 5.106**).

Ein weiterer Hinweis für mögliche Fehler bei der Montage ist in VDE 0800-172-2, Abschnitt 6.8.3.1, zu finden:

„Wird ein Filter in einem metallenen Kabelführungssystem installiert, müssen alle Kabel gefiltert werden, da anderenfalls die Kopplung zwischen den Kabeln die Wirksamkeit der Filter beeinträchtigen kann."

Wenn z. B. ein Kabel über ein Filter geführt wird, das in einem metallenen Kabelführungssystem montiert wurde, und zusätzlich noch andere, nicht gefilterte Leitungen auf demselben Führungssystem vorhanden sind, besteht die Möglichkeit, dass in dieser Nähe und der leitfähigen Umgebung eine Kopplung von der gefilterten Leitung über die nicht gefilterten Leitungen erfolgen kann, sodass das Filter sozusagen umgangen wird. Hier muss eine räumliche Trennung erfolgen. Im engen Raum eines metallenen Kabelführungssystems sollten ausschließlich gefilterte Leitungen geführt werden.

5.7 Ausführung des Schaltschranks

5.7.1 Einleitung

In einem Schaltschrank läuft die gesamte Infrastruktur der elektrischen Energieverteilung sowie der informationstechnischen Einrichtungen für ein Gebäude oder einen Teil des Gebäudes zusammen. Von daher ist es dringend erforderlich, gerade hier dafür zu sorgen, dass bei der Planung und Errichtung grundsätzliche Anforderungen an eine EMV berücksichtigt werden.

Typische informationstechnische Verteiler wie Patch-Panel-Verteiler (Rangierverteiler, EDV-Etagenverteiler) sind zugeschnittene Produkte, die hier nicht beschrieben werden. Solche Verteiler werden vom Hersteller aufgrund der Kundenangaben in der Regel fertig geliefert (z. B. in 19-Zoll-Einschubtechnik) und eventuell auch bestückt. Der Planer muss sich jedoch über den Standort solcher Verteiler Gedanken machen, da deren Störfestigkeit natürlich Grenzen gesetzt sind. In der Nähe von leistungsstarken Störquellen sollten solche Einrichtungen nicht vorgesehen werden. Sind Störfelder nicht auszuschließen, muss mit dem Schaltschrankhersteller gesprochen werden, der ein spezielles Schrankgehäuse mit besonderer Schirmdämpfung (s. auch Abschnitt 5.7.3.5) anbieten kann.

In erster Linie soll es in diesem Abschnitt um Schaltschränke gehen, in denen elektronische Einrichtungen (z. B. der Sicherheitstechnik, Kommunikationstechnik, Mess- und Regelungstechnik) untergebracht sein können und gleichzeitig auch solche der Energietechnik (s. **Bild 5.107**).

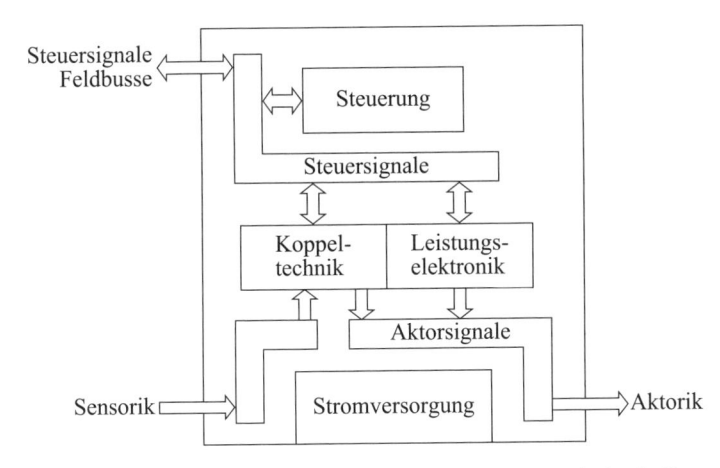

Bild 5.107 Beispiel für den Aufbau eines Elektronik-Schaltschranks für die Steuerung einer komplexen Anlage (Quelle: DEMVT, A.01.01)

5.7.2 Vorbereitende Überlegungen

Bei der Projektierung eines Schaltschranks geht es zunächst darum, festzulegen,

- was er leisten muss
  Hier spielen unterschiedliche Fragen eine Rolle:
  Welche Betriebsmittel müssen aus dem Schrank mit elektrischer Energie versorgt werden? Welche Geräte müssen im Schrank untergebracht werden? Welche Funktionen der Steuerungstechnik, Schutztechnik, Messtechnik usw. müssen im Schrank integriert werden?
- welche Störsenken und -quellen im Schrank gemeinsam untergebracht werden müssen
- welcher Aufbau im Schrank gewählt wird
  Hier geht es um die Aufteilung der einzubringenden Betriebsmittel im Schrank.
- wo im Gebäude der Schaltschrank stehen soll
  Darin eingeschlossen ist die Untersuchung, welche äußeren Störsenken und -quellen im Gebäude berücksichtigt werden müssen.
- welche Schutzart notwendig ist
- welcher Schaltschranktyp vorzusehen ist

Geht es um einen Schrank aus einem Gehäuse, der eventuell durch Schott- oder Trennbleche intern unterteilt wird, oder besteht er aus einzelnen Feldern, die eventuell auch mit einem gewissen Abstand montiert werden können? Soll er als Anbauverteiler (Wandmontage) oder als Standverteiler vorgesehen werden?

5.7.3 Auswahl und Montage

5.7.3.1 Aufteilung des Schaltschranks in Zonen

Die Betriebsmittel (Geräte), die im Schrank integriert werden, müssen in mögliche Störquellen bzw. Störsenken eingeteilt werden. Zu diesem Zweck kann man eine Tabelle aufstellen und darin festlegen, welche Kombinationen von Betriebsmittel ohne Schirmungsmaßnahmen möglich sind und welche Kombinationen geschirmt oder in unterschiedlichen Zonen im Schaltschrank untergebracht werden müssen (**Tabelle 5.6**).

	SPS	Mikro-prozessor	Messsystem	Gleichrichter	Netzteil	Frequenz-umrichter	Schalter induktiver Lasten	Kompen-sations-anlagen
SPS	–	+	+	G	G	G	G	G
Mikroprozessor	+	–	+	G	G	G	G	G
Messsystem	+	+	–	+	G	G	G	+
Gleichrichter	G	G	+	–	+	+	+	+
Netzteil	G	G	G	+	–	+	G	G
Frequenzumrichter	G	G	G	+	+	–	+	G
Schalter induktiver Lasten	G	G	G	+	G	+	–	+
Kompensationsanlagen	G	G	+	+	G	G	+	–

Tabelle 5.6 Beispiel einer Beeinflussungstabelle für Betriebsmittel innerhalb eines Schaltschranks (Quelle: DEMVT, A.01.01)

+ Diese Kombination kann häufig ohne besondere Schirmungsmaßnahmen in einem gemeinsamen Bereich (Zone) im Schaltschrank integriert werden.

G Diese Kombination muss in der Regel ohne besondere Schirmungsmaßnahmen oder Trennung der Betriebsmittel in verschiedenen Bereichen (Zonen) im Schaltschrank vermieden werden.

Nach diesen Vorgaben kann die Aufteilung des Schaltschranks in Zonen sowie die genaue Anordnung der einzubringenden Betriebsmittel geplant werden. Die Zonen gelten für sämtliche Betriebsmittel dieser Einrichtungen wie Klemmen, Leitungen und Geräte (**Bild 5.108**).

Leitungen verschiedener Zonen dürfen nicht ungeschirmt zusammen z. B. in einem Kanal geführt werden. Bei sehr empfindlichen Einrichtungen kann es erforderlich werden, dass Leitungen, die von einer Zone zur nächsten geführt werden müssen, am Eingang in die Zone, in der sich potentielle Störsenken befinden, gefiltert werden müssen.

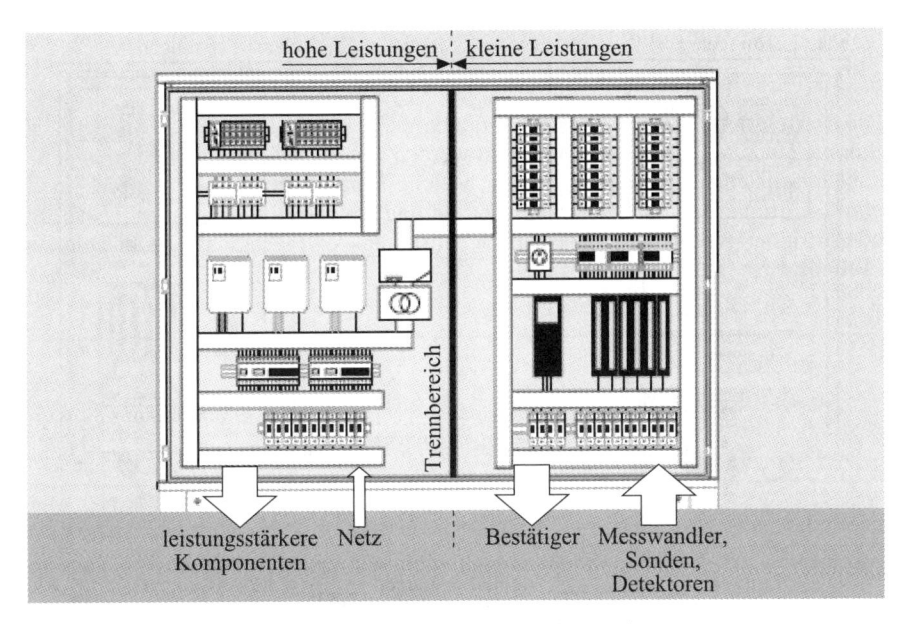

Bild 5.108 Aufteilung des Schaltschrankes in Zonen durch Schirmwände. Auch die Anschlussleitungen zu diesem Zonen müssen von denen aus anderen Zonen möglichst in einem Abstand (oder geschirmt) verlegt werden (Quelle: DEMVT, A.01.01)

Grundsätzlich kann man Zonen einteilen in
- Zonen mit stark wirkenden Störquellen (wie Schütze, Frequenzumrichter usw.)
- Zonen mit gering wirkenden Störquellen sowie Störsenken, die eher unempfindlich sind
- Zonen mit empfindlichen Störsenken

Die Einteilung kann beliebig erweitert oder angepasst werden.

Die Schottung der Zonen untereinander kann dabei durch Trennbleche erfolgen, die niederinduktiv mit dem Gehäuse des Schaltschranks verbunden sind (möglichst großflächig und/oder über Kupferbänder). Eine andere Möglichkeit wäre, den Schank aufzuteilen und verschiedene Felder des Gesamtschranks in ausreichendem Abstand zu verlegen (zur Schleifenbildung s. Abschnitt 5.4.6.3 sowie Bild 5.64). Auf diese Weise können empfindliche, elektronische Einrichtungen sicher vor Störeinflüssen geschützt werden (**Bild 5.109**).

Nicht unerwähnt bleiben soll die Tatsache, dass auch die Aufteilung bzw. Zuordnung der einzelnen Felder eines mehrfeldrigen Schaltschranks der Energietechnik nicht ohne Auswirkungen auf die EMV bleibt. Hier gilt die Devise: Je kürzer die

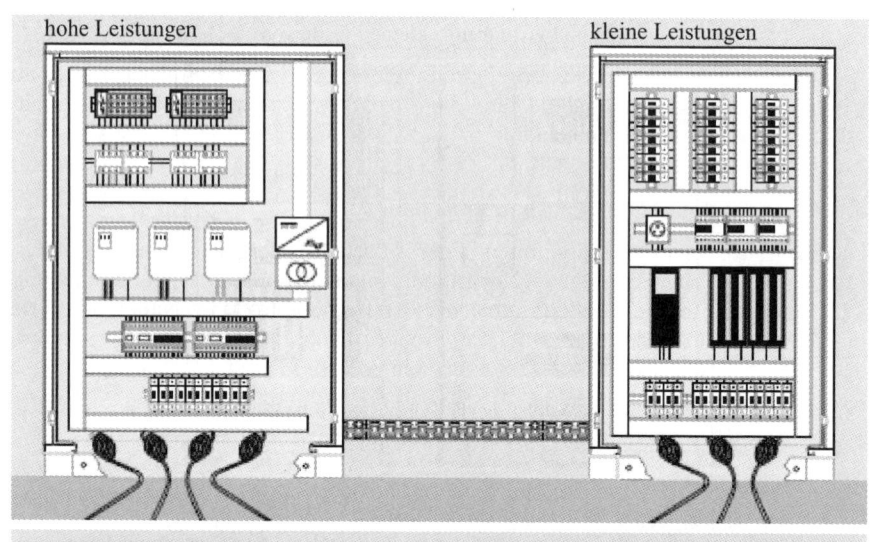

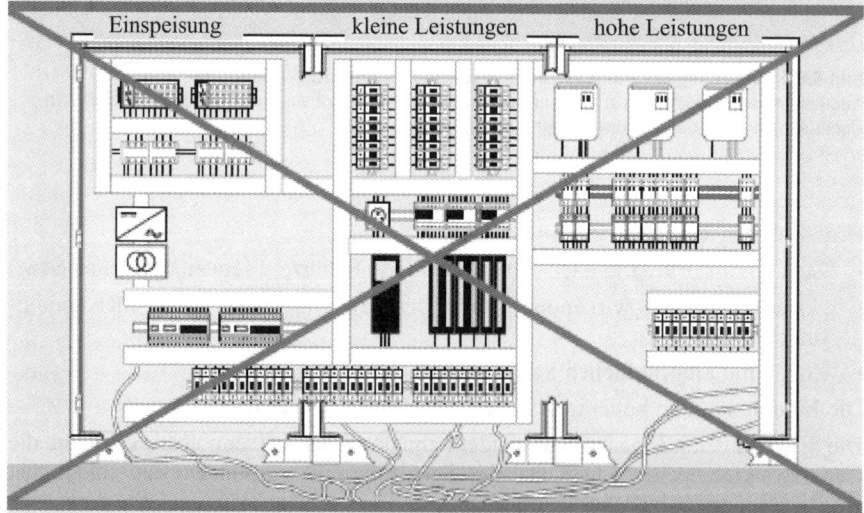

Bild 5.109 Aufteilung eines Schaltschranks in räumlich getrennte Zonen
In der unteren Darstellung sind gegenseitige Störbeeinflussungen im Schaltschrank kaum zu vermeiden. (Quelle: Rittal)

Stromwege, umso besser. Die Einspeisung eines solchen Schaltschranks sollte somit möglichst in der Mitte erfolgen, und die Abgangsfelder der leistungsstärksten Abgänge müssen so weit wie nur möglich in der Nähe dieser Einspeisung platziert werden. Allein diese Maßnahme kann die mögliche Störfeldwirkung eines Schaltschranks ganz erheblich verringern.

5.7.3.2 Sammelschienenaufbau und -anordung

Die Neutralleiterschiene muss immer in der Nähe der Außenleiterschienen montiert sein, da diese Schienensysteme (Neutralleiter- und Außenleiterschienen) anderenfalls eine große Schleife bilden, über die der Betriebsstrom im Neutralleiter ein magnetisches Störfeld enormer Stärke aufbauen kann, das auch noch weit außerhalb des Schaltschranks Störungen verursacht.

Wenn eine PEN-Schiene im Schrank vorhanden ist (s. Abschnitt 5.2.2.2.3 und Bild 5.12), muss diese isoliert vom Schaltschrankgehäuse aufgebaut sein.

5.7.3.3 Schutzklasse und Potentialausgleichsverbindungen

Da Schaltschränke nicht selten an Lastschwerpunkten stehen und darüber hinaus selbst zahlreiche Störquellen enthalten, ist es sinnvoll, das Gehäuse des Schranks als Schirm mitzubenutzen. Aus diesem Grund ist es empfehlenswert, stets einen Schaltschrank der Schutzklasse I zu wählen, dessen metallenes Gehäuse einen umfassenden Kontakt sämtlicher Betriebsmittel einschließlich der Kabel und Leitungen mit dem Potentialausgleich gewährleistet.

Natürlich müssen darüber hinaus auch sämtliche leitfähigen Teile des Schaltschranks (Tür, Wände, Deckel, Trageholme, Baugruppenträger usw.) sicher und niederinduktiv untereinander verbunden werden (**Bild 5.110**). Zusätzlich kann auch eine Montageplatte (s. Bild 5.113) montiert werden, um eine großflächige Montage von Betriebsmitteln mit leitfähigem Gehäuse zu ermöglichen. Bei derartigen Verbindungen muss darauf geachtet werden, dass keine Lacke u. Ä. die Kontaktierung beeinträchtigen. Eventuell können spezielle Scheiben (Kratzscheiben) verwendet werden, die den Lack für die Kontaktierung durchdringen.

Der Schrank selbst muss insgesamt möglichst niederinduktiv mit dem Gebäude-Potentialausgleich verbunden sein (s. Bild 5.45 und Bild 5.49). Dies geschieht über Kupferleiter mit mindestens 16 mm^2 Cu (möglichst Flachbänder). Vorteilhaft wäre es, den Schaltschrank auf einem Rahmen zu montieren, der im Boden befestigt und mit dem Gebäude-Potentialausgleich verbunden ist. Natürlich muss für eine ebenso gute Verbindung zwischen dem Gehäuse des Schaltschranks und dem Rahmen gesorgt werden.

Kabeltrassen, die Kabel und Leitungen zum Schaltschrank führen, müssen ebenfalls mit dem Gehäuse des Schranks verbunden werden. Dabei ist es vorteilhaft, wenn dies möglichst großflächig geschieht. Dies ist z. B. gewährleistet, wenn die

sämtliche Einzelteile
des Schranks werden
niederinduktiv über
kurze Flachbänder
aus Cu verbunden

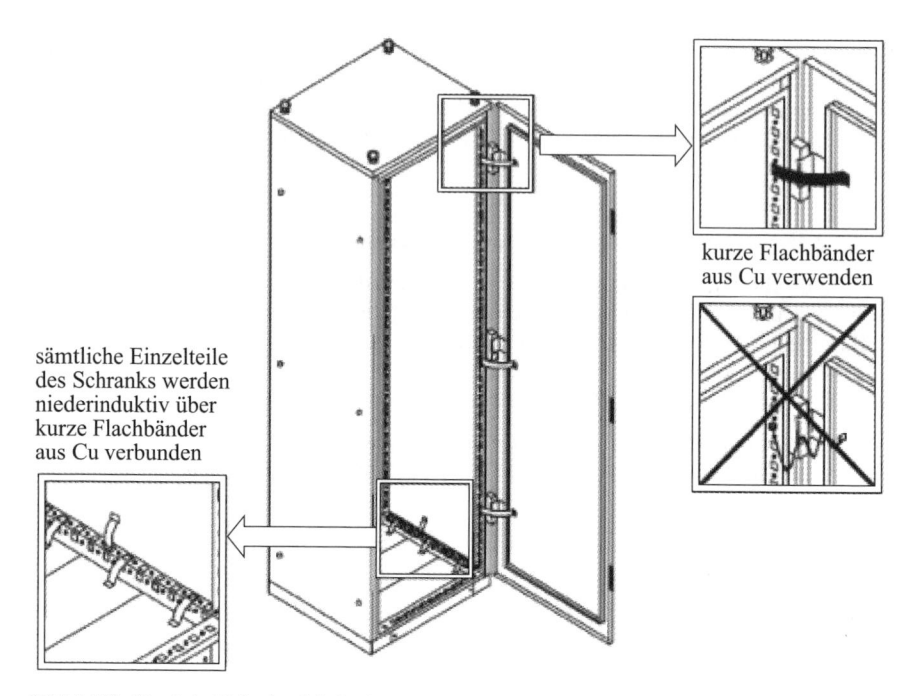

kurze Flachbänder
aus Cu verwenden

Bild 5.110 Sämtliche Teile des Schaltschranks werden niederinduktiv untereinander verbunden
(Quelle: DEMVT, A.01.01)

gesamte Trasse bis an das Gehäuse geführt und dort mit diesem verbunden wird (**Bild 5.111**). Auch die Betriebsmittel selbst müssen über das Gehäuse des Schaltschranks bzw. über die rückwärtige Montage (z. B. mit Hilfe einer Montageplatte, s. Bild 5.113) so niederinduktiv wie möglich Kontakt zum Potentialausgleich besitzen. **Bild 5.112** zeigt als Beispiel die Montage eines Steuertransformators, der vorzugsweise über den flächigen Kontakt der Montageflächen geerdet wird statt über einen einzelnen Anschlussdraht.

5.7.3.4 Leitungsverlegung

Folgende grundsätzlichen Anforderungen gelten für EMV-gerechte Schaltschränke:

- Alle Kabel und Leitungen sollten an einer Stelle in den Schrank eingeführt werden.
- Im Schrank selbst müssen sämtliche Leitungen und vor allem die geschirmten Kabel so dicht wie möglich am Potentialausgleich geführt werden.

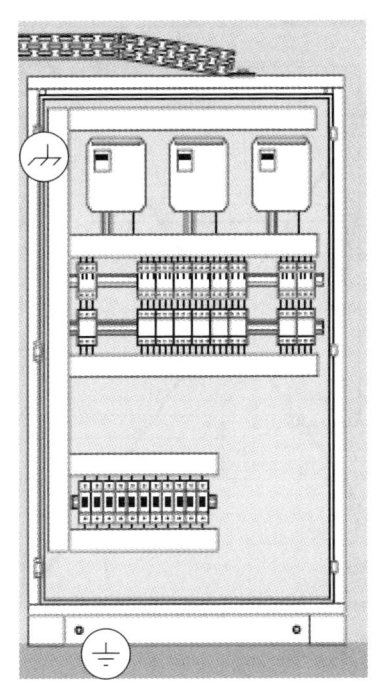

Bild 5.111 Die Kabeltrasse wird an das Gehäuse herangeführt und dort großflächig mindestens durch zwei Schrauben kontaktiert (Quelle: Rittal)

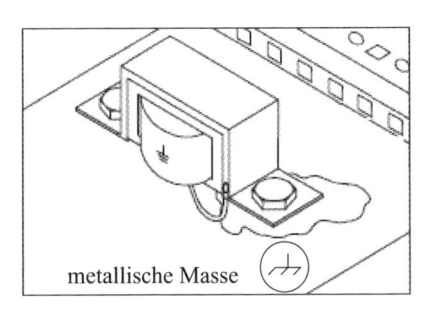

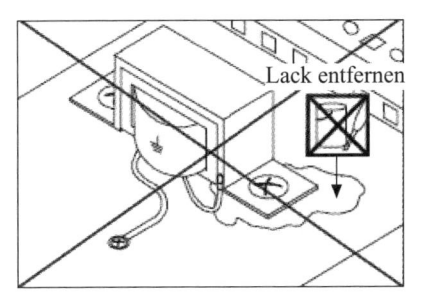

Bild 5.112 Beispiel des Potentialausgleichsanschlusses bei einem Steuertransformator im Schaltschrank (Quelle: DEMVT, A.01.01)

Das gelingt, wenn man sie entlang der Gehäusewände verlegt. Ebenso ist es möglich, eine metallene Grundplatte für die Montage aufzubauen, auf der dann die Verlegung bis zu den Geräten ausgeführt werden kann (**Bild 5.113**).

285

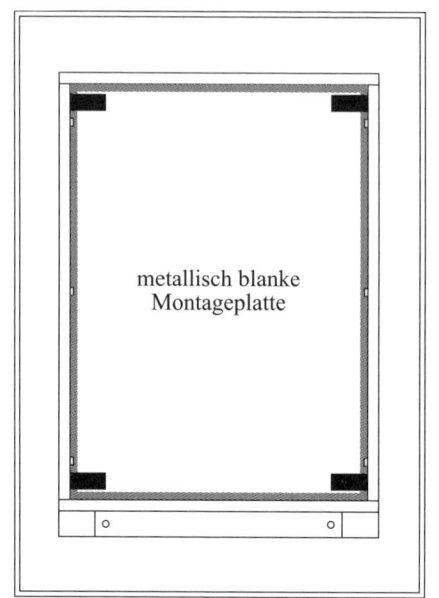

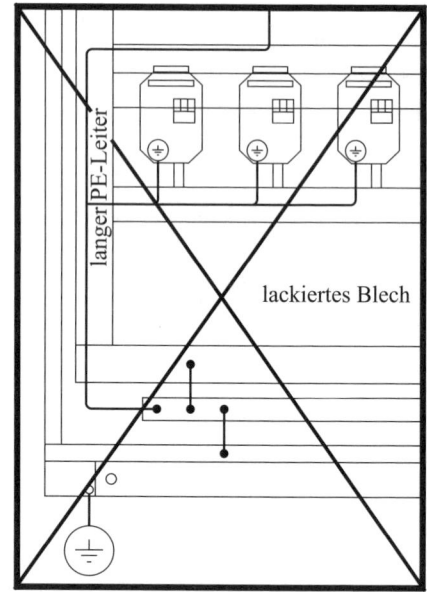

Bild 5.113 Verteiler mit Montageplatte aus blankem, nicht lackiertem Metall
Die Platte muss an möglichst vielen Stellen niederinduktiv mit dem Verteilergehäuse verbunden werden.
Auf dieser Platte können alle Geräte mit dem leitfähigen Gehäuse großflächig montiert werden.
Die Leitungsführung ist entlang dieser Montageplatte möglich.
(Quelle: DEMVT, A.01.01)

Gleichzeitig bietet diese Montageplatte die Möglichkeit, eine großflächige und niederinduktive Verbindung der leitfähigen Gerätegehäuse zum Potentialausgleich herzustellen.

Auch im Schaltschrank selbst muss auf Schleifenbildung geachtet werden (s. Abschnitt 5.4.6). Wenn an einem Gerät verschiedene Leiter angeschlossen werden, die mit verschiedenen Betriebsmitteln im Schrank verbunden sind, sollten diese Leiter, wo immer möglich, auf gemeinsamen Wegen geführt werden. Besonders zu achten ist auf die Anschlussstelle des Neutralleiters. Sie sollte sich stets so nahe wie möglich am Anschlusspunkt des zugehörigen Außenleiters befinden.

Wenn der Schaltschrank Teil eines Gesamtsystems ist, zu dem mehrere Schränke oder externe Einrichtungen wie Antriebe und Messeinrichtungen gehören, so muss auch hier auf Schleifenbildung geachtet werden. Informationstechnische Kabel sowie solche für die Energieversorgung müssen so nahe wie möglich beieinander geführt werden, wenn sie zu einer gemeinsamen Einrichtung geführt werden (s. Abschnitt 5.4.6.3 sowie Bild 5.64).

Freie Adern eines Kabels sollten (soweit möglich – s. Abschnitt 5.4.6.2) zusätzlich genutzt werden, die Nähe zum Potentialausgleich zu verbessern, indem sie beidseitig auf Masse gelegt werden.

Im **Bild 5.114** wird das Beispiel eines Schaltschrankaufbaus für einen Frequenzumrichterantrieb dargestellt.

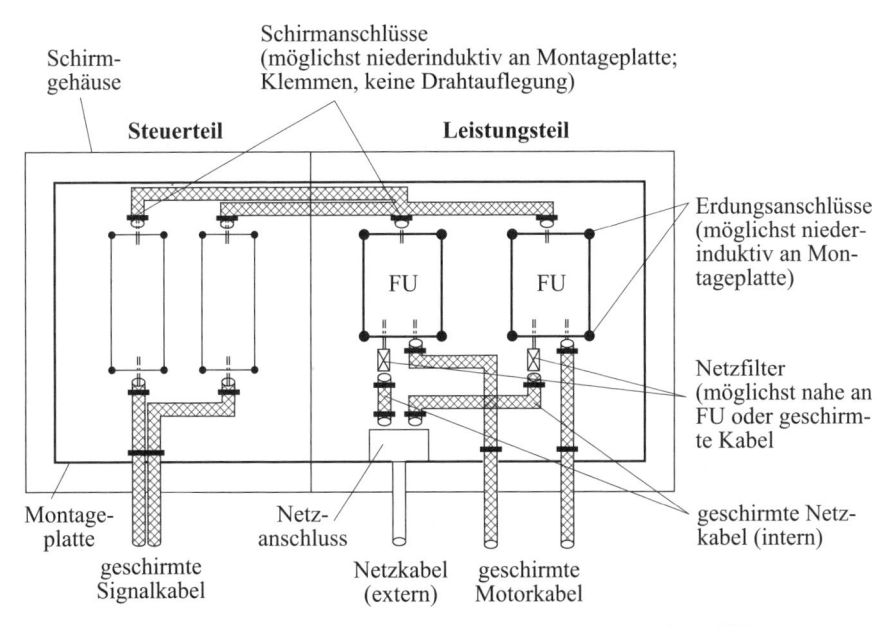

Bild 5.114 Aufbau eines Schaltschranks für den Einbau eines Frequenzumrichters (FU)

5.7.3.5 Schirmung des Schaltschranks

Bei einem Schaltschrank kann eine besondere Schirmwirkung gefordert sein, wenn
- im Schrank selbst genügend Störquellen vorhanden sind, die die Umgebung unzulässig beeinträchtigen können
- der Schaltschrank in einer Umgebung steht, in der Störbeeinflussungen nicht zu vermeiden sind und deshalb die empfindlichen Einbauten im Schrank besonders geschützt werden müssen

In beiden Fällen muss darüber nachgedacht werden, ob der Schrank besonderen Anforderungen gerecht werden muss. Gegen niederfrequente Felder ist es häufig ausreichend, eine genügend große Trennung von der Störquelle herzustellen (s. Abschnitt 5.7.3.7). Reicht dies nicht aus, müssen besondere Schirmungsmaßnahmen vorgesehen werden, die aber leider entweder teuer oder schwer zu handhaben sind (s. Abschnitt 5.5.6.2). So können besondere Schirme aus Mumetall eine Schirmwirkung des Schaltschrankgehäuses (Schutzklasse I) deutlich verbessern (s. Bild 5.71).

Müssen jedoch höhere Frequenzen berücksichtigt werden, sind besondere Schaltschrankgehäuse notwendig. Sie zeichnen sich besonders dadurch aus, dass sämtliche Öffnungen im Schrank (wie Bohrungen, Lüftungsschlitze) möglichst klein gehalten werden. Ab einer Störfrequenz von 100 MHz sind diese Öffnungen ab einer Länge (bzw. einem Durchmesser) von 30 cm und ab 1 GHz ab 3 cm nicht mehr geeignet. Planer sollten sich diesbezüglich mit den Herstellern in Verbindung setzen, die je nach dem erwarteten Frequenzbereich eine geeignete Lösung anbieten können. Die Dichtungen sollten aus leitfähigem Material bestehen. Auch hier sind Absprachen mit dem Hersteller erforderlich, der die geeigneten Dichtungen, die zur erwarteten Störbeeinflussung passen, anbieten kann.

Gegebenenfalls müssen einzelne Teile, die besonders geschützt werden müssen (bzw. die im Schaltschrank selbst für einen zu hohen Störpegel sorgen würden), in einem zusätzlichen Gehäuse (Gehäuse im Gehäuse, s. **Bild 5.115**) untergebracht werden.

5.7.3.6 Überspannungsschutz und schaltbedingte Störfelder

Dass in einem Schaltschrank, zu dem zahllose Kabel und Leitungen geführt werden, Überspannungen eingeschleppt werden können, ist im Grunde selbstverständlich. Gründe für Überspannungen können vielfältig sein (s. Abschnitt 4.3.3.4). Müssen Überspannungen, die von außen über Leitungen in den Schaltschrank eingeführt werden können, vermieden werden, weil empfindliche Geräte im Schrank in ihrer Funktion gestört oder sogar zerstört werden können, sind externe Kabel und Leitungen sofort nach Einführung in den Schrank mit entsprechenden Überspannungsableitern zu beschalten. Für jeden Kabel- und Leitungstyp (Datenkabel, Signalkabel, Energieversorgungs-Zuleitung, ...) werden hierzu entsprechende Schutzgeräte angeboten. Bei der Montage von Überspannungs-Schutzgeräten sind die Herstellerangaben genau zu beachten.

Allerdings können auch im Schaltschrank selbst Überspannungen entstehen. Hier sind besonders die Schalthandlungen mit Spulen (Schützspulen, Relaisspulen, Ventilen, ...) und Kondensatoren zu nennen. Solche Verbrauchsmittel erzeugen u. U. enorme Schaltüberspannungen. Wie im Abschnitt 4.3.3.4.2 bereits beschrieben, entstehen im Augenblick des Schaltens, also dann, wenn die Kontaktpole sich gerade zu berühren beginnen bzw. wenn sie dabei sind, sich zu trennen, Lichtbogen- oder besser kleine Funkenstrecken zwischen den Kontaktflächen.

Die Auswirkungen solcher Funkenstrecken sind vielfältig: Zunächst verkürzen sie durch Materialabtrag an den Kontaktflächen deren Lebensdauer und verursachen darüber hinaus Schaltüberspannungen. Bild 4.9 und Bild 4.10 zeigen, dass

leitende Dichtung zwischen
Gehäuse und abnehmbaren
Flachteilen

geschirmte Sichtfenster so
klein wie möglich

Gehäuse im Gehäuse

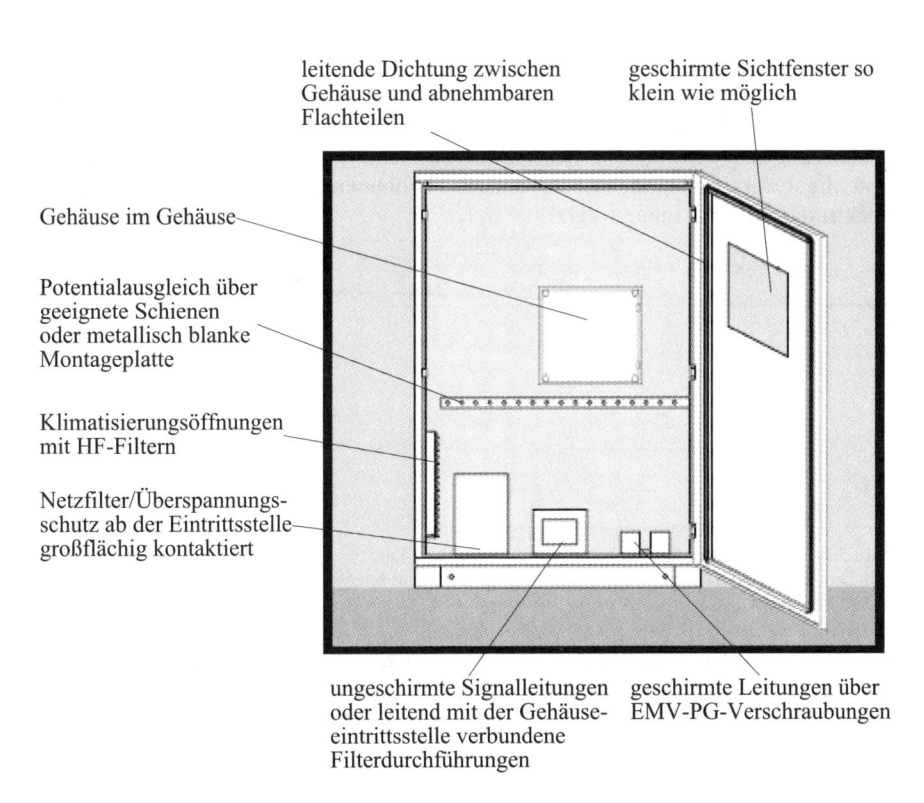

Potentialausgleich über
geeignete Schienen
oder metallisch blanke
Montageplatte

Klimatisierungsöffnungen
mit HF-Filtern

Netzfilter/Überspannungs-
schutz ab der Eintrittsstelle
großflächig kontaktiert

ungeschirmte Signalleitungen
oder leitend mit der Gehäuse-
eintrittsstelle verbundene
Filterdurchführungen

geschirmte Leitungen über
EMV-PG-Verschraubungen

Bild 5.115 EMV-gerechtes Schaltschrankgehäuse mit zusätzlichem Gehäuse für besonders störende oder störempfindliche Bauteile bzw. Geräte
(Quelle: Rittal)

z. B. bei geschalteten Induktivitäten sehr hohe Überspannungsimpulse vorkommen können.

Die vorgenannten Überspannungsimpulse haben in der Regel sehr steile Anstiegsflanken (hohe Änderungsgeschwindigkeit), die bei Ein- und Ausschaltvorgängen hochfrequente Oberschwingungen hervorrufen (teilweise > 30 MHz). Auf diese Weise werden die angeschlossenen Leiter zu Antennen, die störende elektromagnetische Felder abstrahlen.

Von daher sollten sämtliche geschalteten induktiven und kapazitiven Lasten im Schaltschrank beschaltet werden. Eine solche Beschaltung bewirkt, dass die Energien, die die Überspannungen hervorrufen, auch bei geöffnetem Kontakt einen Weg finden, um sich abzubauen. **Bild 5.116** zeigt als Beispiel die Beschaltung einer induktiven Last mit einer Diode. Man nennt eine solche Diode auch „Freilaufdiode", weil die in der Induktivität gespeicherte magnetische Energie nicht durch einen Stromfluss über den Kontakt abgebaut wird. Statt dessen fließt dieser Strom „frei und beinah ungehindert" über die Diode und der vorhandenen Ohm'schen Last und wird dort in Wärme umgewandelt. Die Überspannung bleibt aus, und die Oberschwingungen, die entstehen, bleiben im unkritischen Frequenzspektrum (teilweise unter 1 kHz).

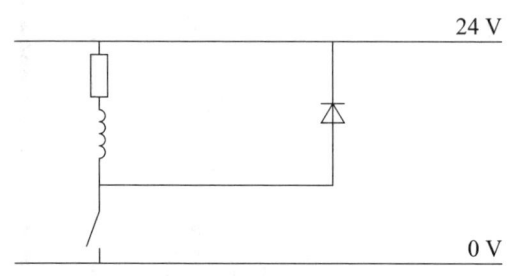

24 V

0 V

Bild 5.116 Beispiel für die Beschaltung einer induktiven Last
Die Diode bewirkt, dass die in der Induktivität gespeicherte Energie auch bei geöffnetem Kontakt einen Weg findet.

Beschaltet werden sollten dabei nach Möglichkeit die Last und nicht der Schaltkontakt selbst (s. Bild 5.116). Weiterhin ist zu unterscheiden, ob es sich um kapazitive oder um induktive Lasten handelt.

Bei kapazitiven Lasten bleibt häufig nichts weiter übrig, als in Reihe zur Last einen Widerstand oder eine Induktivität zu schalten. Sie verursachen natürlich Verluste, die sich nur bei kleinen Strömen lohnen. Glücklicherweise kommen rein kapazitive Lasten im Schaltschrank nicht häufig vor.

Induktive Lasten kommen dagegen sehr häufig vor. Die Spulen von Schützen, Relais oder Magnetventilen sind solche induktiven Lasten. Hier helfen verschiedene Beschaltungsmöglichkeiten, die in **Bild 5.117** gezeigt werden.

Die Möglichkeit einen einfachen Widerstand parallel zu verwenden (Bild 5.117, Mitte), ist zwar preiswert und nicht uneffektiv, wird jedoch in der Industrie nur bei sehr kleinen Betriebsspannungen genutzt (z. B. in der Automobiltechnik).

Sehr häufig werden Dioden oder Zenerdioden zur Beschaltung eingesetzt (Bild 5.117, oben). Die Störungsdämpfung ist dabei ausreichend groß. Man muss jedoch beachten, dass die Rückfallzeit der Relais um einen Faktor von mindestens 3 langsamer wird. Wenn also z. B. ein übliches Relais eine Rückfallzeit von 10 ms besitzt, so wird diese durch die Beschaltung mit der Diode auf mindestens 30 ms ansteigen. Bei vielen Schalthandlungen macht dies jedoch glücklicherweise nicht viel aus. Die Diode sollte eine Sperrspannung besitzen, die doppelt so hoch liegt wie die Betriebsspannung der Last, mindestens jedoch 200 V. Außerdem sollte sie den Betriebsstrom mindestens über 50 ms lang führen können.

Beschaltung mit Dioden

DC　　　　　　　　　　　AC

Beschaltung mit *RC*-Gliedern　　　Beschaltung mit Varistoren

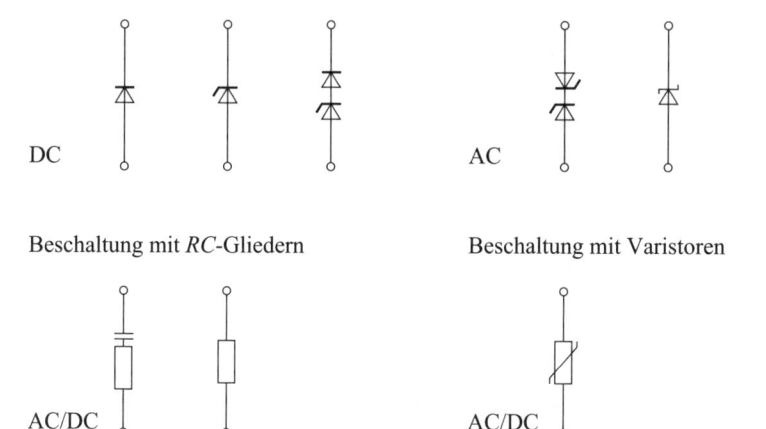

AC/DC　　　　　　　　　　AC/DC

Bild 5.117 Beschaltungsvarianten bei Wechselspannung (AC) oder Gleichspannung (DC)

RC-Glieder sind meist teurer als Diodenbeschaltungen. Auch mit ihnen sind sehr gute Störungsdämpfungen erreichbar. Die zuvor beschriebene Verzögerung ist (je nach Bemessung des Kondensators) wesentlich geringer. Die Dimensionierung der Kapazität kann mit der „Faustformel" 1 µF/1 A angegeben werden. Der Widerstand sollte impulsfest sein (z. B. Kohlemassewiderstand). Bei Betriebsspannungen unter 60 V wird häufig ein Widerstandswert von 120 Ω vorgesehen; bei Spannungen im Bereich 250 V sind es 470 Ω. Wichtig ist noch, dass niemals ein Kondensator ohne Ohm'schen Widerstand zur Beschaltung verwendet werden darf.

Auch Varistoren eigenen sich zur Beschaltung (Bild 5.117, unten). Ihre Störungsdämpfung ist nicht ganz so gut wie bei der Diode, aber dafür sind die Verzögerungen nicht so hoch. Preislich liegen sie immer noch unterhalb dem Preis entsprechender RC-Glieder. Ihre Bemessungsspannung ist mindestens für die höchste vorkommende Spannung auszulegen. Das bedeutet, dass die Bemessungsspannung des Varistors bei sinusförmiger Betriebsspannung mindestens das 1,5-Fache des Effektivwerts dieser Betriebsspannung betragen muss, um auch beim Amplitudenwert dieser Sinusspannung nicht durchzuzünden.

5.7.3.7 Aufstellung des Schaltschranks

Zu einer korrekten Planung des Schaltschranks gehört auch die Frage des Standorts. Nicht selten können hohe Kosten für Schirmungsmaßnahmen vermieden werden, wenn nur ein genügend große Abstände zwischen Störquellen und Störsenken vorgesehen werden.

Schaltschränke für die informationstechnischen Einrichtungen sollten in besonderen Räumen (z. B. Serverräume) untergebracht werden. Ist eine besondere Betriebssicherheit zu gewährleisten, kann es notwendig sein, diesen Raum besonders zu schirmen (s. Abschnitt 5.5.6). Bei Etagenverteilern für die Unterbringung der Patch-Panels (z. B. für Telefon und PC-Vernetzung), sollte der Standort so gewählt werden, dass ein genügend großer Abstand zu besonderen Störquellen (z. B. Aufzugs-Technikraum) gewährleistet ist. Dabei sollte der natürliche Schutz von Gebäudeteilen (Armierung der Ortbetonwände, Stahlstützen usw.) mit berücksichtigt werden.

Der Standort von Schaltschränken mit Einbauten empfindlicher Geräte (z. B. Steuerschränke oder messtechnische Schränke) muss ebenfalls geschickt gewählt werden. Häufig bleibt jedoch keine Wahl, diese Schränke dort zu platzieren, wo die schaltungs-, steuerungs- oder messtechnischen Aufgaben, die im Schrank durch die eingebauten Geräte erfüllt werden, anfallen.

Schaltschränke für die Energieversorgung sollten ohnehin möglichst in einem eigenen Raum untergebracht werden. Müssen sie innerhalb einer Industrieanlage vor Ort aufgestellt werden (z. B. in der Nähe der produzierenden Maschinen), sollten möglichst große Abstände zu möglichen Störsenken vorgesehen werden.

5.8 Einzelmaßnahmen

5.8.1 Besonderheiten bei Frequenzumrichterantrieben

5.8.1.1 Einleitung

Wie im Abschnitt 4.3.4.3.3 gezeigt, entstehen bei Frequenzumrichterantrieben zwangsläufig zahlreiche Oberschwingungen. Dabei sind vor allem zwei Frequenzbänder zu unterscheiden:

- Frequenzen unterhalb 1 000 Hz

  Sie entstehen vor allem in der Gleichrichtung, also vor bzw. im Gleichstrom-Zwischenkreis (s. Bild 4.34 und Abschnitt 4.3.4.3.3). Erwartungsgemäß handelt es sich um ganzzahlige Vielfache der Netzfrequenz, darunter vor allem die 3. und 9. harmonische Oberschwingung (**Bild 5.118**).

- Frequenzen oberhalb 1 000 Hz bis etwa 100 kHz

  Sie entstehen vor allem in der Wechselrichtung, also hinter dem Gleichstrom-Zwischenkreis. Hier fällt besonders die Chopperfrequenz bzw. Taktfrequenz (s. Abschnitt 4.3.4.3.3) und Vielfache davon auf (s. **Bild 5.119**). Übliche Chopperfrequenzen sind: 2 kHz, 4 kHz, 6 kHz, 8 kHz, 10 kHz, 16 kHz.

Die Oberschwingungen können sich je nach Anlagenkonfiguration als Ableitströme, die über kapazitive Kopplungen zum Schutzleiter fließen, bemerkbar machen. Aus den Ableitströmen werden somit Schutzleiterströme. Dass der Schutz-

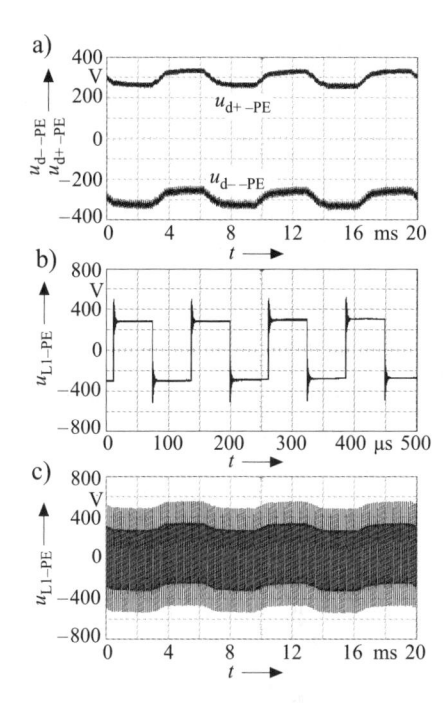

Bild 5.118 Spannungen, gemessen an einem realen Frequenzumrichter mit dreiphasiger Einspeisung
a) Spannungen im Gleichstrom-Zwischenkreis (s. Bild 4.34) mit deutlich überlagerter 150-Hz-Oberschwingung. Gemessen wurde jeweils der Minuspol und der Pluspol der Gleichspannung gegen Masse.
b) Außenleiterspannung hinter dem Frequenzumrichter; aus den einzelnen Taktblöcken ist die Chopperfrequenz von 8 kHz gut herauszulesen (s. auch Bild 4.35). Die Grundschwingung der dargestellten Rechteckkurvenform hat die gleiche Frequenz wie die Rechteckschwingung (s. Bild 5.119). Daneben werden Vielfache dieser Grundschwingungen vorkommen.
c) Außenleiterspannung hinter dem Frequenzumrichter; hier ist, wie im Bild 4.35, deutlich die getaktete Zwischenkreisspannung zu sehen, die in Blöcken (siehe bei b) auf den Verbraucher geschaltet wird. Auch hier ist die überlagerte 150-Hz-Oberschwingung aus dem Zwischenkreis zu sehen.
(Quelle: etz Elektrotechnik & Automation, Sonderheft S2 (2004) S. 54)

leiter, der ja mit dem Gebäude-Potentialausgleich verbunden ist, mit Strömen belastet wird, ist dabei besonders erwähnenswert; denn dies ist sonst nur bei vorhandenem PEN-Leiter im Gebäude zu erwarten (Abschnitt 5.2.2.2).

Die Analyse der Oberschwingungen wurde bei einigen typischen Frequenzumrichtern an der Fachhochschule in Emden durchgeführt. Die Untersuchung leitete Professor Dr. G. Schenke. Die Ergebnisse wurden in der etz Elektrotechnik & Automation, Sonderheft S2 (2004) veröffentlicht. Folgende grundsätzlichen Erkenntnisse sind dieser Untersuchung zu entnehmen:

a) Die Ableitströme werden im Wesentlichen durch die vorhandenen Kapazitäten zum Schutzleiter hervorgerufen. Hervorzuheben sind hier die Filterkondensatoren, die parasitären Ableitkapazitäten der aktiven Leiter in der Motorzuleitung sowie die parasitären Kapazitäten im angetriebenen Motor selbst (s. Bild 4.34). Besonders die Motorzuleitung schlägt je nach Länge dieser Leitung besonders zu Buche. Dabei erhöht ein Leitungsschirm diese Kapazität. Man kann sagen, dass eine geschirmte Leitung einen etwa drei- bis viermal höheren kapazitiven Ableitstrom hervorruft als eine ungeschirmte Leitung. Pro Meter Leitungslänge muss mit einer Zunahme des Ableitstroms um mindestens 1 mA gerechnet werden.

b) Auf die Höhe des Ableitstroms haben die Belastung des Motors sowie dessen Drehzahl einen untergeordneten Einfluss. Dies ist aus **Bild 5.120** deutlich herauszulesen. Dagegen spielt die Höhe der Chopperfequenz je nach Anlagenkonfiguration sowie die Länge der Motorzuleitung eine ausschlaggebende Rolle.

Hinzuzufügen ist noch, dass im Ein- und Ausschaltaugenblick kurzzeitig höhere Ableitströme auftreten. Besonders im Einschaltaugenblick können Ströme mit Scheitelwerten von mehreren 100 A über eine Impulsdauer von etwa 20 µs vorkommen.

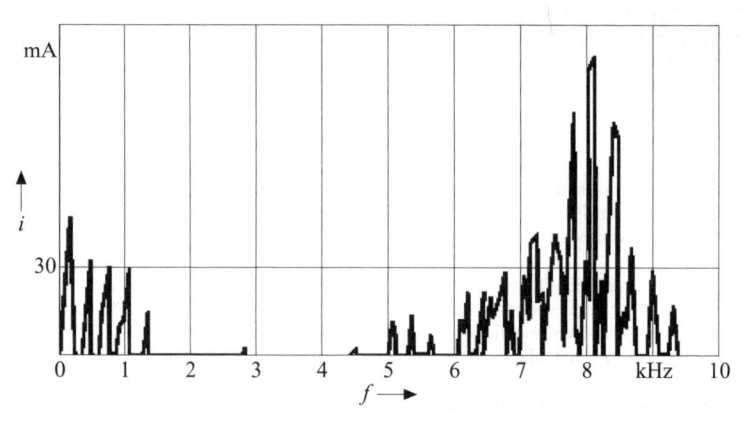

Bild 5.119 Frequenzspektrum eines Frequenzumrichters mit einer Chopperfrequenz von 8 kHz. Die beiden Frequenzbänder (erstes Band < 1 000 Hz und zweites Band > 1 000 Hz) sind deutlich zu sehen.

Als Beispiel sollen die betriebsbedingten Ableitströme und die dadurch hervorgerufenen Schutzleiterströme von Rollenrotationsmaschinen aufgelistet werden:

Nebenantriebe (wie Feuchtwerke): 0,3 A

Hauptantrieb: 4 A ... 10 A

Wenn in der Gesamtmaschine beispielsweise acht Druckeinheiten vorkommen, wären das 34,4 A bis 82,4 A, die über den Schutzleiter fließen (Quelle: Alfred Braun, Fehlerströme bei Rollenrotationsdruckmaschinen, MAN Roland Druckmaschinen AG, Augsburg, Version 01.01.2003)

☐ 2 kHz sin   ☐ 8 kHz f_top   ■ 16 kHz sin
☐ 4 kHz f_top   ■ 8 kHz sin

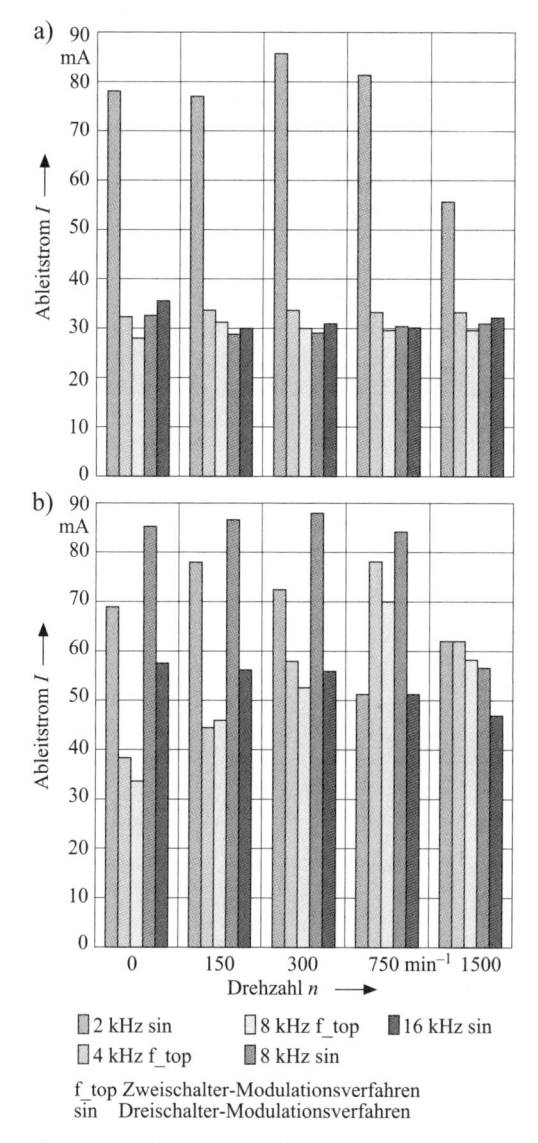

f_top Zweischalter-Modulationsverfahren
sin   Dreischalter-Modulationsverfahren

Bild 5.120 Effektivwerte der Ableitströme bei einem Frequenzumrichter mit EMV-Filter.
Parameter für die Messwerte waren die Chopperfrequenz, die Drehzahl des Motors sowie die Länge der Motorzuleitung.
a)   Motorzuleitung: 5 m
b)   Motorzuleitung: 60 m
(Quelle: etz Elektrotechnik & Automation, Sonderheft S2 (2004) S. 55)

5.8.1.2 Zwei grundsätzliche Anforderungen bei Frequenzumrichterantrieben

Oberstes Ziel muss es sein, einen möglichst niederinduktiven Weg der Oberschwingungsströme hinter dem Frequenzumrichter zu gewährleisten. **Bild 5.121** zeigt in einer vereinfachten Darstellung, dass die Oberschwingungsströme zu ihrem Ursprung zurückfließen wollen. Dies ist der Frequenzumrichter selbst (s. Abschnitt 5.8.1.1). Je nachdem wie die aktiven Teile im Frequenzumrichter (über Entladewiderstände, parasitäre Kapazitäten, Filterkapazitäten oder anderen Verbindungen z. B. in der Steuerungselektronik) mit Masse verbunden sind, werden die Ableitströme direkt (beispielhaft in Bild 5.121 mit $I_{ab\text{-}r}$ angedeutet) oder über das vorgelagerte Netz zum Frequenzumrichter zurückfließen. Um Streuströme im Gebäude und zu hoch mit Oberschwingungsströmen belastete Schutzleiter zu vermeiden, ist es sinnvoll, den „kurzen Weg" direkt zum Frequenzumrichter zu favorisieren.

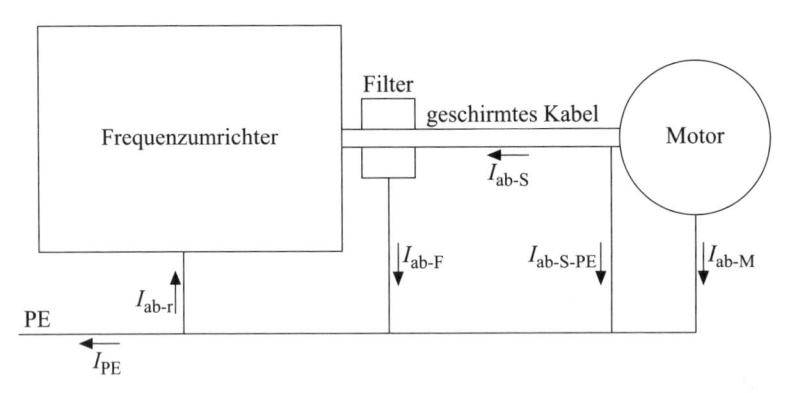

Bild 5.121 Symbolische und vereinfachte Darstellung der Aufteilung der Ableitströme beim Frequenzumrichterantrieb
Die Ableitströme entstehen im Frequenzumrichter. Sie fließen über die beteiligten Kapazitäten (s. Bild 4.34) auf folgenden Wegen: Über
- Filter ($I_{ab\text{-}F}$)
- Kabelschirmanbindungen ($I_{ab\text{-}S\text{-}PE}$)
- Motor ($I_{ab\text{-}M}$)

zum Schutzleiter (PE). Darüber hinaus fließt ein Teil des Ableitstroms auch direkt über den Schirm ($I_{ab\text{-}S}$). Sie fließen insgesamt zu ihrer Quelle, dem Frequenzumrichter, zurück. Ein Teil des Ableitstroms fließt je nach Art der Verbindung der aktiven Teile innerhalb des Frequenzumrichters mit Masse direkt zum Frequenzumrichter ($I_{ab\text{-}r}$) und ein weiterer Teil über den Schutzleiter (PE) und das vorgelagerte Netz (I_{PE}).

Weiterhin ist es klar, dass bei den extrem steilen Flanken der Ausgangsspannung des Frequenzumrichters (s. Bild 5.118 bei b und c) auch hochfrequente Oberschwingungen zu erwarten sind, die aufgrund ihrer kleinen Wellenlänge gestrahlte Störfelder hervorrufen (s. Abschnitt 4.3.2.4 und Tabelle 4.2). Hier muss darauf geachtet werden, dass die nach

- DIN EN 55011 (VDE 0875-11):2003-08 (Industrielle, wissenschaftliche und medizinische Hochfrequenzgeräte (ISM-Geräte), Funkstörungen – Grenzwerte und Messverfahren)

- DIN EN 55022 (VDE 0878-22):2003-09 (Einrichtungen der Informationstechnik Funkstöreigenschaften, Grenzwerte und Messverfahren)

festgelegten Grenzwerte für Funkstörungsspannung eingehalten werden. Dies geschieht in der Regel, indem am Eingang des Frequenzumrichters ein entsprechendes EMV-Filter (auch Netzfilter genannt) vorgesehen wird und die Motorzuleitung geschirmt ausgeführt wird.

Im Weiteren sollen die Maßnahmen zu diesen beiden Aspekten (niederinduktive Verbindung der Anlagenteile und Funk-Entstörung nach EN 55011/EN 55022) näher beschrieben werden.

5.8.1.3 Potentialausgleich, Leitungsverlegung und Schirmung

Um Störungen zu vermeiden, sind im Bereich von Frequenzumrichterantrieben Maßnahmen zum Potentialausgleich, wie sie in den Abschnitten 5.3.2.3 bis 5.3.2.8 sowie Abschnitte 5.4 bis 5.7 beschrieben wurden, vorzusehen. Dabei muss natürlich von Fall zu Fall entschieden werden, welche Anforderungen in der jeweiligen Anlagensituation notwendig werden. Auf alle Fälle sind jedoch mindestens Maßnahmen für einen umfassenden CBN nach Abschnitt 5.3.2 auszuführen. Folgende Punkte sollen besonders hervorgehoben werden:

- Sämtliche Kabel und Leitungen (einschließlich der Motorzuleitung) sind auf durchverbundenen, metallenen Kabelwannen oder -kanälen zu führen. Diese müssen an beiden Enden und zusätzlich an möglichst vielen Stellen mit dem Potentialausgleich verbunden werden. Parallele Wannen/Kanäle sind bei Längen über 30 m bis 60 m zudem mindestens einmal mittig und darüber hinaus etwa alle 25 m untereinander zu verbinden (Abschnitt 5.3.2.5). Die Wanne, die zum Schaltschrank für die Frequenzumrichteranlage führt, sollte möglichst großflächig mit dem Gehäuse des Schranks verbunden werden (s. Abschnitt 5.7.3.3).

- Für die Motorzuleitung müssen geeignete Kabel verwendet werden (z. B. 2YSLCY-J). Auf einen Schirm kann nur verzichtet werden, wenn dies nach Angaben des Frequenzumrichter-Herstellers möglich ist und dies die Forderungen nach Funk-Entstörung (EN 55011 / EN 55022) zulassen. Häufig ist es möglich, eine Motorzuleitung ohne Schirm zu wählen, wenn am Ausgang des Frequenzumrichters Sinusfilter (s. Abschnitt 5.8.1.4) vorgesehen werden.

- Motorzuleitung und erforderliche Steuerleitungen dürfen nicht parallel verlegt werden.

- Geschirmte Kabel sind großflächig mit speziellen EMV-Schellen oder EMV-Verschraubungen beidseitig aufzulegen. Bei Längen über 30 m sollte eine zusätzliche Schirmanbindung in der Mitte des Kabels vorgenommen werden. Die Besonderheiten nach Abschnitt 5.5.5 sind zu beachten.

- Sämtliche Kabel und Leitungen sind stets möglichst nahe am Potentialausgleich zu führen.

- Von einem dreiphasigen Stromkreis, der den Frequenzumrichter versorgt, dürfen auf keinen Fall einphasige Betriebsmittel abzweigen. Es ist stets darauf zu achten, dass der Frequenzumrichter-Stromkreis symmetrisch betrieben wird.

- Der Schaltschrank ist nach Abschnitt 5.7 auszuführen (s. Bild 5.114).

- Der Frequenzumrichter sowie die zugehörigen Filter sollen möglichst auf einer gemeinsamen, metallenen Montageplatte großflächig (also niederinduktiv) montiert werden. Diese Montageplatte ist nach Abschnitt 5.7.3.3 (s. Bilder 5.112 und 5.113) niederinduktiv mit dem Gehäuse des Schaltschranks zu verbinden.

5.8.1.4 Filterung

5.8.1.4.1 Primäre Filter

Primäre Filter sind solche, die in Energieflussrichtung vor dem Frequenzumrichter vorgesehen werden. Bereits im Abschnitt 5.8.1.1 wurde ausgeführt, dass am Eingang des Frequenzumrichters ein entsprechendes EMV-Filter bzw. Netzfilter vorgesehen werden muss, um die Funk-Entstörung nach EN 55011/EN 55022 zu gewährleisten. Allerdings schützt dieses Filter auch den Umrichter vor Störgrößen, die aus dem Netz auf ihn einwirken würden. Dieses Filter ist nach den Montagevorschriften, die im Abschnitt 5.6.3 beschrieben wurden, sowie nach Herstellerangaben einzubauen. Es versteht sich von selbst, dass ein Filter stets auf den Frequenzumrichter abgestimmt sein muss. Hier muss der Hersteller des Frequenzumrichters genaue Auskunft geben, welches Filter gewählt werden kann. Es muss darauf geachtet werden, dass durch das Filter die maximal mögliche Motorzuleitungslänge begrenzt sein kann. Der Filterhersteller wird dies in den technischen Beschreibungen zu seinem Filter angeben. Der Errichter hat sich unbedingt an diese Vorgaben zu halten.

Auf alle Fälle muss das Filter so nahe wie möglich am Eingang des Frequenzumrichters platziert werden. Wenn der Abstand zu groß wird, können auch zwischen Frequenzumrichter und Filter geschirmte Leitungen notwendig werden.

Dass dieses Filter auf einer metallenen Montageplatte gemeinsam mit dem Frequenzumrichter montiert werden sollte, wurde bereits im Abschnitt 5.8.1.3 gesagt.

Das Filter besteht im Prinzip aus Induktivitäten und Kondensatoren. Die Kondensatoren sind in den meisten Fällen gegen den Schutzleiter geschaltet (sogenannte Y-Kondensatoren). Dies verursacht einen nicht unerheblichen Anteil an betriebsbedingtem Ableitstrom, der über den Schutzleiter und Teilen des Gebäudepotentialausgleichs fließt. Um diese Ableitströme zu reduzieren, bieten Filterhersteller

- ableitstromarme 3-Leiter-Filter
- 4-Leiter-Filter

für drehstrombetriebene Frequenzumrichter an, die wesentlich geringere Ableitströme hervorrufen. Häufig werden aus Kostengründen jedoch übliche 3-Leiter-Filter eingesetzt. Besonders die 4-Leiter-Filter weisen gute Werte auf, da sie den größten Anteil der betriebsbedingten Ableitströme über den Neutralleiter zurückführen (**Bild 5.122**).

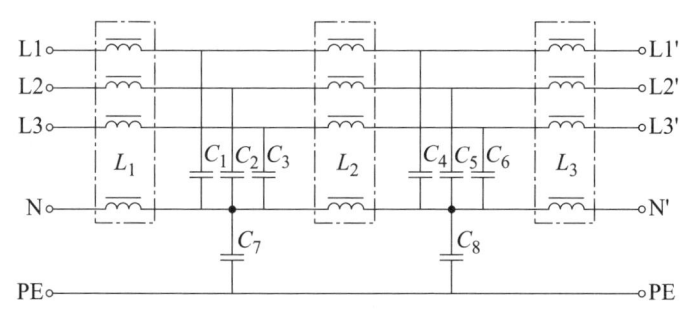

Bild 5.122 Prinzipieller Aufbau eines 4-Leiter-Netzfilters
Der größte Anteil des betriebsbedingten Ableitstroms wird über den Neutralleiter abgeführt.
(Quelle: etz Elektrotechnik & Automation, Sonderheft S2 (2004) S. 56)

Wenn Störungen durch zu hohe Ableitströme auf dem Schutzleiter vermutet werden oder wenn in Umrichterstromkreisen ein Schutz durch eine Fehlerstrom-Schutzeinrichtung (RCD) vorzusehen ist, muss über die Höhe des Ableitstroms nachgedacht werden. In diesem Fall sollten der (im Vergleich zu den Kosten für eine komplette Frequenzumrichteranlage) geringen Aufpreis nicht davor zurückschrecken lassen, ein 4-Leiter-Filter oder zumindest ein ableitstromarmes Filter einzusetzen.

Wenn eine Gesamtanlage aus mehreren frequenzgesteuerten Antrieben besteht, sollte eine gemeinsame Gleichrichtung sowie ein externes Leitungsnetz für den Gleichstromzwischenkreis gewählt werden (**Bild 5.123**). Der Vorteil ist, dass ein zentrales EMV-Filter sowie eine zentrale Gleichrichtung insgesamt weniger Ableitströme hervorrufen als mehrere dezentrale.

Eine weitere bzw. zusätzliche Möglichkeit ist der Einsatz einer entsprechenden Glättungsdrosselspule. Die Dimensionierung dieser Drosselspule sollte unbedingt in Absprache mit dem Hersteller des Frequenzumrichters festgelegt werden.

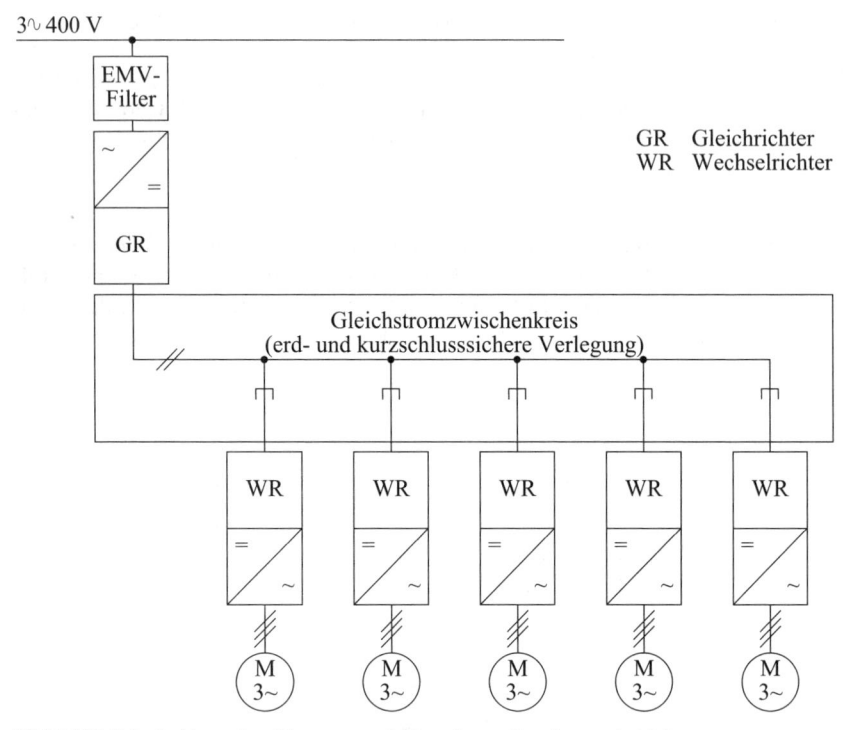

Bild 5.123 Prinzipskizze einer Frequenzumrichteranlage mit mehreren Antrieben

Die Anlage wird über ein gemeinsames EMV-Filter sowie eine zentrale Gleichrichtung (GR) gesteuert. Die Antriebe besitzen je einen eigenen gesteuerten Wechselrichter (WR). Der Gleichstromzwischenkreis wird somit, bezogen auf den Frequenzumrichter, nach außen verlagert. Die Leitungen für diesen Zwischenkreis sollten möglichst erd- und kurzschlusssicher verlegt werden.

5.8.1.4.1 Sekundäre Filter

5.8.1.4.1.1 Einführung

Mit sekundären Filtern sind solche gemeint, die in Energieflussrichtung hinter dem Frequenzumrichter angeordnet werden. Sie haben im Wesentlichen folgende Wirkungen:

- Sie reduzieren die Spannungsänderungsgeschwindigkeit (du/dt) der Ausgangsspannung und damit zugleich die Belastung des Motors (vor allem der Isolierungen im Motor) und der Motorzuleitung.

- Sie glätten insgesamt die Ausgangsspannung und reduzieren so die Oberschwingungen, die die hohen Ableitströme im Frequenzbereich zwischen 1 kHz und 100 kHz verursachen.

Hauptsächlich geht es hier um sogenannte Sinusfilter, du/dt-Filter, Glättungsdrosselspulen und zusätzliche Ringbandkernfilter (Abschnitt 5.6.2). Häufig grenzen solche Filter die Auswahl der Taktfrequenzen ein. Hier sind Absprachen mit dem Hersteller des Frequenzumrichters und des Filters erforderlich.

5.8.1.4.1.2 Sinusfilter

Sinusfilter sind im Grund ideal für den Einsatz in Antrieben, die keine allzu hohen Anforderungen an die dynamische Belastung des Frequenzumrichters stellen. Sie glätten die Ausgangsspannung so, dass eine wesentlich oberschwingungsärmere Ausgangsspannung entsteht (**Bild 5.124**).

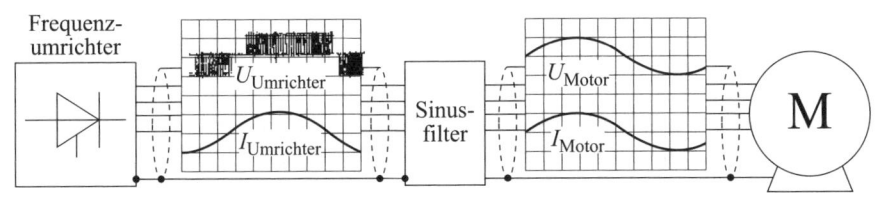

Bild 5.124 Prinzipskizze der Wirkungsweise eines Sinusfilters (Quelle: VdS 3501)

Durch den Einsatz eines Sinusfilters sind folgende Vorteile möglich:
- Die Spannungsänderungsgeschwindigkeit (du/dt) ist wesentlich geringer, und insgesamt enthält die Ausgangsspannung viel weniger Oberschwingungen. Dadurch fließen deutlich weniger Ableitströme über die parasitären Kapazitäten der Motorzuleitung und des Motors (s. Bild 4.34).
- Übliche Spannungspiks (sehr schnelle Spannungsimpulse) mit zum Teil sehr hohen Maximalwerten werden reduziert (häufig auf Werte unter 1 500 V). Dadurch sowie wegen der zuvor erwähnten geringeren Spannungsänderungsgeschwindigkeit wird die Isolation der Motorzuleitung und des Motors (bzw. der Motorwicklung) geschont. Die Lebensdauer des Motors erhöht sich somit.
- Häufig wird die maximal mögliche Motorzuleitungslänge stark erhöht. So kann es durchaus sein, dass bei einem Umrichter eine maximale Länge der Motorzuleitung von 20 m einzuhalten war und mit Sinusfilter über 100 m möglich sind.
- Der Motor erwärmt sich mit Sinusfilter nicht so schnell bzw. nicht so stark.
- Mögliche Motorgeräusche werden mit dem Sinusfilter reduziert.

Durch die zuvor erwähnte Glättung wird der Anteil der Oberschwingungen u. U. derart reduziert, dass die Motorleitung häufig nicht mehr geschirmt werden muss. Dies gilt besonders dann, wenn das Sinusfilter einen Rückführungsanschluss besitzt (**Bild 5.125**). Dies hat den Vorteil, dass dadurch die Höhe des Ableitstroms noch einmal reduziert wird, weil geschirmte Leitungen eine deutlich höhere parasitäre Kapazität gegen Massepotential (Schutzleiterpotential) aufweisen als ungeschirmte (s. Abschnitt 5.8.1.1).

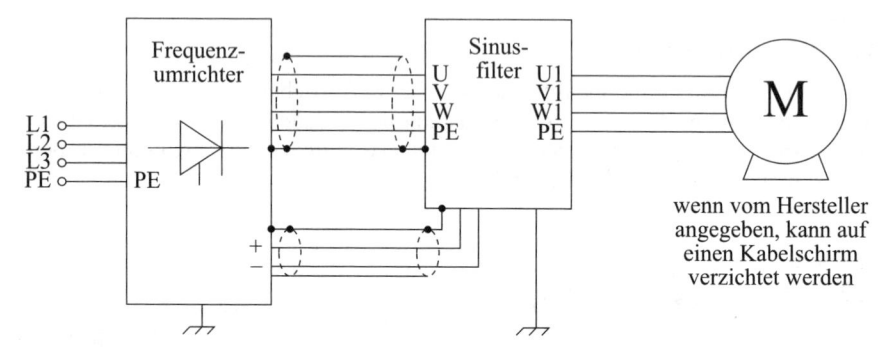

Bild 5.125 Prinzipskizze eines Frequenzumrichterantriebs mit Sinusfilter
Das Filter besitzt eine Rückführung. Aus diesem Grund kann (je nach Herstellerangabe) auf den Schirm verzichtet werden. (Quelle: VdS 3501)

Leider können Sinusfilter nicht immer eingesetzt werden, weil die Steuerung des Antriebs dadurch im Zeitbereich verlangsamt wird. Bei dynamischen Antrieben, wie sie beispielsweise bei Druckmaschinen erforderlich werden können, ist der Einsatz von Sinusfiltern in der Regel so gut wie ausgeschlossen.

5.8.1.4.1.3 du/dt-Filter

Ein du/dt-Filter besteht aus einer sehr hohen und verlustarmen Induktivität (Drosselspule) und einem Spannungsbegrenzer, der einzelne Spannungspiks (sehr schnelle, u. U. extrem hohe Spannungsimpulse) dämpft. Ein solches Filter reduziert die Spannungsänderungsgeschwindigkeit in der Regel auf Werte unterhalb 500 V/µs und begrenzt die Spannungsspitzen meist auf Werte unterhalb 1 000 V bis 1 250 V (je nach Ausführung). Natürlich wird auch der Oberschwingungsgehalt reduziert. Die Ausgangsspannung wird dadurch nicht sinusförmig, fällt aber für die Isolation der Motorwicklung und des Motorkabels verträglicher aus. Auch der Anteil der betriebsbedingten Ableitströme wird vermindert. Im Grunde sind ähnliche Vorteile wie beim Sinusfilter zu nennen, mit dem Unterschied, dass das du/dt-Filter in Bezug auf die beim Sinusfilter genannten Vorteile nicht ganz so effektiv arbeitet.

Die Reduzierung der Dynamik ist nicht ganz so stark wie beim Sinusfilter, aber auch hier gilt der Grundsatz, dass bei der Anforderung an eine hohe Dynamik ein solches Filter nicht eingesetzt werden kann.

5.8.1.4.1.4 Sonstige Filter

Ebenso wäre es möglich, ganz einfach eine Glättungsdrosselspule (Ausgangsdrosselspulen) zwischen dem Frequenzumrichter und dem Motor zu installieren. Auch hier ist davon auszugehen, dass die Oberschwingungsströme abnehmen. Die Wirkung ist jedoch nicht so ausgeprägt wie die der vorgenannten Filter. **Bild 5.126** zeigt und vergleicht die Wirkung der bisher genannten Filter (Sinusfilter, du/dt-Filter und Ausgangsdrosselspule).

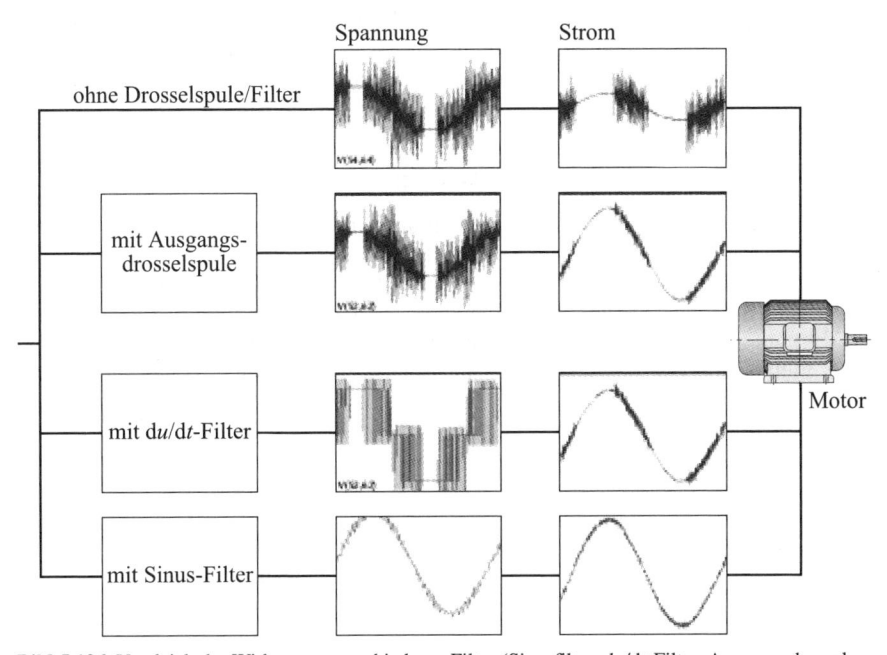

Bild 5.126 Vergleich der Wirkungen verschiedener Filter (Sinusfilter, du/dt-Filter, Ausgangsdrosselspule) auf Ausgangsstrom und Ausgangsspannung von Frequenzumrichtern
(Quelle: sicac, Drosselspulen und Filter, Siemens, Nürnberg)

Wenn Störungen bei empfindlichen Einrichtungen der Informationstechnik durch zwischenharmonische Oberschwingungen zu erwarten sind bzw. auftreten, die durch Frequenzumrichter hervorgerufen werden, muss versucht werden, diese Einrichtungen von den Stromkreisen der Frequenzumrichter zu entkoppeln. Häufig werden diese Einrichtungen dann über USV-Anlagen betrieben. Eine solche Maßnahme wirkt allerdings nur begrenzt (s. Abschnitt 5.8.2). Eine gute und sichere Möglichkeit ist jedoch der Einsatz von aktiven Filtern (s. Abschnitt 5.6.2), über die Stromkreise der Störsenken betrieben werden. Passive Filter können hier häufig nicht eingesetzt werden, weil die Zwischenharmonischen auch durch die jeweilige

Antriebsfrequenz hervorgerufen werden, die je nach gewählter Motordrehzahl variieren. Darauf können passive Filter nicht reagieren, während dies bei aktiven Filtern möglich ist.

Auch der Einsatz von sogenannten Nanoperm-Filtern (Ringbandkerne) kann bereits zu einer erheblichen Reduzierung der Oberschwingungsanteile und der hohen Spannungspiks führen. Sie wurden im Abschnitt 5.6.2 bereits beschrieben. Vorteilhaft ist, dass die Montage solcher Filter auch nach Fertigstellung der Gesamtanlage relativ problemlos möglich ist. Die Ringbandkerne werden einfach um die Motorleitung gelegt. Die Energie, die von diesen Filtern aufgenommen wird, bewirkt im Ringbandkern eine Temperaturerhöhung. Das kann dazu führen, dass diese Filter zu heiß werden und die Isolation der Motorzuleitung gefährden. Ist dies der Fall, müssen mehrere Kerne im Verbund eingesetzt werden (s. Bild 5.99).

5.8.2 Besonderheiten bei USV-Anlagen

Dass USV-Anlagen vor Betriebsunterbrechungen bei Netzausfall schützen können, ist unbestritten. Allerdings werden sie auch immer wieder im Zusammenhang mit allen möglichen EMV-Problemen genannt und als alternative Lösung für viele potentielle Störungen angesehen. Hier täuscht man sich jedoch allzu leicht. Die USV trennt zwar galvanisch die Außen- und Neutralleiter der Ein- und Ausgangsseite, nicht jedoch den Schutzleiter. Auf diese Weise werden z. B. bei einem vor-

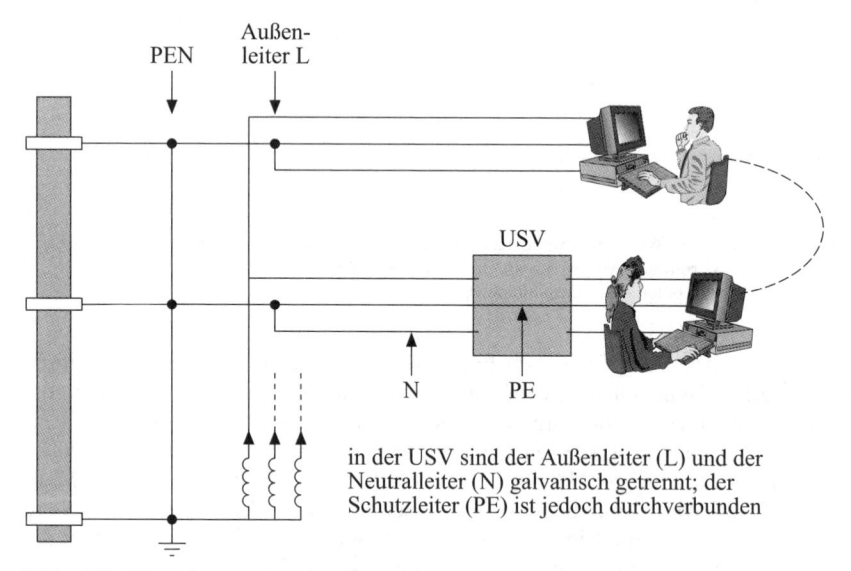

Bild 5.127 PEN-Leiter-Probleme werden durch eine USV nicht behoben. Der Außenleiter (L) sowie der Neutralleiter (N) sind zwar galvanisch getrennt, nicht jedoch der Schutzleiter (PE).

handenen PEN-Leiter-Problem die Streuströme (so z. B. die Schirmströme über Datenleitungen, s. Abschnitt 4.3.3.2 und Bild 4.11) durch eine USV nicht beseitigt (**Bild 5.127**).

Auch Auswirkungen von Blitzüberspannungen können durch eine USV in der Regel nicht verhindert werden, wenn das hohe Potential des Schutzleiters bei einem Blitzschlag (s. Abschnitt 4.3.3.4.4 und Bild 4.22) durch die USV auf die mit ihr verbundenen Anlagenteile wirkt.

USV werden häufig dort eingesetzt, wo informationstechnische Einrichtungen auch bei Netzausfall sicher funktionieren müssen. So werden nicht selten ganze PC-Netze über eine USV versorgt. Gerade derartige Verbrauchsmittel weisen jedoch einen sehr hohen Anteil an Oberschwingungen auf und zeichnen sich in der Regel durch hohe Stromspitzen aus. Solche Verbrauchsmittel besitzen also einen hohen Crestfaktor (Scheitelwert) ξ.

Nach Abschnitt 4.3.4.4.2 ist der Crestfaktor bzw. Scheitelwert das Verhältnis des Spitzewerts zum Effektivwert

$$\xi = \frac{\hat{I}}{I}$$

Rechner haben nicht selten einen Crestfaktor von 3 und höher. Das bedeutet, dass der maximale Spitzenwert des Stroms mindestens dreimal höher ausfällt als der angegebene Effektivwert. Für die USV bedeutet dies, dass sie für einen kurzen Augenblick einen Strom liefern muss, der deutlich höher liegt als der Effektivwert. Dies muss bei der Leistungsbestimmung der USV stets berücksichtigt werden. Die Hersteller von USV-Anlagen geben in der Regel den Crestfaktor an (**Tabelle 5.7**), damit der Planer oder Errichter überprüfen kann, ob dieser kleiner ist als der tatsächliche Crestfaktor des Teils der elektrischen Anlage, der über die USV betrieben werden soll.

	Ausgang
einstellbare Spannung	380 V – 400 V – 415 V +/– 3 % – dreiphasig + Neutralleiter + PE
Spannungsregelung	+/– 1 %
Frequenz	50 Hz oder 60 Hz
Überlastfähigkeit	150 % über 1 min, 125 % über 10 min
Spannungsklirrfaktor	$THDU < 2\%$
Crestfaktor	3 : 1

Tabelle 5.7 Auszug aus Herstellerangaben zu einer USV-Anlage

Ergibt die Überprüfung, dass der tatsächliche Crestfaktor größer ist als der, der vom Hersteller angegeben wird, darf die USV-Anlage nicht voll bis zur Nennlast betrieben werden. Um die vorhandene Belastung der angeschlossenen Verbrauchsmittel liefern zu können, müsste die USV in diesem Fall überdimensioniert werden.

5.8.3 Besonderheiten bei bestehenden Gebäuden mit TN-C-Systemen

5.8.3.1 Alternative Möglichkeiten

Im Abschnitt 5.2.2.2.4 wurden alternative Maßnahmen nach VDE 0800-174-2, Abschnitt 6.4.4.6 näher beschrieben. Allerdings sollte dringend überlegt werden, ob es von vornherein nicht besser wäre, das bestehende TN-C-System in ein TN-S-System umzurüsten. Dies wird im Abschnitt 5.8.3.2 näher beschrieben.

5.8.3.2 Umwandlung eines TN-C-Systems in ein TN-S-System

Die beste Lösung bei bestehenden Problemen, die durch den PEN-Leiter im Gebäude entstehen, wäre es, das bestehende 4-Leiter-System (TN-C-System) in ein 5-Leiter-System (TN-S-System) umzuwandeln. Dazu müssten entweder die vieradrigen Leitungen gegen eine fünfadrige ausgetauscht oder (wenn dies zu aufwändig ist) es muss ein zusätzlicher Leiter nachgezogen werden.

Bei der zuletzt genannten Möglichkeit ergibt sich allerdings die Frage, welchen Leiter man nachträglich verlegt. Da der im Kabel vorhandene PEN-Leiter bereits eine Schutzleiterfarbe (grün-gelb) besitzt, wäre es nahe liegend, den Neutralleiter nachträglich zu installieren und dem PEN nur noch die Schutzleiterfunktion zu überlassen. Das verstößt allerdings gegen elementare Grundsätze der EMV, denn die Außenleiter im vorhandenen Kabel bilden mit dem externen Neutralleiter eine schmale, aber extrem lange Schleife, die ein erhebliches Störfeld produziert. Außerdem wird auf diese Weise eine Spannung in die Schleife, die der Schutzleiter (also der ehemalige PEN-Leiter) mit dem Potentialausgleich bildet (s. Abschnitt 5.4.6.1), induziert. Hier können Ströme im Schutzleiter und im Potentialausgleichssystem fließen, die an anderer Stelle im Gebäude Störungen hervorrufen können.

Vielmehr muss ein zusätzlicher Schutzleiter nachgezogen werden, der natürlich auf der ganzen Länge deutlich sichtbar in der Nähe des bestehenden Kabels verlegt werden muss, um die Zugehörigkeit sichtbar zu machen. Der verbleibende PEN-Leiter im Kabel besitzt dann nur noch seine Neutralleiterfunktion. Es muss darauf geachtet werden, dass er an seinen Enden mit einer blauen Markierung versehen wird (was nach Norm ohnehin bei einem PEN-Leiter erforderlich ist).

Probleme können auftreten, wenn der PEN-Leiter einen gegenüber den Außenleitern reduzierten Leiterquerschnitt besitzt, wie dies in älteren Anlagen leider immer wieder anzutreffen ist. Sind Oberschwingungsströme zu erwarten, darf der Neutralleiter nach VDE 0298-4, Abschnitt 4.3.2, nicht reduziert ausgeführt sein. In diesem Fall ist die Montage eines neuen 5-Leiter-Kabels also nicht zu umgehen.

Um bei einer nachträglichen Verlegung eines separaten Schutzleiters Verwechslungen vorzubeugen, ist diese Änderung in den entsprechenden Schaltplänen einzutragen. Wenn das Kabel z. B. zwei Verteilungen verbindet, ist die reduzierte Funktion des PEN-Leiters in den technischen Dokumentationen beider Verteilungen deutlich zu vermerken. Sicherheitshalber sollte dies zusätzlich durch Kennzeichnungsschilder, die an den Enden des PEN-Leiters angebracht werden, verdeutlicht werden. Wenn einer der Außenleiter eine blaue Kennfarbe besitzt, ist diese auf der gesamten sichtbaren Länge schwarz zu kennzeichnen.

Natürlich ist die Neuverlegung eines 5-Leiter-Kabels die sicherste und unproblematischste Lösung. Bei beiden Alternativen muss jedoch nachgeprüft werden, ob auch wirklich eine sichere, galvanische Trennung zwischen dem nunmehr separaten Neutralleiter (dem ehemaligen PEN-Leiter) und dem neuen Schutzleiter vorliegt. Dies kann z. B. durch eine Isolationswiderstandsmessung nach VDE 0100-600, Abschnitt 61.3.3, nachgewiesen werden. Dabei sollte bedacht werden, dass auch in der nachfolgenden Installation eine nun nicht erlaubte Verbindung zwischen dem Neutralleiter und dem Potentialausgleich des Gebäudes vorhanden sein kann. Dies muss auf alle Fälle durch Besichtigung und Messung überprüft werden. Um für den weiteren Betrieb eine derartige Verbindung auszuschließen, ist eine konstante Überwachung sehr zu empfehlen (s. Abschnitt 5.8.4).

5.8.4 Überwachung eines sauberen TN-S-Systems

Wenn in einer elektrischen Anlage auf Dauer sichergestellt sein soll, dass der Neutralleiter im gesamten Gebäude isoliert geführt wird und keine Verbindung zum Schutzleiter oder zum Potentialausgleich hat, ist eine konstante oder wiederkehrende Überprüfung notwendig. Der Grund liegt dabei auf der Hand. Wenn ein neuer Verteiler (Unterverteiler, Maschinenverteiler, Schienenverteiler usw.) irgendwo im Gebäude errichtet werden soll, meint es der Hersteller des Verteilers nicht selten besonders gut mit seinem Kunden, indem er ihm die Arbeit abnimmt, die Neutralleiterschiene mit der Schutzleiterschiene zu verbinden. Aus diesem Grund montiert er schon einmal prophylaktisch eine entsprechende Brücke. Auch Errichter von elektrischen Anlagen sind so sehr an die Brücke gewöhnt, dass sie bei späteren Arbeiten an Verteilern häufig diese Verbindung von sich aus nachrüsten.

Eine solche Überprüfung kann dadurch geschehen, dass in regelmäßigen Abständen entsprechende Isolationswiderstandsmessungen vorgenommen werden. Noch besser, und zudem sicherer, ist die konstante Überwachung. Hierzu bieten sich beispielsweise sogenannte Differenzstrom-Überwachungsgeräte (RCM) an (**Bild 5.128**). Das Kürzel RCM steht für das englische „Residual current monitors" und bezeichnet ein Überwachungsgerät, das ähnlich funktioniert wie die bekannte Fehlerstrom-Schutzeinrichtung (RCD). Vereinfacht gesagt, fehlt dem RCM nur noch das Schaltschloss, mit dem bei einem vorhandenen Differenzstrom eine Abschaltung hervorgerufen werden kann.

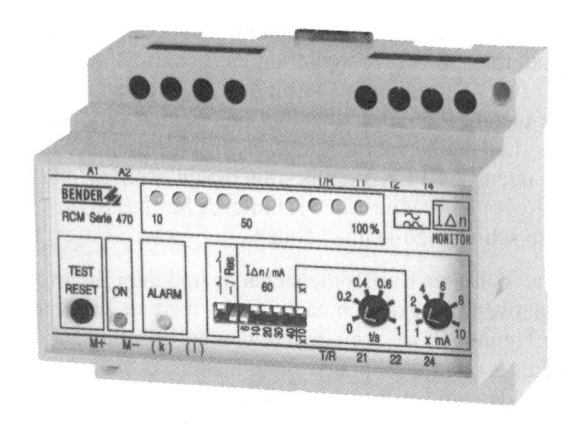

Bild 5.128 Differenzstrom-Überwachungsgeräte (RCM)
(Quelle: Dipl.-Ing. W. Bender GmbH & Co. KG)

Üblicherweise werden alle aktiven Leiter (einschließlich dem Neutralleiter) über dieses Gerät geführt. Im Gerät selbst befindet sich ein Summenstromwandler, durch den die Ströme der aktiven Leiter fließen. Im fehlerfreien Zustand wirken die Ströme aller aktiven Leiter eines Stromkreises nach außen magnetisch neutral – sie verursachen im Summenstromwandler also keinen magnetischen Fluss. Wenn jedoch ein Teilstrom von diesem Stromkreis aus über den Potentialausgleich, über den Schutzleiter oder über fremde leitfähige Teile fließen, „fehlt" dieser Strom im Stromkreis. Jetzt ist der Stromkreis nicht mehr neutral, über und im Summenstromwandler wird ein magnetischer Fluss induziert, den man zur Signalisierung nutzen kann. Auf diese Weise erhält der Anlagenbetreiber zusätzliche Informationen über den Isolationszustand seiner Anlage, und dies ist auf alle Fälle ein Beitrag zum Brandschutz.

Führt man statt der aktiven Leiter

- nur Schutzleiter

- sämtliche Leiter einschließlich des Schutzleiters

durch einen Stromwandler, dessen Ausgangssignal auf das Überwachungsgerät geschaltet wird, kann, wie in **Bild 5.129** gezeigt, mit der RCM die Trennung des Neutralleiters vom Schutzleitersystem dauerhaft überwacht werden. Vorhandene, betriebsbedingte Ableitströme können durch Einstellung der Empfindlichkeit unterdrückt werden.

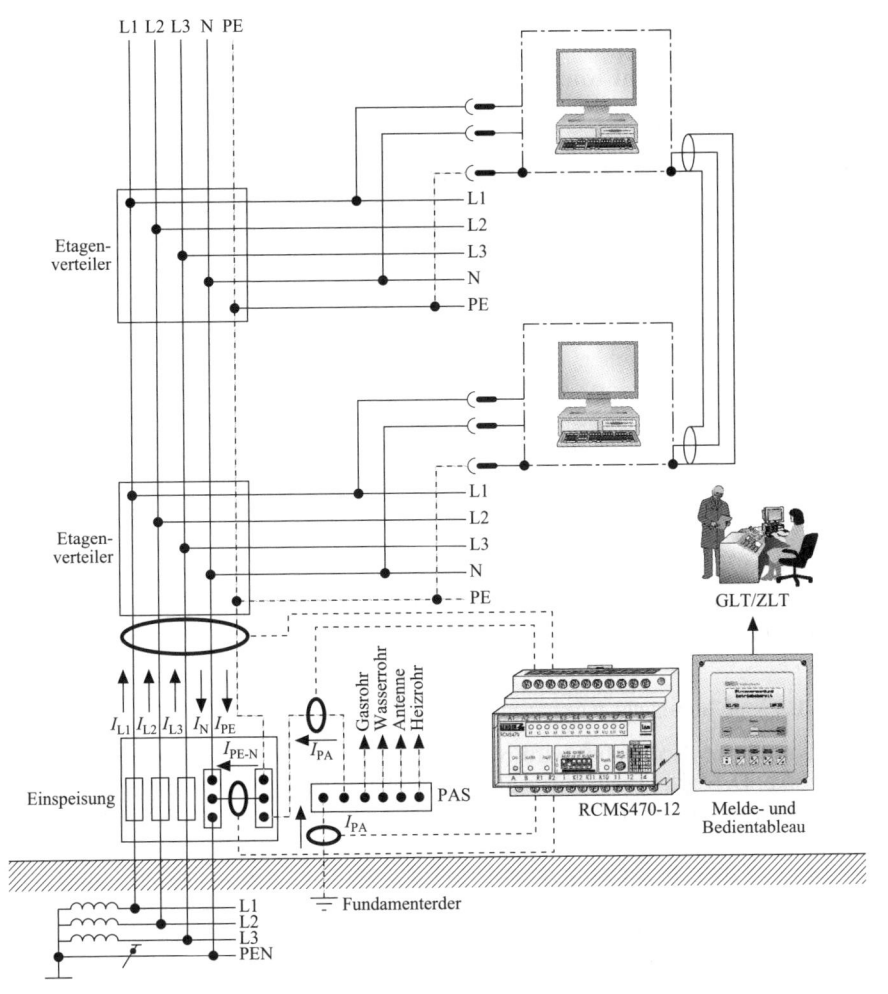

Bild 5.129 Beispiel für die Überwachung eines Netzes für eine saubere und dauerhafte Trennung des Neutralleiters vom Schutzleiterpotential

Wird in einem oder mehreren der Stromwandler ein magnetischer Fluss induziert, wird dies am Gerät (RCM) angezeigt. Es wird festgestellt, dass ein Stromfluss registriert wurde und bei welchem Anschluss dies der Fall ist. Daraus lässt sich in der Regel ableiten, wo die unzulässige Verbindung zu suchen ist. (Quelle: Dipl.-Ing. W. Bender GmbH & Co. KG)

309

5.8.5 Vorbeugung von Korrosionen

5.8.5.1 Wie entsteht Korrosion?

5.8.5.1.1 Einführung

Die Anforderungen an einen umfassenden Potentialausgleich beinhalten immer wieder die Notwendigkeit, metallene Teile untereinander zu verbinden. Das nützt zwar insgesamt der Schirmwirkung, kann aber zugleich, besonders unter Einwirkung von Feuchtigkeit, zu Problemen führen, wenn die verbundenen Materialien korrodieren.

Unter Korrosion (lat. corrodere = zerstören) versteht man die meist unerwünschte Reaktion von metallischen Materialien mit anderen Stoffen aus der Umgebung. Hierbei kommt es meist zur Zerstörung der Materialien. Genau genommen besteht die Korrosion aus zwei Vorgängen: der Oxidation und einer anschließenden Reduktion. Oxidation meint, dass ein Stoff Elektronen abgibt, und Reduktion bezeichnet im Gegensatz dazu die Aufnahme von Elektronen. Durch die Übergabe dieser Ladungsträger (Elektronen) kommt es dann zu chemischen Reaktionen bzw. Neubildungen von Stoffen (z. B entsteht durch Korrosion aus Eisen Rost: $Fe \rightarrow Fe_2O_3$).

Man unterscheidet zwei Arten der Korrosion: die chemische Korrosion und die elektrochemische Korrosion.

5.8.5.1.2 Chemische Korrosion

Die chemische Korrosion wird vielfach auch Eigenkorrosion genannt (s. H. Schmolke, D. Vogt, „Potentialausgleich, Fundamenterder, Korrosionsgefährdung", VDE Schriftenreihe Band 35, Seite 336), weil sich der korrodierende Stoff von sich aus, also wie von selbst, zu verändern beginnt. In der Regel reagiert bei der chemischen Korrosion ein Metall mit Gasen (häufig mit Sauerstoff), aber u. U. auch mit Schmelzen oder organischen Lösungsmitteln. Im Gegensatz zu der elektrochemischen Korrosion spielt sich der chemische Vorgang am Ort der chemischen Veränderung selbst ab und nicht an zwei Orten, also über sogenannte galvanische Elemente (Anode und Katode). Der metallische Stoff reagiert also direkt mit dem jeweils anderen Stoff.

Das bedeutet nicht, dass die Korrosion in diesem Fall nur punktuell auftritt. Vielmehr kann dies flächendeckend über die gesamte Oberfläche des Materials verteilt auftreten. Das bekannte Rosten von Stahl ist beispielsweise ein solcher Prozess. In den meisten Fällen reagiert dabei das Metall mit Sauerstoff aus der Luft. Bei der chemischen Korrosion verändert sich die Oberfläche des angegriffenen Stoffs so, dass sich u. U. eine Schicht bildet (häufig auch Patina genannt), die den Prozess zum Erliegen bringt oder zumindest verlangsamt. Dies geschieht z. B. bei Zink oder Aluminium.

5.8.5.1.3 Elektrochemische Korrosion

Bei dieser Korrosionsart wirken zwei Stoffe aufeinander, die durch einen dritten Stoff, dem Elektrolyten, miteinander chemisch kommunizieren. Die beiden Stoffe bilden die sogenannten Korrosionselemente: Anode und Katode. Zwischen diesen beiden Stoffen liegt eine Spannung, die durch den atomaren bzw. molekularen Aufbau dieser Stoffe bestimmt wird. Durch diese Spannung werden positiv geladene Atome oder Moleküle des einen Stoffs (der Anode) herausgelöst und über den Elektrolyten zum anderen Stoff (der Katode) transportiert. Die Anode bildet somit die negative Elektrode und die Katode die positive.

Hintergrund für diesen Vorgang ist folgender: Metalle besitzen eine natürliche Spannung gegenüber bestimmten Elektrolyten. Diese Spannung bewirkt, dass das Metall, einmal in den Elektrolyten getaucht, positiv geladene Teilchen (positiv geladene Ionen) an den Elektrolyten abgibt, wobei das zugehörige Elektron im Metall verbleibt. Dadurch wird das Metall zunehmend elektrisch negativ, mit der Folge, dass es zugleich andere positive Ionen aus dem Elektrolyten anzieht und aufnimmt. Dies nennt man ein elektrolytisches Halbelement, denn es fehlt zur elektrochemischen Korrosion noch der zweite Stoff (die jeweils andere Elektrode). Die Höhe der zuvor genannten Spannung ist stoffabhängig. Ein Maß für die Spannung wird mit einer willkürlich festgelegten Elektrode im Elektrolyt (in der Regel einer Wasserstoffelektrode) bestimmt. Sie wird als Normalpotential angegeben und in einer elektrochemischen Spannungsreihe dargestellt (**Tabelle 5.8**).

Wenn nun im selben Elektrolyten ein zweites Metall eingetaucht wird, das ebenso ein bestimmtes Normalpotential aufweist, so kann ein elektrischer Strom fließen. Voraussetzung dafür ist, dass das zweite Metall ein vom ersten Metall verschiedenes Normalpotential aufweist, sodass eine Spannung als Potentialdifferenz zwischen ihnen auftreten kann. Eine weitere Voraussetzung für einen Stromfluss ist, dass außerhalb des Elektrolyten eine galvanische Verbindung der Metalle vorhanden ist, denn das Metall mit dem niedrigeren elektrischen Potential möchte seine Ladungsträger an das Metall mit dem höheren Potential abgeben. Auf diese Weise wird der Prozess in Gang gehalten, weil Ladungsträger abfließen und so Platz für neue vorhanden ist.

Damit ein elektrischer Strom fließen kann, muss ein Stromkreis geschlossen werden. Dies geschieht im Elektrolyten. Hier fließen ebenfalls elektrische Ladungsträger. Allerdings nicht als Elektronen, wie dies außerhalb des Elektrolyten über die galvanische Verbindung der Metalle der Fall ist. Vielmehr fließen im Elektrolyten positiv geladene Ionen. Diese Ionen stammen von einem der beteiligten Metalle (der Anode), das im Laufe des Prozesses abgebaut wird; sie setzen sich am zweiten Metall (der Katode) ab. Je nach den beteiligten Stoffen und dem Elektrolyt gibt es noch Varianten dieses Prozesses, aber diese vereinfachte Darstellung soll das Prinzip der Korrosion erläutern. Negative Ladungsträger (Elektronen) fließen durch die galvanische Verbindung von einem Metall zum anderen, und gleichzeitig fließen

Werkstoff	chemisches Kurzzeichen	Normalpotential
Kalium	K	− 2,92 V
Calcium	Ca	− 2,87 V
Natrium	Na	− 2,71 V
Magnesium	Mg	− 2,38 V
Aluminium	Al	− 1,67 V
Mangan	Mn	− 1,05 V
Zink	Zn	− 0,76 V
Chrom	Cr	− 0,71 V
Eisen	Fe	− 0,44 V
Cadmium	Cd	− 0,40 V
Nickel	Ni	− 0,25 V
Zinn	Sn	− 0,15 V
Blei	Pb	− 0,13 V
Wasserstoff	H	0,00 V
Kupfer	Cu	+ 0,34 V
Silber	Ag	+ 0,81 V
Gold	Au	+ 1,50 V

Tabelle 5.8 Normalpotentialreihe verschiedener Metalle

positive Ladungsträger (positive Ionen) durch den Elektrolyten ebenfalls von einem Metall zum anderen.

Es wird deutlich, dass es hier zugleich um das Prinzip einer üblichen Batterie geht. Bei der Batterie wird dieser Prozess dazu genutzt, einen Stromfluss, also einen Fluss von Elektronen durch einen Stromkreis, hervorzurufen. Die beiden Metalle im Elektrolyten (also das galvanische Element) bilden dabei die Spannungsquelle.

Da es in diesem Abschnitt um Korrosion gehen soll, die im Erdungs- und Potentialausgleichssystem Zerstörung hervorrufen kann, dürfen nicht nur die idealisierten Verhältnisse, wie sie z. B. bei einer Batterie vorliegen, betrachtet werden. In der Praxis treten häufig sehr unterschiedliche Situationen auf. Da befindet sich Stahl im Erdreich, Kupfer in der Luft, Stahl im Beton und Aluminium in feuchter Umgebung (z. B. im Außenbereich) usw. Hier spielen die Oberflächenbeschaffenheit der beteiligten Materialien und die zufällige Zusammensetzung des Elektrolyten (z. B. die Beschaffenheit des Erdbodens) eine entscheidende Rolle. Beispielsweise gibt Tabelle 5.8 an, dass Eisen ein Normalpotential von −0,44 V aufweist und Kupfer von + 0,34 V. Dagegen kann Eisen im Erdreich, je nach Bodenfeuchtigkeit und Verrostungsgrad des Eisens, ein Normalpotential von bis zu −0,6 V annehmen, und das Normalpotential von Eisen in Beton kann bis zu −0,1 V ansteigen. Diese Verhältnisse müssen von Fall zu Fall einkalkuliert werden. **Tabelle 5.9** gibt einige Potentiale von gebräuchlichen Materialien in den jeweiligen Umgebungsbedingungen an.

Metall	Elektrolyt	Potential gegen Cu/CuSO$_4$-Sonde
Blei	Bodenfeuchtigkeit	– 0,5 V ... – 0,6 V
Eisen (Stahl)	Bodenfeuchtigkeit	– 0,5 V ... – 0,8 V
Eisen verrostet	Bodenfeuchtigkeit	– 0,4 V ... – 0,6 V
Guss verrostet	Bodenfeuchtigkeit	– 0,2 V ... – 0,4 V
Zink	Bodenfeuchtigkeit	– 0,9 V ... – 1,1 V
Eisen verzinkt	Bodenfeuchtigkeit	– 0,7 V ... – 1,0 V
Kupfer	Bodenfeuchtigkeit	0,0 V ... – 0,1 V
Eisen (Stahl) in Beton	Zementfeuchte	– 0,1 V ... – 0,4 V
V 4 A	Bodenfeuchtigkeit	– 0,1 V ... + 0,3 V
Zinn	Bodenfeuchtigkeit	– 0,4 V ... – 0,6 V

Tabelle 5.9 Elektrische Potentiale von gebräuchlichen Materialien bei üblichen Umgebungsbedingungen (im Erdboden oder in Beton)

5.8.5.1.4 Korrosion durch Konzentrationselemente

Dazu kommt, dass nicht nur bei verschiedenen Metallen, die unterschiedliche Normalpotentiale aufweisen, eine solche korrosive Reaktion auftreten kann, sondern auch bei zwei identischen Materialien, wenn diese in unterschiedlichen Elektrolytkonzentrationen vorkommen. In diesem Fall kommt es dazu, dass ein Elektrolyt mehr positive Metallionen aufnimmt als das andere. Dadurch wirkt dieses Elektrolyt elektrisch positiv gegenüber dem anderen Elektrolyten, und zugleich besitzt das eine Metall im positiveren Elektrolyten ein positives elektrischen Potential gegenüber dem zweiten Metall im weniger positiven Elektrolyten.

Wenn nun die beiden Metalle durch eine galvanische Verbindung miteinander verbunden werden, kommt ebenfalls ein Stromfluss (wie zuvor beschrieben) zustande. Ein solches Element wird häufig Konzentrationselement genannt.

Ein typisches Beispiel eines solchen Konzentrationselements ist im Erdreich verlegter Bandstahl, verbunden mit dem Armierungseisen im Beton (**Bild 5.130**). Das Eisen im Beton wird hierbei zur Katode und das Eisen im Erdreich zur Anode. Da die Anode positive Ionen abgibt, wird das Eisen im Erdreich zersetzt, bzw. es korrodiert. Man kann davon ausgehen, dass zwischen Anode und Katode in einem solchen Fall eine Spannung von etwa 0,5 V liegt. Elektrolytische Spannungen ab 0,1 V sind aber bereits gefährlich, weil die dadurch verursachten Ströme einen Materialabtrag hervorrufen, der die Lebensdauer des Erders extrem verringert. Aber auch bei Spannungen unterhalb 0,1 V kann ein nicht zu vernachlässigender Materialabtrag stattfinden (s. Abschnitt 5.8.5.1.5).

Ein solches Konzentrationselement kann im Extremfall sogar entlang eines Banderders oder eines metallenen Rohrs im Erdreich auftreten, wenn der Erder bzw. das Rohr im Verlauf von unterschiedlichen Bodenarten umschlossen wird. Auf diese Weise wirkt der Erder (bzw. das Rohr) selbst wie die Verbindungsleitung und der

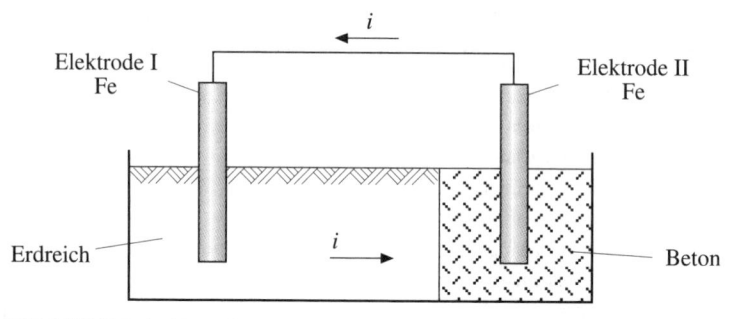

Bild 5.130 Prinzipskizze eines Konzentrationselements, bestehend aus Eisen im Erdreich sowie Eisen im Beton

feuchte Erdboden wie der Elektrolyt. Aus diesem Grund ist es beispielsweise immer sicherer, wenn Erdungsleiter aus feuerverzinktem Bandstahl im Erdreich, die z. B. die Erdersysteme verschiedener Gebäude miteinander verbinden sollen, auf der gesamten Länge im Beton statt direkt im Erdreich verlegt werden.

5.8.5.1.5 Korrosion in Erdungssystemen

Man könnte nun meinen, dass allein die Höhe der Potentialdifferenz für das Ausmaß des Materialabtrags entscheidend ist. Dies ist jedoch nicht der Fall. Vielmehr sind es zwei wesentliche Faktoren:

- Stromstärke
- Stromdichte

Natürlich sorgt der Strom im Elektrolyt für den Transport des Materials in Form von positiv geladenen Ionen. Je höher der Strom also ist, um so intensiver wird der Materialabbau ausfallen. Aber auch die Stromdichte ist entscheidend. Wenn sich nämlich der Materialabtrag über eine größere Fläche verteilt, macht sich der Abtrag nicht so stark bemerkbar. Wenn jedoch der gleiche Strom auf eine sehr kleine Flächeneinheit wirkt, entsteht an dieser Stelle sehr schnell ein nicht zu vernachlässigender Schaden oder eventuell sogar ein Lochfraß.

Man spricht deshalb von den Flächenverhältnissen der beiden Elektroden (Katode und Anode). Die Anode wird, wie zuvor beschrieben, zersetzt. Wenn nun das Flächenverhältnis zwischen der Oberfläche der Katode (S_K) zur Oberfläche der Anode (S_A) größer ist als 100,

$$\frac{S_K}{S_A} > 100$$

muss bei Vorhandensein eines Elektrolyten von einem gefährlichen Materialabtrag ausgegangen werden. Dieser Zusammenhang wird in VDE 0151 (Werkstoffe und Mindestmaße von Erdern bezüglich der Korrosion) näher beschrieben. Dort werden auch die Erfahrungswerte von Erderwerkstoffen, die in einem solchen Verhältnis mit anderen Werkstoffen stehen (z. B. mit der Stahlarmierung im Betonfundament) angegeben. Die dort aufgeführten Tabellenwerte mit leichten, aktualisierten Anpassungen werden in **Tabelle 5.10** wiedergegeben.

Werkstoff mit kleinem Flächenanteil (S_A)	Werkstoff mit großem Flächenanteil (S_K)							
	Stahl	Stahl verzinkt	Stahl in Beton	Stahl verzinkt in Beton	Stahl nicht rostend	Kupfer	Kupfer verzinnt	Kupfer verzinkt	Kupfer mit Bleimantel
Stahl	ja	ja	nein	nein	nein	nein	nein	ja	ja
Stahl verzinkt	ja (Zinkabtrag)	ja	nein	ja (Zinkabtrag)	nein	nein	nein	ja	ja (Zinkabtrag)
Stahl in Beton	ja	ja	ja	ja	ja	ja	ja	ja	ja
Stahl nicht rostend	ja	ja	ja	ja	ja	ja	ja	ja	ja
Stahl mit Bleimantel	ja	ja	bedingt (Bleiabtrag)	ja	nein	nein	ja	ja	ja
Stahl mit Kupfermantel	ja	ja	ja	ja	ja	ja	ja	ja	ja
Kupfer	ja	ja	ja	ja	ja	ja	ja	ja	ja
Kupfer verzinnt	ja	ja	ja	ja	ja	ja	ja	ja	ja
Kupfer verzinkt	ja (Zinkabtrag)	ja	ja (Zinkabtrag)	ja (Zinkabtrag)	ja (Zinkabtrag)	ja (Zinkabtrag)	ja (Zinkabtrag)	ja	ja (Zinkabtrag)
Kupfer mit Bleimantel	ja	ja	ja	ja (Bleiabtrag)	ja	ja (Bleiabtrag)	ja (Bleiabtrag)	ja	ja

Tabelle 5.10 Beurteilung der Verbindung verschiedener Werkstoffe in Erde in Abhängigkeit vom jeweiligen Flächenanteil (Flächenverhältnis $S_K/S_A > 100$)

Dieser Zusammenhang muss bei der Einbringung von Erdern, die mit der Stahlarmierung in Verbindung stehen, immer berücksichtigt werden.

Als Letztes soll noch darauf hingewiesen werden, dass natürlich auch eine Korrosion erzwungen werden kann. Dies ist dann der Fall, wenn man von außen eine elektrische Spannung anlegt, um den Prozess in umgekehrter Richtung zu erzwingen. Dies würde dem Laden einer Batterie entsprechen. In modernen elektrischen Anlagen muss davon ausgegangen werden, dass die Potentialausgleichsanlage nicht frei von Gleichspannungsanteilen ist. Auf diese Weise werden auch Gleichströme fließen, die natürlich eine Korrosionen hervorrufen. Treten diese auf, müssen genauere Untersuchungen durchgeführt werden.

Im Erdreich kann sogar ein Wechselstrom unter gewissen Voraussetzungen Korrosionen hervorrufen, da auf der Oberfläche von metallenen Körpern, die in direktem Kontakt mit dem Erdreich stehen, eine z. B. positive Halbschwingung des Wechselstroms einen Prozess hervorrufen kann, der mit der nächsten negativen Halbschwingung zwar gestoppt, nicht jedoch umgekehrt wird (s. G. Heim und G. Peez: „Wechselstrombeeinflussung von erdverlegten kathodisch geschützten Erdgas-Hochdruckleitungen". gwf Gas/Erdgas 133 (1992) Nr. 3, S. 137/142).

5.8.5.2 Vermeidung von Korrosion

Korrosionen kann man nur vermeiden, wenn man entweder die Bildung des galvanischen Elements verhindert, den Elektrolyten nicht mit den beteiligten Metallen in Berührung kommen lässt oder den Stromfluss, der ja, wie zuvor gesagt, den Prozess in Gang hält, unterbricht bzw. vermeidet oder zumindest stark reduziert. Auch die Eigenkorrosion muss im Auge behalten werden. Sie tritt jedoch in der Regel nur bei unbehandelten Eisenwerkstoffen auf. Aber auch bei einem verzinkten Bandstahl, wenn er z. B. aus dem Erdreich heraustritt und weiter in Luft geführt wird, müssen im Übergansbereich besondere Maßnahmen getroffen werden. Zwei wichtige Maßnahmen sollen an dieser Stelle hervorgehoben werden:

- Wenn zwei Metalle miteinander verbunden werden müssen, ist immer dafür zu sorgen, dass keine Feuchtigkeit oder aggressive Atmosphäre diese Verbindung zum galvanischen Element werden lässt. Häufig kann eine solche Verbindung nur über spezielle Zwischenlagen ausgeführt werden (z. B. werden Stahl oder Aluminium mit Kupfer häufig über Cupalblech verbunden). Möglich wäre auch die Behandlung der Verbindungsstelle mit besonderen Rostschutzlacken usw.

- Wird eine Anschlussfahne vom Fundamenterder nach außen herausgeführt, so sind an der Stelle, an der die Fahne aus dem Betonfundament heraustritt und mit dem Erdboden in Kontakt kommt, sowie im Weiteren am Übergang vom Erdboden zur Luft, besondere Korrosionsschutzmaßnahmen erforderlich. Häufig reichen besondere Korrosionsschutzbinden aus, die um die Anschlussfahne gewickelt werden. Möglich wäre natürlich auch ein Schrumpfschlauch. Wichtig ist nur, dass der Schutz von der jeweiligen Übergangsstelle in beiden Richtungen (also z. B. von der Austrittsstelle aus in Richtung Erde sowie in Richtung Beton) erfolgen muss. Die Binde erst an der Austrittstelle beginnen zu lassen, ist so gut wie überhaupt keine Maßnahme. VDE 0151 fordert z. B. im Abschnitt 4.1, die Korrosionsschutzmaßnahme auf eine Strecke von 0,3 m vor und hinter der Austrittstelle auszudehnen.

Einige Beispiele aus der Praxis sollen die Entscheidung, was konkret zu tun ist, erleichtern:

a) Ein vorhandener Fundamenterder wird mit einem nachträglich verlegten Ringerder aus verzinktem Bandstahl, verlegt direkt im Erdreich, verbunden

Nach dem bisher Gesagten wird der verzinkte Bandstahl im Erdreich zur Anode und korrodieren. Allerdings wird sich der Materialabtrag zunächst auf die Zinkoberfläche ausdehnen. Außerdem ist das Flächenverhältnis günstiger als z. B. bei einem einzelnen Tiefenerder gegenüber dem Betonfundament. Von daher kann in den meisten Fällen davon ausgegangen werden, dass dieser Zusammenschluss über viele Jahre Bestand haben wird (siehe jedoch weiter unten bei Punkt c). Sicherer ist es jedoch, wenn der Ringerder in Beton verlegt und auch die Verbindung zum Gebäudeerder entsprechend geschützt wird.

b) Ein vorhandener Fundamenterder wird mit einem nachträglich geschlagenen Tiefenerder aus verzinktem Stahl verbunden

Hier sieht das Flächenverhältnis anders aus als beim Ringerder. Es muss daher mit einem deutlich höherem Abtrag gerechnet werden. Durch Messung muss von Zeit zur Zeit geprüft werden, ob die Qualität des Erders noch vorhanden ist. Eventuell ist ein Tiefenerder aus besonders edlem Stahl (nicht rostender Stahl) einem aus feuerverzinktem Stahl vorzuziehen.

c) Die Stahlarmierung wird mit einem nachträglich verlegten Ringerder aus verzinktem Bandstahl, verlegt direkt im Erdreich, verbunden

Wenn der Fundamenterder mit der Stahlarmierung verbunden wird oder sogar die Armierung selbst die Funktion des Erders übernimmt, gestaltet sich die nachträgliche Errichtung des Ringerders nicht so unkritisch wie unter Punkt a) beschrieben. Hier sind die Flächenverhältnisse zum Teil extrem anders. Ein Ringerder kann hier durchaus in wenigen Jahren komplett verrostet und damit funktionsuntüchtig sein. In diesem Fall muss für den Ringerder entweder ein edleres Material gewählt werden (z. B. Kupfer) oder der Stahl ist über spezielle Herstellungsverfahren hierzu besonders geeignet (z. B. nicht rostender Stahl). Möglich wäre natürlich auch, den Ringerder aus verzinktem Bandstahl im Beton einzubetten.

Diese Beispiele sollen nur mögliche Anwendungsfälle darstellen. Die gleichen Verhältnisse können auch bei anderen metallenen Konstruktionen, Erdungsleitern (z. B. Verbindungsleitungen zwischen Gebäudeerdern) und Ableitern von Blitzschutzanlagen vorliegen. Dabei sind die Aussagen entsprechend auf die vorliegende Situation zu übertragen.

6 Planung und Dokumentation

6.1 Einführung

Die Planung bezüglich der EMV in einem Gebäude ist in der Regel kein eigenständiger Arbeitsgang. Es gibt also nur in den seltensten Fällen eine eigene, komplette Ausschreibung für die EMV. Allenfalls Teilbereiche wie z. B. Blitzschutz, Potentialausgleichsmaßnahmen und Erdung werden in eigenen Leistungsbeschreibungen bzw. Ausschreibungsunterlagen häufig zusammengefasst. Sind die Belange der EMV zu berücksichtigen, müssen alle Gewerke einbezogen werden. Es bedarf in der Regel einer übergeordneten Koordination, um den Erfolg des Gesamtkonzepts zu garantieren.

Aus diesem Grund ist es, besonders bei komplexen Gebäuden mit intensiver EDV-Nutzung oder Automatisierungsanlagen usw., ratsam, die Gesamtverantwortung für die EMV einem EMV-Planer (EMV-Koordinator, EMV-Berater) zu übertragen, der dafür sorgt, dass

- ein Gesamtkonzept zur EMV entsteht, das alle beteiligten Gewerke einschließt
- bei der Planung bzw. Errichtung der verschiedenen Gewerke die Belange der EMV, wo immer notwendig, mitberücksichtigt werden
- die Schnittstellen zwischen den Arbeiten der einzelnen Errichterfirmen der verschiedenen Gewerke, wo immer die Aspekte der EMV betroffen sind, korrekt ausgeführt werden
- die Ausführung aller Gewerke dem geplanten Gesamtkonzept der EMV entspricht (Bauleitung)

Dabei kann es um die Anbindung von metallenen Rohrsystemen gehen, um die Einführung der Medienzuleitungen (Gas, Wasser, Luft usw.), um die Tragwerksplanung (mit besonderen Schnittstellen zur Erdung und zum Potentialausgleich) oder um die Einbeziehung von größeren Maschinenanlagen. Auch wenn die Erdungsanlage (Fundamenterder), wie es leider allzu häufig der Fall ist, von der Baufirma, die die Fundamente herstellt, ausgeführt wird, sind Absprachen und eine konsequente Bauleitung notwendig. Werden z. B. die Starkstromtechnik (allgemeine Elektroinstallation) und die Informationstechnik (wie EDV-Vernetzung, Telefonanlage) von verschiedenen Firmen geplant und errichtet, muss der EDV-Planer nach seinem Gesamtkonzept für die Ausführung der Fachplanung sowie der Errichtung die Fäden in der Hand behalten. Da der Blitzschutz häufig als gesonderte Ausschreibung herausgegeben wird und dazu diese Arbeiten zu einem späten Zeitpunkt innerhalb des Baufortschritts ausgeführt werden, sind auch hier eine vernünftige

Planung und anschließende Bauleitung notwendig, damit die im Gesamtkonzept vorgesehenen Konzepte umgesetzt werden können.

Sinnvollerweise wird diese Aufgabe einem Experten aus dem Gewerk Elektrotechnik übertragen. Beispielsweise kann dies der Elektroplaner sein, wenn dieser über die notwendige Kompetenz verfügt. Ob dies der Fall ist, kann nicht immer von vornherein gesagt werden. Hilfreich ist es, wenn der Experte seine Kompetenz einem unabhängigem Dritten gegenüber nachgewiesen hat, der dann auch für die dringend notwendige Fortbildung des Experten sorgt, um die entsprechende Fachkompetenz auf aktuellem Stand zu halten. In der Versicherungswirtschaft wurde z. B. hierzu ein eigenes Anerkennungsverfahren entwickelt. Anerkannt wird hier ein „VdS-anerkannter Sachkundiger für Blitz- und Überspannungsschutz sowie EMV-gerechte elektrische Anlagen (EMV-Sachkundiger)". Anerkennende Stelle ist VdS Schadenverhütung in Köln (www.vds.de).

Grundsätzlich muss betont werden, dass die Verwirklichung des Gesamtkonzepts nur wirklich funktioniert bzw. relativ kostengünstig ausgeführt werden kann, wenn die EMV-Planung so früh wie möglich beginnt. Auf diese Weise wird vermieden, dass die verschiedenen Gewerke nachträglich Planungs- oder Ausführungsänderungen vornehmen müssen, die stets mehr kosten als das frühzeitige, konsequente Einbeziehen der EMV (s. Abschnitt 1.3).

6.2 Die Planung in Phasen

6.2.1 Einführung

Die Planung einer komplexen elektrischen Anlage geschieht in der Regel nicht in einem Arbeitsschritt. Meist kann man mehr oder weniger klar verschiedene Planungsphasen unterscheiden, ganz gleich, ob man dabei von zwei, drei oder mehr Einzelphasen ausgeht. In diesem Buch soll die Planung in drei Phasen dargestellt werden. Im konkreten Fall kann man je nach Komplexität oder Größe des Gebäudes einiges zusammenfassen oder noch weiter unterteilen. Im Folgenden werden die Planungsphasen aus der Sicht der EMV beschrieben. Dass darüber hinaus auch Planungen zur allgemeinen Elektroinstallation (z. B. Kurzschlussbetrachtungen, Schutzmaßnahmen usw.) auszuführen sind, wird vorausgesetzt.

6.2.2 Die Entwurfsplanung

In dieser ersten Phase entsteht das Gesamtkonzept. Hier müssen sämtliche relevanten Daten für die Planung ermittelt werden. Dazu gehören u. a.

- Versorgungskonzept (Netzsystem, Mittelspannungs-/Niederspannungseinspeisung, Ersatzstromanlagen, Leistungsanforderung)
- Standortbestimmung der Schaltanlagen für die Starkstromtechnik
- Standortbestimmung für die informationstechnischen Verteiler

- Planung der Verkabelung (Typ, Querschnitt, Schutz)
- Infrastruktur für die gesamte Verkabelung (Kabeltrassenplanung, Schnittstellenplanung mit den anderen Gewerken wie Lüftung und Sanitär)
- Standortbestimmung leistungsstarker Verbraucher und potentieller Störquellen
- Standortbestimmung potentieller Störsenken
- Planung der eventuell erforderlichen USV-Anlagen
- Erdungskonzept
- Potentialausgleich
- Blitzschutz
- Überspannungsschutz
- Filtermaßnahmen
- Schirmung (vor allem Gebäude- oder Raumschirmung)

Hierzu müssen sämtliche Vorgaben und notwendigen Informationen zusammengetragen werden. Informationen sind durch Bauherren, Architekten sowie übrigen Fachplanern bereitzustellen. Bei komplexeren Gebäuden, oder wenn zur Abschätzung des aufzuwendenden Etats die Kosten vorab ermittelt werden müssen (häufig bei behördlichen Planungsaufträgen), werden die vorläufigen Ergebnisse in einer Vorplanungsbeschreibung niedergelegt. Alle relevanten Planungsdaten werden dabei grob beschrieben und häufig in Lageplänen bzw. in Gebäudeplänen (z. B. im Maßstab 1:100) eingetragen. Auf alle Fälle sollten die Ergebnisse schriftlich niedergelegt werden, um bei der anschließenden Detailplanung darauf zurückgreifen und sämtliche Entscheidungen nachvollziehbar machen zu können.

6.2.3 Die Ausführungs- oder Detailplanung

Bei der anschließenden Ausführungs- oder Detailplanung werden die Ergebnisse der Entwurfsplanung detailliert beschrieben und eventuell notwendige Berechnungen ausgeführt. Die Ergebnisse dieser Planung werden in Ausschreibungsunterlagen hinterlegt, die ein Leistungsverzeichnis (Darstellung der auszuführenden Arbeiten) und die notwendigen zeichnerischen bzw. tabellarischen Unterlagen (z. B. Ausführungspläne und Kabellisten) enthalten (s. Abschnitt 6.3).

Die Ausschreibungsunterlagen dienen im Weiteren als Grundlage für die ausführenden Firmen, die damit ein Angebot vorlegen können. Die zeichnerischen Unterlagen müssen hierzu „ausführungsfähig" gestaltet sein, um dem Anbieter die Möglichkeit zu geben, die Leistung zu bewerten und seine Preise für Lieferung und Montage entsprechend anzugeben. Ausführungsfähig meint zusätzlich, dass die Firma, die den Zuschlag erhält, in der Bauphase die Errichtung korrekt und dem Planungskonzept entsprechend ausführen kann. Zu diesen ausführungsfähigen Plänen gehören z. B. (s. auch Abschnitt 6.3):

- Erdungspläne mit Lage und Ausführung der Fundamenterder, eventuell mit Detailzeichnungen, um Missverständnisse oder eine falsche Errichtung ausschließen zu können (**Bild 6.1** und **Bild 6.2**)
- Ausführung des Potentialausgleichs (**Bild 6.3** und **Bild 6.4**)
- Kabeltrassenpläne mit eventuell erforderlichen Details (**Bild 6.5**)
- Ausführung von eventuell notwendigen Gebäude- oder Raumschirmungsmaßnahmen (s. Bild 5.85, Bild 5.86, Bild 5.87)
- Planung der Schaltanlagen (elektrische Verteiler): Größe, Schutzart, Aufbau usw. (s. Abschnitt 5.7 – vor allem Abschnitt 5.7.3) sowie Festlegung der Standorte in Grundrissplänen (möglichst im Maßstab 1 : 50)

Als zeichnerische Grundlage dienen in der Regel Grundrisspläne (für jede Etage) des Gebäudes im Maßstab 1 : 50 sowie gegebenenfalls auch Gebäudeschnitte.

Im Leistungsverzeichnis müssen nicht nur konkrete Maßnahmen enthalten sein, sondern auch notwendige Beschreibungen der Schnittstellen zu anderen Gewerken. Vor allem sind bei den Maßnahmen zu Erdung, Potentialausgleich und Raum- bzw.

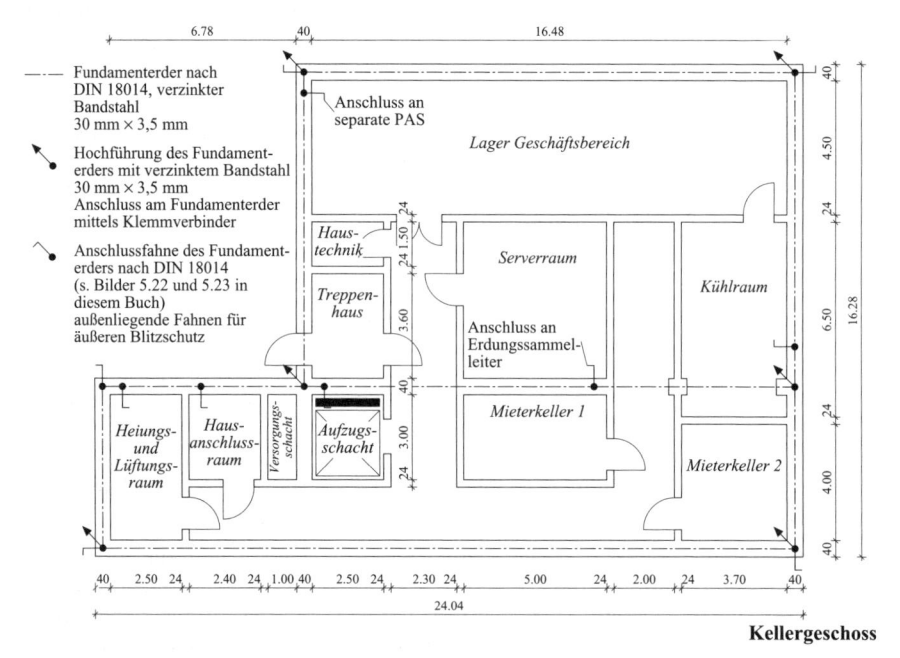

Bild 6.1 Beispiel für die Ausführung eines Fundamenterderplans bei einem mehrgeschossigen Geschäftsgebäude mit intensiver EDV-Nutzung (mehrere Büroetagen) und Kaufhausfiliale im EG sowie zwei Mietwohnungen im oberen Geschoss.
Die Hochführungen dienen der Anbindung der oberen Stockwerke an den Fundamenterder. Sie werden im Beton mit der Stahlarmierung geführt.

Gebäudeschirmung Absprachen und terminliche Festlegungen mit dem Bauplaner (z. B. Architekten) oder Tragwerksplaner notwendig. Da die ersten Planungsschritte zum Gesamtgebäude zwischen Architekt und Bauherrn festgelegt werden, muss darauf geachtet werden, dass der Planer, der für die EMV zuständig ist (gegebenenfalls der zuvor genannte EMV-Planer, s. Abschnitt 6.1), so früh wie möglich hinzugezogen wird oder zumindest noch so viel Freiraum erhält, dass nachträgliche Änderungen im Sinne einer vernünftigen EMV möglich sind.

Es muss auch darauf hingewiesen werden, dass die Erstellung der Pläne, einschließlich aller notwendigen Aktualisierungen, nach Fertigstellung des Baus eine feste Position im Leistungsverzeichnis bekommt, damit dieser wichtige Schritt nicht vergessen oder zum Streitpunkt zwischen Auftraggeber und ausführendem Gewerk wird.

Die zweite Planungsphase endet mit der Herausgabe der Ausschreibung einschließlich der ausführungsfähigen Unterlagen (vor allem der Pläne) an die Bieter. Den Abschluss bildet der Vergleich der Angebote und die Vergabe der Aufträge an den Bieter, der den Zuschlag erhält.

6.2.4 Die Bauphase

Bei der Bauphase geht es nicht im eigentlichen Sinn um Planungstätigkeit, sondern um die Realisierung der geplanten Maßnahmen. Hierzu ist eine exakte Terminplanung dringend anzuraten. In der Regel wird der zuständige Architekt oder ein Beauftragter (eventuell ein gesonderter Dienstleister, der die Terminplanung und -verfolgung ausführt) die Koordinierung vorbereiten und die Einhaltung der Termine überwachen.

Allerdings muss der für die EMV zuständige Planer (z. B. der EMV-Planer nach Abschnitt 6.1) hier in Absprache mit dem Architekten eine für seine Belange begleitende Terminplanung ausarbeiten, die eventuell detaillierter ausfällt als die übergeordnete Bau-Terminplanung des Architekten. Dazu dienen je nach Komplexität Balkendiagramme oder Netzpläne. Die erstgenannte Möglichkeit bietet einen sehr einfachen und direkten Überblick. Die Ausführungen der einzelnen Gewerke werden mit Beginn und Ende terminlich durch einen entsprechenden Zeitbalken untereinander aufgetragen. Der Netzplan ist auf den ersten Blick etwas unübersichtlicher, verschafft aber einen sehr guten Überblick der zum Teil parallel laufenden Arbeiten. Aus ihm wird sofort ersichtlich, welche Terminüberschreibung oder -verschiebung den Endtermin infrage stellt oder welche Gewerke betroffen sind, wenn ein Termin von einem Beteiligten nicht eingehalten werden kann. Näheres zu den Ausführungen solcher Terminplanungen ist in der üblichen Fachliteratur zu diesem Thema nachzulesen. Das Thema würde den Rahmen dieses Buchs sprengen. Es lohnt sich jedoch, sich einen Einblick in die professionelle Terminplanung zu verschaffen.

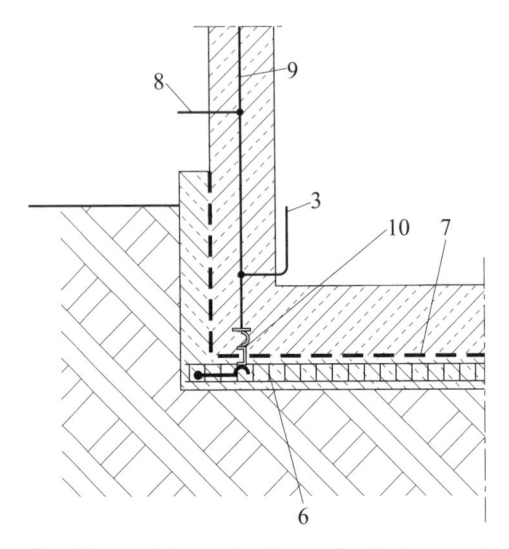

Bild 6.2 Detailplan zur Ausführung des Fundamenterders
Der Fundamenterder (er soll auch als Blitzschutzerder vorgesehen werden) wird unterhalb der Bitumenisolierung verlegt.
3   Potentialausgleichsleitung zum inneren Potentialausgleich/Blitzschutzpotentialausgleich
6   Fundamenterder mit Anbindung an die Stahlbewehrung
7   Bitumenisolierung, wasserdichte Isolierschicht
8   Verbindungsleitung zwischen der Stahlbewehrung und der Messstelle
9   Stahlbewehrung im Beton (Armierung)
10 Durchdringung der wasserdichten Bitumenschicht; Verbindung zwischen Fundamenterder und Stahlbewehrung
(Quelle: DIN EN 62305-3 (VDE 0185-305-3)

Die weitere Aufgabe des für die EMV verantwortlichen Experten ist die Bauleitung, die zum Ziel hat, die ausführenden Unternehmen zu überwachen, damit die Planung korrekt umgesetzt wird und die vorgesehenen Termine eingehalten werden.

Nicht selten müssen jedoch während der Bauphase aktuelle Erkenntnisse einbezogen werden. Ursachen hierfür können Änderungen in der Planung anderer Gewerke oder Umplanungen seitens des Architekten bzw. Bauherrn sein. So kommt es vor, dass Wände verschoben werden oder Räume eine andere Nutzung erhalten, der Aufzugsschacht wird versetzt, oder es muss ein ursprünglich nicht vorgesehenes leistungsstarkes Verbrauchsmittel (z. B. eine Maschine) eingeplant werden. In solchen Fällen muss der für die EMV verantwortliche Experte überlegen, welche Auswirkungen dies auf seine Planung hat. Er muss sich z. B. die Frage stellen, ob durch die Umstellung einer Schaltanlage ein informationstechnischer Verteiler zu nah an potentielle Störquellen heranrückt oder die Kabeltrassenführung verändert werden muss.

Kabelrinne

Elektroverteiler

Potentialausgleichsverbindung
NYY 1×16 mm^2

Steigetrasse

NYY
1×16 mm^2
PE-Schiene

Erdungsfestpunkt

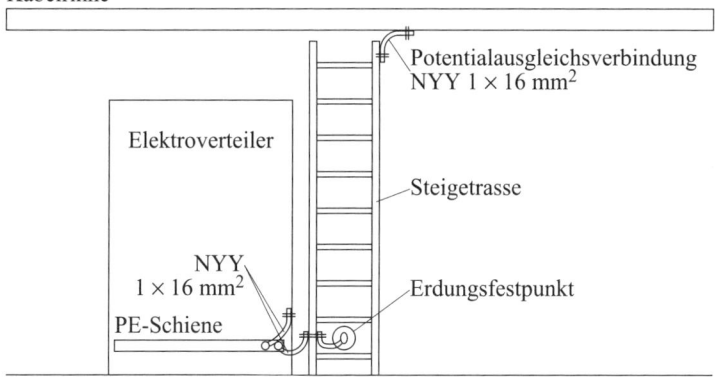

Bild 6.3 Detailplan zur Ausführung des Potentialausgleichs (Einbeziehung von Kabeltrassen)

Technikraum UG

Erdungssammelleiter,
30 mm × 3,5 mm, verzinkter
Bandstahl, mit Wandbefestigung nach Detail A mindestens
alle 0,5 m

Detail A

Beispiel für einen
Potentialausgleichsanschluss an den
Erdungssammelleiter

Detail A

Bewehrung

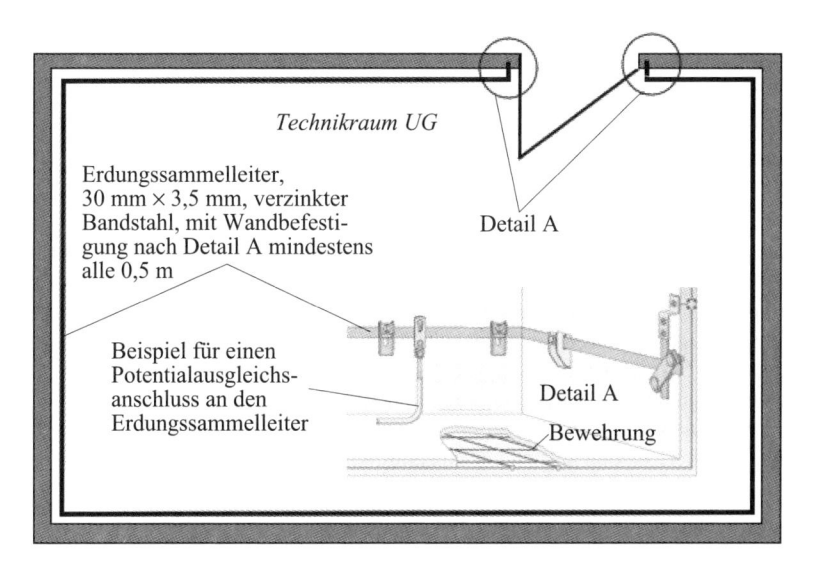

Bild 6.4 Grundrissdarstellung mit Detailzeichnung zur Ausführung des Potentialausgleichs (Erdungssammelleiter) im Technikraum

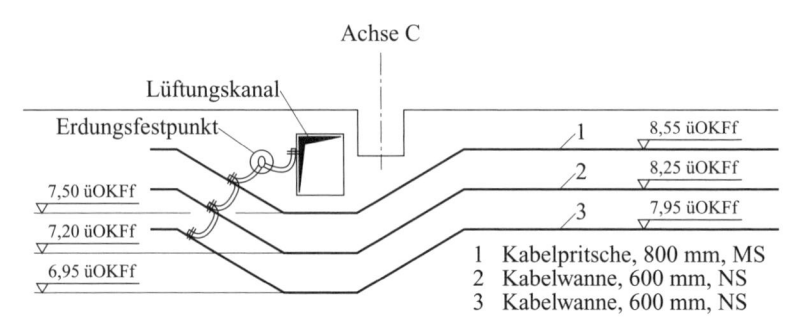

```
                    Achse C
      Lüftungskanal    |
Erdungsfestpunkt            ╱1   8,55 üOKFf
                            ╱2   8,25 üOKFf
7,50 üOKFf                  ╱3   7,95 üOKFf
7,20 üOKFf
                   1  Kabelpritsche, 800 mm, MS
6,95 üOKFf         2  Kabelwanne, 600 mm, NS
                   3  Kabelwanne, 600 mm, NS
```

Bild 6.5 Detailplan zur Trassenplanung (Höhenversprung wegen Hindernissen) Kabelpritsche/Kabelwanne mit Ausleger an I-Profilträgern.
Alle 20 m durch NYY 1 × 16 mm² sind die Trassen untereinander zu verbinden mittels Klemmverbindungselementen.

An beiden Enden sowie in der Nähe von Erdungsfestpunkten werden die Trassen in den Gebäude-Potentialausgleich einbezogen mittels NYY 1 × 16 mm².

Auf alle Fälle sind stets Absprachen mit den Fachplanern der anderen Gewerke notwendig. Es muss auch darauf geachtet werden, dass Planungsänderungen den Weg in die Ausführungspläne finden, sonst stimmt am Ende die Wirklichkeit mit den Gebäudeplänen nicht mehr überein.

6.3 Die Dokumentation

6.3.1 Einführung

Die Dokumentation wurde bereits im Abschnitt 6.2 erwähnt. Da sie jedoch von entscheidender Bedeutung ist, soll sie in diesem Abschnitt noch einmal im Detail besprochen werden. Grundsätzlich soll betont werden, dass bei typischen Grundrissplänen (wie Fundamenterderpläne, Kabeltrassenpläne, Potentialausgleichspläne usw.) darauf geachtet werden muss, dass die wichtigsten Informationen der Ausführungsplanung in den Plänen selbst enthalten sind. Dies kann sowohl durch zusätzliche Detailzeichnungen als auch durch kurze, eindeutige Texte unterstützt werden (s. Bild 6.4 und Bild 6.5). Der Grund ist, dass die Monteure bei ihrer Arbeit die Ausschreibungsunterlagen nicht immer vor Augen haben. Oft sind auch Ausschreibungstexte allein nicht deutlich genug. Verbunden mit dem Bild werden die Aussagen jedoch verständlicher. In den folgenden Abschnitten werden wichtige Dokumentationsarten beschrieben.

6.3.2 Darstellung des Gesamtkonzepts

Der Anlagendokumentation sollte eine Beschreibung der grundsätzlichen EMV-Maßnahmen vorangestellt werden. Beschrieben werden hier das Netzsystem (z. B. TN-S-System), das Erdungskonzept (Art der Erdung, Verbindung zum Potentialausgleich, Anbindung der Armierung usw.), das Potentialausgleichssystem (z. B. Potentialausgleich für Serverräume, Technikräume, Anbindung von Metallkonstruktionen usw.), das Schirmungskonzept (Kabelschirmung, Gebäude- oder Raumschirmung), die eventuell vorhandenen Filtermaßnahmen und das Konzept der Trennung von potentiellen Störsenken und Störquellen.

6.3.3 Kabellisten

In Kabellisten werden sämtliche Kabel und Leitungen mit folgenden Angaben aufgeführt:
- Anfangs- und Endpunkt des Kabels bzw. der Leitung (z. B. Angabe der Verteilungsbezeichnungen, die durch ein Kabel verbunden werden: HV-02/UV-03-A)
- Kabel- und Leitungstyp mit Angabe der Aderzahl und Querschnitt (z. B. NYM-J $5 \times 2{,}5$ mm^2)
- Angabe des zu erwartenden Betriebsstroms oder der Leistung – immer als Maximalangabe

Sehr sinnvoll ist es auch, eigene Kabellisten für den Potentialausgleich vorzusehen. In solchen Listen werden sämtliche Potentialausgleichsschienen benannt und die von ihnen abgehenden Potentialausgleichs- und Erdungsleiter mit Zielangabe aufgeführt.

6.3.4 Stromlaufpläne

Stromlaufpläne für Schaltanlagen sind für einen notwendigen Überblick in der Schaltanlage vorzuhalten. Häufig reichen einpolige Darstellungen.

6.3.5 Netzpläne der Energieverteilung

In einem Gesamtplan muss die Struktur der Energieverteilung in der Regel einpolig dargestellt werden.

6.3.6 Fundamenterderpläne

Bei komplexen Gebäuden ist ein Fundamenterderplan dringend angeraten. Er sollte Auskunft geben über
- den Verlauf des Fundamenterders
- Anbindungen der Stockwerke
  (Hier müssen im Grundriss die jeweiligen Hochführungen markiert werden (s. Bild 6.1), und eventuell sollten in einer Schnittdarstellung (Gebäudeschnitt)

auch die Hochführung im Verlauf vom Kellergeschoss bis zur letzten Etage dargestellt werden)
- Details zu Anschlussfahnen und Erdungsfestpunkten (s. Bild 6.1 und Bild 6.2)
- Details zu Dehnfugenüberbrückungen (s. Bild 5.25) und Anschlüssen des Fundamenterders zur Außenanlage
- Details über die Anbindung von Metallkonstruktionen im oder am Gebäude (s. Bild 5.24)

6.3.7 Potentialausgleichspläne

In gesonderten Grundrissplänen müssen sämtliche relevanten Potentialausgleichsmaßnahmen dargestellt werden. Diese Pläne enthalten die genaue Lage der Potentialausgleichsschienen und Erdungsfestpunkte im Gebäude sowie Details über besondere Potentialausgleichsverbindungen und -maßnahmen (s. Bilder 5.35, 5.36, 5.48 und 5.51). Bei mehrgeschossigen Gebäuden kann es notwendig werden, für jedes Stockwerk einen separaten Potentialausgleichsplan zu erstellen.

Die Schirmung kann ebenfalls in den Potentialausgleichsplänen dargestellt werden. Dehnfugenüberbrückungen (s. Bild 5.80 und Bild 5.88) werden durch Detailzeichnungen besonders hervorgehoben.

6.3.8 Dachaufsicht

Das Dach muss in Draufsicht (Maßstab 1 : 50) dargestellt werden. Dabei werden sämtliche relevanten Teile der Blitzschutzanlage eingezeichnet und, soweit erforderlich, mit Text und Detailzeichnungen (s. **Bild 6.6**) erläutert.

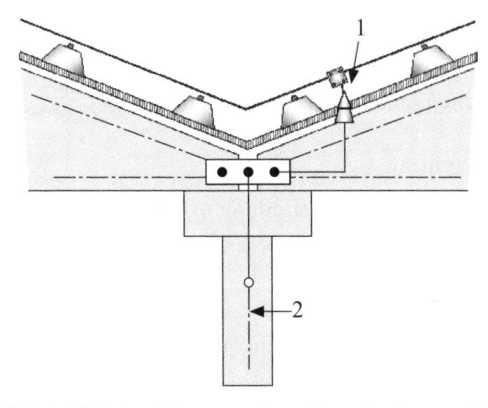

Bild 6.6 Schnittzeichnung zur Darstellung der inneren Ableitung beim Dach einer Industrieanlage.
1 wasserdichte Durchführung einer Anschlussleitung zur inneren Ableitung
2 Stahlbewehrung der Betonstütze
(Quelle: DIN EN 62305-3 (VDE 0185-305-3)

Aus der Dachaufsicht muss die Lage sämtlicher Ableitungen, Fangstangen und Direktanschlüsse (z. B. Anschluss an Treppengeländer der außenliegenden Fluchttreppe) hervorgehen.

6.3.9 Kabeltrassenpläne

In Grundrissplänen müssen auch sämtliche Kabeltrassen eingezeichnet werden. Dabei muss der genaue Verlauf der Trasse erkennbar sein. Die eingezeichneten Trassen sind mit folgenden Angaben zu kennzeichnen:

- Art der Trasse
- Maße
- gegebenenfalls Montagehöhe

  Beispiele:
  „*Kabelwanne, gelocht, 600 mm, 4,25 üOKFF*"
  „*Brüstungskanal, zweizügig, mit Trennsteg, 65 mm × 130 mm*"

- gegebenenfalls können Angaben zur Befestigung hinzugefügt werden wie: „*Kabelpritsche auf Ausleger, befestigt an I-Profilträger*"
- Auch Angaben zur Trassennutzung dürfen nicht fehlen.

  Beispiel:
  „*NS-Energieversorgung*" oder „*Datenkabel*"

- Sinnvollerweise sollten auch die wichtigsten Informationen bezüglich der Potentialausgleichsmaßnahmen genannt werden, wie

  – Hinweis auf die Notwendigkeit der Stoßstellenüberbrückung

  – Angabe der Stellen, wo parallel verlaufende Trassen untereinander verbunden werden sollen

  – Angabe, wo und wie die Trassen mit dem Gebäudepotentialausgleich verbunden werden

Dabei müssen durch Detailzeichnungen besondere Situationen verdeutlicht werden (s. Bild 6.5).

6.3.10 Besondere Kabelpläne

Hier können besondere Verlegearten dargestellt werden, wie eine erd- und kurzschlusssichere Verkabelung. Aber auch für die Belange der EMV-gerechten Verkabelung kann ein solcher zusätzlicher Plan notwendig werden. So z. B. für die Verkabelung eines Transformators mit Einleiterkabel. In diesem Fall kann es sinnvoll sein, die genaue Verlegung sowie die Zuordnung der aktiven Leiter (Außenleiter und Neutralleiter) zueinander sowie zum Schutzleiter zu verdeutlichen (s. Abschnitte 5.2.2.2.3 und 5.5.4).

6.3.11 Kennzeichnungen

Die Kennzeichnung durch Schilder, Bänder oder Farben ist zwar nicht direkt Teil der Dokumentation, dient wie diese jedoch dazu, einem Dritten, der nicht an der Planung und Errichtung beteiligt war, ausreichende Informationen bereitzustellen, damit dieser problemlos, gefahrlos sowie fachtechnisch korrekt an der elektrischen Anlage arbeiten, sie überprüfen oder erweitern kann. Aus diesem Grund soll dieser Punkt hier kurz angesprochen werden.

Sämtliche Schutzleiter (also Schutzleiter (PE) und Potentialausgleichsleiter) sollten nicht nur farblich eindeutig gekennzeichnet werden, sondern auch an beiden Enden ein Schild o. Ä. mit Zielbestimmungen tragen (**Bild 6.7**).

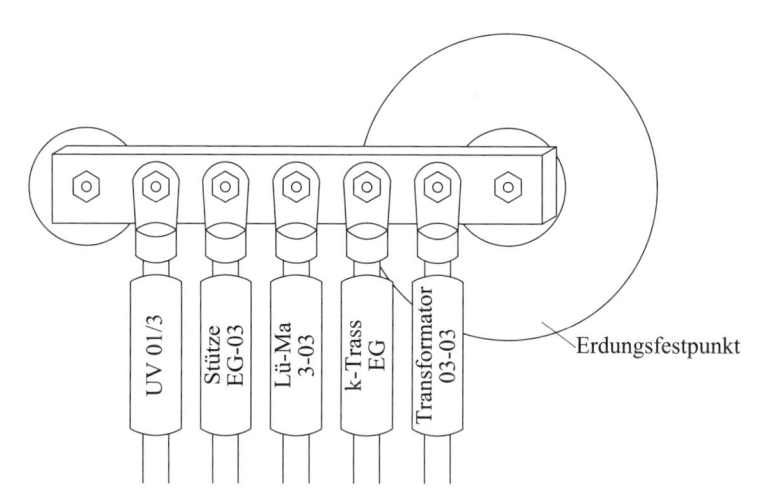

Bild 6.7 Potentialausgleichsschiene mit angeschlossenen Schutzleitern. Die angeschlossenen Leiter werden stets mit einem entsprechenden Schild gekennzeichnet.

Beispiel:

Die Potentialausgleichsverbindung zwischen einem Heizungsrohr im Raum 032 und der Potentialausgleichsschiene (die im Gebäude mit Nummer 02 bezeichnet wird) im Raum 034 soll gekennzeichnet werden. Der Anschluss des Heizungsrohrs wird mit einem Schild gekennzeichnet, das die Aufschrift trägt: PAS-02-Raum 034; an der Potentialausgleichsschiene Nr. 02 wird ein Schild angebracht mit der Aufschrift: HL-Raum 032.

Auch die Zuordnung eines Neutralleiters zum jeweiligen Stromkreis sollte absolut eindeutig sein. Ist dies nicht der Fall, ist eine entsprechende Kennzeichnung dringend zu empfehlen.

Derlei Bezeichnungen müssen natürlich auch mit den Kennzeichnungen bzw. den Bezeichnungen in den Kabellisten sowie Schalt- und Stromlaufplänen der Verteiler übereinstimmen.

6.3.12 Prüfbericht

Zur Dokumentation gehört letztendlich auch der Prüfbericht mit Angaben des Prüfumfangs und der Messprotokolle. Wie die Prüfung der elektrischen Anlage nach VDE 0100-600, besteht auch eine Prüfung im Sinn der EMV aus Besichtigen, Erproben und Messen. Sämtliche Ergebnisse müssen für andere nachvollziehbar protokolliert werden. Näheres hierzu ist in Kapitel 7 zu finden. Der Prüfbericht sollte sich so gliedern, dass eine weitere Person, die bei der Prüfung nicht dabei war, sich sofort zurechtfinden kann. Möglich ist folgende Einteilung:

- **Deckblatt**
  Mit allgemeinen Angaben zur elektrischen Anlage wie Netzstruktur, Versorgungsart (Niederspannungseinspeisung oder Mittelspannungseinspeisung mit eigenem Transformator, Einfach- oder Mehrfacheinspeisung usw.), Art der Erdung, Auswahl der Hauptleitung (z. B. Einleiterkabel zwischen Transformator und NHV usw.).

- **Ergebnisse der Besichtigung**
  Die Ergebnisse der Besichtigung können in einer Liste aufgeführt werden (**Tabelle 6.1**). Müssen nähere Einzelheiten beschrieben werden, kann dies an anderer Stelle ausführlich geschehen. In der Liste kann auf diese zusätzliche Information zu diesem Punkt hingewiesen werden (z. B. unter Bemerkungen).

besichtigte Einrichtung	Beurteilung			Bemerkung
Blitzschutzanlage (außen)	❏ i. O.	❏ m	❏ nr	
Überspannungsschutz	❏ i. O.	❏ m	❏ nr	siehe hierzu Prüfbericht Nr. ...
Schleifenbildung	❏ i. O.	❏ m		
Abstände zu Störquellen	❏ i. O.	❏ m		siehe Plan G-A-E05-44
Anschluss Stahlkonstruktion	❏ i. O.	❏ m	❏ nr	
Raumschirmung	❏ i. O.	❏ m	❏ nr	siehe Anhang B

Tabelle 6.1 Beispiel für die Darstellung der Ergebnisse einer Besichtigung unter Berücksichtigung der EMV
i. O. in Ordnung
m mangelbehaftet
nr nicht relevant bzw. nicht vorhanden

- **Messprotokolle**

  Die Messprotokolle können eingeteilt werden in solche für Ströme und Felder. Danach können eventuelle Analysen von Oberschwingungen folgen. Hier darf nicht vergessen werden, dass bereits die Angabe der üblichen Betriebsströme in den Außen- und Neutralleitern wichtige Aufschlüsse geben können. Mes-

Angaben vom Planer	
Funk-Entstörgrad: *Klasse A (Industriegebiet)* *Klasse B (Wohn- und Gewerbebereich)*	
Motorleistung:	
Motorkabellänge:	
Ableitstrom Motorkabel: *Beachte: Bei Einsatz von Ausgangsfiltern kann evtl. die Schirmung des Motorkabels entfallen, und der Ableitstrom des Motors wird reduziert.*	
Angaben vom Hersteller des Frequenzumrichters	
Leistung des FU:	
Nennstrom des FU:	
Ableitstrom des FU (0 Hz bis 50 Hz):	
Ableitstrom des FU (bis 1 MHz):	
bei Taktfrequenz	
Ableitstrom je Meter Leitungslänge (geschirmt):	
Kabeltyp	
bei Taktfrequenz:	
Ableitstrom je Meter Leitungslänge (ungeschirmt):	
Kabeltyp	
bei Taktfrequenz:	
Angaben vom Filterhersteller	
Ableitstrom des Netzfilters:	
Nennstrom Netzfilter	
Ableitstrom des Ausgangsfilters:	
Nennstrom Ausgangsfilter:	
Summe der Ableitströme (ohne Ableitstrom des Motors)	

Tabelle 6.2 Beispiel einer Ableitstrombilanz nach VdS 3501

sungen von Schutzleiter- und Schirmströmen, die es ja zu vermeiden gilt, sind gesondert aufzuführen.

6.3.13 Sonstige Listen

Je nach Anlage kann es erforderlich werden, besondere Listen anzufertigen, die belegen, dass die elektrische Anlage die erwünschte EMV-freundliche Infrastruktur zur Verfügung stellt. Bei zahlreichen bzw. leistungsstarken Frequenzumrichterantrieben ist es häufig sinnvoll, während der Planung eine Ableitstrombilanz zu erstellen, um mit den sich ergebenden Ableitströmen zurechtkommen zu können. Solche Bilanzen erfordern die Zusammenarbeit zwischen Planern und Herstellern des Frequenzumrichters und der Filter. In den VdS-Richtlinien zu diesem Thema (VdS 3501, Isolationsfehlerschutz in elektrischen Anlagen mit elektronischen Betriebsmitteln – RCD und FU) wird eine solche Liste dargestellt (s. **Tabelle 6.2**).

7 Prüfung elektrischer Anlagen unter Berücksichtigung der EMV

7.1 Einführung

Hier soll es nicht um übliche Prüfungen nach VDE 0100-600 (Erstprüfung) sowie VDE 0105-100 (wiederkehrende Prüfung) in elektrischen Anlagen gehen, sondern um solche, die eine fachgerechte Installation im Sinne der EMV nachweisen. Auch hier kann zwischen Erst- und Wiederholungsprüfung unterschieden werden. Allerdings ist die Möglichkeit der Prüfung vor Inbetriebnahme in diesem Zusammenhang begrenzt, da sich Störgrößen in der Regel nur bei laufendem Betrieb bemerkbar machen.

7.2 Messgeräte

Sind Messungen notwendig, müssen hierzu geeignete Messgeräte eingesetzt werden. Hier eine Auswahl solcher Instrumente:

7.2.1 Strommessungen

Grundsätzlich gilt, dass Geräte mit Echt-Effektivwertmessung (häufig auf dem Messgerät mit TRMS angegeben) einzusetzen sind, wenn mit Oberschwingungen gerechnet werden muss. Andere Messinstrumente registrieren häufig nur die Nulldurchgänge und Spitzenwerte und errechnen daraus einen Wert, der einer entsprechenden Sinusschwingung entspricht. Da der Stromverlauf aufgrund der Oberschwingungen jedoch verzerrt ist, kann der von solchen Geräten angezeigte Wert nicht richtig sein. Vergleichsmessungen haben ergeben, dass je nach dem Grad der Verzerrung Fehler bis zu 300 % auftreten können (s. Abschnitt 4.3.4.5.8). Messgeräte, die „echt-effektiv" messen, tasten die verzerrte Kurve dagegen genau ab und geben den tatsächlichen Effektivwert des Stroms an. Manche Analoggeräte mit z. B. Dreheisenmesswerken zeigen ebenfalls den Effektivwert des Stroms an – unabhängig von der jeweiligen Verzerrung.

Weiterhin ist zu beachten, dass das Messgerät für die zu messenden Ströme im jeweiligen Frequenzbereich geeignet ist. Sind höhere Frequenzanteile (Oberschwingungen höherer Ordnung) so groß, dass sie nicht unberücksichtigt bleiben dürfen, muss das Gerät in der Lage sein, diese Ströme mit den entsprechenden Frequenzen zu erfassen. Der Messgerätehersteller gibt in den technischen Beschreibungen zu seinem Produkt den Frequenzbereich an.

Bei laufendem Betrieb ist die Messung mit Stromzangen besonders vorteilhaft. Allerdings ist darauf zu achten, dass solche Zangen anfällig sind für Störfelder, die in die Zangenöffnung hineinwirken und Fehlanzeigen verursachen können. Häufig ist der Einfluss von derartigen Störfeldern feststellbar, wenn man den Winkel der Stromzange variiert. In diesem Fall wird der Einfluss der Störfelder je nach Lage verändert. Dadurch ändert sich auch der angezeigte Wert. Man umschließt den zu messenden Leiter mit der Zange und dreht diese im geschlossenen Zustand langsam in die eine oder in die andere Richtung. Dabei achtet man auf die Anzeige. Treten starke Schwankungen auf, ist eine Falschmessung wegen zu starker Störfeldbelastung nicht auszuschließen. Allerdings ist eine solche Vorgehensweise kein sicherer Beweis für eine Störfeldbeeinflussung. Beim Messen sollte man also in jedem Fall auf die Umgebung achten und mögliche Störquellen berücksichtigen.

Nicht immer sind es hohe Ströme, die gemessen werden müssen (z. B. Außenleiterströme), sondern häufig kleinere im mA-Bereich, wenn es z. B. um Schutzleiter- oder Schirmströme geht. Aus diesem Grund sind Strommessgeräte vorzuhalten, die eine Echt-Effektivwertmessung im hohen Strombereich ermöglichen, sowie solche, die echt-effektiv im mA-Bereich messen können. Besonders bei den letztgenannten Geräten ist auf eventuell vorhandene Störbeeinflussungen zu achten, da sich Störungen selbstverständlich in diesem Bereich besonders extrem auswirken.

Wenn vor der Inbetriebnahme Strommessungen beispielsweise in einem Versuchsaufbau durchgeführt werden sollen, kann es vorteilhaft sein, über einen Shunt zu messen. Dabei kann die an einem solchen kalibrierten Widerstand abfallende Spannung mit einem Oszilloskop gemessen und auf den Strom umgerechnet werden. Solche Messungen sind in der Regel besonders störungssicher.

Auf dem Markt sind Stromzangen erhältlich, die nicht nur den Effektivwert des Gesamtstroms angeben, sondern gleichzeitig auch eine Oberschwingungsanalyse durchführen können. Dabei können durch Wahl der entsprechenden Funktion am Gerät die Anteile der im Strom enthaltenen Oberschwingungen angezeigt werden.

7.2.2 Feldmessungen

Für Feldmessungen stehen zahlreiche Geräte zur Verfügung (**Bild 7.1 und Bild 7.2**). Wenn man die Belastung mit E- und H-Feldern in einem Gebäude untersuchen will, muss zunächst abgeschätzt werden, welche Frequenzen auftreten können. Korrekte Messwerte können nur ermittelt werden, wenn die richtigen Sonden eingesetzt werden, die jedoch in der Regel für bestimmte Frequenzbereiche besonders geeignet bzw. kalibriert sind. Eventuell muss durch Probemessungen mit verschiedenen Sondentypen versucht werden, die hauptsächlichen Störfelder einzugrenzen, um sie dann korrekt und nachvollziehbar zu messen.

Bei Feldmessungen muss darauf geachtet werden, dass sich Störfelder zeitlich mehr oder weniger stark ändern können. Von daher ist eine Messung nur dann sinnvoll, wenn man entweder über einen sinnvollen Zeitraum misst, oder wenn die Stör-

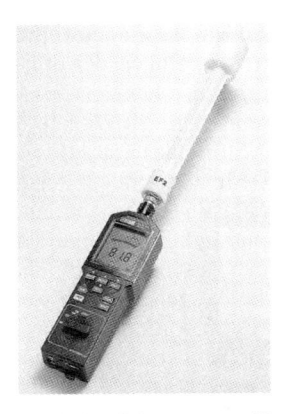

Bild 7.1 E-Feld-Messgerät (Quelle: Chauvin Arnoux)

Bild 7.2 H-Feld-Messgerät für niederfrequente magnetische Felder (Quelle: Chauvin Arnoux)

quellen bekannt sind (z. B. vorbeifahrende Züge, Aufzüge oder leistungsstarke Motoren). Im letztgenannten Fall muss man dann messen, wenn die zu erwartenden Störfelder maximal auftreten.

7.2.3 Netzanalysen

Eine Netzanalyse beinhaltet die Untersuchung von z. B. Strom, Spannung und elektrischer Leistung mit Berücksichtigung aller beteiligten Oberschwingungen über entsprechende Anzeigen, entweder als Balkendiagramm, in einer Liniendarstellung im Zeitbereich oder durch Angabe der physikalischen Größen als Zahlenwerte. Meist sind solche Netzanalysegeräte Oszilloskope mit der Möglichkeit der drei- oder einphasigen Messung (**Bild 7.3**).

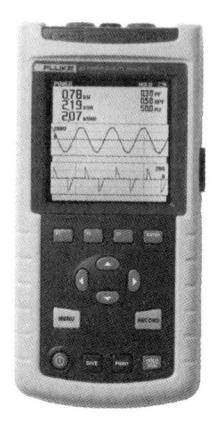

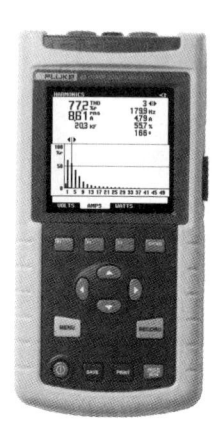

Bild 7.3 Netzanalysegerät für einphasige Messung
• links mit Darstellung von Strom und Spannung im Zeitbereich
• rechts mit Balkendiagrammdarstellung des Stroms
(Quelle: Fluke)

Wie dem **Bild 7.3** zu entnehmen ist, können gleichzeitig verschiedene Werte gemessen werden, wie der *THD*-Wert (s. Abschnitt 4.3.4.4.6), die Effektivwerte der einzelnen Oberschwingungsgrößen (Strom oder Spannung) sowie die Leistungen. In der Balkendarstellung (Bild 7.3, rechts) können die Werte für einzelne Oberschwingungen gesondert ermittelt sowie bei einer entsprechenden Auflösung im Zeitbereich auch einzelne, unperiodisch auftretende Piks oder Flicker aufgespürt und untersucht werden.

Um auch mögliche Zwischenharmonische messen und beurteilen zu können, benötigt man ein geeignetes Messgerät. Auch in der Balkendarstellung sollte eine Darstellung der Zwischenharmonischen (s. Abschnitte 4.3.4.1, 4.3.4.2.4 und 5.6.2) möglich sein. Der Hersteller des Messgeräts sollte hierzu konkrete Aussagen machen.

Für einen schnellen Überblick, der aber aussagekräftig genug ist, um bereits konkrete Ergebnisse zu liefern, reicht ein einphasig messendes Gerät. Für genauere Messung bei Berücksichtigung aller Außenleiterströme und besonders dann, wenn Langzeitmessungen angebracht sind, ist häufig eine dreiphasige Messung (**Bild 7.4**) erforderlich. Dies ist immer dann besonders vorteilhaft, wenn verursachende Störgrößen gesucht werden und nicht klar ist, ob bestimmte Phänomene eventuell nur in einem oder in zwei Außenleitern auftreten und eventuell auch nicht dauerhaft vorkommen können.

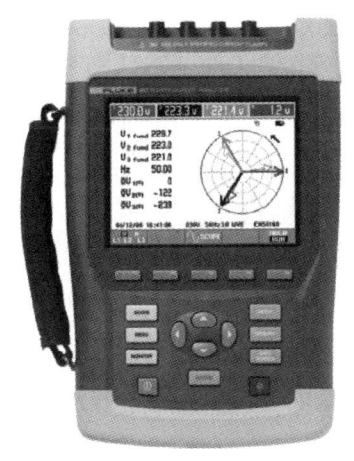

Bild 7.4 Dreiphasig messendes Netzanalysegerät z. B. für die gleichzeitige Darstellung der Ströme aller aktiven Leiter (Quelle: Fluke)

Der Umgang mit solchen Geräten erfordert Übung; auch wenn die Bedienung immer anwendungsfreundlicher wird. Allein die Auswahl, welche Funktion des Messgeräts eingesetzt werden muss, um ein interpretierbares Ergebnis zu erhalten, erfordert viel Fachwissen und Erfahrung. Allerdings sollte der Prüfer nicht davor zurückschrecken, diese Messungen immer wieder einzusetzen, um zunehmend Sicherheit im Umgang zu erzielen. Fortbildungsveranstaltungen, Fachliteratur sowie die ständige Anwendung werden schon recht bald zum Erfolg führen. Der Lohn dieser Mühen ist der deutlich feststellbare Informationsvorsprung, der nur durch solche Messungen zustande kommt. Fachkräfte im Bereich EMV werden nicht umhinkommen, diese wichtige Messungen im Bereich der Netzanalyse sicher zu beherrschen.

7.2.4 Sonstige Messgeräte und Zubehör

Ebenso müssen die Messgeräte genannt werden, die sowohl im Bereich der Prüfungen für eine EMV-freundliche Installation als auch im Bereich des Personenschutzes einzusetzen sind. Als Beispiel sind zu nennen: Erdungsmessgeräte, niederohmige Verbindungen und Schleifenwiderstandsmessgeräte.

Derlei Messgeräte sind in den Normen der Reihe VDE 0413 beschrieben. Auf dem Markt gibt es Kombigeräte, die fast alle Prüfungen nach VDE 0100-600 übernehmen können. Hier sei auf die übliche Fachliteratur zu diesem Thema hingewiesen (z. B. Manfred Kammler, Heinz Nienhaus, Dieter Vogt, Prüfungen vor Inbetriebnahme von Niederspannungsanlagen, VDE-Schriftenreihe Band 63).

Weiterhin kann es vorkommen, dass Strommessungen nicht durchgeführt werden können, weil die zu umschließenden Teile (aktive Leiter und/oder fremde leitfähige Teile) nicht von der Zange des Strommessgeräts umschlossen werden können. In diesen Fällen kann ein externer Stromwandler eingesetzt werden. Allerdings wird dadurch der Einfluss von störenden Fremdfeldern zusätzlich vergrößert. Um diese Störungen zu minimieren, werden häufig Rogowski-Spulen (**Bild 7.5**) eingesetzt. Hierbei handelt es sich um eine Messspule mit Störfeldkompensation.

Genau genommen handelt es sich bei der Rogowski-Spule um eine Luftspule, die einen Leitdraht besitzt, der um den Ring des Spulenkörpers gewickelt wurde. Beide Anschlüsse dieser Spule befinden sich am selben Ende des Spulenkörpers. Bei neueren und teureren Geräten wird zudem durch eine gegenläufig gewickelte Spule (Rückwicklung) der Einfluss von Fremdfeldern kompensiert (Bild 7.5 – links im Bild).

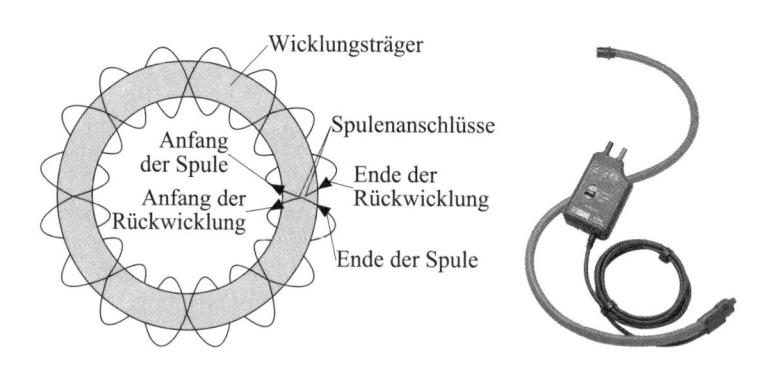

Bild 7.5 Rogowski-Spule mit gegenläufig gewickelten Spulen zur Kompensation von Fremdfeldern, rechts im Bild eine handelsübliche Spule
(Quelle: links: Bulletin SEV/VSE 24/25 04 / rechts: Chauvin Arnoux)

7.3 Die Erst- und die Wiederholungsprüfung

7.3.1 Einführung

Die Erstprüfung findet vor Übergabe des Gebäudes an den Nutzer statt. Hier treten also die sonst vorhandenen Beeinflussungen durch die betriebsbedingten Ströme und Spannungen nicht auf. Deshalb muss sich die Prüfung in erster Linie auf eine möglichst umfassende Besichtigung beschränken. Allerdings sollten auch Messungen kurz nach Inbetriebnahme möglich gemacht werden, um zu verifizieren, ob die geplanten Maßnahmen erfolgreich umgesetzt wurden. Bei wiederkehrenden Prüfungen entsteht das Problem der nicht belasteten Anlage nicht.

Häufig wird darüber diskutiert, in welchen Zeitabständen eine Prüfung durchgeführt werden muss. Für typische EMV-Prüfungen kann jedoch kein Prüfzyklus genannt werden. Häufig hängt dies vom Sicherheitsbedürfnis des Betreibers ab. Nicht selten werden EMV-Prüfungen erst dann angeordnet, wenn Funktionsstörungen auftreten. Will man es nicht so weit kommen lassen, kann je nach Komplexität der Anlage eine Überprüfung alle drei bis sechs Jahre durchgeführt werden, sowie nach besonderen Veränderungen oder bei Neuerrichtungen von Maschinenanlagen, die als potentielle Störquelle in Frage kommen könnten.

Unter Umständen reicht es aus, wenn bestimmte Teilprüfungen in kürzeren Zeitabständen (eventuell alle ein bis zwei Jahre) durchgeführt werden (z. B. Feldmessungen an neuralgischen Punkten sowie eine Netzanalyse und Strommessungen in den Hauptverteilungen) und in größeren Zeitabständen (eventuell alle drei bis sechs Jahre) eine komplette Überprüfung.

Im Grunde muss der Prüfzyklus entsprechend den Veränderungen, die zwischenzeitlich in der elektrischen Anlage stattfinden, gewählt werden, sofern diese gravierend sind. Entscheidungsmaßstäbe können z. B. sein:

- Veränderung im Einspeisebereich (wie Änderung des Netzsystems, neuer Transformator wurde angeschafft, die Zuleitung musste erneuert werden, eine Kompensationsanlage wurde angeschafft oder erneuert)
- Veränderung in der informationstechnischen Infrastruktur (wie neue EDV- oder Telefonverkabelung, Anschaffung einer Brandmeldeanlage, Neuverkabelung der PC-Arbeitsplätze wegen Neumöblierung der Büros)
- Anschaffung von USV-Anlagen
- Neuanschaffung von größeren Maschinenanlagen
- größere bauliche Veränderungen bzw. Erweiterungen

Die folgenden Abschnitte (Abschnitte 7.3.2 und 7.3.3) sind als eine unvollständige Liste der Prüfaufgaben zu verstehen, die je nach Komplexität des Gebäudes insgesamt oder gebäudeabschnittsweise durchgeführt werden.

7.3.2 Sichtprüfung

Zunächst ist es notwendig, dass in der Bauphase (s. Abschnitt 6.2.4) ständig überprüft wird, ob die Errichtung so ausgeführt wird, dass die geplanten Maßnahmen für die EMV erfolgreich und korrekt umgesetzt werden. Dies beginnt bei der Fundamentlegung, wenn der Fundamenterder eingebracht wird. Im weiteren Baufortschritt werden die Kabeltrassenführung und vor allem die Maßnahmen für den Potentialausgleich und die Gebäude- oder Raumschirmung kontrolliert. Beim Verkabeln muss darauf geachtet werden, dass Schleifenbildung vermieden wird und Schirmanschlüsse fachtechnisch einwandfrei ausgeführt werden. Die Bauleitung in diesem Bereich übernimmt also die erste und hauptsächliche Aufgabe der EMV-Prüfung. Bereits hier muss die Dokumentation der Prüfung erfolgen und fortgeschrieben werden. Der Bauleiter muss hier zwangsläufig die Aufgabe übernehmen, alle Maßnahmen bzw. deren Umsetzung zu überwachen, notfalls korrigierend einzugreifen und die erfolgreiche Umsetzung schriftlich festzuhalten. Im Grunde kann dies nur derjenige, der auch die Planung vorgenommen hat oder zumindest daran beteiligt war. Der im Abschnitt 6.1 erwähnte Experte (z. B. ein VdS-anerkannter EMV-Sachkundiger) bietet sich für diese Tätigkeit an.

7.3.3 Messungen

7.3.3.1 Feldmessungen

Messungen können sinnvollerweise nur nach Inbetriebnahme durchgeführt werden. Mit ihnen soll nachgewiesen werden, dass die Gesamtanlage während des Betriebs eine störungsarme Umgebung im Sinne der EMV gewährleistet. Natürlich können einige Messungen auch schon vorab durchgeführt werden. So können Schirmungsmaßnahmen überprüft werden, wenn von außen einwirkende Störfelder gedämpft werden sollen (z. B. vorbeifahrende Züge), oder man kann Störfelder künstlich produzieren und die Schirmwirkung auf diese Weise nachweisen.

Nach der Inbetriebnahme können auch Störfelder der betriebsbedingten Ströme im Gebäude gemessen werden. In diesem Fall müssen gleichzeitig zur Feldmessung auch die in Frage kommenden Ströme gemessen werden, um bei Veränderungen abschätzen zu können, ob hier Ursache und Wirkung im richtigen Zusammenhang gesehen werden oder ob nicht eventuell noch andere Ursachen (z. B. zusätzliche Störfelder von außerhalb) eine Rolle spielen.

In der Regel wird eine Feldmessung an verschiedenen Orten im Gebäude bzw. Raum durchgeführt. Bewährt haben sich Messungen in einer Höhe von nicht mehr als 0,5 m über dem Fußboden.

Kann nicht mit Sicherheit ausgeschlossen werden, dass auch tatsächlich für sämtliche möglichen Situationen bzw. zu jedem Zeitpunkt die angestrebte Dämpfung der Störfelder erreicht wird, müssen Langzeitmessungen durchgeführt werden. Messgeräte, die über längere Zeit messen und die Werte in einem Speicher hinterlegen können, werden von Herstellern angeboten.

Bezüglich der Langzeitmessungen ist zu betonen, dass man durchaus Mittelwerte aus begrenzten Messperioden bilden kann, um die Aussagen griffiger und überschaubarer zu machen. Allerdings sollte nicht versucht werden, in Intervallen zu messen (also mehr oder weniger große Pausen zwischen den Messperioden zu bilden). Hierdurch können wichtige Informationen verloren gehen.

7.3.3.2 Strommessungen

7.3.3.2.1 Ströme in aktiven Leitern

Als erstes müssen die betriebsbedingten Außenleiterströme sowie der Neutralleiterstrom gemessen werden. Diese Messungen bietet eine erste und wichtige Information über den Zustand der Anlage. Da in einem Gebäude mit zahlreichen ein- und mehrphasigen Verbrauchsmitteln kaum eine absolut symmetrische Stromaufteilung möglich ist, kann immer von einem betriebsbedingten Neutralleiterstrom ausgegangen werden. Dazu kommen die Oberschwingungsströme des Nullsystems (vor allem die 3. harmonische Oberschwingung, s. Abschnitt 4.3.4.5.6), die den Neutralleiter zusätzlich belasten.

Bei einem nicht symmetrisch belasteten Drehstromkreis sind die Beträge der Außenleiterströme nicht alle gleich. Misst man diese Außenleiterströme und bildet die rein zahlenmäßigen Differenzen, so muss der Neutralleiterstrom ohne Oberschwingungsbelastung stets kleiner ausfallen als die größte Differenz zwischen den Beträgen der Außenleiterströme.

Beispiel:
Gemessen wurden die Außenleiterströme mit:

L1: 125 A

L2: 118 A

L3: 111 A

Für den Neutralleiterstrom wurde eine Strombelastung von 55 A nachgewiesen.

Die größte Differenz der Außenleiterströme ist

125 A − 111 A = 14 A

Damit ist der Neutralleiterstrom von 55 A nicht mehr mit der Unsymmetrie zu erklären. Es kann davon ausgegangen werden, dass eine Belastung des Neutralleiters durch Oberschwingungen vorliegt.

Solche Messungen können an jedem Verteiler, zumindest an den Hauptverteilungen, durchgeführt werden. Näheren Aufschluss über die tatsächlichen Verhältnisse bietet zunächst eine Frequenzanalyse des Neutralleiterstroms. Wenn möglich, sollte diese Messung bei verschiedenen Belastungszuständen wiederholt werden. Bleiben die Werte innerhalb der erwarteten Größenordnung, sind keine weiteren Maßnahmen erforderlich. Anderenfalls muss durch eine Netzanalyse geklärt werden, wo das Problem liegt und wie es behoben werden kann.

Eine Netzanalyse kann für besonders neuralgische Bereiche (z. B. EDV-Bereich oder Gebäudeteile mit hohem Automatisierungsgrad in der Fertigung) notwendig werden. Bei einer solchen Netzanalyse muss die Netzstruktur beachtet werden. Es ist stets zu fragen, wo die Oberschwingungen entstehen. Wenn möglich, sollte die Netzanalyse verschiedene Betriebszustände abbilden (Zu- und Abschalten von oberschwingungserzeugenden Verbrauchsmitteln).

7.3.3.2.2 Ströme in nicht aktiven Leitern

Streuströme in fremden leitfähigen Teilen oder Potentialausgleichsverbindungen können nur während des Betriebs nachgewiesen werden. Hierzu sind Strommessungen bei Schutzleiter- und Potentialausgleichsverbindungen sowie fremden leitfähigen Teilen (z. B. metallene Rohrsysteme, Stahlseile und Konstruktionselemente) notwendig.

In den VdS-Prüfrichtlinien für Elektrosachverständige (VdS 2871) werden z. B. solche Messungen gefordert. Dabei wird ein Wert von 300 mA als kritisch angesehen. Aus der Sicht der EMV muss ein solcher Wert nicht in jedem Fall als eine bemerkenswerte Störquelle zu Buche schlagen, dennoch sollten Streu- oder Schutzleiterströme in dieser Höhe im Auge behalten werden. Wird ein Strom in der angegebenen Höhe z. B. in irgendeinem Potentialausgleichsleiter festgestellt, kann dies ein Hinweis darauf sein, dass es sich nur um einen Teilstrom handelt und anderenorts noch wesentlich höhere Ströme in Schutzleitern, Potentialausgleichsleitern oder fremden leitfähigen Teilen fließen. Muss dies vermutet werden, ist eine nähere Untersuchung bzw. Ursachenermittlung angebracht. In erster Sichtung ist dabei festzustellen, welches Frequenzspektrum diese Ströme besitzen. Dies kann bereits einen Hinweis geben, wo der Verursacher dieser Ströme zu finden ist. Des Weiteren muss festgestellt werden, wohin diese Ströme fließen und ob weitere Ströme festgestellt werden können.

7.3.3.2.3 Differenzstrommessungen in Verteileranlagen

7.3.3.2.3.1 Messung im Einspeisebereich

Die ersten Messungen sollten in der Einspeisung der Hauptverteilung mit einer entsprechenden Stromzange oder mit Hilfe einer Rogowski-Spule (s. Abschnitt 7.2.4) erfolgen. Neben der Messung der Ströme in den aktiven Leitern ist eine Differenzstrommessung in jedem Fall sinnvoll. Handelt es sich beispielsweise um eine Einspeisung im 4-Leiter-System (TN-C-System), müssen alle vier Leiter mit der Stromzange (oder Rogowski-Spule) umschlossen werden. Dabei kommt es darauf an, ob diese Messung in Energieflussrichtung vor oder hinter dem Aufteilungspunkt des PEN-Leiters in Schutzleiter (PE) und Neutralleiter vorgenommen wird, ob es sich also bei dem vierten stromführenden Leiter um einen PEN-Leiter oder schon um einen Neutralleiter handelt. Diese Unterscheidung ist wichtig, weil nur in einem Fall (Messung bei separatem Neutralleiter) der Differenzstrom im Grunde gegen null gehen sollte. Gibt die Anlagensituation dies her, sollte je eine Messung vor und eine hinter dem Aufteilungspunkt erfolgen.

Sobald ein PEN-Leiter mit bei der Differenzstrommessung erfasst wird, muss mit einem mehr oder weniger hohen Differenzstrom gerechnet werden. Dieser sollte mit dem Schutzleiterstrom verglichen werden. Gemeint ist der Schutzleiter, der den

PEN der Einspeisung mit der Haupterdungsschiene (Potentialausgleichsschiene, MET, s. Abschnitt 3.4.6) verbindet.

Wenn der PEN-Leiter genau an diesem Verbindungspunkt in Schutzleiter (PE) und Neutralleiter aufgeteilt wird, sollte der gemessene Schutzleiterstrom nicht wesentlich vom zuvor gemessenen Differenzstrom abweichen. Trifft dies nicht zu, kann dies verschiedene Gründe haben:

- in der elektrischen Anlage gibt es weitere, unzulässige Verbindungen des Neutralleiters zum Erdungs- und Potentialausgleichssystem
- in der Anlage gibt es größere Verbraucher, die einen entsprechenden Ableitstrom verursachen, der als Schutzleiterstrom in der elektrischen Anlage registriert werden kann
- es liegt ein Isolationsfehler in der elektrischen Anlage vor, über den Ströme von aktiven Leitern (Außenleiter und Neutralleiter) zum Schutzleiter oder zum Potentialaugleich fließen

Befindet sich die Aufteilung jedoch in einem nachgeschalteten Verteiler, kann der Unterschied zum Differenzstrom u. U. relativ groß sein. Grundsätzlich kann gesagt werden: Stimmt der Schutzleiterstrom nicht mit dem zuvor gemessenen Differenzstrom überein, kann mit Streu- und Schutzleiterströmen in der elektrischen Anlage gerechnet werden. Aus dem Vergleich der Ströme (Differenzstrom und Schutzleiterstrom) können mithilfe der nachfolgend erwähnten Anlagenskizze (Aufbau der Energieverteilung im Gebäude) bereits erste Aussagen über mögliche Probleme gemacht werden.

Eine weitere Messung, mit der man erste, vorläufige Aussagen treffen kann, wurde bereits im Abschnitt 7.3.3.2.1 beschrieben: Messung der Außenleiterströme und des Neutralleiterstroms. Die größte Differenz der Außenleiterströme muss immer noch kleiner sein als der Neutralleiterstrom. Anderenfalls ist davon auszugehen, dass Oberschwingungen beteiligt sind. Eine solche Messung sollte direkt am Einspeisepunkt erfolgen. Werden auffällige Werte festgestellt, ist eine weitergehende Netzanalyse vorzunehmen.

Einen zusätzlichen Überblick kann man sich verschaffen, indem man zudem die an der Potentialausgleichsschiene angeschlossenen Schutz- und Potentialausgleichsleitungen einzeln misst. Sehr hilfreich ist es, wenn man sich mit Hilfe der Übersichts- und Schaltpläne die Anlagensituation mindestens in einpoliger Darstellung aufzeichnet. Der PEN-Leiter sowie die Schutzleiter sollten jedoch auch bei der einpoligen Darstellung separat gezeichnet werden. In dieser Anlagenskizze sollten folgende Informationen zu finden sein:

- die Zuordnung der nachgeschalteten Verteiler zum Hauptverteiler sowie die jeweils abgehenden Stromkreise
- der Ort, an dem der PEN-Leiter in Neutralleiter und Schutzleiter aufgetrennt wird

- (nach Möglichkeit) die Verbindung zwischen fremden leitfähigen Teilen oder leitfähigen Anlagenteilen (wie metallene Rohrsysteme, Gebäudekonstruktionsteile, Führungsschienen von Aufzügen usw.) mit dem Potentialausgleichssystem; auch Mehrfachanbindungen sollten dargestellt werden
  Dies wird bei komplexen Gebäuden wahrscheinlich nicht umfassend möglich sein. Trotzdem sind diese Informationen nicht unwichtig und sollten, so weit es geht, ermittelt werden, selbst wenn die Informationen hierzu unvollständig bleiben.
- die Messpunkte für die durchzuführenden Messungen
  Die Messwerte können dann ebenfalls in der Nähe der Messpunkte eingetragen werden.

7.3.3.2.3.2 Messungen in Abgängen

In den Abgängen der Hauptverteilungen können ähnliche Messungen durchgeführt werden. Auch hier werden Differenzstrommessungen durchgeführt, wobei die Außenleiter und der Neutralleiter (oder der PEN-Leiter) von der Messzange oder der Rogowskispule umschlossen wird. Zusätzlich wird bei Abgängen im TN-S-System noch der Schutzleiterstrom gemessen.

Stellt man in einem Abgang, der als TN-S-System ausgeführt ist, einen gegen null gehenden Differenzstrom fest, so kann durchaus ein Strom im Schutzleiter gemessen werden. Dies ist in der Regel ein Zeichen, dass vagabundierende Ströme in der Anlage von einem anderen Abgang herrühren. Entweder, weil dort der Schutzleiter (PE) mit dem Neutralleiter unvorschriftsmäßig verbunden wurde oder weil dieser Abgang im TN-C-System betrieben wird.

Im Grunde genommen sollte sowohl der Differenzstrom als auch der Schutzleiterstrom annähernd null sein. Unterverteilungen, bei denen der Differenzstrom so klein ist, dass er unberücksichtigt bleiben kann, können zunächst aus der weiteren Betrachtung herausfallen. Sind jedoch hohe Differenzströme registriert worden, muss zunächst untersucht werden, ob in der nachgeschalteten Anlage (z. B. nachgeschalteter Verteiler) eine unbeabsichtigte Brücke zwischen dem Schutzleiter (PE) und dem Neutralleiter zu finden ist, wenn es keinen weiteren Abgang im TN-C-System gibt.

7.3.3.2.3.3 Messung der Endstromkreise

Die Endstromkreise können nach demselben Muster gemessen werden. Differenzstrommessungen und Schutzleiterstrommessungen geben Auskunft darüber, ob ein nachgeschalteter Verbraucher eine Verbindung zwischen Neutralleiter und Schutzleiter (PE) hat. Wenn es keine Endstromkreise im TN-C-System gibt, müssen sämtliche Differenzstrommessungen, die alle aktiven Leiter einschließen (also die Außenleiter und den Neutralleiter), annähernd null ergeben.

Der Schutzleiterstrom kann jedoch auch in diesem Fall einen mehr oder weniger hohen Wert aufweisen. Der Grund liegt dann im Vorhandensein des PEN-Leiters im Zuleitungskabel eines Verteilers. Der betriebsbedingte Rückstrom, der von den verschiedenen Neutralleitern zu diesem Verteiler fließt, teilt sich auf in einen PEN-Leiterstrom und in verschiedene Teilströme, die über die Schutzleiter der anderen Stromkreise fließen, wenn die angeschlossenen Verbrauchsmittel am Aufstellungsort eine leitfähige Verbindung zum Gebäudepotentialausgleich besitzen (z. B. ein Warmwassergerät, bei dem der Schutzleiter am Gehäuse angeschlossen wird, aber immer auch leitfähig mit dem Wasserrohrnetz verbunden ist).

Auf diese Weise kann man sich nach und nach unter Berücksichtigung der zuvor genannten Anlagenskizze der Ursache des Problems nähern. Häufig wird dabei auch schnell deutlich, welche Abhilfemaßnahmen eingeführt werden müssen (z. B. Umwandlung eines TN-C-Systems in ein TN-S-System).

7.3.3.3 Netzanalyse

Die Netzanalyse sollte mindestens in der Hauptverteilung sowie an neuralgischen Punkten erfolgen, also dort, wo Störsenken bzw. Störquellen vermutet werden. Wie bereits im Abschnitt 7.2.3 betont, erfordert die Messung mit einem Netzanalysegerät Sachverstand und Erfahrung. Deshalb sollte der erfahrene Prüfer, der mit dem Netzanalysegerät vertraut ist, im konkreten Fall entscheiden, wo er messen muss. Bei aufgetretenen Problemen fällt diese Entscheidung zunächst leicht, da er als erstes bei der Störsenke, bei der die Funktionsstörungen aufgetreten sind, feststellen muss, welche Störgrößen die Funktionsstörungen verursacht haben. Danach wird er versuchen festzustellen, wo die jeweilige Störquelle zu finden ist. Gibt es keine sinnfällige Vermutung, so muss er sich in Richtung Energieeinspeisung „vorarbeiten", um irgendwo einen Hinweis zu erhalten.

Die Interpretation der Messergebnisse muss immer dem prüfenden Fachmann überlassen bleiben. Er hat die Anlagensituation vor Augen und ist über mögliche Einflüsse aus anderen Gebäudebereichen (z. B. wegen leistungsstarker Verbrauchsmittel, Oberschwingungsverursachern) informiert.

Ob ein Oberschwingungsanteil als direkter Mangel anzusehen ist, muss im konkreten Fall entschieden werden. Zunächst gibt es verschiedene Anhaltspunkte, eine Belastung zu beurteilen:

a) Störungen treten auf

b) die Neutralleiterbelastung ist zu hoch

c) der von der Norm geforderte Wert wird überschritten

Natürlich ist ein Belastungswert, der höher liegt, als dies von der Norm vorgegeben wird, nicht automatisch als Störung zu interpretieren. Genauso wenig ist ein Wert, der unterhalb des Normwerts liegt, nicht automatisch unkritisch; denn es kann ja durchaus sein, dass die konkrete Anlagensituation (z. B. ein besonders hoher Anteil an informationstechnischer Nutzung oder Vorhandensein von besonders störempfindlichen Geräten) einen sehr viel niedrigeren Wert erforderlich macht.

Allerdings sollte man in jedem Fall vermeiden, den genormten Wert für die Oberschwingungsbelastung zu überschreiten; denn bei späteren Problemen kann sehr leicht der Vorwurf erhoben werden, dass der Planer bzw. der Errichter dem Betreiber eine nicht normgerechte Anlage übergeben hat.

Werte für Oberschwingungsbelastungen sind in DIN EN 61000-2-4 (VDE 0839-2-4) zu finden. Für industrielle Anlagen wurden in derselben Norm zudem elektromagnetische Umgebungsklassen beschrieben. Mit diesen Klassen legt man fest, mit welchen Belastungen in bestimmten Umgebungen gerechnet werden muss. Gleichzeitig wird durch sie festgelegt, welchen Belastungen die Betriebsmittel (z. B. die informationstechnischen Geräte) in bestimmten Umgebungen standhalten müssen (Störfestigkeit). Von daher geht es bei diesen Klassen um die Verträglichkeit von Einrichtungen in bestimmten industriellen Umgebungen. Es werden folgende drei Klassen beschrieben:

Klasse 1 Gilt für die Verträglichkeit von Einrichtungen, die über sogenannte geschützte Versorgungen betrieben werden.

Dies sind in der Regel Stromversorgungen für sehr empfindliche Einrichtungen, wie sie z. B. in technischen Laboratorien vorkommen; auch Automatisierungseinrichtungen, Datenverarbeitungseinrichtungen und Schutzeinrichtungen können hierunter fallen. In der Regel erfordern Einrichtungen, die unter diese Klasse fallen, besondere Schutzeinrichtungen oder Filtermaßnahmen.

Klasse 2 Bei dieser Klasse geht es um die Verträglichkeit von Einrichtungen, die eine direkte Verbindung mit dem öffentlichen Versorgungsnetz aufweisen.

Dies kann auch das Netzteil eines handelsüblichen PC sein, der über die Netzanschlussleitung am Versorgungsnetz betrieben wird. Natürlich müssen solche Einrichtungen die gleiche Verträglichkeit aufweisen wie andere, die ebenso direkt am öffentlichen Versorgungsnetz betrieben werden.

Klasse 3 Mit dieser Klasse wird die Verträglichkeit von Einrichtungen gekennzeichnet, die in industriellen Anlagen über interne Verteilungen (Unterverteilungen, Schwerpunktstationen usw.) betrieben werden.

Dabei wird vorausgesetzt, dass am Anschlusspunkt u. U. höhere Störgrößen auftreten können, als dies am öffentlichen Netz in der Regel der Fall ist. So z. B. dann, wenn diese Einrichtungen über Stromrichter gespeist werden oder in der Anlage Schweißmaschinen betrieben werden bzw. größere Lastschwankungen durch Zu- und Abschalten von leistungsstarken Verbrauchern (z. B. große Motoren, die häufig starten) auftreten können.

h	Verträglichkeitspegel (Angabe in % von der Grundschwingung)		
	Klasse 1	Klasse 2	Klasse 3
5	3	6	8
7	3	5	7
11	3	3,5	5
13	3	3	4,5
17	2	2	4
19	1,8	1,8	3,5
23	1,4	1,4	2,8
25	1,3	1,3	2,5
2	2	2	3
4	1	1	1,5
8	0,5	0,5	1
10	0,5	0,5	1
16	0,4	0,4	1
20	0,4	0,4	1
28	0,3	0,3	1
3	3	5	6
9	1,5	1,5	2,5
15	0,3	0,4	2
21	0,2	0,3	1,75
27	0,2	0,2	1
33	0,2	0,2	1

Tabelle 7.1 Verträglichkeitspegel für die Oberschwingungsanteile der Spannung
Die Angaben bezieht sich auf die Grundschwingung (= 100 %).
In der obersten Rubrik sind die ungeradzahligen, darunter die geradzahligen harmonischen Oberschwingungen zu finden. Die unterste Rubrik gibt die Werte für die typischen Oberschwingungen des Nullsystems (s. Abschnitt 4.3.4.2.2) an.
h Ordnungszahl der Oberschwingung (s. Abschnitt 4.3.4.1)

Für diese Klassen gibt VDE 0839-2-4 entsprechende Verträglichkeitspegel an, die dann zugleich Grenzwerte für die maximale Belastung durch Oberschwingungen bilden (**Tabelle 7.1**). Der Prüfer kann nun zunächst feststellen, ob diese Werte (Pegel) eingehalten werden. Allerdings können immer auch Verträglichkeitspegel frei vereinbart werden. So wird es immer Einrichtungen geben, die wesentlich empfindlicher sind als jene, die unter Klasse 1 zusammengefasst werden, und es wird wohl auch solche geben, deren Verträglichkeit größer sein muss als bei Einrichtungen der Klasse 3. Solche Vereinbarungen muss der Prüfer natürlich kennen, sonst wird er falsche Schlüsse ziehen. Allerdings muss auch gewährleistet sein, dass die Hersteller der Einrichtungen, die potentielle Störsenken darstellen, von der erhöhten oder verringerten Verträglichkeit Kenntnis hatten und diese Werte akzeptierten.

Probleme können entstehen, wenn man zwischenharmonische Oberschwingungen messtechnisch ermitteln möchte und dabei Messgeräte verwendet, die diese nicht oder nicht genügend genau erfassen können. Hier muss beim Messgerätehersteller erfragt werden, welche Möglichkeiten das Messgerät bietet. Verträglichkeitspegel in tabellarischer Form gibt VDE 0839-2-4 nicht an. Es wird aber im Anhang C dieser Norm festgelegt, dass man den Pegel ansetzen darf, der bei der nächsthöheren, geradzahligen, harmonischen Oberschwingung angegeben wird. Weiterhin wird in den *„Technischen Richtlinien für Transformatorstationen am Mittelspannungsnetz"* vom Versorgungsnetzbetreiber gefordert, dass Zwischenharmonische der Spannung auf 0,1 % der Nennspannung reduziert werden müssen, wenn Störungen der Rundsteuersignale vermutet oder festgestellt werden (s. Abschnitt 4.3.4.2.4).

VDE 0839-2-4 hebt noch hervor, dass Einrichtungen in der Umgebungsklasse 3 in industriellen Anlagen bei besonderen Betriebsbedingungen u. U. das 1,2-Fache des angegebenen Tabellenwerts aushalten müssen. Man muss also in jedem Fall im Detail prüfen, ob die Überschreitung eines angegebenen Pegels bereits Störungen verursacht oder hingenommen werden kann. Aber auch Werte unterhalb des Pegels der Tabelle 7.1 können Störungen verursachen, wenn die gestörten Einrichtungen für den Einsatzort nicht richtig ausgewählt wurden.

8 Literatur

8.1 Normen

DIN VDE 0100-100 (VDE 0100-100):2002-08
Errichten von Niederspannungsanlagen, Teil 100: Anwendungsbereich, Zweck und Grundsätze

E DIN IEC 60364-1 (VDE 0100-100):2003-08
Errichten von Niederspannungsanlagen, Teil 100: Allgemeine Grundsätze, Bestimmungen allgemeiner Merkmale, Begriffe

DIN VDE 0100-300 (VDE 0100-300):1996-01
Errichten von Starkstromanlagen mit Nennspannungen bis 1 000 V, Teil 3: Bestimmungen allgemeiner Merkmale

DIN VDE 0100-410 (VDE 0100-410):2007-06
Errichten von Niederspannungsanlagen, Teil 4-41: Schutzmaßnahmen – Schutz gegen elektrischen Schlag

DIN VDE 0100-443 (VDE 0100-443):2007-06
Errichten von Niederspannungsanlagen, Teil 4-44: Schutzmaßnahmen – Schutz bei Störspannungen und elektromagnetischen Störgrößen, Abschnitt 443: Schutz bei Überspannungen infolge atmosphärischer Einflüsse oder von Schaltvorgängen

DIN VDE 0100-444 (VDE 0100-444):1999-10
Elektrische Anlagen von Gebäuden, Teil 4: Schutzmaßnahmen, Kapitel 44: Schutz bei Überspannungen, Hauptabschnitt 444: Schutz gegen elektromagnetische Störungen (EMI) in Anlagen von Gebäuden

E DIN IEC 60364-4-44/A2 (VDE 0100-444):2003-04
Errichten von Niederspannungsanlagen, Teil 4-44: Schutzmaßnahmen – Schutz gegen Überspannungen und Maßnahmen gegen elektromagnetische Einflüsse, Hauptabschnitt 444: Schutz gegen elektromagnetische Einflüsse

DIN VDE 0100-510 (VDE 0100-510):2007-06
Errichten von Niederspannungsanlagen, Teil 5-51: Auswahl und Errichtung elektrischer Betriebsmittel, Allgemeine Bestimmungen

DIN V VDE V 0100-534 (VDE V 0100-534):1999-04
Elektrische Anlagen von Gebäuden, Teil 534: Auswahl und Errichtung von Betriebsmitteln, Überspannungs-Schutzeinrichtungen

DIN VDE 0100-540 (VDE 0100-540):2007-06
Errichten von Niederspannungsanlagen, Teil 5-54: Auswahl und Errichtung elektrischer Betriebsmittel, Erdungsanlagen, Schutzleiter und Schutzpotentialausgleichsleiter

DIN VDE 0100-557 (VDE 0100-557):2007-06
Errichten von Niederspannungsanlagen – Teil 5: Auswahl und Errichtung elektrischer Betriebsmittel, Abschnitt 557: Hilfsstromkreise

DIN VDE 0100-710 (VDE 0100-710):2002-11
Errichten von Niederspannungsanlagen, Anforderungen für Betriebsstätten, Räume und Anlagen besonderer Art, Teil 710: Medizinisch genutzte Bereiche

DIN VDE 0101 (VDE 0101):2000-01
Starkstromanlagen mit Nennwechselspannungen über 1 kV

DIN VDE 0184 (VDE 0184):2005-10
Überspannungen und Schutz bei Überspannungen in Niederspannungs-Starkstromanlagen mit Wechselspannungen – Allgemeine grundlegende Informationen

DIN EN 62305-1 (VDE 0185-305-1):2006-10
Blitzschutz, Teil 1: Allgemeine Grundsätze

DIN EN 62305-2 (VDE 0185-305-2):2006-10
Blitzschutz, Teil 2: Risiko-Management

DIN EN 62305-2 Bbl. 1 (VDE 0185-305-2 Bbl. 1):2007-01
Blitzschutz, Teil 2: Risiko-Management: Abschätzung des Schadensrisikos für bauliche Anlagen, Beiblatt 1: Blitzgefährdung in Deutschland

DIN EN 62305-2 Bbl. 2 (VDE 0185-305-2 Bbl. 2):2007-02
Blitzschutz, Teil 2: Risiko-Management, Beiblatt 2: Berechnungshilfe zur Abschätzung des Schadensrisikos für bauliche Anlagen

DIN EN 62305-3 (VDE 0185-305-3):2006-10
Blitzschutz, Teil 3: Schutz von baulichen Anlagen und Personen

DIN EN 62305-3 Bbl. 1 (VDE 0185-305-3 Bbl. 1):2007-01
Blitzschutz, Teil 3: Schutz von baulichen Anlagen und Personen, Beiblatt 1: Zusätzliche Informationen zur Anwendung der DIN EN 62305-3 (VDE 0185-305-3)

DIN EN 62305-3 Bbl. 2 (VDE 0185-305-3 Bbl. 2):2007-01
Blitzschutz, Teil 3: Schutz von baulichen Anlagen und Personen, Beiblatt 2: Zusätzliche Informationen für besondere bauliche Anlagen

DIN EN 62305-3 Bbl. 3 (VDE 0185-305-3 Bbl. 3):2007-01
Blitzschutz, Teil 3: Schutz von baulichen Anlagen und Personen, Beiblatt 3: Zusätzliche Informationen für die Prüfung und Wartung von Blitzschutzsystemen

DIN EN 62305-4 (VDE 0185-305-4):2006-10
Blitzschutz, Teil 4: Elektrische und elektronische Systeme in baulichen Anlagen

DIN VDE 0298-4 (VDE 0298-4):2003-08
Verwendung von Kabeln und isolierten Leitungen für Starkstromanlagen, Teil 4: Empfohlene Werte für die Strombelastbarkeit von Kabeln und Leitungen für feste Verlegung in und an Gebäuden und von flexiblen Leitungen

DIN EN 50310 (VDE 0800-2-310):2006-10
Anwendung von Maßnahmen für Potentialausgleich und Erdung in Gebäuden mit Einrichtungen der Informationstechnik

DIN V VDE V 0800-2-548 (VDE V 0800-2-548):1999-10
Elektrische Anlagen von Gebäuden, Teil 5: Auswahl und Errichtung elektrischer Betriebsmittel, Hauptabschnitt 548: Erdung und Potentialausgleich für Anlagen der Informationstechnik

DIN EN 50174-2 (VDE 0800-174-2):2001-09
Informationstechnik, Installation von Kommunikationsverkabelung, Teil 2: Installationsplanung und -praktiken in Gebäuden

DIN EN 50083 Bbl. 1 (VDE 0855 Bbl. 1):2002-01
Kabelnetze für Fernsehsignale, Tonsignale und interaktive Dienste, Leitfaden für den Potentialausgleich in vernetzten Systemen

DIN EN 61000-2-2 (VDE 0839-2-2):2003-02
Elektromagnetische Verträglichkeit (EMV), Teil 2-2: Umgebungsbedingungen, Verträglichkeitspegel für niederfrequente leitungsgeführte Störgrößen und Signalübertragung in öffentlichen Niederspannungsnetzen

DIN EN 61000-2-4 (VDE 0839-2-4):2003-05
Elektromagnetische Verträglichkeit (EMV), Teil 2-4: Umgebungsbedingungen, Verträglichkeitspegel für niederfrequente leitungsgeführte Störgrößen in Industrieanlagen

DIN EN 61000-2-12 (VDE 0839-2-12):2004-01
Elektromagnetische Verträglichkeit (EMV), Teil 2-12: Umgebungsbedingungen, Verträglichkeitspegel für niederfrequente leitungsgeführte Störgrößen und Signalübertragung in öffentlichen Mittelspannungsnetzen

DIN EN 61000-6-1 (VDE 0839-6-1):2007-10
Elektromagnetische Verträglichkeit (EMV), Teil 6-1: Fachgrundnormen, Störfestigkeit für Wohnbereich, Geschäfts- und Gewerbebereiche sowie Kleinbetriebe

DIN EN 61000-6-2 (VDE 0839-6-2):2006-03
Elektromagnetische Verträglichkeit (EMV), Teil 6-2: Fachgrundnormen, Störfestigkeit für Industriebereiche

DIN EN 61000-6-3 (VDE 0839-6-3):2007-09
Elektromagnetische Verträglichkeit (EMV), Teil 6-3: Fachgrundnormen, Störaussendung für Wohnbereich, Geschäfts- und Gewerbebereiche sowie Kleinbetriebe

DIN EN 61000-6-4 (VDE 0839-6-4):2007-09
Elektromagnetische Verträglichkeit (EMV), Teil 6-4: Fachgrundnormen, Störaussendung für Industriebereich

DIN VDE 0838-1 (VDE 0838-1):1987-06
Rückwirkungen in Stromversorgungsnetzen, die durch Haushaltgeräte und durch ähnliche elektrische Einrichtungen verursacht werden, Teil 1: Begriffe

DIN EN 61000-3-2 (VDE 0838-2):2006-10
Elektromagnetische Verträglichkeit (EMV), Teil 3-2: Grenzwerte, Grenzwerte für Oberschwingungsströme (Geräte-Eingangsstrom = 16 A je Leiter)

DIN EN 61000-3-3 (VDE 0838-3):2006-06
Elektromagnetische Verträglichkeit (EMV), Teil 3-3: Grenzwerte, Begrenzung von Spannungsänderungen, Spannungsschwankungen und Flicker in öffentlichen Niederspannungs-Versorgungsnetzen für Geräte mit einem Bemessungsstrom = 16 A je Leiter, die keiner Sonderanschlussbedingung unterliegen

DIN EN 61000-3-11 (VDE 0838-11):2001-04
Elektromagnetische Verträglichkeit (EMV), Teil 3-11: Grenzwerte – Begrenzung von Spannungsänderungen, Spannungsschwankungen und Flicker in öffentlichen Niederspannungs-Versorgungsnetzen, Geräte und Einrichtungen mit einem Bemessungsstrom ≤ 75 A

DIN EN 61000-3-12 (VDE 0838-12):2005-09
Elektromagnetische Verträglichkeit (EMV), Teil 3-12: Grenzwerte, Grenzwerte für Oberschwingungsströme, verursacht von Geräten und Einrichtungen mit einem Eingangsstrom > 16 A und ≤ 75 A je Leiter, die zum Anschluss an öffentliche Niederspannungsnetze vorgesehen sind

DIN EN 61000-4-1 (VDE 0847-4-1):2007-10
Elektromagnetische Verträglichkeit (EMV), Teil 4-1: Prüf- und Messverfahren, Übersicht über die Reihe IEC 61000-4

DIN EN 61000-4-2 (VDE 0847-4-2):2001-12
Elektromagnetische Verträglichkeit (EMV), Teil 4-2: Prüf- und Messverfahren, Prüfung der Störfestigkeit gegen die Entladung statischer Elektrizität

DIN EN 61000-4-3 (VDE 0847-4-3):2006-12
Elektromagnetische Verträglichkeit (EMV), Teil 4-3: Prüf- und Messverfahren, Prüfung der Störfestigkeit gegen hochfrequente elektromagnetische Felder

DIN EN 61000-4-4 (VDE 0847-4-4):2005-07
Elektromagnetische Verträglichkeit (EMV), Teil 4-4: Prüf- und Messverfahren, Prüfung der Störfestigkeit gegen schnelle transiente elektrische Störgrößen/Burst

DIN EN 61000-4-13 (VDE 0847-4-13):2003-02
Elektromagnetische Verträglichkeit (EMV), Teil 4-13: Prüf- und Messverfahren, Prüfungen der Störfestigkeit am Wechselstrom-Netzanschluss gegen Oberschwingungen und Zwischenharmonische einschließlich leitungsgeführter Störgrößen aus der Signalübertragung auf elektrischen Niederspannungsnetzen

8.2 Richtlinien/Leitfäden

VdS 2007:2004-08
Anlagen der Informationstechnologie (IT-Anlagen), Merkblatt zur Schadenverhütung, Herausgeber: Gesamtverband der Deutschen Versicherungswirtschaft e.V. (GDV), Verlag VdS Schadenverhütung, Köln

VdS 2010:2005-07
Risikoorientierter Blitz- und Überspannungsschutz, Richtlinien zur Schadenverhütung, Herausgeber: Gesamtverband der Deutschen Versicherungswirtschaft e.V. (GDV), Verlag VdS Schadenverhütung, Köln

VdS 2080:1997-04
Kabelverteilsysteme für Ton- und Fernsehrundfunk-Signale einschließlich Antennen, Richtlinien zur Schadenverhütung, Herausgeber: Gesamtverband der Deutschen Versicherungswirtschaft e.V. (GDV), Verlag VdS Schadenverhütung, Köln

VdS 2349:2000-02
Störungsarme Elektroinstallation, Richtlinien zur Schadenverhütung, Herausgeber: Gesamtverband der Deutschen Versicherungswirtschaft e.V. (GDV), Verlag VdS Schadenverhütung, Köln

VdS 2017:1999-08
Blitz- und Überspannungsschutz für landwirtschaftliche Betriebe, Richtlinien zur Schadenverhütung, Herausgeber: Gesamtverband der Deutschen Versicherungswirtschaft e.v. (GDV), Verlag VdS Schadenverhütung, Köln

VdS 2019:2000-08
Überspannungsschutz in Wohngebäuden, Merkblatt zur Schadenverhütung, Herausgeber: Gesamtverband der Deutschen Versicherungswirtschaft e.v. (GDV), Verlag VdS Schadenverhütung, Köln

VdS 2031:2005-10
Blitz- und Überspannungsschutz in elektrischen Anlagen, Richtlinien zur Schadenverhütung, Herausgeber: Gesamtverband der Deutschen Versicherungswirtschaft e.v. (GDV), Verlag VdS Schadenverhütung, Köln

VdS 2569:1999-01
Überspannungsschutz für Elektronische Datenverarbeitungsanlagen, Richtlinien zur Schadenverhütung, Herausgeber: Gesamtverband der Deutschen Versicherungswirtschaft e.v. (GDV), Verlag VdS Schadenverhütung, Köln

VDI 6004 Blatt 2: 2006-05
Schutz der Technischen Gebäudeausrüstung, Blitze und Überspannung, Herausgeber: Verein Deutscher Ingenieure (VDI), Düsseldorf

Leitfaden AK 01.01, Ausgabe 2001: EMV-gerechter Schaltschrankaufbau, Deutsche Gesellschaft für EMV-Technologie e.V. (DEMVT), Rosenheim

8.3 Fachliteratur

Ackermann, G.; Hönl, R.: Schutz von IT-Anlagen gegen Überspannungen. Erläuterungen zu VDE 0185, VDE 0845, IEC 61643, IEC 61663. VDE-Schriftenreihe Band 119. Offenbach und Berlin: VDE VERLAG, 2006

Consultants Europe B.V. (Herausgeber): CE-Kennzeichnung für Elektrotechnik und Maschinenbau. EMV-Richtlinie, Maschinenrichtlinie, Niederspannungsrichtlinie. Berlin und Offenbach: VDE VERLAG, 2001

Fassbinder, S.: Netzstörungen durch passive und aktive Bauelemente. Berlin und Offenbach: VDE VERLAG, 2002

Grapentin, M.: EMV in der Gebäudeinstallation. Berlin: Verlag Technik/Huss, 2000

Hasse, P.; Landers, E.; Wiesinger, J.: EMV – Blitzschutz von elektrischen und elektronischen Systemen in baulichen Anlagen. VDE-Schriftenreihe Band 185. Offenbach und Berlin: VDE VERLAG, 2007

Hasse, P.; Wiesinger, J.; Zieschank, W.: Handbuch für Blitzschutz und Erdung. München: Richard-Pflaum-Verlag, 2005

Trommer, W.; Hampe, E.-A.: Blitzschutzanlagen. Berlin: Hüthig-Verlag, 2005

Kohling, A. (Hrsg.): EMV von Gebäuden, Anlagen und Geräten. Berlin und Offenbach: VDE VERLAG, 1998

Meuser, A.: Elektrische Sicherheit und elektromagnetische Verträglichkeit. VDE-Schriftenreihe Band 58. Berlin und Offenbach, VDE VERLAG, 1999

Pipler, F.: EMV und Blitzschutz leittechnischer Anlagen. Berlin und München: Siemens Aktiengesellschaft, 1990

Rudolph, W.; Winter, O.: EMV nach VDE 0100. VDE-Schriftenreihe Band 66. Berlin und Offenbach: VDE VERLAG, 2000

Rudoph, R.: EMV-Fibel für Elektroinstallateure und Planer. VDE-Schriftenreihe Band 55. Berlin und Offenbach: VDE VERLAG, 2001

Schmolke, H.; Vogt, D.: Potentialausgleich, Fundamenterder, Korrosionsgefährdung. VDE-Schriftenreihe Band 35. Berlin und Offenbach: VDE VERLAG, 2004

Schmolke, H.; Chun, E.; Soboll, R.; Walfort, J.: Elektromagnetische Verträglichkeit in der Elektroinstallation. München und Heidelberg: Hüthig & Pflaum-Verlag, 2007

Stoll, D. (Hrsg.): EMC – Elektromagnetische Verträglichkeit. Elitera Verlag, Berlin, 1976

Weber, A.: EMV in der Praxis. Heidelberg: Hüthig-Verlag, 2004

Stichwortverzeichnis

A

Ableiter 102
Ableitstrom 49, 50, 69, 292, 294, 300
Ableitstrombilanz 333
Abschaltcharakteristik 136
Amplitude 113, 132
Ankerschiene 249
Anode 311, 314, 317
Anschlussfahnen 172, 188, 202, 316
Armierung 59
Ausführungspläne 321
Ausführungsplanung 321
Ausschreibungsunterlagen 321
äußerer Blitzschutz 109

B

Balkendiagramme 323, 337
Bandstahl 316
Bauleitung 319, 324, 342
Bauphase 323, 341
Beeinflussungsmodell 63
Beschaltung 95, 289
Besichtigung 331, 341
Blindleistung 118
Blindwiderstand 141
Blitz-Folgestrom 100
Blitzentladung 97
Blitzkanal 98
Blitzschlag 97, 212
Blitzschutz 38, 208, 210, 264
Blitzschutz-Potentialausgleich 111, 208
Blitzschutzanlage 210, 211
Blitzschutzzone 264
Blitzstrom 98
Blitzstromableiter 214, 215
BN 59
BRC 55, 59, 60, 202, 207
Burst 94

C

CBN 58, 60, 183, 193, 198, 211, 219, 260, 297
CE-Kennzeichen 19
CENELEC 20, 32
Chopperfrequenz 128, 292
Crestfaktor 132, 305
Cupalblech 316

D

Dachaufsicht 329
Dämpfung 270
Dehnfugen 264
Detailplanung 321
Deutsche Kommission Elektrotechnik Elektronik Informationstechnik (DKE) 20
Dielektrikum 68, 98, 148
Differenzstrom-Überwachungsgeräte 307
Differenzstrommessung 344

Dimmen 112, 129
Diode 290
Direkteinschlag 104
Dokumentation 22, 307, 326, 342
Doppelboden 189
Drehfelder 136
Drehstrom-Asynchronmotor 126
Drosselspule 299
d*u*/dt-Filter 301, 302
Durchgriff 246

E

Echt-Effektivwertmessung 143, 335
Effektivwert 335, 338
EG-Richtlinien 19
Eigenkorrosion 310
Einführungsdämpfung 270
Einleiterkabel 77, 221
Einzelleiter 77, 90
elektrische Einrichtung 47, 53
elektrisches Betriebsmittel 47, 53
elektrisches Feld 65, 232
elektrisches Gerät 53
Elektrolyt 311, 312, 314
elektromagnetisch 47
elektromagnetische Beeinflussung 52
elektromagnetische Verträglichkeit 17, 48
elektromagnetisches Feld 81, 150
EMB 52
EMI 52
EMV 17, 48
EMV-Berater 319
EMV-Dokumentation 24 f
EMV-Filter 298

EMV-Gesetz 21
EMV-Koordinator 319
EMV-Maßnahmen 327
EMV-Norm 25, 29
EMV-Planer 319
EMV-Prüfungen 341
EMV-Richtlinie 20
EMV-Sachkundiger 320
EMVG 21
Entlastungsleiter 164, 168
Entwurfsplanung 320
Erde-Wolken-Blitz 97
Erder 171
Erderarten 171
Erdungsanlage 319
Erdungsfestpunkt 172, 202, 328
Erdungskonzept 327
Erdungsmessgeräte 339
Erdungspläne 322
Erdungssammelleiter 54, 60, 202
Erstprüfung 335, 340
ESD 207
Etagenverteiler 292
EWG 19

F

Fangeinrichtung 102
Fangladungen 98
Fehlerstrom 50
Fehlerstrom-Schutzeinrichtung 299
Fehlfunktion 52
feldgebundene Kopplungen 146, 148
Feldmessungen 336, 342
Ferneinschlag 104
Fernfeld 233

ferromagnetische Stoffe 81
feuergefährlicher Bereich 159
Filter 270, 273, 300
Filter, aktive 304
Filter, passive 303
Filterdämpfung 270
Filterkapazitäten 296
Filtermaßnahmen 266, 270, 327
Filterung 298
Flächenpotentialausgleich 204
Flachleiter 90
Flankenanstiegszeit 95
Folgeblitze 98
Folienschirme 258
Fourieranalyse 57, 111
Freilaufdiode 289
Freileitungen 106
fremdspannungsarmer Potentialausgleich 198
Frequenzbereich 335
Frequenzumrichter 126, 296, 298, 299
Frequenzumrichterantriebe 292, 333
Frequenzumrichterbetrieb 112
Fundamenterder 171, 188, 316, 317, 319, 341
Fundamenterderpläne 326 f
Funktions-Potentialausgleichsleiter 193, 229
Funktionsausfall 53
Funktionserdungsleiter 169
Funktionsminderung 48, 52
Funktionspotentialausgleich 59
Funktionsstörung 25, 48, 52, 341

G
galvanische Kopplung 146
GDV 44
Gebäudeeinführung 184
Gebäudeschirm 198, 243, 258
Gebrauchsanweisung 22
Geflechtschirm 244, 246, 258
Gegeninduktivität 150
Gegensystem 118
gemeinsame Potentialausgleichsanlage 58
Gesamtverband der Deutschen Versicherungswirtschaft 44
Glättungsdrosselspule 299, 301, 303
Glättungskondensator 113, 124, 126
Gleichrichter 126
Gleichrichtung 124
Gleichstrom-Zwischenkreis 126, 292
Gleichstromwiderstandsbelag 137
Grundrisspläne 322, 326
Grundschwingung 56, 113
Grundschwingungsanteil 56
Grundschwingungsgehalt 134

H
HAK 156
harmonische Oberschwingungen 57
harmonische Schwingung 111
harmonisierte Normen 20
Harmonisierungsdokumente 32
Hauptentladung 98
Haupterdungsklemme 44, 61, 179
Haupterdungsschiene 44, 59, 61, 179
Hauptpotentialausgleich 179

Hausanschlusskasten 156
HD-Dokumente 32
Hutschiene 250

I

IBN 200
IEC 43
IEC-Normen 32
IEV 43
Impedanz 88
Impuls 98
Impulsdauermodulation 128
Impulsflanken 98
Impulsform 95
Impulsmodulationen 128
Induktion 70, 88, 104
induktiver Blindwiderstand 88
induktive Kopplung 148
induktiver Spannungsfall 89
Induktivität 71, 76, 93
Induktivitätsbelag 88
innerer Blitzschutz 109
Installationsrohre 253
interharmonische Oberschwingungen 58
Internationale Elektrotechnische Kommission (IEC) 43
Internationales Elektrotechnisches Wörterbuch (IEV) 43
isolierte Potentialausgleichsanlage 200
IT-System 154, 169

K

Kabelführungssystem 278
Kabelkanal 256
Kabelliste 321, 327
Kabelpläne 329
Kabelrinne 192
Kabelschirm, s. Kabelschirmung
Kabelschirmung 244 f, 248, 258
Kabelträgersysteme 190, 192
Kabeltrassenpläne 322, 326, 329
Kabelwanne 192, 253
Kanäle 253
Kapazität 67
kapazitive Kopplung 147
Katode 311, 314
Kennzeichnung 22, 330
Klirrfaktor 133
kombinierte Potentialausgleichsanlage 59, 183
kombinierter Potentialausgleich 198, 260
Kommutierungseinbruch 126
Kommutierungsvorgänge 112, 125
Kompensationsanlage 141
Konformität 23
Konzentrationselement 313
Koppelkapazität 236
Kopplung 145
Kopplungsimpedanz 245
Kopplungswiderstand 245
Korrosion 310, 315
Kratzscheiben 283
Kreisfrequenz 68
Kreisstrom 136, 160
Kurzschlussstrom 75

L

Langzeitblitz 98
Leistungsschalter 136

Leistungsverzeichnis 321
Leiterschleife 76, 227
leitungsgebundene Kopplungen 146
Leitungsverlegung 297
LEMP 97
LEMP-Schutz 97, 264
Lenz'sche Regel 88
Lichtwellenleiter 164, 224
Liniendarstellung 337
LPS 210
LPZ 264
Luftspule 340
LWL-Kabel 224

M

magnetische Felder 232
magnetische Feldkonstante 81
magnetische Feldstärke 81
magnetische Induktion 80
magnetische Kopplung 148
magnetisches Feld 66
Magnetisierungskennlinie 130
Maschenpotentialausgleich 176, 187
Masse 54
Masseschiene 249
Massung 54
Mehrfacheinspeisungen 159
Mesh-BN 60, 204, 207
Messgeräte 335
Messinstrumente 335
Messprotokolle 331, 332
MET 61
Mitsystem 118
Mittelspannungseinspeisung 159
Montageanleitung 22

Montageplatte 283
Mumetall 239, 243, 264, 288

N

Nachentladung 98
Naheinschlag 104
Nahfeld 233
nanokristallin 273
Nanoperm-Filter 273, 304
Netzanalyse 337, 347
Netzanalysegerät 347
Netzfilter 297, 298
Netzpläne 323, 327
Netzsystem 152
Neutralleiterstrom 155, 157, 343
Neutralleiterüberlastung 139
NHV 159
Niederspannungs-Hauptverteilung 159
Normalpotential 311, 312
Nullsystem 118, 138, 343

O

Oberflächenerder 171
Oberschwingungen 39, 55, 70, 111, 112, 113, 116, 131, 136, 141, 266, 292, 300, 343
Oberschwingungsanalyse 336
Oberschwingungsblindleistung 121
Oberschwingungsfrequenz 57
Oberschwingungsgehalt 133
Oberschwingungsströme 296
Oberwellen 55
Ohm'scher Widerstand 85
Oszilloskope 338
Oxidation 310

P

parasitäre Kapazität 69
PAS 61
Patch-Panel 292
Patch-Panel-Verteiler 278
PEN-Leiter 77, 85, 149, 155, 345
Permeabilität 80, 131
Permeabilitätszahl 238
Phasenanschnittssteuerung 112, 129
Phasenverschiebung 120
Phasenverschiebungswinkel 120
Pig-Tails 51
Pin 249
Planung 319
Planungsphasen 320
Potentialausgleich 178, 188, 198, 199, 200, 204, 278, 297, 306, 307
Potentialausgleichs-Maschennetz 187, 188
Potentialausgleichsanlage 59, 204
Potentialausgleichsleiter 193, 195
Potentialausgleichspläne 326, 328
Potentialausgleichsringleiter 54, 59, 60, 186, 202
Potentialausgleichsschiene 44, 61, 327, 328
Potentialausgleichsverbindungen 195, 283
Primärverkabelung 164, 223
Prüfbericht 331
Prüfungen 335
Prüfzyklus 341
Pulsweitenmodulation 128

R

Rangierverteiler 278
Raumschirm 198
Raumschirmung 243, 258
RC-Glieder 291
RCD 299
RCM 307
Rechtsdrehfeld 118
Reduktion 310
Resonanz 141, 268
Resonanzerscheinungen 268
Resonanzfrequenz 269
Ringbandkerne 304
Ringbandkernfilter 273, 301
Ringerder 171, 186, 317
Rödelverbindung 256, 260
Rogowski-Spule 340, 344
Römische Verträge 19
Rückenhalbwertzeit 99
Rundleiter 91
Rundsteuersignale 350

S

Sammelschienenaufbau 283
Schaltanlagen 322
Schaltfrequenz 128
Schalthandlungen 93
Schaltimpulse 93
Schaltnetzteil 124
Schaltschrank 278, 281, 283, 287, 288, 291
Schaltüberspannungen 288
Schaltvorgänge 93, 112
Scheitelfaktor 132
Scheitelwert 98, 113, 132, 305

Schirm 165, 232, 253
Schirmanschluss 236, 249, 342
Schirmanschlussschiene 249
Schirmdämpfung 234
Schirmdämpfungsmaß 235
Schirmentlastungsleiter 229, 252, 254
Schirmrohre 256
Schirmschellen 249
Schirmschiene 249
Schirmstrom 245, 336
Schirmung 232, 287, 297
Schirmungskonzept 327
Schirmungsmaßnahmen 165
Schleifen 227
Schleifenbildung 194, 342
Schleifenfläche 76
Schleifenwiderstandsmessgeräte 339
Schutzerdungsleiter 169
Schutzklasse 104, 283
Schutzleiterströme 50, 292, 336, 344, 345
Schutzpegel 215
Schutzpotentialausgleich 58, 177, 179, 181
Schutzziele 19
Schutzzone 266
Schwingung 82
Sekundärverkabelung 223
Selbstinduktion 150
Selbstinduktivität 90
Selbstinduktivitätsbelag 90
SEMP 93
Shunt 336
Sichtprüfung 341

Signalbezug 178
Signalbezugsebene 205
Sinusfilter 301
Sinusschwingung 111
Skineffekt 137, 246
Spannungsänderungsgeschwindigkeiten 116
Spannungsanstiegsgeschwindigkeiten 95
Spannungsfall 86
Spannungsimpulse 93
SPD 213
SRPP 60, 183, 189, 205, 264
Stahlarmierung 315, 317
Steigetrassen 192
Stirnzeit 99
Störfestigkeit 52, 348
Störgrößen 51, 64, 143
Störquellen 52, 64, 143, 264, 280
Störsenken 52, 144, 280
Störstrahlungen 143
Störungen 17, 51
Störwirkungen 17
Stoßstrom 98, 100
Streuleiterströme 344, 345
Streustrom 50, 77, 85 f, 155, 159 f, 296
Stromänderungsgeschwindigkeit 91, 93, 99
Stromlaufpläne 327
Strommessungen 343
Stromsteilheit 99
Stromverdrängung 137
Stromverzerrungen 131
Stromwandler 340

Stromzangen 336
System 53
Systembezugspotentialebene 60, 183, 189, 206, 264
Systemblock 205

T

Taktfrequenz 128, 292, 301
Technische Regeln 20
Teilblitzströme 104
Terminplanung 323
Tertiärverkabelung 223
THD-Wert 135, 338
Tiefenerder 171, 317
TN-C-S-System 153
TN-C-System 152, 306
TN-S-System 152, 306
TN-System 154
Transferimpedanz 245
Transformator 136
transiente Überspannungen 93
Trennbleche 281
Trennstege 227
Trenntransformator 164
TRMS 143, 335
TT-System 153, 16
Thyristor 129

U

Überschläge 212
Überspannungen 93, 212, 288
Überspannungs-Schutzeinrichtung 109, 213, 215, 288
Überspannungs-Schutzgeräte, s. Überspannungs-Schutzeinrichtung

Überspannungs-Schutzmaßnahmen 109
Überspannungsableiter, s. Überspannungs-Schutzeinrichtung
Überspannungsimpuls 149
Überspannungskategorien 107, 213
Überspannungsrisiko 109
Überspannungsschutz 208, 288
Umgebungsbedingungen 48
Umgebungsklassen 348
Unsymmetrie 343
USV-Anlage 304, 306
UTP-Kabel 257

V

vagabundierender Strom 51
Varistoren 291
VDE-Normen 27
VDI 45
VdS 44
VdS Schadenverhütung 320
VdS-Prüfrichtlinien 344
VdS-Richtlinien 44
Verband der Sachversicherer 44
Verband der Schadenversicherer 44
Verbund-Netzwerk 59
verdrillte Leitungen 256
Verein Deutscher Ingenieure 45
Verlegeabstände 222
Verlegearten 226
vermaschte Potentialausgleichsanlage 60
Vermaschung 184
Verschiebestrom 67
Verschiebung 67

Verschiebungsblindleistung 121
Verträglichkeit 48, 348
Verträglichkeitspegel 349
Verzerrungsblindleistung 121
Verzerrungsfaktor 135

W
Wechselrichter 127
Wechselstromwiderstandsbelag 137
Wellen 82, 143, 150
Wellenformen 101
Wellenimpedanz 232
Wellenlänge 55, 143, 150, 232
Widerstandsbelag 86
Wiederholungsprüfung 335
Wirbelströme 72, 240
Wirbelstromschirmung 237, 240, 244

Wolke-Erde-Blitz 97
Wolke-Wolke-Blitz 97

Y
Y-Kondensatoren 299

Z
Zenerdiode 290
zentrale Erdverbindung 160
zentrale Erdverbindungsstelle 160
zentraler Erdverbindungspunkt 160
ZEP 160
Zonen 280
zufriedenstellende Funktion 48
zusätzlicher Schutzpotentialausgleich 182
Zwischenharmonische 338, 350
zwischenharmonische Oberschwingungen 58, 123, 273